大学生创新创业实践教程

主　编　董绪瑶　曾富杨　黄玉峤
副主编　刘　畅　王旭强　陈新明
编　委　李子逸　罗　虹　于右任

东北大学出版社
沈阳

图书在版编目（CIP）数据

大学生创新创业实践教程 / 高校教材编委会组编．——沈阳：东北大学出版社，2016.4（2023.12 重印）

ISBN 978-7-5517-1252-1

Ⅰ．①大… Ⅱ．①高… Ⅲ．①大学生—职业选择—高等学校—教材 Ⅳ．① G647.38

中国版本图书馆 CIP 数据核字（2016）第 093494 号

出 版 者：东北大学出版社

地址：沈阳市和平区文化路 3 号巷 11 号

邮编：110004

电话：024-31255168

手机：13390133260

E-mail：dbdxcbs@163.com

印 刷 者：沈阳航空发动机研究所印刷厂

发 行 者：东北大学出版社

幅面尺寸：185mm × 260mm

印　　张：15

字　　数：380 千字

出版时间：2023 年 12 月第 2 版

印刷时间：2023 年 12 月第 1 次印刷

组稿编辑：石玉玲

责任编辑：李　佳　　　　责任校对：王　宁

封面设计：刘江旸　　　　责任出版：唐敏志

ISBN 978-7-5517-1252-1　　　　定　　价：32.50 元

前 言

“大众创业、万众创新”已经成为这个时代的潮流，全国从上到下都非常重视创新创业工作及创新创业教育，从中央到地方，一系列的措施逐步出台，促进了我国创新创业教育的发展。当下的中国，声势浩大的创新创业教育与实践正在发生。年轻人特别是当代大学生的创业激情已经被点燃，我国已经进入真正意义上的“大众创业、万众创新”新时代。特别是“互联网+”背景下的创新创业实践已经为我们高校开展创业教育积累了丰富的素材与创业实践案例。《大学生创新创业实践教程》就是在这样的背景下编写完成的，本书有以下特点：

第一，教材定位。本书以提升学生综合素养为目的，为学生创新创业或将来就业工作打下基础。大学生已经有了一定的专业基础或实践经历，案例分析能够使学生看到创业者为了创业做了哪些准备，需要具备什么样的素质，经营过程中需要关注哪些问题，国家政策及行业对创业的影响，如何识别并把握机会，如何整合和利用资源等。

第二，内容特色。本书的案例贴近学生的认知环境与习惯，同时能包容真实的商业生态，能有效激发学生创业、学习的热情。如此，学生的学习模式也发生了质变，从“要我学”转变为“我要学”，这一模式更有助于提高学生信息收集、发现问题与解决问题的能力。通过创新创业案例的学习，还能将理论融入案例学习，进一步验证理论的魅力，甚至产生新的认识与新的见解。

第三，编写形式。本书主要以案例及案例分析为主，设置了经典教学案例、课堂精读案例、课外拓展案例，可读性强，教学可以充分采用案例教学的形式，也可以采用其他促进学生主动学习的教学方法。

我们希望大学生在学习创新创业的过程中，坚持有高追求而不自命不凡、学习认真而不失灵活、理论深刻而不脱离实际、有独立见解而不固执己见、坦陈意见而不否定他人、尊重师长而不一味盲从、团结同学而不随波逐流、勇于创新而不故步自封，最终提升自己的职业素养和创新创业素养。

本书既可以作为高校创业教育通识课程的教材，也可以作为创业精英班或创业实践班学生的入门级教材；本书适用于高职生、本科生乃至有创业意愿的社会创业者。

本书属于团队合作的成果，具体分工如下：第一章董绪瑶，第二章刘畅，第三章王旭强，第四章陈新明，第五章曾富杨，第六章黄玉峤，第七章李子逸，第八章罗虹，第九章于右任。

本书在编写过程中，参考了诸多文献资料，在此一并致谢。尽管我们付出了很大的努力，但由于编者能力、精力及视野的限制，加之时间仓促，书中难免有疏漏之处，恳请广大创业教育工作者、创业者及大众读者批评指正。

编者

2023 年 12 月

目　录

第一章 创新与创业的关系

第一节 经典教学案例

一、教学案例 1 创业路上没有偶然

（一）案例描述

周某，这个有点沉默、家世平平的歌手，用他的音乐席卷了整个华语地区，成为流行乐坛巨星。他的音乐风格灵动，开拓了流行音乐新领域，他在流行乐坛引领了“中国风”，甚至在某种程度上带动了中国古典文学的复兴。

“每个年轻人至少听过 10 首他的歌曲，对于中国内地来说，他应该是继邓丽君后普及率最高的歌手。”在一次颁奖典礼上，司仪如是说。

周某的身上，到底有什么过人之处？又有什么可以运用到我们自己的职业发展上？

1. 职业培养期：成绩平平的他，专注自己的音乐天赋

周某，1979 年 1 月 18 日于台北出生。爸爸是生物老师，妈妈是美术老师。从小，周某对音乐就有着独特的敏感，听到音乐就会随着节奏兴奋地摇晃，有时候一边看电视，一边戴上墨镜学高某唱歌。母亲见他在音乐方面很有天赋，毫不犹豫地拿出家里所有的积蓄，给他买了一架钢琴。这一年，周某才 4 岁。虽然是教师之子，周某的学习却不尽如人意。小时候，成绩栏上红颜色比蓝颜色多，数学考试成绩经常在 40 分左右，只能用“对音乐有天分的人，好像数学都不太好”来安慰自己。英语老师甚至认为他有学习障碍。高中联考时，周某的功课还是很差，只考了 100 多分。当时淡江中学第一届音乐班招生，周某抱着试试的心理参加了考试，竟然考上了。

在高中能学习音乐，周某幸福无比，他的音乐天赋和才华在这里得到了认同。他的高中同学回忆，那个时候，周某弹钢琴唱歌和打篮球的样子迷倒了很多女孩子。虽然父母在他 14 岁时离异，但是躲在音乐世界里的周某却并没有受到大的冲击。他回忆说：“12 岁到 16 岁的日子是我最开心的日子，音乐让我的心灵得到安慰。”

周某的高中钢琴老师说，周某十多岁时已经培养出远远超越他实际年龄的即兴演奏能力——他将庄严肃穆的音乐变奏，以一种很有意思的方式重新演绎，听上去就像流行歌曲。

综观周某的职业培养期——学生时代，有两点特别引人注目。

首先，是对自己音乐天赋的忠诚和投入。音乐对于他而言，与其说是一种兴趣，不如说是另一个世界。在这个世界里，音乐帮助他抵挡父母离异、成绩不好等所有青春期的常见烦恼，让他自信健康成长。一个人能够在自己的天赋中自由舞蹈，这无疑是一种幸福，甚至能抵挡住一切成长的动荡。爱因斯坦在这个年纪正幻想与光赛跑，傅聪则生活在小提琴音符中间……

其次，是高中时代选择读音乐班，这是一个很重要的职业规划。高中时代是个人重要的职业培养和探索期，这个时候，孩子刚刚开始有社会意识，如果天赋在自己的小群体里获得认同，就会极大推动未来把这种天赋作用于社会的想法。如果周某上的是普通高中，也许他的音乐才能只会变成一个差生聊以自慰的“小把戏”。而音乐班的氛围，让他的这种天赋很顺利地从个人兴趣发展成社会技能。

2. 职业适应期：在餐厅当侍应生的日子，坚持音乐梦想

由于偏科严重，还屡屡挂科，周某没有考上大学。是先择业还是先就业？这个问题被今天的大学毕业生千万次地问，当年的周某也面临这个走出校门后进入职业适应期的经典问题。

如果择业，最吸引他的一定就是成为一名歌手，但一个普普通通的17岁的孩子，如何成为歌手？无奈的周某经历几次碰壁以后，选择了在一个餐厅做侍应生——先生存，再谋发展。

在餐厅的工作其实很简单，把厨师做出来的饭菜送给女侍应生，再由女侍应生送给客人。即使是这样，周某也没有离开自己的音乐世界，他带着一个随身听，一边工作一边听歌。

机会终于来了。老板为了提高餐厅档次，决定在大堂放一部钢琴，但连续尝试了几个琴师都不满意。周某在空闲的时候偷偷地试了试，他的琴声震惊了不少同事，包括他的老板。老板拍着周某的后背说："你可以在这两个小时不用干活了。"

可以说，选择先去餐厅打工，是周某的正确选择。好的职业规划强调先生存，再发展：其一，完美的工作不是一下子就能获得的，需要长期的技能和经验的积累。这是一个漫长的时期，如何度过？先就业，让自己生存下来是关键。其二，大部分学生毕业的时候，最需要补的能力不是专业能力，而是适应社会的心态。这堂心态课程可以在任何工作里面学到，往往比能力更加重要。可以说，毕业后最好的职业规划选择应该是：找一份自己能做的工作，培养自己适应社会的心态。同时，注意培养进入理想工作的能力，把完美工作作为长期目标来努力。

试想，如果周某坚持寻找自己喜欢的完美工作——唱歌，那么，他的音乐之路能坚持多久？没有经济支持，没有能够证明自己的履历，没有明确的方法和方向，最大的可能就是一个音乐梦想随之破碎无可修复。当前的大学毕业生中也有这样一些人：我要做管理，我要做导演，我拒绝做一份自己不喜欢的工作。于是，把自己塞进了现实与梦想的夹缝中间，动弹不得。他们忘记了，完美的工作是从不完美开始做起的。

3. 职业发展期：面对挫折不言败，历经风雨终成功

在餐厅里打工和弹琴让周某慢慢开始有公众演奏的机会，也慢慢开始积累起自己的听众。如果没有那个意外出现，他也许会觉得，这样的工作还挺好的。但是，机遇从不会忘记那些执着于梦想的人。

1997 年 9 月，周某的表妹瞒着他，偷偷给他报名参加了当时台湾著名娱乐主持人吴某的娱乐节目《超猛新人王》。当时的周某非常害羞，他甚至不敢上台唱自己的歌，只好找了一个朋友来唱，自己用钢琴伴奏。两个人的演出“惨不忍睹”。但主持人吴某路过钢琴的时候，惊奇地发现这个一直连头也没敢抬的小伙子谱着一曲非常复杂的谱子，而且抄写得工工整整！他意识到这是一个对音乐很认真的人。节目结束以后，他问周某：“你有没有兴趣加入我的唱片公司，任音乐制作助理？”

很多人往往把这一瞬间定义为周某生命的转折点。因为他的过人天赋加上吴某的慧眼识珠，周某终于成功了。事实上，通过短短的几秒钟看乐谱根本无法判断某人是否具有音乐天赋，真正让吴某感动的是这个年轻人对自己乐谱的认真程度。打动吴某的，与其说是才气，不如说是认真。很多时候，不管能力有多大，机会往往只选择那些认真对待自己工作的人，这本身是一种最重要的能力。

作为唱片制作助理，在负责唱片公司所有人的盒饭之余，周某在那间 7 平方米的隔音间里开始了自己的创作生涯。半年下来，他写出来的歌倒不少，但曲风奇怪，没有一个歌手愿意接受。其中包括拒绝《眼泪不哭》的刘某和《双截棍》的张某。当然，两年后他们后悔不迭。

吴某有些着急，他决定给这个年轻人一些打击。他让周某来到自己的办公室，告诉他写的歌曲很烂，当面把乐谱揉成一团，丢进废纸篓里。这是周某在音乐道路上遭受的重大打击。然而，吴某第二天早上走进办公室的时候，惊奇地看到这个年轻人的新谱子又放在了桌上，第三天、第四天，每一天吴某都能在办公桌上看到周某的新歌，他彻底被这个沉默木讷的年轻人打动了。

1992 年 12 月的一天，吴某把周某叫到房间说，如果你可以在 10 天之内拿出 50 首新歌，我就从里面挑出 10 首，做成专辑——既然没有人喜欢唱你的歌，你就自己唱吧。10 天之后，周某安安静静地拿出 50 首歌，于是就有了周某一举成名的专辑《JAY》。从这张专辑开始，周某一发而不可收。

周某从此进入他职业的第三个时期：职业发展期。从很多成功人士的经历来看，这个阶段的开始往往是由于链接到了业内的第一平台。周某联系到当时的台湾娱乐界名人吴某；王某这个阶段开始拍《士兵突击》；爱因斯坦在这个阶段联系上了科学伯乐奥斯特瓦尔德；打工皇帝唐骏在这个时期写信联系到了比尔·盖茨；而比尔·盖茨在这个阶段正磕磕巴巴地在 IBM 的董事会面前展示他的 Windows1.0。几乎每一个成功人士背后都有一个登上行业第一平台的故事，所以这也是职业规划的重要原则：进入行业内的第一平台，并展示自己。

周某的职业经历说来传奇，其实也普通。每个人进入职场的时候，都会遇到类似的问题。领导的批评，不被人认同……如何对待和处理这些问题，比问题本身更加重要。没有被上司的讽刺打倒的周某，用更多的努力获得了认同。

（二）案例教学指南

1. 案例价值

纵观周某的职业发展，经历了三个时期：一是在校学习期间的职业培养期，餐厅打工的职业适应期和之后的职业发展期。在每个时期，他都做了很好的示范。在职业培养期，他选择了专注自己的天赋，没有被“大而全”的教育模式平庸化。在职业适应期，他明智地选择了先就业再择业，先养活自己，慢慢培养自己的能力，期待在最高平台展示的机会。在职业发展期，他调整好自己的心态，用认真、踏实的精神和态度打动公司的同时，也打动了所有的听众。胜利者不一定总是赢的人，只有能够承受住打击，能够更加积极地对待事业，才能取得最终的胜利。

2. 讨论分享

（1）你所学专业对应的职业有哪些？你想从事的职业有哪些？

（2）你现在可以为你将来从事的职业做哪些努力？

（3）结合案例谈一谈周某成功的原因是什么？

（4）在案例中，周某在职业发展的三个时期是怎样度过的？

3. 理论要点

职业生涯的发展阶段与任务。

（1）职业生涯的成长阶段（0 ~ 14 岁）：是一个以幻想、兴趣为中心，对自己所理解的职业进行选择与评价的阶段。它包括三个时期：一是幻想期（0 ~ 10 岁），以“需要”为主要考虑因素，在这个时期幻想中的角色扮演很重要；二是兴趣期（11 ~ 12 岁），以“喜好”为主要考虑因素，喜好是个体抱负与活动的主要决定因素；三是能力期（13 ~ 14 岁），以“能力”为主要考虑因素，能力逐渐具有重要作用。

（2）职业生涯的探索阶段（15 ~ 24 岁）：使职业偏好具体化、特定化并实现职业偏好。包括三个时期：一是实验期（15 ~ 17 岁），充分考虑个人的兴趣、需要和能力，开始进入择业实验期；二是过渡期（18 ~ 21 岁），正式进入劳动市场或进行专业性的职业实习和培训，进行特定目标的职业选择；三是尝试期（22 ~ 24 岁），开始从事某种职业，对职业发展进行可行性尝试。

（3）职业生涯建立阶段（25 ~ 44 岁）：职业稳固并力求上进的阶段。包括三个时期：一是尝试期（25 ~ 30 岁），个人由于生活或工作上的不满意，对职业的再选择；二是职业中期危机期（31 ~ 40 岁），职业转折期，个人会重新评价自己的工作或发现新目标；三是建立期（41 ~ 44 岁），确定稳定的职业目标。

（4）职业生涯的维持阶段（45 ~ 64 岁）：个人已经“功成名就”，主要考虑提升自己的社会地位，维持属于自己工作的“位置”，同时面对新人的挑战。

（5）职业生涯的衰退阶段（65 岁以后）：退休阶段，在家庭上投入更多的时间，主要扮演休闲者和家长的角色。

4. 教学建议

本案例可以作为教师教学的专门案例使用。

教师可按如下进度来组织自己的课堂案例教学，但仅供参考：

（1）整个案例课的课堂时间控制在 90 分钟左右。

（2）课前提出启发思考题，请学员在课前完成阅读和初步思考。

（3）课堂上，教师先做简要的案例引导，明确案例主题（5 分钟）。

（4）小组研讨。

①小组讨论并在组内分享（15 分钟）；

②接着小组派代表发言（每组 5 分钟，控制在 50 分钟内）；

③引导全班联系实际进一步讨论，并进行归纳总结（20 分钟）；

④如有必要，学生可以形成书面分析报告，并制作 PPT，进行分组汇报，训练学生的演讲表达能力，教授学生当众发言的技巧。

二、教学案例 2　人生需要规划

（一）案例描述

提起杨某，很多人都说她太幸运了。从著名节目主持人到制片人，从传媒界到商界，她一次次成功实现了人生的转型。杨某是幸运的，但这种幸运，并非是人人都有，也不是人人都能驾驭的。它需要睿智的眼光、独到的操控能力，是职业经历累积到一定程度而产生的。就像杨某自己说的那样："一次幸运并不可能带给一个人一辈子好运，人生还需要你自己来规划。"

1. 第一次转型：央视节目主持人

在成为央视节目主持人以前，杨某是北京外国语学院的一名大学生，还是一个有些缺乏自信的女生，甚至曾因为听力课听不懂而特别沮丧。直到后来听力水平提高了，才逐渐恢复了自信。她说："我经常觉得自己不是一个有才华和极端聪明的人。"可这一切并没有影响到杨某后来的成功。勤勉努力的她，不仅大胆直率，看问题也通常有自己独特的视角。

1990 年 2 月，中央电视台《正大综艺》节目在全国范围内招聘主持人。杨某以其自然清新的风格、镇定大方的台风及出众的才气逐渐脱颖而出。但是，由于她长得不是太漂亮，在第六次试镜时还只是在"被考虑范围之列"。杨某知道后，就反问导演："为什么非得只找一个女主持人，是不是一出场就是给男主持人做陪衬的？其实女性也可以很有头脑，所以如果能够有这个机会的话，我就希望做一个聪明的主持人"，"我不是很漂亮，但我很有气质"。就是因为杨某这些话，彻底打动了导演。毕业后，杨某正式成为《正大综艺》的节目主持人。直到现在，杨某也一直坚持：主持人不一定非得漂亮，女人的头脑更重要。

5年央视主持人的职业生涯，不仅开阔了杨某的眼界，更确立了她未来的发展方向：做一名真正的传媒人。

2. 第二次转型：美国留学生

1994年，当人们还惊叹于杨某在主持方面的成就时，她又作出了一个令人惊讶的决定：辞去央视的工作，去美国留学。

在前途一片光明的时候选择急流勇退，这就意味着她要放弃目前所拥有的一切，包括触手可得的美好未来。但资助她留学的正大集团总裁谢先生，说了这样一句话："我觉得一个节目没有一个人重要。"这给杨某留下了很深的印象。

26岁的时候，杨某远赴美国哥伦比亚大学，就读国际传媒专业。有一次，杨某写论文写到半夜两点钟，好不容易敲完了，没有来得及存盘，电脑就死机了。杨某当时就哭了，觉得第二天肯定交不了了。宿舍周围很安静，除了自己的哭声，只有宿舍管道里的老鼠在爬来爬去。但最后，她还是擦干眼泪，把论文完成了。谈起这段生活，杨某说："有些人遇到的苦难可能比别人多一点儿，但我遇到的困难并不比别人少，因为没有一件事是轻而易举的。需要经历的磨难委屈，一样儿也少不了。"

业余时间，她与上海东方电视台联合制作了《杨 × 视线》——一个关于美国政治、经济、社会和文化的专题节目，这是杨某第一次以独立的眼光看世界。她同时担当策划、制片、撰稿和主持的角色，实现了自己从最底层"垒砖头"的想法。40集的《杨 × 视线》发行到国内52个省市电视台，杨某借此实现了从一个娱乐节目主持人向复合型传媒人才的过渡。

更重要的是，在这期间，她认识了先生吴征。作为事业和生活上的伙伴，在为她拓展人际关系网络和事业空间方面，吴某可以说居功至伟。他总是鼓励杨某尝试新的东西：宁可在尝试中失败，也不能在保守中成功。在吴某的帮助下，杨某未来的道路越走越宽。

3. 第三次转型：凤凰卫视主持人

1997年回国后，杨某开始寻找适合自己的机会。当时，凤凰卫视中文台刚刚成立，杨某便加盟其中。1998 年 1 月，《杨 × 工作室》正式开播。

凤凰卫视的两年，在杨某的职业发展上起了重要作用。她不仅积累了各方面的经验和资本，也同时预留了未来的发展空间。

在凤凰卫视，杨某不只是主持人，还是《杨 × 工作室》的当家人，自己做选题，自己负责预算，组里所有的柴米油盐，她都必须精打细算。这种经济上的拮据，对杨某来说是一个非常好的锻炼，使她知道如何在最低的经费条件下，把节目尽量完成到什么程度。

在随后的两年时间里，杨某一共采访了 120 多位名人。这些重量级的人物也构成了杨某未来职业发展的一部分，不少人在节目之后仍和她仍保持密切的联系。这种联系除了会给杨某带来一些具体的帮助之外，精神上的获益也不可忽视。同时，与来自不同行业、不同背景的嘉宾交流，也让她的信息量获得极大地丰富。

两年后，杨某已经有了质的变化。她拥有了世界级的知名度、多年的传媒工作经验，以及重量级的名人关系资源。对于她而言，进军商界所欠缺的显然只是资本而已。而吴某，正是深谙资本运作的高手。

4. 第四次转型：阳光卫视的当家人

1999 年 10 月，杨某辞去了凤凰卫视的工作。从凤凰卫视退出之后，杨某曾二度沉寂。2000 年 3 月，她突然之间收购了良记集团，更名为阳光文化网络电视控股有限公司，成功地借壳上市，准备打造一个阳光文化的传媒帝国。

与大多数商人的低调不同，杨某选择了始终站在阳光卫视的前面。在报纸杂志网站上，经常可以看到关于杨某的报道。她从一个做传媒出来的人变成了一个传媒名人。这种对传媒资源运用的驾轻就熟，使得她的阳光卫视一出生就有了许多优势。

但杨某创业不久，就遭遇全球金融危机，杨某立刻感觉到了压力。她几乎天天都想着公司的经营。由于市场竞争的压力，杨某将公司的成本锐减了差不多一半，并逐渐剥离亏损严重的卫星电视与香港报纸出版业务，同时她还将自己的工资减了 40%。

2001 年夏天，杨某作为北京申奥的“形象大使”参加了在莫斯科成功申奥的活动。同年，她的“阳光文化”与四通合作成立“阳光四通”，开始进军网络业和

IT 业。

这一切都给公司所有员工带来了信心。终于，阳光文化在截至2004年3月31日的2003财政年度中取得了盈利，摆脱了近两年的亏损。之后，阳光文化正式更名为阳光体育，杨某同时宣布辞去董事局主席的职务，全身心地投入到了文化电视节目的制作中。

5. 第五次转型：重回电视圈

2006年底，杨某正式宣布放弃从商，重回文化电视圈。回归之后，她又相继和东方卫视、凤凰卫视、湖南卫视合作，主持了《杨 × 视线》《杨 × 访谈录》《天下女人》等节目。从体制内到体制外，从主持人转变为独立电视制片人，从娱乐节目到高端访谈，再到探讨女性成长的大型脱口秀节目。这一次转型，又令人耳目一新。

2007年7月，杨某为不算完满的5年商业之旅画上了句号，开始了职业环境和职业路径的转换。杨某宣布：将她与吴某共同持有的阳光媒体投资集团权益的51%无偿捐献给社会，并在香港成立非营利机构阳光文化基金会。同时辞去了包括阳光媒体投资董事局主席在内的所有管理职务。此举意味着，杨某已从商场抽身而退，重回她所熟悉擅长的文化传播和社会公益事业。这样的职业路径转换是社会大众未曾预料到的，这是杨某结合自身的职场优势和职业环境分析进行的一个职业角色的转变。杨某参与公益事业由来已久，她曾担任过国内各种大型慈善活动的形象大使。在文化界，杨某获得过的荣誉不少：中国第一届主持人金话筒奖、泛亚地区20位社会与文化领袖之一、北京2008年奥运会形象大使等等，但是商战显然不是她的强项。这与她自身的职业性格相关，职场上的风云多少要受到职业性格的影响。性格适应职业环境就有利于职业路径的发展，反之则对她的职业路径有负面作用。所以找准一个人的职业路径，要结合自身的职业性格和职业环境进行综合分析，得到的结论才是符合职业发展方向的。

其后，杨某活跃于多个电视栏目中，除《杨 × 访谈录》《天下女人》外，还与乐视合作出品了致力于传播年轻人健康生活方式的生活服务类日播栏目《天下女人》，她本人也在国内外屡获各项大奖。如2013年5月，她在纽约佩利媒体中心被授予女性“开拓者”荣誉，成为首位MAKERS项目“开拓者”奖项的非美国本土获奖者；同年还被福布斯评为全球最具影响力的100位女性之一；2017年5月，在首届“品牌女性颁奖盛典”上，被授予“2008—2017中国十大功勋品牌女性”称号。

（二）案例教学指南

1. 案例价值

杨某的职业规划是建立在她自身所处的职业环境基础上的。针对未来职业方向做出的职业生涯规划，在职业发展二维图形中，存在飞多远和飞多高两个维度。飞多远是基础，是你的强项和兴趣；飞多高往往是个人努力和客观环境的综合结果，尤其是外界环境影响的结果。杨某的故事告诉我们，职业发展必须先认识自己，认识自己能力、兴趣和外界环境作用的关系，力争主导环境，而不是被环境所主导。

2. 讨论分享

（1）杨某的职业发展目标是什么？

（2）杨某每次作出决策的标准是什么？什么样的决策是最适宜的？

（3）杨某在职业生涯规划中制订了怎样的实施计划？

（4）她什么时候将计划付诸行动以及如何行动？如何进行整体评价？

3. 理论要点

（1）职业生涯规划的关键因素：①从专业选择开始；②认清自己兴奋点、兴趣点；③自己适合干什么；④了解社会需求什么。

（2）职业生涯规划的六个步骤：自我评估、组织与社会因素分析、生涯机会评估、确定职业生涯目标、制订行动方案和评估与反馈。

（3）职业生涯设计的原则：职业生涯设计的过程是个体探索自我、科学决策、统筹规划的过程。为了保证职业生涯设计的实用性和科学性，应遵循以下四个原则：①量体裁衣原则；②可操作性原则；③阶段性原则；④发展性原则。

4. 教学建议

本案例可以作为教师教学的专门案例使用。

教师可按如下进度来组织自己的课堂案例教学，但仅供参考：

（1）整个案例课的课堂时间控制在90分钟左右。

（2）课前提出启发思考题，请学员在课前完成阅读和初步思考。

（3）课堂上，教师先做简要的案例引导，明确案例主题（5分钟）。

（4）小组研讨。

①小组讨论并在组内分享（15分钟）；

②接着小组派代表发言（每组5分钟，控制在50分钟内）；

③引导全班联系实际进一步讨论，并进行归纳总结（20分钟）；

④如有必要，学生可以形成书面分析报告，并制作PPT，进行分组汇报，训练学生的演讲表达能力，教授学生当众发言的技巧。

第二节　课堂精读案例

一、精读案例1　做最好的自己

（一）案例描述

每次职业转身，正因王牌在握，李某才能真正追随我心。

2009年9月初，一年多以来的传闻终于落了地，李某亲口承认自己与Google缘分已尽挥手告别，开始以创业者的身份面对大众。

21年的职业生涯，李某走得相当顺利，甚至可以用一帆风顺来形容。尽管业界也有不和谐的声音，例如媒体指责他过于作秀，注重个人品牌胜过企业品牌；指责他诚信不够，从互为竞争对手的微软跳入Google……但却没有妨碍他在职业经理人的发展道路上越来越成功。

当摆脱职业经理人的身份之后，总结李某在个人职业生涯发展中的构成基因——即李某手中的职业“王牌”，对于正在打拼的职场人来说，在观念上或许有非常深刻的启示作用。

1. 王牌一：不将“路”走到头

面对比上一份合同报酬更高的新合同，为什么李某却选择了不再续签?

包括Google CEO施密特在内，各方面透露出的信息都是正面信息，Google管理层还是希望李某能够续签合同。但真正决定性的因素不是老板们的态度，而是取决于签下合同之后，下一步个人职业生涯的发展轨迹究竟如何。

李某之所以选择离开Google，是因为他发现自己将进入个人发展的“瓶颈”阶段。这也是李某职业生涯中最值得学习的一点——任何一个职业阶段，不要让自己职业生涯的“瓶颈”产生恶果之后，再去采取对策。

个人在企业中职业发展的高度取决于能够为企业带来价值的多少。对现阶段的Google而言，李某这位熟悉中国情况、在中国公众中有着极高影响力的高管自然还有着必要的价值。

但Google对于李某而言，显然价值上不存在着对等性。从职业生涯发展角度看，Google对于李某的价值定位已经被锁定在对中国市场的范畴之内，李某个人在Google全球的发展空间其实并不大。正如职业规划中的“职业锚”理论，对某个职位越是精通、高度专业化，具有强烈的不可替代性，个人的职业生涯发展反倒会因此产生阻碍效应——李某对中国越熟悉，就会进一步被牢牢锁定在这一职位上。

另外，从个人的能力角度，Google未来4年的主要目标是提升中国市场份额，技术出身的李某也清楚自己并不是此中的高手。

除去薪酬之外，Google显然已经不能够给予李某更多的价值。在中国，李某已经获得了巨大的号召力和影响力，Google平台对于李某提升个人品牌已经不再具有更深层次的作用。另外，Google在中国的发展策略和Google的企业文化一直存在悖论，正如许多业界评论家所说，李某在Google的4年非常不容易，沟通与妥协的难度不是一般人可以应付的。

回顾李某的职业生涯：在卡内基梅隆大学计算机系取得博士学位，毕业后留校任教2年后，他之所以投身产业，显然是看到了自身特性与专业研究人员之间的不匹配性。在教学期间，他曾被学生评为“最差的授课老师”，因为缺乏互动性，甚至学生把他的课叫作“开复剧场”……

继续翻看李某在Apple、SGI的任职经历，就会发现他的每次离开都是面临着同样的“职业瓶颈”问题：1996年离开苹果，恰值苹果处于历史的最低潮时期，整个苹果公司的市值只有20亿美元；在SGI则是他最狼狈的期间，李某甚至不得不亲自去谈出售公司；微软期间，李某在被调回总部之后，一直处于边缘状态，这才有了跳槽Google的事件。

继续签下一个4年合同，李某个人已经无法从中获得更多的价值回报。在个人声誉达到顶点，市场占有率由2006年的16%回升到如今30%的良好业绩背景下，离职显然是一个最好的时机。

2. 王牌二：将个人价值最大化

个人职业价值在合适的时机主动寻求最大化的兑现，这也是李某另外一个职业生涯发展的原则。个人拥有的职业价值是职场人在职业生涯能够取得成功的绝对值，但有一点需要注意的是，在第一时间内，主动寻求机会使自己职业价值最大化兑现，却是个人职业生涯成功有效性的绝对值。

1998年李某之所以能够加入微软，负责在中国组建研究院，使自己的职业生涯得到一个跨越式的发展，根本上讲是自身的职业价值符合当时微软的需要：微软已经决定要中国建设研究机构，最棘手的问题是找不到合适的人来领导并管理。最优秀的人不了解中国的具体情况，了解具体情况的人又并不足够优秀……而李某的华人身份、技术人员背景出身，又拥有知名企业的管理经验，无疑成为最合适的人选。

但很多人都忽视了李某在这其中的主动性。在进入微软的过程中，李某始终保持了主动的姿态，通过在微软研究院工作的校友兼好友黄某极力推荐自己。之后引来官司的加盟Google事件上，李某更是延续了这样的思维：承认自己主动发送了求职信，并表示对设立中国办事处很感兴趣。试想如果不是李某主动推销自己，即使拥有组建并管理微软中国研究院的经历，也未必能够得到后来出任Google中国总裁的机会。

以这样的思路来观察李某的离职，就很容易理解其中的缘故。

现阶段，李某的职业核心价值是什么？正是在中国青年群体中巨大的号召力和影响力以及跨国企业职业经理人的工作经历。置Google千万美元的薪酬于不顾，去创办一家以青年创业为主的风险投资平台恰恰使得他的职业核心价值得到了最大程度的“兑现”。

3. 王牌三：紧握业界的浪潮

李某的职业生涯是从遇到几位大师级的人物开始的，也正是受他们的影响，李某的思维对职业生涯发展的思考重点也大多放在大格局而非小技巧上，否则就很难说明为什么在他的职业生涯中，每一份新工作都能够站在IT业界发展潮流的最前端。

从卡内基梅隆大学留校任教开始，到如今与Google挥手作别，21年的职业生涯中，李某一共换了5份工作。这一过程中，在李某成功地实现自己从学校研究者到跨国企业高管的个人职业生涯转变的同时，其背后似乎也有着一脉相承的思维模式——通过变换工作的企业，紧紧把握住业界发展的浪潮。

1990年，李某离开卡内基梅隆大学进入苹果公司，此时正值PC（个人计算机）在全球范围内普及化的高峰阶段。作为当时PC行业的领军企业，苹果几乎控制着整个图形桌面操作系统的市场。1996年，李某转投SG出任网络产品部全球副总裁，此时互联网的热潮开始在美国兴起。1998年李某受命组建微软中国研究院，此时微软凭借全新的产品Windows98奠定了自己在业界的霸主地位。2005年，李某跳槽Google，搜索技术在全球范围内得到空前的发展和重视。

而如今选择离开Google，去创办一家以青年创业为主的风险投资平台，李某显然也清楚地意识到了自己未来的事业已经无法离开中国这个大环境，当下创业正是中国时下的另外一股热潮。

（二）案例导读

1. 分析要点

李某放弃在微软和 Google 的工作，转而自己着手开办创新工场，在普遍舆论看来似乎是“放弃了高薪、体面的工作，凭勇气和智慧探索新的领域”，舍易求难，舍近求远。李某本身职业选择的勇气就值得赞赏，充满冒险精神，敢于选择自己认为对的事，而不是苟同大多数人觉得对的事，这本身就是一大成功。

2. 思考题

（1）从李某成功的案例中，成功职业规划所需的因素是什么？

（2）李某的职业生涯发展有没有规划？

（3）分析一下李某在各个阶段跳槽的原因是什么？

（4）你对李某离开微软和 Google 的高薪工作转而创业有什么看法？

（5）李某成功的案例给你的职业发展规划带来什么启示？

二、精读案例 2　比尔 · 拉福：成功的脚印

（一）案例描述

比尔 · 拉福中学毕业后考入麻省理工学院，没有去读贸易专业，而是选择了工科中最普通最基础的专业——机械专业。

大学毕业后，这位小伙子没有马上投入商海，而是考入芝加哥大学，攻读为期三年的经济学硕士学位。

出人意料的是，获得硕士学位后，他还是没有从事商业活动，而是考了公务员。

在政府部门工作了 5 年后，他辞职下海经商。又过了 2 年，他开办了自己的商贸公司。20 年后，他的公司资产从最初的 20 万美元发展到 2 亿美元。

这位小伙子就是美国知名企业家比尔 · 拉福。

1994年10月，比尔·拉福率团来中国进行商业考察，在北京长城饭店接受《中国青年报》记者采访时，他谈到他的成功应感激他父亲的指导，他们共同制订了一个重要的生涯规划。最终这个生涯设计方案使他功成名就。

我们来看一下这个成功的简图：

工科学习（工学学士）→经济学学习（获经济学硕士）→政府部门工作（锻炼处世能力，建立广泛的人际关系）→大公司工作（熟悉商务环境）→开公司→事业成功。

1. 第一阶段：工科学习

选择

中学时代，比尔·拉福就立志经商。他的父亲是洛克菲勒集团的一名高级职员，他发现儿子有商业天赋，机敏果断，敢于创新，但经历的磨难太少，没有经验，更缺乏必要的知识。于是，父子俩进行了一次长谈，并描绘出职业生涯的蓝图。因此升学时他没有像其他人一样直接去读贸易专业，而是选择了工科中最基础最普通的机械制造专业。

评析

做商贸必须具备一定的专业知识。在商品贸易中，工业品占绝对多数，不了解产品的性能、生产制造情况，就很难保证在贸易中得到收益。工科学习不仅是知识技能的培养，而且能帮助学习者建立一套严谨求实的思维体系。清楚的推理分析能力，脚踏实地的工作态度，正是经商所需要的。

收获

比尔·拉福在麻省理工学院的4年，除了本专业，还广泛接触了其他课程，如化工、建筑、电子等，这些知识在他后来的商业活动中发挥了举足轻重的作用。

2. 第二阶段：经济学学习

选择

大学毕业后，比尔·拉福没有立即进入商海而是考进芝加哥大学，开始了为期3年的经济学硕士课程学习。

评析

在市场经济下，一切经济活动都是通过商业活动来实现的，不了解经济规律，不学习经济学知识，就很难在商场立足。

收获

比尔·拉福掌握了经济学的基本知识，搞清了影响商业活动的众多因素，还认真学习了有关法律和微观经济活动的管理知识。几年下来，他对会计、财务管理也较为精通，在知识上已完全具备了经商的素质。

3. 第三阶段：政府部门工作

选择

比尔·拉福拿到经济学硕士学位后考取了公务员，在政府部门工作了五年。

评析

经商必须有很强的人际交往能力。要想在商业上获得成功，必须深知处世规则，善于与人交往，建立诚信合作关系。这种开拓人际关系的能力只有在社会工作中才能得到提高。

收获

在环境的压迫下，比尔·拉福养成了强烈的自我保护意识，由稚嫩的热血青年成长为一名老成、处事不惊的公务员，并结识了各界人士，建立起一套关系网络，为后来的发展提供大量的信息和便利条件。

4. 第四阶段：通用公司锻炼

选择

5 年的政府工作结束之后，比尔·拉福完全具备了成功商人所需的各种素质，于是辞职下海，去了通用公司。

评析

通过各种学习获得足够的知识，但知识要通过实践的锻炼才能转化为技能。

收获

在国际著名的通用公司进行锻炼，比尔·拉福不仅为实践所学的理论找到了一个强大平台，而且学习到了丰富的管理经验，完成了原始的资本积累。这也是大学生创业应该借鉴的地方，除了激情还应该考虑到更多的现实。

5. 第五阶段：自创公司

选择

大展拳脚两年后，他已熟练掌握了商情与商务技巧，便婉言谢绝了通用公司的高薪挽留，开办了拉福商贸公司，开始了梦寐以求的商人生涯，实现多年前的理想。

点评

比尔·拉福的准备工作，几乎考虑到了每个细节。拉福公司的成长速度出奇的快，20 年后，拉福公司的资产从最初的 20 万美元发展为 2 亿美元，而比尔·拉福本人也成为一个奇迹。

比尔·拉福的生涯设计脉络清晰、步骤合理，充分考虑了个人兴趣、个人素质，并着重职业技能的培养，这种生涯设计在他坚持不懈的努力下，终于成为现实。

（二）案例导读

1. 分析要点

每个人都要认真地想一想：自己一生最高层次的追求是什么？怎样才能更多地实现自己的人生价值？你需要通过什么途径来实现？一个人的人生价值是在为社会作出贡献和对自我价值的不断认定过程当中来实现的，而这个过程就是我们的职业生涯。

2. 思考题

（1）比尔·拉福成功的自身因素有哪些？

（2）比尔·拉福各个阶段对职业生涯都有哪些影响？

（3）如何理解人生命运与职业生涯的关系？

（4）结合案例谈一谈自己的职业发展路径。

第三节　课外拓展案例

一、拓展案例 1　从演员到导演的转型

（一）案例描述

经过奥运开闭幕式的洗礼，张某已经成为中国电影的一面旗帜。张某导演拍摄的电影不仅好看，他的职业发展历程也值得我们借鉴。

1.“前半生”——从农民到摄影师和演员

1968 年初中毕业后，张某在陕西乾县农村插队劳动，后在陕西咸阳国棉八厂当工人。1978 年，进入北京电影学院摄影系学习。1982 年毕业后任广西电影制片厂摄影师。1984 年，作为摄影师拍摄了影片《黄土地》，崭露头角。1987 年主演影片《老井》，颇受好评。

2.“后半生”——从《红高粱》到奥运会开闭幕式总导演

1987 年，张某导演的一部《红高粱》，以浓烈的色彩、豪放的风格，颂扬中华民族激扬昂奋的民族精神，融叙事与抒情、写实与写意于一炉，发挥了电影语言的独特魅力，广获赞誉。正是这部电影，让张某成功地实现了从演员到导演的转型，并以一个成功导演的角色进入公众视野，奠定了张某成功导演的地位。

从此，张某便一发不可收拾，在经过一段艺术片的成功后，他又转向了商业大片，《英雄》《十面埋伏》《满城尽带黄金甲》等一部部商业大片的红火为他带来了巨大的荣誉，并最终带他走到了中国电影旗帜的位置。

2008 年北京奥运会，张某又以其独特的大手笔，面向全世界展示了一部展示中国的完美“大片”，也使得张某站上了导演生涯的巅峰。

3. 揭秘：张某导演成功轨迹

插队劳动的农民——工人——学生——摄影师——演员——导演，一次次巨大的职业跳跃和转型最终造就了一个成功的导演。让我们共同来探析张某导演的职业规划过程。

（1）职业准备期。特殊的历史环境，使得年轻时的张某未能上高中就插队当了农民和工人，很多人像他一样没有选择，但能像他一样坚持自己梦想的却不多。终于，在1978年，张某以27岁的高龄去学习自己钟爱的摄影，为自己未来的转型进行积累。

（2）职业转型期。重新进入课堂学习后，张某老老实实地做起了摄影，虽然他的志向是导演，但他显然十分清楚自己要做什么。这个时候的他仍在学习，不是在课堂上，而是在实践中学习。

（3）职业冲刺期。在《黄土地》获奖后，张某有两个选择：继续作为一个已经很成功的摄影师或者转型开始做导演。然而，意料之外，他却做了另外的选择——做一名演员！并且也获得了一定的成功。不过也可以说，这实在是最明智的选择。要做导演，特别是要想成为较有建树的导演的话，当然最好能亲身体验做演员的感受，才能在拍片的时候和演员们够默契。

（4）职业发展期。《红高粱》成功以后，张某拍了一段时间的文艺片，在全国大众都熟悉了他的名字后，张某敏锐地捕捉到了商业片的市场价值，并与中国电影市场的需求相契合，他开始转向了商业大片，开始了自己的大片之旅，并一直延续到现在。尤其是借助2008年北京奥运会开幕式的无形宣传，张某导演蜚声海内外，风头无人能及。

张某导演的成长历程告诉我们，清晰的职业规划是成功的保障。同学们有更好的学习环境，也有更好的成才条件，应该抓住机遇，合理规划职业发展，获得职业生涯的成功。

（二）案例思考

1. 在张某从演员到导演转型的案例中我们学到了什么？

2. 你将来想从事什么样的职业或行业？

二、拓展案例2　为赢的意愿做准备

（一）案例描述

方某？周某的最佳拍档！周某说，“没有方某，我的歌不会这么成功”。方某的歌词充满画面感，文字剪接宛如电影场景般跳跃，在传统歌词创作的领域中独树一帜。

方某如今已经俨然是继林某之后华语乐坛最优秀的词作人，但从媒体上看，如果不说话，你会把他当作送外卖的，实际上他曾经就是个送外卖的。

方某是电子专业毕业，为了圆梦而在台北苦苦打拼。他做过防盗器材的推销员，还曾帮别人送过外卖，送过报纸，做过中介、安装管线工。

他原来的理想是做一位优秀的电影编剧，进而成为合格的电影导演，但当时台湾地区电影的整体滑坡让他望而却步，只好退而求其次地拼命创作歌词。

方某当时最喜欢的是电影，只是觉得可以通过写歌词这个渠道，可能帮助他迂回进入电影圈。方某在做一名还算称职的管线工之余，花了大量的时间在创作歌词上，直到可以选出100多首，集成词册。

这时候，方某开始了他的求职之路。他翻了半年内所有的CD内页，找最红的歌手和制作人，把集成册子的歌词邮寄给他们，一次寄100份。为什么要寄这么多份？方某是做了计算的，他估计经过前台小姐、企宣、制作人层层辗转，大概只有五六份被目标人物收到。实际上他估算得太乐观了，这样持续的求职行为持续了一年多，结果都是石沉大海，直到有一天接到吴某的电话，同时吴某还签下了一位会弹钢琴的小伙子，他就是周某。

被吴某发掘并赏识，方某进入华语流行音乐界和周某结成黄金搭档，被广泛接受和认可，真正地成为“华语乐坛回避不掉的人物”。

看到以上方某的成功之路，每个有梦想的人可能都会兴奋不已，好似都找到了可以成功的捷径。实际上成功之路远没有那么简单，也不是所有的途径都可以被复制。别人能用这条路走通，你则未必。方某的求职之路有否有可以借鉴的地方呢？当然是有的。

1. 路径无法复制，但可复制精神

你需要像方某一样，在卑微乏味的工作中，喜欢自己，不放弃自己的梦想，在一年多无果的情况下仍然有拥抱梦想的力量。

2. 求职是需要结果的

如果方某寄出去的不是100多首的歌词集子而是一份求职简历，简历上面仅仅是自我评价，如“将音乐视作生命、团结同事、刻苦耐劳”，你觉得他会有机会吗？仅仅有梦想是永远不够的，关键你为梦想做了什么，坚持了什么，有什么样的结果。

3. 结果是要交换的

方某那本歌词集的第一页是这样一封言辞恳切的信，“这是我去芜存菁后的作品……已经预埋了音乐韵脚，而且充分考虑了流行音乐承转的节奏要求……”求职信是给人看的，不是自我梦呓和陶醉，要充分考虑对方的需求，提供他人认可的价值。

4. 有些途径可以更好

方某说，进入圈子以后他才知道这个寄歌词的渠道有问题，实际上这个圈子基本上是通过圈内的编曲老师推荐，艺人的同学朋友推荐。而我比较走运，刚好赶上吴某想组建音乐工作室。

方某被吴某相中有其偶然性，但如果方某在做出求职行为之前更好地了解音乐圈的规则、采用词曲的渠道，而不是自我想象的话，一定可以加速求职成功的路径。

求职之前要先尽量接触圈子，尽量地获取信息，尽量地认识人脉。

（二）案例思考

1. 从方某成功的案例中我们学到了什么？

2. 你为什么选择现在的专业？

3. 你认为学习这个专业将来可以从事什么工作？

4. 你认为职业与专业之间是什么样的关系？

第二章 培养创新与创业意识

第一节　经典教学案例

一、教学案例 1　小小会员卡，大学生赚百万元

（一）案例描述

1992 年出生的小聂，出身于临沂苍山贫困家庭。家贫志坚的小聂以优异的成绩考入了青岛理工大学。带着父母的希望，第一次踏上青岛这片热土。每每想起面朝黄土背朝天的父亲，有病在身的母亲，早早因家庭贫困而辍学的弟弟，责任感油然而生，时时鞭策自己。

1. 坚持前进的步伐

小聂平时善于观察，乐于思考。在创业想法的前提下，善观察与多思考的优势，让他在平凡的小事中发现了创业商机。一天，他无意中发现一位女士付款时，从一个装满 30 余张会员卡的钱包中寻找该店的会员卡，翻来覆去就是找不到，最终被拒绝享受优惠。当时的场景触动了小聂，一个大胆的想法油然而生：能不能把各个企业的会员卡统一起来，让消费者只带一张会员卡就可以享受多家会员待遇。他抱着试一试的态度认真而详细地制订了创业计划，他的这一创意吸引了不少商户。经过一段时间运作，学校周围的联盟商家发展到 23 家，通用会员卡一个月就在学校销售了 600 多张，除去制作卡和折扣目录表的成本，小聂赚到了人生的第一笔“巨款”——整整4000元，成为学校的“创业明星”。

2. 正确对待挫折

一帆风顺是不现实的，小聂的创业之路也是百转千回。在小试牛刀之后，经过仔细地核算，小聂凑了30000元钱，于2017年8月1日成立了XX信息服务公司。这时，他自信满满，幻想着公司美好的前景。然而，天有不测风云，年轻人一时的冲动和美好的向往，在短短的一个月就被残酷的现实拉了回来，原始资本被耗尽，而售卡非常不理想。公司已没有了可以运营的资金，也没有可以借鉴的成功案例，大家对现有的盈利模式产生了怀疑，创业信念开始动摇，是否继续做下去成了最大的困惑。

小聂冷静下来分析发现，原因出在运作项目时没有把握好联盟商家的质量。百余家商户绝大部分是一些路边小店，品质不高，一些消费较上档次的顾客比在校学生挑剔得多，因而都不愿意购买通用会员卡。

3. 推陈出新，改变命运的机缘

找准问题所在，小聂改变了策略：发展优质联盟商户，同时对会员卡实行一对一的精准销售，将顾客目标锁定为具有一定消费实力的年轻人。

调整战略后，小聂将第一个寻求加盟电话打到了好乐迪量贩娱乐有限公司香港中路店。这里的相关负责人听完他的叙述后，立即表示了浓厚的兴趣：“来我们这唱歌的基本上都是年轻人，与通用会员卡的定位完全一致。而我们发展一名忠实的消费顾客，平均摊下来的成本高达20多元，而且一些会员将会员卡搞丢或者消费时忘带的情况时有发生，因此我们对会员卡的管理也颇为头疼……”结果，小聂与好乐迪香港中路店顺利签约，持通用会员卡的顾客可享受歌房8.8折优惠。

接着，小聂又找到了位于中山路的中国电影院，成功争取到正价基础上8.5折的让利（周二半价）。就这样，小聂率领团队东奔西走，使近百家优质商户成为通用会员卡的联盟单位，折扣幅度有时一次就可达数十元。小聂将改良后的通用会员卡的售价调整为每张30元，且每季度向会员免费发放一本《会员手册》，以便他们能够及时了解新加盟商户名单等信息。

2017年11月，通用会员卡重新推出后，小聂期待中的抢购现象终于上演。对广大年轻白领来说，持这样一张会员卡，在近百家知名商铺消费均可享受到不同程度的折扣，诱惑力实在不小。一周下来，通用会员卡发行量高达7000余张！

由于为顾客带去了实实在在的优惠，一些消费者在付账时发现有人使用通用会员卡，便询问在哪儿可以办到这样的卡，因此不少顾客慕名而来，主动申请办理通用会员卡。而会员的增多，自然也为签约商家带来了消费的增加。罗马假日婚纱摄影工作室的老板在电话中高兴地告诉小聂："太有魅力了！仅最近一个月，在我这使用通用会员卡消费的新增顾客就有20多位，虽然打折后单笔利润稍有下降，但整体利润却上涨了！而且，我们店的人气完全被带动了起来！"

正是这一让顾客与商家双赢的举措，在通用会员卡的使用者与日俱增的同时，不少商家主动找到小聂提出加入联盟商户中来。有过前车之鉴，小聂对于商户的选择，除了不会对已联盟的商户构成较大竞争外，他还坚持"时尚、实用、质量与售后服务有保证"的原则，"价格打折，但水准丝毫不能打折！只有严格为顾客把关，通用会员卡的生意才会长久"。不仅如此，为了从法律上约束商户，从2018年3月起，他还与联盟商户签订了合作协议。根据协议，一旦发现有商家在价格折扣上弄虚作假或是售后服务不到位，小聂有权将其列入"黑名单"。

通过1年的发展，2018年10月，小聂见时机成熟，开始实行"双向收费"：除了向普通顾客销售通用会员卡外，他还向联盟商户每年收取一定的加盟费用。商户因为尝到甜头也积极响应，无一退出联盟。

2018年底，小聂还斥资成立了"消费通"网站。通过网站，大家不仅可以在线购卡，而且还能及时了解最新加入的联盟商户名单。之后，不仅会员人数成倍增长，而且通过网站主动找上门的商户也络绎不绝。

创业要务实，从自己力所能及的事做起，脚踏实地干，这是成功的根基。创业要坚韧，坚持、坚持、再坚持，守住你的目标，做好"不撞南墙不回头"的准备。创业需要创新，创新才能凝聚核心竞争力，才能立于不败之地。务实、坚韧、创新正是成功的关键因素。小聂常说，任何人在创业中都会遇到各种各样的困难，但不是所有的困难都是苦难，有时只是遇到了大大小小的问题。很多时候，如果把一个问题感情化，产生畏惧，它便成了困难；如果把遇到困难中的感情成分去掉，客观理性地分析它，它就是现实存在的问题，问题是可以想办法一步步加以解决的。

作为当代大学生，我们在学校里学到了很多理论性的东西：我们有创新精神，有对传统观念和传统行业挑战的信心和欲望；我们有着年轻的血液、蓬勃的朝气，以及“初生牛犊不怕虎”的精神，对未来充满希望，这些都是创业者应该具备的素质，这也往往成为我们创业的动力源泉。

但是在创业道路上，作为大学生的我们，往往急于求成、缺乏市场意识及商业管理经验，对市场营销等缺乏足够的认识，常常盲目乐观，我们对创业的理解还停留在仅有一个美妙想法与概念上，没有充足的心理准备。对于创业中的挫折和失败，许多创业者感到十分痛苦茫然，甚至沮丧消沉。我们经常看到的创业都是成功的例子，心态自然都是理想主义的。其实，成功的背后还有更多的失败。看到成功，也看到失败，这才是真正的市场，也只有这样，才能使年轻的我们变得更加理智。

所以我们大学生在卷入创业热潮的同时，也要深刻地思考清楚，思考自己的人生方向和自我定位，在学习和工作中不断充实自己，提高自己。无论做什么事情，都是一个自我提升的过程。只要自己从中获得了宝贵的经验，无论最后成功或是失败，都是人生的财富。

截至目前，公司的联盟商户上升到600余家，包括恒源祥、真维斯、永和豆浆、锦江之星宾馆等众多知名企业，覆盖范围包括数码、教育、动漫、化妆品、服饰、培训等20多个领域，会员超过15万人，成为青岛众多商家必争的“香饽饽”。仅2018年小聂毕业时，公司的营业额就超过100万元！

小聂的创业，不仅在青岛引起了巨大的反响，而且在团中央全国学联主办的首届“中国大学生自强之星”活动中，小聂被评为“中国大学生自强之星”。

（二）案例教学指南

1. 案例价值

（1）本案例是一个综合的具有创业精神和意识的案例，主要用于“创业基础”“创业管理”“创业实务”等创新创业课程的教学辅助与案例分析。

（2）本案例主要介绍了小聂的创业经历，通过本案例，可以给大学生一点启示：生活中不是没有商机，就看你能不能用心去发现。在小聂创业的路上，有太多的阻碍，但是问题总有解决的办法。只要坚持自己的理想和信念，踏踏实实，即使不成功，那么创业知识的增强、创业能力的提高、创业经验的积累和创业心理的准备也可以让你终身受益。

2. 讨论分享

（1）假如你是小聂，当面临创业初期困难的接踵而至，你会怎么想，怎么做？

（2）什么是创业精神？

（3）创业者需要培养哪些精神品质？

（4）创业精神有哪些行为表现？

3. 理论要点

想成为一个成功的创业者，需要培养以下三个方面的意识。

（1）创新意识，是指人们在认识和改造世界的过程中所表现出的积极、主动、自觉的进取意识，富有不满现有成果、冲破旧的框架、追求新的思维和新的事物的思想倾向，这是创业精神的核心内容。

（2）吃苦意识，是指在创业的过程中，勇于迎接各种挑战，奋力克服各种困难，这是创业精神的必要条件。艰苦奋斗是中华民族的传统美德，在新的历史条件下，把艰苦奋斗的革命法宝和奋发向上的创业精神结合起来，发扬光大，也是“与时俱进”的必然要求。

（3）价值意识，是指一种满足人类需求，促进社会进步的价值追求，这是创业精神的根本宗旨。创业精神所关注的是“是否创造新的价值”。因此，创业的关键在于创业过程能否“将新事物带入现存的市场活动中”，包括新产品或服务、新的管理制度、新的流程等。创业精神指的是一种追求机会的行为，这些机会还不存在于目前资源应用的范围，但未来有可能创造资源应用的新价值。简言之，就是要“发掘机会，组织资源建立新公司，进而提供市场新的价值”。

4. 教学建议

本案例可以作为教师教学的专门案例使用。

教师可按如下进度来组织自己的课堂案例教学，但仅供参考：

（1）整个案例课的课堂时间控制在 90 分钟左右。

（2）课前提出启发思考题，请学员在课前完成阅读和初步思考。

（3）课堂上，教师先做简要的案例引导，明确案例主题（5 分钟）

（4）小组研讨。

①小组讨论并在组内分享（15 分钟）；

②接着小组派代表发言（每组 5 分钟，控制在 50 分钟内）；

③引导全班联系实际进一步讨论，并进行归纳总结（20 分钟）；

④如有必要，学生可以形成书面分析报告，并制作 PPT，进行分组汇报，训练学生的演讲表达能力，教授学生当众发言的技巧。

二、教学案例 2　服务学前，勇于开拓

（一）案例描述

对于学前教育来说，男教师是稀少的。学习学前教育，又从事学前教育，并坚持创业学前教育的男教师更是少之又少的。毕业于河北师范大学学前教育专业的小陈，就是这样一位男教师。

源于大学期间对学前教育的毅然选择和积极准备，小陈不仅积累了扎实的专业知识，而且克服自身不足，突破技能关卡，取得了中国舞一、二、三级教师资格证

书。同时，他还主动学习了学校未开设而社会上却流行的先进的学前教育理念：蒙台梭利教育、感觉统合训练、亲子教育，并先后在幼儿园、亲子园、感统训练营等多家幼教机构实习或兼职工作，积累工作经验。凭着对学前教育的执着和优势突出，他毕业时被北京师范大学实验幼儿园录用，负责体育、亲子、感统教学工作。

1 年多高档次幼儿园的工作经历增强了小陈从事学前教育的信心，更让他看到了学前教育广大的前景。当时他面对的学前教育的工作形势是：幼儿园是最主要的工作方向，工资待遇偏低，入编颇难，对于男老师来说，不是长久之计；亲子教育虽是发展的新趋势，待遇也较高，但也已尝试过了，他陷入了深深的思考：做学前教育，没有合适的岗位；要想在这个领域坚持，就必须自己创造！经过反复权衡考虑，同时受到已经创业的表弟的影响和鼓励，小陈作出了“以创业改变命运，以创业实现梦想”的决定！改变命运——要改变打工者的身份，变成以创业改变命运，以创业实现梦想——要在学前教育领域做一番自己的事业。带着这样的梦想与激情，小陈回到自己熟悉的石家庄创业！

1. 艰难起步，积极开拓

在创业之初，小陈开办了一家小幼儿园。因为他认为幼儿园是学前教育最全面最基础的实践基地，也是他熟悉的。但由于经验、资金、选址、销售技能等多方面的不足，这家承载小陈心血与梦想的小幼儿园面临倒闭的危险。在这关键时刻，小陈虽然颇受打击，但是没有动摇创业的信念，没有放弃对学前教育的执着，因为他知道：创业不会一帆风顺，是要经过风雨的，是要坚持的，是要想办法的！于是他痛定思痛，结合自己的大学成长历程，发现了学前教育中潜在的商机。由于体制等多方面的原因，许多学前教育专业的课程过于陈旧、脱离实际，学前教育大学生在校所学很难满足用人单位的要求。所以，为了坚持自己服务学前教育的理想，他毅然决定创业转型，向广大学前教育大学生提供先进理念的培训，提高实战水平，帮助解决就业。也就是在 2017 年 6 月，小陈注册了 XX 起跑线婴幼儿教育咨询有限公司，在石家庄开创了学前教育大学生师资培训的项目。

起跑线婴幼儿教育咨询有限公司的成立，业务的转型，并没有立刻给小陈带来创业转机。虽然石家庄市每年新增的学前教育大中专学生就达数千人，但是大家普遍缺少参加培训学习的意识。这块市场很需要开发，很需要培育。面对这样残酷的现实，他只选择了一点——努力坚持！有趣的是，在努力坚持的过程中，喜欢历史的小陈把毛泽东同志的“武装割据思想”——武装斗争、土地革命、根据地建设，借鉴为自己公司发展的三大方面：招生销售、培训教研、课后服务，明确了自己创业的努力方向。

为了让学生了解亲子教育等先进理念，小陈一所学校一所学校地跑：向学校领导介绍，向班级辅导员讲解，直接找学生沟通交流。当发现只单独介绍作用不大时，他又查找资料，制作课件，为广大学前教育学生进行免费讲座：介绍学前教育的行业形势与发展前景，介绍学前教育流行的先进理念，介绍学前教育工作的四大方向，介绍学前教育就业的六大要素，帮助大学生进行职业规划。同时，他还积极参加财商、销售、管理及专业知识的各种学习，提升自己的沟通能力、管理能力和思维水平；并且在确保课程质量的同时，切实做好课后服务，带领学员参观观摩、介绍实习单位、推荐就业，帮助大学生解决现实问题。一有用人单位招聘，小陈都会第一时间给每位学员发短信通知；面试之前，他还主动向学员讲解面试技巧和注意事项。有好多已经就业的学员还不时地收到起跑线的就业短信，他们感到：起跑线在想着他们！

随着国家和社会对学前教育的重视，随着学前教育的发展、早期教育的兴起，园所需要大量的幼儿教师、亲子教师，而且对老师的素质要求有很大提高，更注重先进理念和实际工作能力。小陈抓住这一有利时机，在面向大学生培训的同时，积极向幼儿园、亲子园进军。针对园所需求和特点，提出了“订单式培训，一体化服务”的理念，赢得了不少园所的青睐。之后，小陈又发挥自己的桥梁优势，把园所和学前教育学生联系在一起：一方面把园所的发展要求传递给学生，帮助学生进步；另一方面，向园所推荐优秀学生，既帮助学生就业，又帮助园所解决“招工难”问题，取得了多方共赢的效果。

2. 渐成特色、初有成效

经过3年的艰苦努力，小陈创办的XX起跑线幼教公司已经得到了广泛的认可，

XX起跑线幼教公司逐渐形成了自己的特色。

在课程上：已经从原来的联合知名幼教机构共同授课发展到拥有自己独立、系统、完整的课程体系。服务项目包括：亲子教育、蒙台梭利教育、奥尔夫音乐、幼儿教师岗前培训、珠心算、感觉统合训练、亲子课程推广、SIYB创业、美术等级考核、家长讲座等，并在幼教培训领域率先推出了早教课程顾问培训，满足市场需要。并与北京师范大学建立了长期合作关系，得到了学前教育界的广泛认可。

在公司建设上：形成了自己的经营理念，建立了营销、培训、教研、服务、外联、管理等各项规章制度，初步健全了公司的组织机构，专兼职工作人员达到15人，而且积极吸纳大学应届毕业生就业。同时思考并解决了很多认识问题，有了初步的发展定位，使自己走得更加自信稳健，如“学前教育大学生为什么要培训？”“学前教育培训怎么做？”“学前教育大学生培训后会获得什么？”“大学是一个人生重要的自主奋斗阶段”“大学生的三大问题：大学怎么过、专业怎么学、工作怎么找？”“亲子早期教育是一个发展的大趋势”等等。

在业务效益上：成功举办了70多期“亲子教师培训”“蒙台梭利教师培训”“奥尔夫音乐教师培训”和“珠心算教师培训”。吸引了河北师大一幼、河北经贸大学幼儿园、解放军陆军指挥学院幼儿园、小脚印亲子园、爱朴儿亲子园等全省各地和北京市、天津市、四川省、河南省、山西省等众多幼儿园、亲子园的教师，以及河北师范大学、汇华学院、河北女子学院、河北广播电视大学、石家庄学院、石家庄外语翻译学院、石家庄法商职业学院、石家庄幼儿师范、石家庄东方幼师、石家庄二十中学、石家庄科技信息学院等20多所学校的学前教育专业学生的学习。现在每个月举办2～3期培训，全年培训300多名学员，年营业额达到30万元左右，并且每年帮助近百名学前教育大学生成功就业！

在课后服务上：形成了运行体系，面向学生，创办了石家庄学前教育大学生俱乐部，给广大学前教育专业的大学生搭建一个交流互助、自主学习的平台，帮助大家更好地认识和学习学前教育相关知识，积极了解和走向社会，并为之提供免费复学、实践活动、讲座指导、介绍实习、推荐工作等服务；面向园所，提供开班指导、家长讲座、推荐教师、教具购买、教案教学等多方面服务，解决园所的后顾之忧，又促进了公司的良性发展。

在社会影响上：起跑线幼教公司作为河北省困境儿童救助保护联谊会理事单位、河北省少年儿童基金会志愿服务单位，积极参加“圆梦之旅”等各项捐助和志愿活动，为儿童的成长贡献自己的一份力量；帮助智慧果早教学校、解放军白求恩和平医院幼儿园、淘宝贝早教中心等众多园所进行社区早教宣传，向广大家长推广亲子教育理念；同时被河北某学院评选为“大学生创业实践基地”，积极为大学生的就业创业提供支持。

在创业的过程中，小陈参加了 SIYB 创业培训，系统学习了创业知识与技能，他决定将 SYB 创业理念引入大学生群体和学前教育领域，帮助更多的人实现创业的梦想。2019 年 9 月，在小陈的努力下，“SIYB 创业培训进校园活动”在河北某学院成功举办。这次活动使 40 余名即将毕业的研究生、本科生接受了免费的创业培训，增强了他们的创业意识和能力。2019 年 12 月，他的创业项目被省会创业指导中心立项，并面向社会推广。

自创业以来，小陈积极参加相关社会活动，先后获得国家人力资源和社会保障部 STYB 创业讲师、河北广播电视大学学前教育专业建设委员会专家委员、河北省家庭教育学会会员、河北省困境儿童救助保护联谊会理事、河北省中小学创新教育学会艺术教育分会理事、河北“省会家庭服务业联盟”理事等称号。其创业事迹被河北电视台、河北电台、《河北工人报》《河北经济日报》等多家媒体采访报道。

3. 创业感悟

小陈分享了自己的创业感悟：

（1）选择创业项目的三原则：满足社会需要，发挥自我专长，创造独自特色。

（2）创业发展的三要素：胸怀大志，能做小事，持之以恒。

（3）创业需要导师和指导思想。

（4）创业者一定要抓重点，“术业有专攻”，否则贪多嚼不烂。

（5）创业过程很具阶段性特点，所以创业者不可急功近利，要做好每一阶段的主要事情，“量的积累会实现质的飞跃”。

（二）案例教学指南

1. 案例价值

（1）本案例是一个综合的创业精神和意识案例，主要用于“创业基础”“创业管理”“创业实务”等创新创业课程的教学辅助与案例分析。

（2）本案例主要介绍了小陈的创业经历，通过本案例，可以给大学生一点启示：每个创业者在选择自己创业方向的时候，必须认真思考自己的事业方向。小陈成功创业很重要的一点就是，在自己最专业、最熟悉的领域，不断探索、不断追求。虽然专业能力过硬，但是组织管理和经营能力不足，导致了小陈第一次创业的失败。但是，他具有强烈的创业意识：敢干、看得远、懂得分享，失败之后他没有放弃，而是积累经验教训，通过进一步了解市场，终于给自己的创业找准了方向。

2. 讨论分享

（1）小陈离开幼儿园的工作，走上自主创业之路，你认为其根本原因是什么？

（2）小陈大学时学的专业是学前教育，为什么第一次创业依然失败了？

（3）假如你现在是学前教育的毕业生，而小陈的培训班正在招生，你会不会去参加学习？

（4）如果你准备创业，根据你的爱好和特长，你会选择何种行业？

3. 理论要点

创业过程中应坚持的原则：

（1）要敢于谨慎地冒险：创业本身就是一种机会与风险并存的实践活动，可能成功，也可能失败，只想抓住机会，不敢冒险的人是很难成功的，因此创业不仅需要把握住转瞬即逝的机会，还离不开谨慎的冒险精神。

（2）不要轻言放弃：创业活动本身就是一种冒险活动，正所谓“万事开头难”，创业在实施过程中所要面对的挫折和困难是最多的，也是最难以克服的。这就要求创业者在这个时期，遇到挫折时不要轻言放弃，要有足够的耐心和顽强的毅力寻找或创造市场转机。最困难的时候往往是转机来临的时候，成功总是属于坚持到最后的人。在遇到困难时，要研究规律寻找开始创业的恰当时机，运用国家政策、宏观环境、重大事件推动创业发展。

（3）善于总结失败经验：即使是成功创业的企业，在其发展的过程中，也难免会遇到各种挫折和失败。而这些企业之所以会最终成功，也恰恰是因为它们的创业者能够结合所处的环境和自身的特点，分析失败原因，总结失败经验，然后有针对性地学习，努力完善自己的项目，才最终赢来胜利的时刻。

4. 教学建议

本案例可以作为教师教学的专门案例使用。

教师可按如下进度来组织自己的课堂案例教学，但仅供参考：

（1）整个案例课的课堂时间控制在 90 分钟左右。

（2）课前提出启发思考题，请学员在课前完成阅读和初步思考。

（3）课堂上，教师先做简要的案例引导，明确案例主题（5 分钟）。

（4）小组研讨。

①小组讨论并在组内分享（15 分钟）；

②接着小组派代表发言（每组 5 分钟，控制在 50 分钟内）；

③引导全班联系实际进一步讨论，并进行归纳总结（20 分钟）；

④如有必要，学生可以形成书面分析报告，并制作 PPT，进行分组汇报，训练学生的演讲表达能力，教授学生当众发言的技巧。

第二节　课堂精读案例

一、精读案例1　坎坷创业路上永不服输

（一）案例描述

小部，河北邯郸人。2018年6月毕业于河北师范大学体育学院，现在是河北师大青少年俱乐部的负责人。他从大二就开始创业，一路走来，经历了很多，也得到了很多。

1992年10月，小部出生在河北省大名县一个普通的小乡村里，家里兄弟两个他是老小。爸爸是邯郸峰峰矿务局一名普通的工人，妈妈在家务农。这种家庭环境下成长的孩子勤劳、善良、朴实，这就是他性格中的主要特征。在农村长到8岁，爸爸为了让孩子接受更好的教育，全家搬到了峰峰矿务局，父亲800元的工资支撑着一家人的全部开销。初三，小部迎来了人生中的第一次升学压力，如果考不上高中的话，就要掏3600元的高价学费，再加上哥哥刚上大学，家里就会穷得揭不开锅。最终，他如愿考上了高中。

高一，小部基本上是在自卑的阴影笼罩下走过来的，到了高二才开始慢慢地恢复过来。分文理科的时候，准备报文科的他当时征求了父亲的意见。父亲则坚决反对，父亲告诉他说："学好数理化，走遍全天下。"于是小部选了理科。众所周知，任何事情没有兴趣也就没有动力，他理科成绩一塌糊涂，上大学的希望也越来越渺茫。

一天一位学长在学校操场上的一句话，改变了小部人生的轨迹。"如果你成为体育生的'3+X'对你来说就是'3+体育'，你就可以扬长避短。"因为那时候小部的业余爱好就是打篮球和中长跑，在运动会上，除了体育队的人，其他人是跑不过他的，这是他唯一可以找到点自信的地方。第二天他就拿了一双运动鞋加入了体育队，

几天后测了专业成绩，十几个人当中他是最后一名。但小部并没有失望，觉得这很正常，他必须面对这个自己不想承认的事实。以后的日子里，每天清晨，操场上就多了一个独自练习者的身影。半年后，父亲知道了，发现生米已煮成熟饭也就任其发展。就这样在一年后的高考体育测试中，小部拿到了全校的第一名，但由于文化课几分之差没有考上河北师范大学。于是他决定高考复读，2003 年，他终于考上了河北师大体育学院的体育教育专业。人生中他第一次体会到自己主宰命运的痛快，也就是从这个时候开始，他开始尝试着自己拿主意。

1. 缘起：做司仪赚到第一笔钱

小部考上了大学，无形中有一种优越感，但发现身边的同学和他一样都是佼佼者，对于自己的强项中长跑，有的同学已达到二级运动员水平，远远高于他。另一个特长打篮球，勉强可以打班级比赛但还是后补。经过认真思考，小部决定要在别的方面重点发展。于是他参加了体育学院的辩论赛，并带领辩论队拿到了辩论赛的第一名，他本人获得了“最佳辩手”的称号；学院朗诵比赛第一名、全校三等奖；主持人比赛学校十强等等。这些极大地提升了小部的自信心。大一，小部还接触到了另一个专业——体育播音与主持，这个专业是体育学院第一年招生，总共有 20 个人。大三时小部转专业成为那个班的第 21 个学生。正是这种发自内心地对成功的渴望，成了他后来不知疲惫的动力。

一次偶然的机会，小部在公交车上认识了石家庄电视台的一名主持人，因被小部的经历和诚心打动，这名主持人便收小部做了徒弟，小部给他做了一年多的秘书。在电视台实习、跟师傅外出演出和主持婚礼，使小部学到了很多东西。小部很快便做起了婚礼主持，第一次挣了 200 元，第二个月身价就涨到了 500 元，随之而来的是丰厚的收入。不久，他手里就有了几万元钱，对于一个学生来讲，说实话有点飘飘然了。

2. 发展：婚纱影楼赔光所有积蓄

由于与婚纱影楼接触很多，小部发现这个比婚庆更有利润，便和一个朋友凑了 18 万元，在中山路影乐宫开了一家中型婚纱影楼。开影楼之前，小部疯狂借钱，大的四万，小的连同学的200也借。

半年之后由于种种原因资金链断了，准备把影楼卖掉之前的那个晚上，小部自己抱头痛哭了一场。当时心里最不平衡的是觉得自己还没有毕业就比同龄人付出了许多，但老天为什么这么不公平。无奈之下，小部7000元卖掉了所有的家当。第二天他便从火车站进了一些衣服到谈固夜市去卖，第一次他就挣了170元，暑假那两个月全部的时间和精力都在那里练摊了。开学后他在师大租了一个小门脸一边卖衣服，一边卖鲜花，一边做婚庆。上课的时候就找人来看店，就这样一点点地还着自己的外债！

人的精力是有限的，创业时的一番折腾耗费了小部大量的精力，回到课堂后，才发现自己的学业已落下了一大截。由于挂科太多，他不得不进行重修，就这样大学上了5年。

3. 心愿：办家一流的健身俱乐部

经过了这么多经历和磨难，小部的骨子里已经深深烙下了创业印迹，在毕业的那一年，他接手经营了河北师大青少年体育俱乐部。开始，经营得并不顺手，这时学院的领导和老师给了他极大的宽容，多次找小部谈心，给了他许多指导，让他切身体会到了雪中送炭般的温暖，同时也给了他无限的精神动力。

恰逢此时石家庄市长安区就业局与师大合作开办SYB创业培训，创业成功人士的故事深深地打动了这个正在创业的热血青年，也给了他很大启示。

体育俱乐部前期只有拉丁、街舞和健美操三个项目的培训，而且针对人群只有师大以及周边高校的学生，和大学里的社团差不多。除了教练，员工只有他一个光杆司令。每天都是自己一个人骑车去各个学校发传单、贴海报。经过1年经营终于有所好转，后来又增加了成年人培训和少儿培训，增设了拉丁、健美操、瑜伽、肚皮舞、街舞等健身教练职业资格培训。由于近几年河北健身市场迅速发展，超越、宝力、宝沃达等健身俱乐部遍布石家庄，健身教练需求倍增，俱乐部的培训恰恰满足了市场的需求。“证书＋技能＝就业”是他们当时提出的口号，只一年俱乐部就培训了200多人。

日月如梭，俱乐部自开创以来已有几年时间，从一个由四五名老师组成的小社团，发展到现在有40余名老师的大型俱乐部，师资力量雄厚，同时也为许多学校输送了优秀的舞蹈教练员。目前石家庄许多大型健身房，如宝力、超越等都有从师大青少年俱乐部走出去的教练。

一路走来，虽然小部经历了许多别人没有经历过的事情，但也得到了很多别人无法感受到的人生阅历。小部的努力得到了家人和社会的认可，2019年小部被吸纳为民革河北省委支部会员，2020年被选举为长安区政协委员。

（二）案例导读

1. 分析要点

在选择创业项目时，很多人把利润率看作最重要的考量因素，从而忽略掉自己的能力、经验、资金等创业条件，小部也不例外，他以婚庆主持人的身份站在局外看婚纱摄影是无限风光，一旦自己涉足其中却血本无归。他的这次经历告诉我们，每个创业者都要了解自己将要进入的行业，更要以多种方式积累与创业项目直接相关的经验，这对于社会经验欠缺的大学生创业而言尤为重要。

2. 思考题

（1）在本案例中，小部的有哪些创业精神值得我们学习？

（2）结合案例中小部的创业经历，谈一谈创业者应该具备怎样创业意识。

（3）在本案例中，小部第一次创业为什么会失败？应该如何避免？

（4）在本案例中，小部从第一次失败中吸取了哪些经验？

二、精读案例2　小方的影视工作室

（一）案例描述

小方，男，创业时就读于某学院影视学院广播电视编导专业，创办一个影视工作室，以经营影视传媒类业务为主，业务范围主要包括：影视短片和广告片制作，演艺承办及网络的UGA等。

创业不是一帆风顺的，比如说，创业初期他想涉足这个行业，但是技术有限，业务上要求的东西自己做不出来；资金有限，想投入却无能为力，有时候真的是只能着急，一点儿办法也没有。所以几次他都想放弃，投入另一个行业，想投资做一个饭店。可是，没想到做饭店也不是件简单的事，本以为租下店面，买上设备和用品，聘几个服务员和厨师就行了。后来想起来真的是太天真了，如果这么简单，任何人都可以做成全聚德，做成星级酒店了。后来，女朋友对他说："要求稳，在稳定中求发展，不要想自己没能力涉足的领域，想一想自己身边，你力所能及的事，这些东西你如果能悟清楚，也能得到锻炼机会获取很大的财富啊！"听了女朋友的话，小方用了一个晚上的时间思考，最终决定涉足自己大学所学的专业，就是影视行业。但是，大家可能都知道，影视行业每天都有数以万计的人在一个城市里面争夺饭碗，一个小小的出道者能吃到一粒米吗？另外，起初他不敢保证能接得下来什么业务，更不敢保证能成功，但他有梦想、有激情，就算是失败了，也能在自己人生经历上比别人多一笔宝贵的财富，他要去尝试。

迎着压力，他的影视工作室诞生了。他背上文件、作品，带着百倍的热情，走进商业大熔炉中接受历练。他挨家挨户地联系业务，几乎把他业务范围内的每一家公司和营业场所都走了一遍。每天回来后都很疲劳，脚走得起了泡，但是热情依然很高涨，因为他知道只有付出才有回报。

记得第一次谈业务，他只身一人走进了一家广告公司，进去的时候说要找一下业务经理，公司职员很热情地把他引荐给了业务经理，业务经理问他的第一句话就是："您好，先生，请问您是什么类型的公司，想要做平面广告还是要做3D广告。"当时他就蒙了，人家把他当成是来做广告的了，所以才把他带到经理这里来。他没有直接解释是来要业务的，而是顺着经理的想法说了下去。他详细地咨询了这家公司的广告类型，这样可以更清楚该公司到底什么业务适合他，经理把他当作客户，很认真地给他讲解了公司所设计的广告类型。经理兴高采烈地讲完时，他才表明来意："因为久仰贵公司在当地的地位和业务范围，所以作为一个刚刚起步的小影视工作室想寻求贵公司的帮助，希望能承揽贵公司的一些业务，让我们借着贵公司的东风也有所提高。”当他说完这句话的时候，经理明白了刚才所说的一切算是白费唾沫了，但他依然微笑着说：“哦，好啊，很不好意思，误解了您的来意，耽误了您这么长时间，您是想和我们公司合作广告业务啊，您能给我看看您工作室的作品吗？我也好在合适的时间给您合适的业务啊。”就这样他们在一番交谈之后结束了对话。虽说此行并没有接下来业务，但是他学到了很多东西，就光是这位经理的素质和语言方式就是他要学习的。

第二次业务是谈网络的UGA，当知道周围很多公司在做网络的UGA业务之后，小方直接在朋友的引荐下拨通了酷六网络业务主管的电话，仔细地介绍了自己的情况后，这个主管给了他一个和第一次谈业务时同样的回复，随后就挂掉了电话，当时他十分失落，心想结果一定和第一次一样。他继续自己去谈业务，在一些小的广告公司和婚庆公司接到了一些简单的业务。过了大概3天，他接到了第一次谈业务的广告公司给他打来的电话，说要做一个旅游景点的宣传片，问他有没有时间。激动之余，他直接接了下来，随后就开始安排接下来的事情。当闲下来的时候，他自己哭了，当时的心情很复杂，说不好是喜极而泣还是对曾经所受的委屈的释放。但是，他知道，他迈出了第一步，当时更是下定决心，一定要努力地走下去，不仅要走下去，而且要走得更好，走得更潇洒。很快，工作室的成员把这个宣传片做了出来，并且得到了业务公司的好评。随后，就有了接连不断的业务往来。在接到该宣传片业务不久后，他们就接到了酷六网络公司发放的第一批UGA业务，这次业务他们同样认真高效地完成了，并得到了主管的认可。就这样，工作室成员同他一起奋战，先后拿下了酷六、激动、盛大等网络公司的UGA业务，又接下了十余家影视传媒公司的宣传片、广告片、专题片和推广片的合作或独立制作业务，以及电视台的广告制作与后期处理业务等。

此后，小方携工作室团队多次在网络视频、原创视频和影视的颁奖晚会上荣获嘉奖：2019年1月，原创视频群英会上获得创作水晶奖；2019年11月，酷六原创视频颁奖晚会获最佳新人奖和最佳原创网络故事片奖；2019年12月，在唐山电视台的公益广告征集大赛上《自作自受》入围并展播。

在朋友的努力和支持下，小方承揽了部分演艺公司和娱乐公司的演艺业务，带领自己的原班人马承办了两次10万元以上的演出业务，创造了起步三个月零投资赚5万元收入的佳绩。这些成绩的取得使他更加坚定了信心，无论路有多坎坷，他也会迎难而上。

创业初到现在父亲的一句话一直激励着他："自卑自弃，只能像小河流水，冲走的是青春的花瓣，浮不起成就的巨轮！"他秉着一颗虔诚、感恩、勇敢的心不断地向梦想的高峰攀爬，他相信在不久的将来，通过努力和打拼一定会有属于自己的一份事业、一份天地。

（二）案例导读

1. 分析要点

创业绝不是一帆风顺的，恰恰相反，选择创业意味着不走寻常路，这条路上充满风险、布满荆棘。在小方的身上传递出来的不怕苦、不怕累的精神，在不断遭到拒绝后仍旧不失乐观与坚持是作为创业者最难能可贵的品质。

创业之初，市场在哪里、客户又是谁，注定是每个创业者都要过的第一关，闯不过存活关口的新创企业，有很多在3个月内即退出市场。有了客户和市场，产品质量和服务水平的高低成为通过第二关的关键，因此专业和品质很重要，它能赢得更多的市场与口碑，为企业的后续发展提供动力。

2. 思考题

（1）假如你是小方，在第一次与广告公司的业务经理谈业务时遭遇同样的情况，你会如何做?

（2）假如你是小方，在第二次与酷六网络业务主管谈业务时遭遇同样的情况，你会如何做?

（3）什么样的动力支撑着小方的创业历程？你认为他表现出了哪些创业精神和品质?

第三节　课外拓展案例

一、拓展案例 1　白羽大肉鸡场

（一）案例描述

随着国家对大学生自主创业的鼓励，到基层就业的引导以及各方面的支持，小李开始有了自主创业、基层就业的想法。

小李，毕业于 XX 工业职业技术学院，2019 年 7 月他回到家，得知家乡吴桥县正在推广一个大项目——饲养白羽大肉鸡。对于这个项目，县政府、财政、地税等部门都制定了相应的支持政策。自 2018 年以来，吴桥县工商局也出台了鼓励全民创业的优惠政策，给农民创业致富提供了很多便利条件。县里还成立了专为肉鸡生产服务的中介组织——吴桥县大成养鸡专业合作社，全面推行预约服务、上门服务、跟踪服务，技术人员手把手教给农户饲养管理技术和方法，指导农户科学饲养管理肉鸡，进行标准化生产，解决农户缺乏饲养管理技术的难题，化解农户的饲养管理风险，提高养殖效益。

光有政策上的鼓励和县政府的支持远远不够，到底饲养肉鸡的市场前景如何呢？通过走访和查阅资料，他了解到养鸡要上规模，小打小闹可不行，只要资金许可、条件许可，科学饲养和管理，规模越大利润空间也就越大。

他的想法得到了父母的认可。但是，要想成功地饲养肉鸡还面临着两大难题：一是肉鸡的利润空间虽然很大，但是风险与利润是并存的，一批鸡可以挣 30000 元，但同时如果遇到市场行情低迷，一批鸡也可以赔 30000 元。二是学计算机出身的他对于肉鸡的饲养可谓一窍不通。为了解决这两大难题，使自己的鸡场经得住市场的风吹雨打，他经过多方打探与考察，与沧州青县的三融公司签订了保值饲养合同。所谓

“保值”就是能够保障养殖户的利润不受市场行情的影响。同时该公司为养殖户提供鸡雏、饲料、兽药、疾病诊断、回收毛鸡的服务。这样既保证了他的养殖利润又暂时解决了自己不懂技术的问题。2019 年 10 月，他的养鸡场正式动工开始建设。选择厂址、筹措资金、建造标准化鸡舍、配置全自动设施历时两个月，他的养鸡场于 2019 年 12 月正式成立，饲养面积 $500m^2$，总投资 12 万元，年可饲养肉鸡 30000 只。

通过 3 个月的准备，他体会到自主创业并不像想象得那么简单。单是鸡场的建立就使他认识到自己在学校学习的那些东西是远远不够的。从鸡场的选址到鸡舍自动化设备的安装，都使他明白在社会这个大家庭里自己所掌握的那些知识是多么的微乎其微。同时，也让他明白知识改变生产力的道理。当然这个过程更让他深深体会到了“坚持”的重要性。

到 2020 年 2 月，他饲养的两批白羽大肉鸡已经成功出栏了，总利润 20000 元左右。此时，他已熟悉了整个肉鸡饲养过程、经营管理和运作方式，在这期间，他除了认真地饲养以外，还不断学习有关肉鸡疾病诊断的知识。

首先，要想把肉鸡饲养好关键是科学养鸡。他认真学习并掌握了肉鸡饲养的技术，尤其是在疾病诊断与用药方面。依赖他人会加大饲养的成本和饲养的风险，鉴于此，他利用网络和书籍学习相关的知识，边学习边实践，把理论应用于实践，努力争取在短时间内全面掌握肉鸡饲养的技术。

其次，他认为“有销路”是这两批鸡能够成功饲养的关键。这得益于他与三融公司签订的保值合同。公司按合同价格为他提供雏鸡、饲料、疫苗、兽药及毛鸡回收，确保养殖户稳定的利益空间。他只需按照公司的饲养管理要求饲养即可，无须承担市场风险。实践告诉他：与信得过的大公司签订保值合同一能保证成鸡的正常销售，二则提供专业服务，三是可以降低风险、扩大规模。

最后，他想告诉大家：“只靠辛勤的付出不一定就会有好回报”的道理，商场不像在学校学习一样，只要自己努力就会有好的成绩。要想取得好的效益，光靠踏实肯干是远远不够的。健康的鸡苗是基础，良好的饲养管理和科学的防疫是保障，行情是机遇。只有保证各个环节的稳定，才能取得好的效益。只有各个环节都做到精益求精，才能在肉鸡市场站稳脚跟，创出一片新天地。

两批白羽大肉鸡的成功饲养更增加了他饲养肉鸡的信心，坚定了他养鸡场的发展方向。据了解，鸡肉作为一种高蛋白低脂肪食品，在世界许多国家正在被越来越多的消费者所青睐。由于人们消费水准的不断提升，无药残、无激素、放心肉的需求必将促进肉鸡的绿色发展。未来无疫病、无药残、品牌化的肉鸡分割产品必然主导市场。对于一个养殖户来说，还要尽可能地降低饲养风险，规避市场风险，与一个有实力的公司合作，“借梯子上楼”才可以做大做强，才是最佳的选择。

通过两批肉鸡的饲养，他已初步掌握了肉鸡饲养的方法，而且现在他正还不断地学习。同时他也有了自己新的发展思路，为了带动当地更多的农民搞肉鸡的养殖，他打算：一是将来成立养鸡协会，为当地的养殖户提供技术支持与其他服务。二是通过当地人保公司促成新险种——肉鸡饲养保险，该保险的推出，让农户为鸡舍和鸡群投保，降低养殖的意外风险。三是把自己养鸡场向着示范基地的方向发展。目前，他的养鸡事业正在如火如荼进行。作为一名在就业和创业之间抉择的大学生，小李深切体会到了两者的不同。

在个人企业中，要始终头脑灵活，不断地制造卖得出去的东西；熟悉财务管理，即使你已经开始赚钱，也不能确定什么时候能有收入，需要学会理财，能够做到增收节支；小心地使用各种设备，以防出现故障；能与人很好地相处。受雇于别人的公司，薪水会有保障；你可以只专注做事，不必考虑资金问题。因此，个人创业是一件非常辛苦的工作，并不像许多大学生所想象的那样，自己当“老板”是一件潇洒有趣的事情。实际上，对一个独立创业者来说，会经常遇到诸如资金、人才、市场等方面的各种困扰。所以，建议大学生创业者在尚未踏入这个领域前要有良好的心态，并做好充分的心理准备。

（二）案例思考

1. 假如你是小李的亲人，会不会感到小李的创业项目不够“体面”？

2. 假如你现在没有工作，你会不会和小李一样，想到做养鸡的创业项目？

3. 小李之所以选择养鸡项目，你认为根本原因是什么？

4. 如果你是一位大学毕业生，面前有两份工作，一个社会地位低但收入高，一个社会地位高但收低，你将如何选择？

二、拓展案例 2　飞扬相框汽车美容店

（一）案例描述

小王，男，四川省邛崃市临邛镇人，2018 年毕业于 XX 某学院心理教育与心理咨询专业。2019 年 9 月在四川庐山自主创业办起了汽车美容店。

2018 年 8 月，大学毕业不久的小王到了西藏，在那里和哥哥一起工作。小王的哥哥是白象方便面在西藏的总代理，负责整个西藏地区的批发工作。在那里小王负责零售工作。在学校时小王曾担任系外联部部长，负责系内的外联工作。在学生时代的外联工作中，他的人际交往能力得到了很好的锻炼，所以当时做白象方便面零售工作对小王来说并不困难，工作做得很好，并取得了很好的业绩。由于个别原因，工作了 4 个月之后，小王听从父母的安排回到了四川。

2019 年春节过后，在对四川德阳做市场调查时，发现洗车场在德阳发展的潜力较大。当时也有一个很好的机会，有一个人的洗车店不做了，正好想要别人来接手，于是小王就接手了这个洗车场。他利用自己在以前工作中积累的人际关系集资近 30 万元，开始经营这家“车派汽车美容店”。店面占地 $235m^2$，主要业务有汽车清洁、装饰和美容。做了半年之后，小王又将汽车美容店进一步扩大，面积又增加了近 $80m^2$，更名为“飞扬相框”。

小王经营这个汽车美容店半年后，业绩还未达到顶峰，还需进一步拓展市场。他在经营过程中积累了一些经验，也遇到了一些困难，其主要原因就是没有经验。“飞扬相框”是集洗车、贴膜、保养于一体的店，一开始就 4 个人，200 多平方米的洗车场明显人手不够。有洗车的，有倒车的、有泊车的、每个人都在忙碌着，尤其是

雨天过后这样的情况更明显。记得有一次在持续几天的雨天过后，在泊车场的车都找不到位置了，人多、车多，店里的人都忙得不可开交，很多客户等的时间长了就不耐烦地叫服务人员。由于着急，在移车的时候小王还把客户的奥迪A6撞在了洗车房的墙上，车都撞坏了，洗车房也撞坏了。看到这种情形，他一下子也蒙了，不知道该如何去处理，只是赶紧给客户赔不是。由于小王的态度很诚恳，耐心协商解决办法，最后客户给予了充分的理解和同情，没有再追究责任，而是交由保险公司来处理。除此之外，在一开始遇到人多、车多的时候，因为没有经验，经常将客户的钥匙弄混了，为此也给客户带来了诸多不便。但是随着时间的推移，这些小问题逐渐被熟练和经验所避免。

经营到现在，"飞扬相框"日常的工作已经趋于正常化，小王需要做的事情主要有两件：一是将客户定做的物品及时送去，并且通过和客户交谈了解自身工作中的不足；二是进一步开拓汽车美容市场。

在整个创业的过程中，小王有三点体会：一是作为创业者必须有良好的心态。创业之初很有激情，感觉它是实现自己人生价值的便捷道路。但是在创业中遇到了不顺心的事情就会有波动，所以在这时就要求有一个良好的心态。比如说员工有时会发脾气，如果作为老板也和员工一样闹情绪，就会影响到日后的工作。如果关系破裂，员工走了，作为老板又得重新招人，对新来的员工又得重新培训，这样既浪费很多的时间和精力，还耽误工作。另外，由于创业的艰辛，有时会感觉自己做的工作太多，力量不够，无论是从身体上还是从精神上都很累，如果心态不好的话，就会想到放弃。因此，一定要保持稳定的心态，心态是创业成功的第一要素。所以，要想创业，要想成功，就得做常人所不能做，忍常人所不能忍，经历常人所不能经历的。

二是作为创业者首先要能吃苦，做的事情比别人多很多。在起步阶段小王自己什么事情都做，拿吃饭问题来说，因为考虑到消费的多少问题，就自己给员工做饭，这样能够减少很多的开支。为了给大家创造一个良好的工作环境，他还自己打扫厕所卫生。也就是说对于一个刚刚开始创业的人来说，不像单纯到单位上班的人，做好自己的本职工作就可以了，一些琐碎的事情都要自己去做。尤其是从起步到稳定发展之间的过渡期，这是一个很关键的时期。有时为了去联系一个客户，他会到客户家中，给客户介绍价格、线条等，力求让客户成为自己的长期客户。经常一个客户谈两三个小时，到晚上七八点回店是很正常的事情。回到店里，还要尽快按照客户的要求去做，做完之后再给客户把样品送去，让客户看，直到满意为止。前期开发客户就是如此。如果是长期客户，做什么样的框子，以及相应的尺寸，电话告诉之后，做好直接给客户送过去就可以了。所以创业之初是很辛苦的，要想在创业这条路上能够走下去，一定要能够吃苦。小王说上帝对待每一个人都是公平的，如果一个人的前半生是在享乐中度过，那么后半生必定会是在忧郁、痛苦中度过；如果一个人的前半生是在艰难困苦中度过，那么后半生就是在享乐中度过。找客户、跑市场都是先苦后甜的，所以他相信人生也是先苦后甜的，经历了艰辛之后就会收获很多、获得幸福！

三是除了一个良好的心态和能吃苦之外，良好的交际能力也是很必要的。要让客户成为自己的长期客户、开拓自己的市场，自身必须有良好的交际能力，交际能力不强也是一个致命的弱点。例如，按说汽车美容、保养本身不涉及找客户、拓展市场等情况，但是为了让更多的人来汽车美容店，就必须走出去拓展市场，让更多的人了解“飞扬相柜”，并且最终成为汽车美容店的长期客户。为此，有些客户就需要专程拜访，这就要求有良好的交际能力。表达能力不强、交际能力较差的员工，即使有客户来到这里给车做保养，由于跟客户交流不够充分，就很难使之成为长期客户。所以，良好的交际能力也是创业者必备的条件。

一路走来，小王的感触很多、收获也很多。在此过程中，小王得到了很多人的关心和帮助，他从内心由衷地感谢所有帮助过自己的朋友和同学，同时也感谢大学期间学校领导和老师给予的教育和引导，使自己懂得了做人要踏实、能吃苦，要头脑清晰，注意观察，创业定位要准，学会坚持。相信有了这样的认识，今后的日子里小王会走得更高、更远！

（二）案例思考

1. 小王的创业经历对创业者有什么帮助和启发?

2. 通过本案例的学习，你认为小王成功的因素有哪些？

3. 以你对创业的理解，你认为创业项目应该如何选择？

4. 小王的创业项目是否可以成为连锁经营模式？为什么？

第三章 发现与发掘创业机会

第一节 经典教学案例

一、教学案例 1 从低落到辉煌

SOHO 中国董事长潘某无论是其经济财富，还是其微博的火热，都让这位房地产大佬成了媒体的宠儿。然而，光环背后往往都会有不少平淡甚至可以说是苦涩的经历。

1. 英雄莫问出处

坐在 SOHO 现代城 18 层宽敞的办公室内，SOHO 中国董事长兼联席总裁潘某像说书一样，描述着多年以前的那段落魄淘金史。

1991 年下半年，海南的经济正遭受着第一次低潮。和许许多多的淘金者一样，潘某和冯某几个人成天混迹于海口的街边排档，沙滩浴场，“无聊的时候骑着自行车绕岛一周，回来时已经满脸胡子”。有一段时间，一位女士和他们几个人走得比较近，大家自以为意气相投，经常一块儿饮酒聊天。直到有一天，这位女士来到潘某、冯某注册的“万通公司”办公室参观了一番，从此不辞而别。多年以后，当潘某偶然再次碰到这位女士时，不忘对此问个究竟。女士坦言，“你们唯一的一张办公桌上都是厚厚一层尘土，和这样的人交往，实在怕惹是非！”

在成立海南万通之前，冯某、潘某等人的计划是承包一家叫作“大地公司”的国有小企业，双方约定，冯某、潘某每年向原来的厂长缴纳数千元的治理费，大地公司由冯某、潘某经营。合同签订，冯某、潘某接手了大地公司的印章，正预备开展业务，不料第二天，老厂长便骑车赶了过来，要回了印章，撕毁了合同。原来，经过一夜反思，想到冯某、潘某的境况，稳重的老厂长还是觉得不妥，“不能由于几千块钱惹了大麻烦！”这也才有了后来重新注册的“万通”。多年以后，这位老厂长特地跑到已经发迹的潘某的办公室里叙旧，“早知道，当年就让你们干了，现在大地也成大企业了！”双方相视大笑。

听着潘某说书，大家的笑声不时在数百平方米的办公区内回荡。窗外的马路上、工地上，到处都是紧张忙碌的身影。谁又能知道，这其中的哪一位，在多年以后，同样也会在某一个奢华的地方，谈笑风生地讲述自己“当年的落魄故事”！

2. 在净水：小潘拉粮等人帮忙

1963 年，潘某生于甘肃天水农村，小时候，母亲常年卧病在床。命运的第一次转变出现在 1977 年，这年秋天，一家人从农村户口变成城镇户口，搬往净水县城。

回城之前，潘家必须将家里所有的粮食拉到县城粮站交公，换成甘肃省粮票，这个任务落到了宗子潘某的肩上。200 多斤粮食，一辆平板车，20 多里土路，成年之后的“老潘”身高也只有一米六几，对当年 14 岁的“小潘”来说，这趟送粮路的艰辛不问可知，“两个坡道怎么拉也上不去，只好在路边等人帮忙”。不久，潘某转学到县城高中，这是他人生的第一次漂泊，“从农村到县城，感觉到生活很有希望！”潘某以为，这是他人生的开始。一年后，潘某接到来自省城兰州一所中专学校的录取通知书。

3. 在兰州：自我介绍引来哄堂大笑

由于通信落后，潘某很晚才拿到录取通知书，当他一个人踉踉跄跄来到兰州的时候，学校已经开学一个多月了。站在教学楼前，一身行囊的潘某不知道应该找谁报到。

“赶了 10 多个小时的火车，太累了，坐在楼梯口一会儿就睡着了。”潘某回忆说，中午时分，模模糊糊的他才被人推醒过来，“你是我们班的，跟我来吧！”叫醒潘某的是他的班主任金老师。金老师将这个迟到的学生带到了教室，先容同学们熟悉。“我忘记当时自己说了一句什么话，印象很深的是我刚一开口，全班便哄堂大笑。”潘某猜测，那可能和自己的口音有关，直到今天，他的西北乡音依然无改。

“那时候，整天都是低头走路的，从来不看天，到毕业了也不知道学校教学楼究竟有多高，不像现在，每到一个地方一定要先看看他的高楼。”潘某说，那是一段埋头读书的日子。

2 年后，在全年级 600 个学生中，潘某以第二名的成绩考进位于河北的石油管道学院，3 年大专毕业之后，分配到了廊坊石油部管道局经济改革研究室。

4. 在深圳：花 50 块请人带路

1987 年底，潘某第一次南下广州、深圳。“从雪窖冰天的北方来到鸟语花香的广州，忽然觉得这真是天堂，尤其是深圳，每个人都过得那么开心。”春节一过，潘某便变卖家当，辞职南下深圳，到达南头关时，身上只剩下 80 多块钱，这便是多年后外界描述的潘某的“创业资本”。由于没有边境通行证，这笔“创业资本”首先是花了 50 元请人带路，从铁丝网下面的一个洞偷爬进了深圳特区。

现实中的深圳并不像走马观花时看到的那么美好温馨。潘某为三餐而奔波，不久进了一家咨询公司，“实际就是皮包公司，电脑培训、给香港人当跑腿的、接待内地厂长经理旅游，什么能挣钱就干什么！”

由于语言不通，饮食不适应，深圳的生活始终让潘某感到非常压抑。2 年后的 1989 年，公司正好要到刚建省的海南设立分号，以为“不能错过历史机遇”的潘某主动请缨南下海南，迎来了他自以为最多姿多彩的人生阶段。

5. 在海南：经营房地产找到了“胆量”

“初到海南，感觉就是热闹。街道上谈恋爱的、作诗的、弹吉他的，什么都有，每个人都有梦想，就是没钱。”回忆这段历史，潘某眼睛发亮。不久，公司在海南中部接收了一个砖厂，潘某出任厂长。这个厂高峰的时候有 400 多名工人，少的时候也有 100 多号人，地处山区，治理起来并不轻松。“小偷经常光顾，夜里提供照明的小发电机一个月内被偷过三次。”潘某像讲电影故事一样，“人刚躺下，电灯忽然灭了，那肯定是发电机被偷了，于是便狂追，直到小偷抬不动了、弃机而逃。”更麻烦的是民工情绪问题，有一天，潘厂长正在自己的卧室——一个废弃的水塔里休息，忽然一块砖头破窗而入，水塔下面，聚集了上百位谈工资的民工。“想跑都跑不了，只能硬着头皮下去跟他们谈！”半年后砖厂停产，潘某重回海口。随着经济低潮的来临，大部分淘金者都撤了，潘某决定留下来碰碰运气。“理个发两块钱还要砍价砍成一块。晚上睡在沙滩上，还要把衣服埋在沙堆里，生怕被人偷了。在别人房间看春节联欢晚会看了一半，便被人家赶走了。”

1991 年 8 月，潘某与人合伙注册成立万通公司，高息借贷 1000 多万元经营房地产，随着海南经济第二波高潮的到来，在短短半年多时间里，万通积累下了超过千万元的资金。“固然后来又赔掉了，但让自己找到了胆量。”1992 年 8 月，预感到海南房产泡沫不能持久的潘某撤离海南，北上京城。

（二）案例教学指南

1. 案例价值

（1）本案例主要适用于“创业基础”“创业管理”等课程的案例教学。

（2）本案例阐述了潘某艰苦而曲折的创业经历，其教学目的在于引导学生对创业艰难的认识，即“创业很苦，但坚持很酷”。创业者最可贵的品质就是立刻行动，在丰富的经历中寻找创业机会，并选择那些有前景的机会。因此，创业者必须勇敢可信，从风险中获得超额利润是一种能力。

2. 讨论分享

（1）从潘某的创业经历中你感悟到了什么？

（2）如何寻找创业机会？

（3）如何将商业机会转化为创业项目？

（4）案例中潘某最可贵的品质是什么？

（5）你怎么理解“创业英雄不问出处”这句话？

3. 理论要点

（1）识别创业机会是创业的起点，也是核心。机会识别是创业的开端，也是创业的前提。

可以说机会无时不在，无处不在。随着世界经济与科技的进步，创新与企业家精神在经济发展中起着日益重要的作用，创业活动作为二者的集中体现，在当今的中国乃至全世界逐渐成为经济发展中的强劲推动力。创业家们常说："好的创意是成功的一半。"然而，创意并不等于创业机会，这是因为一个创意可以通过多种方法产生，可以不十分注重其实现的可能性，但一个创业机会却必须是实实在在的，是能够用来作为新创企业的基础的，这是一个相当关键的区别。因而，创业者必须要进行创业机会研究。实际上，创业往往是从发现、把握、利用某个或某些商业机会开始的。所谓创业机会，也称商业机会或市场机会，是指有吸引力的、较为持久的和适时的一种商务活动的空间，并最终表现在能够为消费者或客户创造价值或增加价值的产品或服务之中。识别创业机会是创业成功最重要的第一步，好的创业机会是真正创业成功的一半。

（2）创业机会的出现往往是因为环境的变动，市场的不协调或混乱、信息的滞后、领先或缺口，以及各种各样的其他因素的影响的。也就是说，在一个自由的企业系统中，当行业和市场中存在变化着的环境、混乱、混沌、矛盾、落后与领先、知识和信息的鸿沟，以及各种各样其他真空时，创业机会就产生了，如技术革新、消费者偏好的变化、法律政策的调整等等。好的创业机会当然可能有最大的潜在创业利润的机会。但是，由于创业机会本质上体现为一种信息不对称，因此，好的机会必须天然或者有目的地使其具有如下的机制，以延长创业机会的生命周期：防止被别的创业者仿冒的机制；防止或者延缓信息扩散传递的机制。

4. 教学建议

本案例可以作为专门的教学案例，下面的教学进度设计仅供参考：

（1）整个案例课的课堂时间控制在 90 分钟左右。

（2）课前提出启发思考题，请学员在课前完成阅读和初步思考。

（3）课堂上，教师先做简要的案例引导，明确案例主题（5 分钟）。

（4）小组研讨。

①小组讨论并在组内分享（15 分钟）；

②接着小组派代表发言（每组 5 分钟，控制在 50 分钟内）；

③引导全班联系实际进一步讨论，并进行归纳总结（20 分钟）如有必要；

④可让学生形成书面分析报告，并制作汇报 PPT，进行汇报。

二、教学案例 2　乔布斯的创业人生

（一）案例描述

1. 引言

史蒂夫·乔布斯（1955—2011），发明家，企业家，美国苹果公司联合创办人。1976 年，乔布斯和朋友成立苹果电脑公司，开始了创新之旅。他凭敏锐的触觉和过人的智慧，勇于变革，不断创新，引领全球资讯科技和电子产品的潮流，把电脑和电子产品不断变得简约化、平民化，让曾经昂贵稀罕的电子产品变成现代人生活的一部分，从而深刻地改变了现代通信、娱乐乃至生活方式。时任美国总统奥巴马称："乔布斯是美国最伟大的创新者之一。"

2. 特立独行的青年时代

1955 年 2 月 24 日，史蒂夫·乔布斯出生在美国旧金山。学生时代的乔布斯生活在著名的"硅谷"附近，邻居都是"硅谷"元老惠普公司的职员，在这些人的影响下，乔布斯从小就很迷恋电子学。

19 岁那年，刚念大学一年级的乔布斯突发奇想，辍学成为雅达利电视游戏机公司的一名职员。没过多久，年轻而不安分的他又对佛学产生了兴趣，连工作也不要了，漂洋过海去印度追随大法师修行练功。这次求佛不但没有学成佛，还吃尽苦头，他只好重新返回雅达利公司做了一名工程师。

安定下来之后，乔布斯继续自己年少时的兴趣，常常与儿时同伴沃兹一道，在

自家的小车库里琢磨计算机。他们梦想着能够拥有一台自己的计算机，可是当时市面上卖的都是商用的，体积庞大，价格昂贵，于是，他们准备自己开发。制造个人电脑必须有微处理器，可是当时的8080芯片零售价270美元，并且还不出售给未注册公司的个人。两个人没有放弃，终于在1976年度旧金山威斯康星计算机产品展销会上买到了与英特尔公司的8080芯片功能相差无几的摩托罗拉公司出品的6502芯片，但价格却只要20美元。带着6502芯片，两个狂喜的年轻人回到乔布斯的车库，开始了自己伟大的创新。仅仅几个星期，世界上第一台个人电脑就诞生了。精明的乔布斯立即估量出这种自制电脑的市场价值。为筹集批量生产的资金，他卖掉了自己的大众牌小汽车，同时劝说沃兹也卖掉了他珍爱的惠普65型计算器。就这样，他们有了奠基伟业的1300美元。1976年愚人节那天，乔布斯、沃兹及乔布斯的朋友龙·韦恩做了一件影响后世的事情：他们三人签署了一份合同，决定成立一家电脑公司。公司的名称由偏爱苹果的乔布斯一锤定音——"苹果"。

3. 初显锋芒的创客时代

"苹果"机的生意刚开始很清淡。一个偶然的机遇给"苹果"公司带来了转机。1976年7月的一天，零售商保罗·特雷尔来到了乔布斯的车库，当看完乔布斯熟练地演示电脑后，他认为"苹果"机大有前途，决意订购50台整机。50台整机在特雷尔手里很快销售一空，"苹果"公司从此名声大振。1977年4月，美国有史以来的第一次计算机展览会在西海岸开幕了。为了在展览会上打出名声，乔布斯四处奔走，花费巨资，在展览会上弄到了最大最好的摊位。更引人注目的是"苹果Ⅱ样机"，它一改过去个人电脑沉重粗笨、设计复杂、难以操作的形象，以小巧轻便、操作简便和可以安放在家中使用等鲜明特点，紧紧抓住了观众的心。它只有12磅重，仅用10只螺钉组装，塑胶外壳美观大方，看上去就像一部漂亮的打字机。"苹果Ⅱ样机"在展览会上一鸣惊人，几千名用户涌向展台，观看、试用，订单纷纷而来。

1980年，《华尔街日报》的全页广告写着"苹果电脑就是21世纪人类的自行车"，并登有乔布斯的巨幅照片。1980年12月12日，苹果公司股票公开上市，在不到一个小时内，460万股全被抢购一空，当日以每股29美元收市。按这个收盘价计算，苹果公司高层产生了4名亿万富翁和40名以上的百万富翁。

因为巨大的成功，乔布斯在1985年获得了由里根总统授予的国家级技术勋章。然而，成功来得太快，过多的荣誉背后是强烈的危机，由于乔布斯过于锋芒毕露，咄咄逼人，无形中得罪了很多人。加上蓝色巨人IBM公司也开始醒悟过来，也推出了个人电脑，抢占了大片市场，使得乔布斯新开发出的电脑节节惨败，总经理和董事们便把这一失败归罪于董事长乔布斯，于1985年4月经由董事会决议撤销了他的经营权。乔布斯几度与苹果董事会沟通、道歉，最终也不能挽回败局，他一怒之下，卖掉手中所有的苹果股票，发誓干一番比苹果还大的事业。他说："我当时没有觉察但是事后证明，从苹果公司被炒是我这辈子发生的最棒的事情。因为，作为一个成功者的极乐感觉被作为一个创业者的轻松感觉重新代替：对任何事情都不那么特别看重。这让我觉得如此自由，进入了我生命中最有创造力的一个阶段。"

4. 锐意创新的改革时代

辞职后，他创办了一家名为NeXT的电脑公司，开发电脑新技术。很快，乔布斯独具的商业慧眼又开始发挥了作用——1986年，他以1000万美元的价格，从"星战之父"，也就是美国电影电脑特技之父卢卡斯手中，买下了当时小小的、很不景气的电脑动画制作工作室，成立了皮克斯公司。

皮克斯公司最初的业务是生产电脑卖给学生，但这并不意味着乔布斯放弃了这个公司原先的电脑动画制作优势。他所着眼的商机和巨大利益在10年后终于来到：几经困难之后，1995年，皮克斯公司制作的3D电脑动画片，也是世界上第一部用电脑制作的动画电影《玩具总动员》面世了。《玩具总动员》的横空出世不仅在市场上大获成功，也对传统的动画影片带来革命性的影响。皮克斯公司当年立刻上市，并迅速成为3D电脑动画的先锋和霸主。

从此以后，IT精英乔布斯开始成为影响娱乐行业的大鳄，好莱坞开始有他的一席之地。《海底总动员》《超人总动员》等一系列动画电影的成功，不仅展示了皮克斯无可匹敌的技术力量，更是体现出一种生机勃勃、充满想象力的鲜活动力。一切正如乔布斯所说，他生命中最有创造力的时代开始了。与此同时，他所创办的苹果公司却在新的竞争中江河日下，连换了几任总裁也不能挽回颓势。乔布斯的机会来了。

乔布斯于苹果危难之中重新归来，苹果公司上下皆十分欢欣鼓舞。受命于危难之际，乔布斯果敢地发挥了首席执行官的权威，大刀阔斧地进行改革。他首先改组了董事会，然后又做出一件令人们瞠目结舌的决定——抛弃旧怨，与苹果公司的宿敌微软公司握手言欢，缔结了举世瞩目的“世纪之盟”，达成战略性的全面交叉授权协议。乔布斯因此再度成为《时代》周刊的封面人物。接着，他开始推出新的电脑。1998 年，iMac 背负着苹果公司的希望，凝结着员工的汗水，寄托着乔布斯振兴苹果的梦想，呈现在世人面前。它是一个全新的电脑，代表着一种未来的理念。半透明的外装，一扫电脑灰褐色的千篇一律的单调，似太空时代的产物，加上发光的鼠标以及 1299 美元的价格，令人赏心悦目。为了宣传，乔布斯把笛卡尔的名言“我思故我在”变成了 iMac 的广告文案 I Think There For iMac！由此成了广告业的经典案例。在乔布斯的改革之下，“苹果”终于扭转败局。

5. 定义行业的体验消费时代

坚信“个性化”市场前景的乔布斯继续在苹果推行一系列个性化的电子产品，他对个人用品市场的重视再度引领了 IT 业产品的革新风潮。在他继续引领苹果开发包括电子书库等各类个性化电子产品时，新的消费时尚的变化，使得苹果这些过度开发的产品迅速淘汰。2000 年，苹果公司再度出现季度亏损，股价下跌。

在这危急关头，乔布斯再度以他天才的创造力和商业眼光拯救了苹果：他决定从单一的电脑硬件厂商向数字音乐领域多元化出击，于 2001 年推出了个人数字影音播放器 iPod。事实证明，乔布斯的 iPod 成为苹果公司全面翻身的一支奇兵。2004 年，全球 iPod 销量突破 45 亿美元，到 2005 年下半年，苹果公司已经销售出去 2200 万枚 iPod 数字音乐播放器，而通过其 iTunes 音乐店销售的音乐数量则高达 5 亿首。在美国所有的合法音乐下载服务当中，苹果公司的 iTunes 音乐下载服务占据了其中的 82%。iPod 和 iTunes 的流行开启了“数字化音乐消费时代”，虽然当时音乐作品盗版侵权问题严重，但乔布斯采取了保护版权的措施，扩大了音乐产品消费市场的规模，改变了整个音乐产业。2007 年 1 月 9 日，乔布斯在 iMac World 上发布了苹果历史上最成功的产品——iPhone手机。这款手机不仅简约和优雅，而且操作非常便捷，设计和使用都非常人性化。特别是苹果App Store聚合了大量的第三方开发者，为iPhone提供各种各样的应用软件，改变了过去手机依靠硬件取胜的竞争策略，大大提升了手机的想象空间，让世界消费者为之疯狂。iPhone的推出加速了移动互联网时代的到来，改变了移动互联网的生态环境。

2010年1月27日，苹果公司平板电脑iPad正式发布，虽然人们最开始并不是特别看好这款产品，但是iPad还是取得了巨大成功。iPad颠覆了人们对于PC的认识，对英特尔和微软这些PC时代的巨头造成巨大冲击。一个新的时代正在开启。

（二）案例教学指南

1. 案例价值

（1）本案例主要满足“创业学”和“创业基础”等课程的案例教学需要。

（2）本案例重点描述了乔布斯创业经历中的重大事件并进行了必要的分析，教学目的在于使学生对创业者的特质有所认知，感悟创新精神与创业意识，并从乔布斯身上学习如何抓住并转化创业机会。

2. 讨论分享

（1）乔布斯具备哪些创新创业素质？

（2）乔布斯的成功需要具备哪些条件？

（3）中国能够出现乔布斯吗？为什么？

（4）乔布斯为什么擅长抓住创业机会？

（5）优秀的创业机会来自于哪里？

3. 理论要点

（1）创业者：是指从事创业活动的人。广义的创业者是指在各种不同的领域和行业内创造性地工作并取得业绩的人。因此，广义的创业者不仅仅是企业家，它可能是工程师、医生、教师、保育员、公务员或清洁工等各种劳动者。但狭义的创业者一般是指创办企业或事业的企业家或领导人。

（2）探索、发现是创业者的天性。进取性和冒险性是所有创业者具有的共同特征，探索新事物、发现新机会是创业者的基本职能，任何一个创业者都会不停地探索与思考，以便发现机会；创业者的好奇心和进取精神不仅仅停留在探索与发现的阶段，当机会降临时，创业者还会毫不迟疑地抓住机会将其转变成事实。而且，创业者常常不满足于现存的机会，他们不断地创造机会，将潜在的机会转变成现实的机会。因此，创业者具有创新和创造的能力。

（3）创业者是忠实的实践者，他们相信任何理想都必须通过实际努力才能实现，他们认为，不付诸实践的想法只是空想或者幻想。因此，创业者都是实践家或践行者。创业者通过领导、管理企业或事业组织，或者亲自参与企业或事业组织的运营来实现自己的想法，达成自己的目标。

4. 教学建议

本案例可以作为专门的教学案例，下面的教学进度设计仅供参考。

（1）整个案例课的课堂时间控制在 90 分钟左右。

（2）课前提出启发思考题，请学员在课前完成阅读和初步思考。

（3）课堂上，教师先做简要的案例引导，明确案例主题（5 分钟）。

（4）小组研讨。

①小组讨论并在组内分享（15 分钟）；

②接着小组派代表发言（每组 5 分钟，控制在 50 分钟内）；

③引导全班联系实际进一步讨论，并进行归纳总结（20 分钟）；

④如有必要，可让学生比较分析并形成书面分析报告，并制作 PPT，进行分组汇报，结合自己的兴趣和人际关系圈，识别有效的创业机会。

第二节　课堂精读案例

一、精读案例 1　善于抓住商机的李嘉诚

（一）案例描述

“一个有信用的人，比起一个没有信用、懒散、乱花钱、不求上进的人，自必有更多机会。”这是李嘉诚给年轻人的忠告，同时也是他的座右铭。

李嘉诚统领长江实业、和黄集团、香港电灯、长江基建等集团公司，是全球华人首富，是全世界华人最成功的企业家。他 14 岁投身商界，22 岁正式创业，半个多世纪的奋斗始终以“超越”为主题：从超越平凡起跑，为超越对手努力，达到巅峰超越巅峰，实现自我、超越自我，于是世人称之为“超人”。李嘉诚不仅是创业精英、商界巨头，而且在其创业发展路上，成功并购了多家公司，是资本运作的顶尖高手。可以说，李嘉诚创业之路就是一条成功并购之路，其创业和成长与兼并和收购其他公司企业密不可分。李嘉诚的人生经历和创业之路备受世人关注。

1940 年日军侵华，李嘉诚随父母从家乡潮州逃难到香港，当时他才 14 岁。李嘉诚的父亲本为教师，到香港后一时找不到工作，举家投靠家境颇为富裕的舅父庄静庵。可是不久父亲就患上了严重的肺病，临终时，他没有交代什么遗言，反而问李嘉诚有什么愿望。李嘉诚当即承诺：“日后一定会令家人有好日子过。”

父亲病逝后，作为长子的李嘉诚为养家糊口放弃学业，开始在一家茶楼当跑堂，从此踏进纷繁复杂的社会，开始了顽强拼搏的人生旅程。贫困的生活使李嘉诚过早地成熟了。在往来茶楼的客人中，最让李嘉诚羡慕的是实业家。他发奋向上的欲望越来越强烈，发誓也要做一位实业家。可是，像他这样没有后台、没有本钱的毛头小伙该怎样才能投身实业呢？李嘉诚 17 岁那年，大胆地迈出了新的一步。他找到一份为塑

胶厂当推销员的工作，便辞掉了茶楼里的活。

李嘉诚深知，要想成为一个出色的推销员，首要是勤奋，其次是头脑灵活。在日后的推销生涯中，李嘉诚便充分发挥了这个“窍门”。当其他同事每天只工作8小时的时候，李嘉诚就工作16个小时，天天如是。李嘉诚对“打工”的看法是：“对自己的分内工作，我绝对全身心投入，从不把它视为赚钱糊口，向老板交差了事，而是将之当作是自己的事业。”就这样，李嘉诚只花了一年时间，业绩便超越其他6位同事，成为全厂营业额最高的推销员，他当时的销售业绩，是第2名的7倍。

由于李嘉诚推销有术，别人做不成的生意他能做成，他所在的工厂效益也越来越好。生产同类产品的厂家发现，竞争胜负的关键竟然在一名小小的推销员身上，便设法花大代价把李嘉诚挖过去。李嘉诚的老板得到消息，唯恐李嘉诚真的成了别人手中的工具，于是抢先下手，将18岁的李嘉诚擢升为部门经理，并破例分给他20%的红股。一年后，他当上了销售公司总经理。李嘉诚的快速擢升还有一段插曲：他在厂里当销售员时，再忙也要到夜校进修。他在会考合格后打算去读大学，老板为挽留这个人才，便索性把他提升到总经理的岗位上了。

1.“长江”最初的风波

经过这短短一役，李嘉诚开始估量自己的实力，他相信若自立门户，成绩可能更好。1950年，22岁的李嘉诚终于辞去总经理一职，尝试创业。当时，李嘉诚的资金十分有限，两年多来的积蓄仅有7000港元，实不足以设厂。他向叔父李奕及堂弟李澍霖借了4万多港元，再加上自己的积蓄，总共5万余港元资本，在港岛的皇后大道西，开设了一家生产塑胶玩具及家庭用品的工厂，并取荀子《劝学篇》中“不积小流，无以成江海”之意，将厂名定为“长江”。起初，李嘉诚只知不停地接订单及出货，忽略了质量控制，致使产品越来越粗劣。结果不是延误了交货时间，就是引起退货并要赔偿，工厂收入顿时急跌。加上原料商纷纷上门要求结账还钱，银行又不断催还货款，“长江”被逼到破产的边缘。这使李嘉诚明白自己实在是操之过急，低估了当老板的风险。如何才能挽救绝境中的长江塑胶厂？李嘉诚靠的是“信义”二字——与客户有信，与员工有义。他召集员工大会，坦言自己在经营上的失误，衷心向留在厂里的所有员工道歉，同时保证，一旦工厂度过这段非常时期，随时欢迎被辞退的工人回来上班。之后，李嘉诚穿梭于众多银行、原料供应商及客户之间，逐一赔罪道歉，请求他们放宽还款期限，同时拼尽全力，为货品找寻客户，用亏本价将次货出售，筹钱来购买塑胶材料和添置生产机器。到 1955 年，高筑的债台终于拆掉，业务渐入佳境，没多久还开设了分厂。

1957 年初的一天，李嘉诚阅读新一期的英文版《塑胶》杂志，偶然看到一小段消息，说意大利一家公司利用塑胶原料制造塑胶花，全面倾销欧美市场，这给了李嘉诚很大灵感。他敏锐地意识到，这类价廉物美的装饰品有着极大的市场潜力，而香港有大量廉价勤快的劳工正好用来从事塑胶花生产。他预测塑胶花也会在香港流行。李嘉诚抓住时机，亲自带人赴意大利的塑胶厂去“学艺”，在引入塑胶花生产技术的同时，还特意引入外国的管理方法。返港后，他把“长江塑胶厂”改名为“长江工业有限公司”，积极扩充厂房，争取海外买家的合约。在“长江”的客户中，有个美籍犹太人马素曾订了一批塑胶产品，打算运到美国销售，后来不知何故临时取消合同。李嘉诚并没有要求赔偿，他对马素说：“日后若有其他生意，我们还可以建立更好的关系。”马素深感这位宽厚、年轻的创业者，是个可做大事的人，于是不断向美国的行家推销“长江”的产品。自此，美洲订单如雪片般飞来。李嘉诚由此进一步感悟“吃亏是福”的道理。

2. 投资房地产业

创业五年后，“长江”逐渐成为全世界数一数二的大型塑胶花厂。李嘉诚被行内人士冠以“塑胶花大王”的雅号。而李嘉诚租用的那所厂房的业主也趁机把租金大幅度提高，这反而促成了李嘉诚自建物业的决心。

1958 年，李嘉诚投得北角英皇道的地皮，兴建一幢十二层高的工业大厦，留下数层自用，把其余的单位出租。大厦落成后，香港物业价格随即大升。李嘉诚发觉房地产大有可为，于是开始部署把资金投放到地产市场。恰好此时有个经销塑胶产品的美国财团，为了得到充足的货源，愿意以 300 万港元的高价买下长江塑胶厂。李嘉诚心里盘算，他的厂子最多只值 100 万港元，就是再经营三五年，也不一定能赚到

200 万港元。于是，毅然卖掉塑胶厂，用这笔资金买进房地产。之后不久，房价果然暴涨，先人一步的李嘉诚一下子从千万富翁跨入了亿万富翁的行列！20 世纪 60 年代中期，房地产经历几年狂炒后，一落千丈，许多富翁争相廉价抛售产业逃离香港。李嘉诚正在建筑中的楼盘也被迫停工，因为那时即使建成也没人去买。如果按当时的房地产价格计算，李嘉诚可以说是全军覆没！但李嘉诚独具慧眼，认为土地价格将会有再度回升的一天，决定实行“人弃我取”的策略，用低价大量收购地皮和旧楼，在观塘、柴湾及黄竹坑等地兴建工厂大厦，全部用来出租。不出三年，果然风暴平息，大批当年离港的商家纷纷回流，房产价格随即暴涨，李嘉诚趁机将廉价收购来的房产高价抛售，这一次李嘉诚从中获得 200% 的高额利润。抛售后，他转购具有发展潜力的楼宇及地皮。这次他的策略是只买不卖，全都用来兴建楼宇。20 世纪 70 年代初，他已拥有楼宇面积共达 585 万 m^2，出租物业超过 32 万 m^2，每年单是收租，已达 400 万港元。

1971 年 6 月，李嘉诚正式成立了负责地产业务的“长江置业有限公司”。1972 年 7 月，李嘉诚把“长置”易名为长江实业（集团）有限公司，自任董事长兼总经理。这年 11 月，“长实”在香港挂牌，在市面公开发售。到 1976 年，李嘉诚公司的净产值达到 5 个多亿港元，成为香港最大的华资房地产实业。

3. 兼并收购“蛇吞大象”

“长实”在地产业屡出大手笔。先是拿出 6000 多万元资金购买物业及地皮，并积极兴建高级住宅与商业楼宇。到 1976 年，又动用 2 亿 3 千万港元，买入美资集团、希尔顿酒店及凯悦酒店，开创了华资在港吞并美资机构的先河。李嘉诚收购了美资饭店后，正赶上香港旅游业有史以来的黄金时期，果然大赚一笔，为他下一步与英资集团竞争创造了条件。而李嘉诚历时两年半之久，全面进军“和黄”的整个过程直如“蛇吞大象”，实为香港开埠以来华资收购英资的经典之作。

“和黄”是老牌和记洋行及黄埔船坞的合作品。到 1980 年，“长实”终于持有“和黄”超过 40% 的股票，李嘉诚当上了“和黄”董事会主席。至此，李嘉诚坐上了香港华资地产龙头的位置，“李超人”的绰号不胫而走。1985 年，李嘉诚购入加拿大温哥华世界博览会商业中心，斥资百亿港元，兴建规模庞大的商住住宅群。1986年，李嘉诚进军加拿大，购入赫斯基石油逾半数权益。1997年与“首钢”联手收购香港东荣钢铁集团有限公司，收购北京长城饭店等七家大酒店，拥有51%的股权。

半个多世纪以来，李嘉诚从经营塑胶业、地产业到掌握多元化的集团产业，他的业务经营领域，早已越过太平洋，向美国、向世界伸展，成为中国的骄傲。

（二）案例导读

1. 分析要点

（1）创业机会的来源。创业机会无处不在、无时不在，而机会主要来自以下几个方面：

问题

创业的根本目的是满足顾客需求。而顾客需求在没有满足前就是问题。寻找创业机会的一个重要途径是善于去发现和体会自己和他人在需求方面的问题或生活中的难处。比如，上海有一位大学毕业生发现远在郊区的本校师生往返市区交通十分不便，创办了一家客运公司，就是把问题转化为创业机会的成功案例。

变化

创业的机会大都产生于不断变化的市场环境，环境变化了，市场需求、市场结构必然发生变化。著名管理大师彼得·德鲁客将创业者定义为那些能“寻找变化，并积极反应，把它当作机会充分利用起来的人”。这种变化主要来自于产业结构的变动、消费结构升级、城市化加速、人口思想观念的变化、政府政策的变化、人口结构的变化、居民收入水平提高、全球化趋势等诸方面。比如居民收入水平提高，私人轿车的拥有量不断增加，这就会派生出汽车销售、修理、配件、清洁、装潢、二手车交易、陪驾等诸多创业机会。

创造发明

创造发明提供了新产品、新服务，更好地满足顾客需求，同时也带来了创业机会。比如随着电脑的诞生，电脑维修、软件开发、电脑操作的培训、图文制作、信息服务、网上开店等创业机会随之而来，即使你不发明新的东西，你也能成为销售和推广新产品的人，从而给你带来商机。

竞争

如果你能弥补竞争对手的缺陷和不足，这也将成为你的创业机会。看看你周围的公司你能比他们更快、更可靠、更便宜地提供产品或服务吗？你能做得更好吗？若能，你也许就找到了机会。

新知识、新技术的产生：例如随着健康知识的普及和技术的进步，围绕“水”就带来了许多创业机会，上海就有不少创业者加盟“都市清泉”而走上了创业之路。

（2）创业机会的特征：有的创业者认为自己有很好的想法和点子，对创业充满信心。有想法有点子固然重要，但是并不是每个大胆的想法和新异的点子都能转化为创业机会的。许多创业者因为仅仅凭想法去创业而失败了。那么如何辨别一个好的商业机会呢？《21世纪创业》的作者杰夫里·A.第莫斯教授提出，好的商业机会有以下四个特征：第一，它很能吸引顾客；第二，它能在你的商业环境中行得通；第三，它必须在机会之窗存在的期间被实施（注：机会之窗是指商业想法推广到市场上去所花的时间，若竞争者已经有了同样的思想，并把产品已推向市场，那么机会之窗也就关闭了）；第四，你必须有资源（人、财、物、信息、时间）和技能才能创立业务。

2. 思考题

（1）李嘉诚发现创业机会的诀窍是什么？

（2）结合案例，试谈谈如何培养自身的机会敏感性。

（3）如何评估一个商业机会？

（4）如何理解“机会总是留给有准备的人”这句话？

（5）当代大学生如何从“一带一路”战略中把握创业机会？

二、精读案例 2　善于发现机会的大学生

（一）案例描述

如今大学校园里的学生大部分是“05 后”，不少是独生子女，从小生活优越。

正因为这些“05 后”的存在，使校园里充满了各种各样的商机，给有头脑的大学生们提供了各种创业机会。在河北经贸大学科技创业园，大大小小的格子间将 600 多平方米的园区分割开来，在格子间内办公的都是本校学生，园区内创业项目遍地开花：快递收发室、手工坊、创意个性定制、打印店、文化传媒公司……创业的大学生在这里创业几年收入几十万元并不是稀罕事。

1.“05 后”的大学校园处处是商机

如今的大学校园里大部分都是“05 后”学生，“05 后”这一代给人的印象往往是依赖性强、喜欢张扬个性、追求刺激、自尊心强、心存叛逆，他们当中大部分人是独生子女，从小成长环境优越。在校期间，相当一部分学生作息时间不规律，生活和学习都是懒懒散散。

某大学大三学生小董告诉记者：“学校离市区远，买东西不太方便，我们宿舍姐妹都特别喜欢网购。收一个快件能让我们高兴一整天，每次都是急匆匆下楼去取。还有一些学生自己从市里批发一些东西来校园里卖，我觉得挺方便的，是我们的懒散让他们有了挣钱的机会啊。”

“同学们都来看一下啊，都是我自己从南三条批发来的，3 块钱一个，5 块钱两个。”某大学大三学生小刘在学校塑胶操场叫卖。小刘利用课余时间从南三条批发了 500 块钱的钥匙链，每晚都会在塑胶操场卖，一天会有二三十块钱的收入。学校有个奶茶店，名叫“韶华七号”，是三个大四学生每人出资 5 万元开起来的，不仅可以享受另一种生活方式，更是一次难得的创业机会。而艺术学院学生小赵则将自己的创业时间选在了每个节庆假期，他会在圣诞节前几天在校园马路边卖苹果，在情人节当晚从花卉市场批发玫瑰到学校来卖，大受学生欢迎。学校内的创业园里更是熙熙攘攘，俨然

是条商业街。

2. 创业为主，兼顾学业

小陈和小李的成功给当代大学生创业树立了成功的典型。但是他们如何平衡学习和创业的时间呢？小陈坦言：“对我而言是创业优先兼顾学习，我也拿到过一些竞赛奖金。我有时候会逃课，我逃课是去做更加有意义的事情，但是只要是我去上课了就会仔细听。”

“其实我对自己学的法律专业并不是很感兴趣，大学期间很大一部分时间都在创业，但是我特别喜欢去图书馆看书。在我看来只要用心处处都可以学习。”小李说。“一帆早餐”规定的送早餐时间是早上7点，因此他们的上班时间是早上6点半到8点，下班以后正好可以赶上早上8点的课。小李对于学习还有自己的一套办法，大三下学期课程相对比较少，课程难度也不高。小李就在这个学期特别用心，重要的课程必须去上，期末的时候积极复习，在大三第二学期的期末考试中小李还拿到了一等奖学金。

3. “一帆早餐”：起床吃早饭全包了

“我明天早上要一份一餐二楼的煎饼和一杯不加糖的热豆浆，麻烦明天早上7点送到13号楼505。”“我要吃六餐的白吉馍，加鸡蛋和豆腐的。另外再要一杯红枣豆浆。请在1月17日早上7点送到3号楼223，谢谢。”某大学法学院学生小李向记者展示自己微信和短信收到的订单。

小李向记者透露，自己想到这个创业的点子还是因为一次小小的事件。“期末考试周，大家都要早早起床去图书馆占地方看书，由于起床太早所以根本没时间吃早饭，我当时就萌发了这个想法。”小李说。于是，小李牵头带着6个同学一同创办了“一帆早餐”。小李的“一帆早餐”业务主要包括叫醒和早餐。具体工作就是早上7点去宿舍门口把订餐的同学叫起来，然后递上早餐。订餐主要是通过手机微信和APP下单。刚开始做的时候是免费送餐，小李从餐厅和窗口的营业额里面抽取10% ~ 15%的营业额，后来就开始收费了，每份早餐配送费用是0.5元。

“一帆早餐”很快就受到了“起床困难户”的欢迎。“自从有了一帆早餐，妈妈再也不用担心我不吃早餐了，一个短信就能吃上热腾腾的早饭，感觉好棒。”河北某大学大二学生李佳说。李佳同宿舍姐妹也告诉记者：“每天多花五毛钱，热腾腾的早餐就能送到床边，这种服务实在是太好了。”

除了“一帆早餐”做得风生水起，小李还曾在大一和一位学长创办了一家传媒公司。大二时期的小李又看好石家庄市高校山地车市场，自己联系自行车生产厂家开了一家名为“骑行天下”的生活馆。

小李告诉记者：“刚创业的时候不知道具体该做什么，今天觉得做这个不错，明天又觉得那个也很赚钱，什么都想抓住。”在创业园指导老师的帮助下，小李最后得出的结论就是看准了就要去坚持。

小李向记者透露，他大学整个的创业历程是从1000元起家，临近毕业积蓄达到40万元。创业的时候，很多人说他没有关系没有人脉没有资源，但是他拥有一双会发现的眼睛、足够的魄力以及大学四年积累下来的创业经验，小李的成功是自然的。

4. 快递收发室：常驻校园的综合快递站

“这是我给妹妹买的羽绒服，是今年的最新款呢。这是给爸爸买的新手机，这是给妈妈买的金手镯。这些东西都是拿我自己挣的钱买的。”小陈喜滋滋地指给记者看。

小陈就读于某大学金融学院，目前还是一名大四学生，刚进入大学他看到同学们网购非常风靡，于是发现了“校园快递”这一商机，而且立即付诸了行动。“我需要寄一个快递，但是中午1点多我下楼去寄的时候收快件的人已经走了，请问你那里可以帮我寄一下快递吗？我时间比较紧。”某大学大二学生小刘打来电话，小陈几乎每隔几分钟就会收到这样的电话或者短信。小陈现在是本校校园快递代理，共代理圆通快递、韵达快递、万博快递等6个快递公司的快件。

谈到自己的创业经历，小陈似乎有一肚子的话要说，“最开始没有快递愿意与我合作，即使我跟他们说以后所有的快递，只要是像社区、学校这类相对封闭的区域一定会以快递收发室为主”，小陈告诉记者。最终石家庄万博快递第一个答应了小陈的合作请求，把某大学校园内的快递交由他派送。

记者从小陈那里得知，快件数量骤增以后他就招聘了3个快递经理，4个人轮流值班，保证快递收发室至少有一名工作人员。做校园快递收发其实赚的是辛苦钱，快递公司将快件放到学校创业园，再由小陈通知学生来取快件，而学生想要寄快件只需要到创业园寄就可以。小陈透露，接收快递公司一个快件只有5毛钱的提成。而代收学生一份快件的提成是3元到5元不等。“最好的时候我们每天能接收派送快件500多个，代发送快件40多个，每天都会有400元左右的收入”，小陈说。

在小陈看来，创业是属于年轻人的梦想，也是责任。“我还年轻，我不怕失败，我失败了可以从头再来。”

5. 大学生创业普遍存在三个问题

某大学创业指导中心的一名负责老师表示，近几年在和学生接触中发现，学生们创业激情很高，但大学生创业普遍存在三个问题：方向不明、经验不足、资金有限。大学生开始创业的时候往往急功近利，战略眼光短浅，再加上品牌意识不强，创业局限性很大，不容易给自己设定一个明确的目标。

6. 尽量从小做起，厚积薄发

大学生创业如何提高成功率？石家庄市劳动就业服务局创业指导中心人员表示，要想创业成功，创业者要具备很全面的个人素质，要具备良好的财务能力、带领团队能力和与人沟通能力等。对大学生来说，创业不要急功近利。创业前要考虑清楚，自己的优势在哪里，熟悉哪一个行业。同时，尽量从小事做起，前期一定要多积累经验，做到厚积薄发。我们鼓励一部分有能力的大学生进行自主创业，也给大学生创业提供了不少优惠政策。为了培养大学生的创业能力，高校建立了自己的创业指导中心，并开设创业选修课，定期开展创业大赛、创业沙龙等活动。在校大学生如果怀有创业激情应多参加活动，最好是能亲自实践，为以后自主创业打下基础。

某大学就业服务中心贾老师也说，大学生在创业过程中收获财富仅仅是一个方面，更多的是在这个过程中了解商业知识，经历比金钱重要得多。我们鼓励优秀大学生在学校创业，大学校园里的创业园为这些大学生们免费提供场地，免去租金，目的就是鼓励一部分有能力的大学生创业。

（二）案例导读

1. 分析要点

大学生需要具备多个方面的创业能力，创业能力就是顺利进行创业活动所必需的主观条件，是与创业活动直接相关的个性心理特征。创业能力是一种特殊的能力，它往往影响创业活动的效率和创业的成功率。创业能力一般包括决策能力、经营管理能力、专业技术能力、交往协调能力。

（1）决策能力。决策能力是创业者根据主客观条件，因地制宜，正确地确定创业的发展方向、目标、战略以及具体选择实施方案的能力。决策是一个人综合能力的表现，一个创业者首先要成为一个决策者。创业者的决策能力通常包括分析、判断能力和创新能力。

（2）经营管理能力。经营管理能力是指对人员、资金的管理能力。它涉及人员的选择使用、组合和优化，也涉及资金聚集、核算、分配、使用、流动。经营管理能力是一种较高层次的综合能力，是运筹性能力。经营管理能力的形成要从学会经营、学会管理、学会用人、学会理财几个方面去努力。

（3）专业技术能力。专业技术能力是创业者掌握和运用专业知识进行专业生产的能力。专业技术能力的形成具有很强的实践性。许多专业知识和专业技巧要在实践中摸索，逐步提高、发展、完善。创业者要重视创业过程中专业技术方面的经验和职业技能的训练，对于书本上介绍过的知识和经验在加深理解的基础上予以提高、拓宽；对于书本上没有介绍过的知识和经验要探索，在探索的过程中要详细记录、认真分析，进行总结、归纳，上升为理论，形成自己的经验特色。

（4）交往协调能力。交往协调能力是指能够妥善地处理与公众（政府部门、新闻媒体、客户等）之间的关系，以及能够协调下属各部门成员之间关系的能力。创业者必须搞好内外团结，处理好人际关系，才能建立一个有利于自己创业的和谐环境，为成功创业打好基础。

（5）创新能力。创新能力是创业能力素质的重要组成部分，它包括两方面的含义，一是大脑活动的能力，即创造性思维、创造性想象、独立性思维和捕捉灵感的能力；二是创新实践的能力，即人在创新活动中完成创新任务的具体工作的能力。创新能力是一种综合能力，与人们的知识、技能、经验、心态等有着密切的关系。

2. 思考题

（1）案例中，大学生创业的原动力来自哪里？

（2）你自己如果立志创业，你的创业原动力来自哪里？

（3）案例中几名大学生创业成功的关键点在哪里？

（4）如何理解“兴趣圈”和识别“机会圈”？

（5）本案例对中国大学生创业有什么启示？

第三节 课外拓展案例

一、拓展案例 1 靠自己的智慧和勇气把握住商机

（一）案例描述

“不是我已经念过大学，就不能去做什么什么了，自己先把自己的手脚捆住，让机遇从手边白白溜走。”26 岁的小刘正为他的国联股份上市在北京和香港之间飞来飞去。

还是中国人民大学大四学生的小刘和他的校友小钱，一个丢了到手的一家著名跨国公司的 offer，一个放弃了一份稳定的体面工作，用学生证注册了自己的公司。这对相识 8 年、不离不弃的黄金搭档，从一间租来的 $19m^2$ 的办公室里起步，在行业黄页里掘金并收获颇丰。

1. 从准白领到没有户的个体户

当年，曾有人不理解：放着好好的白领和国家公务员不当，甘愿做费心费力、

自己打拼、没有户口“漂”在北京的个体户。老板可不是那么好当的，不是吗？尽管公司已为国家上缴了几百万元税款，已为30多个外地留京的大学生解决了户口，可身为公司董事长的小刘直到去年才有个北京户口，这还是借娶个北京媳妇的光。

小刘说：“其实中国人特别具有创业的潜能，很多人之所以不去尝试，是因为小富即安的求舒适心理。这在现在的大学生中表现尤其明显——很多人为了一纸北京户口去自己并不喜欢的地方‘当牛做马’。”

回看创业的每一个细节依旧那么新鲜：那时，每天一大早，既是老板又是员工的两个年轻人，早早从位于城西的办公室出发，横穿大半个北京城，敲开一家一家客户的门，直到天黑回到办公室睡地铺，在互相的交流和打气中睡去。

一切都是最经济的：精心设计好的最省钱的乘车路线，最廉价的盒饭，中午客户午休没地方去，就找一个证券交易散户室待一会儿——那儿不收费。他们对北京的公交路线烂熟于心，只要通公交车的地方，就不坐地铁，2个人能做的事，就不聘第3个员工。

不是没有过沮丧，不是没看过别人的脸色，不是没有过缺钱的窘迫，可是坐在眼前的小刘却不以为苦涩：“乐趣是从过程中产生的——这是我们自己的事业，是我们自身的拥有，所以感觉一切都是值得的。”

公司蒸蒸日上的生命力给了两个年轻人无穷的动力。1年后，公司进账500万元，收入翻番到1100万元，两年后，收入更是翻了几番，员工近千人。

2. 学生创业：起步难，守业更难

无数的学生创业在一番轰轰烈烈后成为泡沫，他们的公司却稳扎稳打。小刘说：“命运从不垂青于没有准备的头脑。学生创业，激情可贵，但更重要的是对商机的准确把握和对公司自身的准确定位。不少创业的学生起步很好，但在手里有了钱以后却不知如何用，四处开花地盲目投资、立项，钱都打了水漂，这是大忌。”

小刘、小钱和他们的国联股份一路走来，可谓学生创业成功的一个缩影：早在上大二时，在小钱组织策划的学校总经理竞聘大赛中，小刘击败好几个MBA成为“总经理”，并和小钱惺惺相惜，引为知己。两人在学业之余涉足出版业，小打小闹，在积累了创业的第一桶金的同时，创业的念头也在心中萌芽。

大四毕业时，小刘和同学们一样忙着找工作。可是工作有着落了，甚至已经有模有样地坐了几天办公室，一直在心中按捺不住的创业梦却一直撩拨着他年轻的心。他找到好朋友小钱，两颗年轻的心一拍即合，他们要做自己的老板！他们渴望把从书本上学到的知识用到市场经济的实践中去。在学校时，两人和出版业打交道比较多，机敏的他们初识行业黄页，并敏锐地意识到这是一个值得开掘的黄金地。朋友从国外带回的一本旧金山的黄页让他们对黄页有了进一步的认识：电信的城市黄页是大众资讯，需要庞杂的号码资源和巨大的发行量，这是只有运营商才能做到的，而垂直型黄页是纵向做某个行业的，例如机电行业黄页。“行业企业只认行业资源，比如一个发电企业只认与电力行业相关的媒体开发商，固话运营商做不来，所以，像国联股份这样的业外资本才有机会。”更为关键的是，信息产业部当时明确表态，投资黄页开发符合产业政策，任何领域的资本都可介入。小刘和他的国联股份瞄准商机，乘势而起。

事业做大了，小刘和小钱却没有沾沾自喜，他们有更多的事要做，他们要把手中的“个体小作坊”变成一个遵守市场游戏规则的现代企业。创业之初，公司根本谈不上财务管理，两个人赚了钱就放在保险柜里，谁用谁拿。只是有一个手写的流水账，公司的盈利、支出记个大概。而今，公司的财务管理全部电算化，还专门从一家著名的会计师事务所挖来一个香港人做财务总监。他们不断完善公司的用人机制，不拘一格使用人才。从选拔、培训、绩效考核，到职业生涯设计，无不有现代管理体制公司的风范。

3. **在就业市场上，大学生和民工的交换价值本质是一样的**

从学生娃到行业垂直黄页传媒运营商，他们走得稳稳当当。谈及大学生自主创业就业，小刘非常欣赏“从天之骄子到有知识的普通劳动者”的说法：“在就业市场上，其实，一个大学生和一个没有文化的民工，在和社会进行个人价值的交换时，其本质是一样的。只不过一个靠脑力，一个靠体力。大学生这个身份不应该成为大学生求职的一个羁绊，大学里学到的文化知识应该是你成长的基石，是你在社会上谋生时的一个武器。不是我已经念过大学，就不能去做什么什么了，自己先把自己的手脚捆住，让机遇从手边白白溜走。”“自己创业的大学生，不要把希望寄托在政府给你多少优惠扶持政策上。成功的企业必将接受市场的考验，‘无形的手’是唯一的真理。市场经济是公平的，虽然付出不一定能得到，但不付出一定什么也得不到。”

谈及大学生就业难，学投资出身的小刘说：“人力资本是一种资源，是一个人和社会进行价值交换的资本。教育也是一种投资，投资就是有风险的。华尔街的博士也一样有失业的可能，关键是心态。把社会的职业需求和个人的职业素质很好地结合起来，这个人就不愁找工作。”

小刘曾在公司成立的第 12 天，就拥有了第一个广告客户，在第一个月里就有了七八万元的广告业绩。他说，我不是一个广告天才，我靠的也不是回扣，我推销的是我的 idea（思想）。有头脑的创意和平和的与人打交道的姿态，是他与客户从陌生到生意伙伴的秘诀。

想当初，曾有人惊讶小刘这个敲门而入的业务员谈吐不俗，当知道他是个大学生时又惊讶于他为什么要做走街串户的业务员。

（二）案例思考

1. 如何利用自身资源和能力把握商机？

2. 商机识别的策略有哪些？

二、拓展案例 2　一句话里听出 8 亿元的商机

（一）案例描述

有谁能够从别人的一句话里听出 8 亿元的商机，而且是隔着桌子的一句话，是几个不相干之人的一句话？别人不能，但潘某能。别人没有这个本事，潘某有这个本事。1992 年，潘某还在海南万通集团任财务部经理。万通集团由冯某、王某等人于

1991 年在海南创立，冯某、王某都曾在南德集团做过事，当年都是“中国首富”年其中的手下谋士。万通成立，的头两年，通过在海南炒楼赚了不少钱。1992 年，随着海南楼市泡沫的破灭，冯某等人决定将万通移师北京，派潘某打前锋。

潘某奉冯某的“将令”，带着 5 万元差旅费来到了北京。这天，他（指潘某）在怀柔区政府食堂吃饭，听旁边吃饭的人说北京市给了怀柔四个定向募集资金的股份制公司指标，但没人愿意做。在深圳待过的潘某知道指标就是钱，他不动声色地跟怀柔区体改办主任边吃边聊：“我们来做一个行不行？”体改办主任说：“好哇，可是现在来不及了，要准备 6 份材料，下星期就报上去。”

潘某立即将这个信息告诉了冯某，冯某马上让他找北京市体改委的一位负责人。这位领导说：“这是件好事，你们愿意做就是积极支持改革，可以给你们宽限几天。”做定向募集资金的股份制公司，按要求需要找两个“中”字头的发起单位。通过各种关系，潘某最后找到中国工程学会联合会和中国煤炭科学研究院作为发起单位。万事俱备，潘某用刚刚买的 4 万元一部的手机打电话问冯某：“准备做多大？”冯某说：“要和王某商量一下。”王某说：“咱们现在做事情，肯定要上亿。”

潘某在电话那边催促冯某快做决定，“这边还等着上报材料呢”。冯某就在电话那头告诉潘某：“8 最吉利，就注册 8 个亿吧。”北京万通就这样，在什么都没做的情况下，拿到了 8 个亿的现金融资。

（二）案例思考

1. 商机的来源有哪些？

2. 创业者如何培养细心的品质与对信息的敏感性？

第四章
创业前的准备

第一节 经典教学案例

教学案例1 汪氏蜂蜜：资源整合的先行者

（一）案例描述

1. 公司简介

江西汪氏蜂蜜园有限公司是汪氏蜂业集团的母公司，公司于1998年由珠海迁入江西南昌新建县长凌工业园区，是目前国内规模最大，以蜜蜂养殖、蜂产品深加工为主业，集保健品、食品饮料、制药、蜂药、化妆品、房地产、旅游开发等多种产业为一体的大型私营企业，致力于蜂产品在保健、美食、美容和蜂疗等多方面的研究和应用。主要深加工生产蜂蜜、蜂花粉、蜂胶、蜂王浆、保健品和蜂产品化妆品六大系列160多个品种的产品，年生产能力达到13000吨规模。总部现有厂区面积20万m^2，其中高标准蜂产品加工主厂房面积3万m^2，拥有6000吨地下蜜池，3000m^2专用冷冻库。在江西南昌、广东珠海、吉林长白山、四川成都有生产基地。有20多个驻外办事处、近3000家汪氏连锁专卖店（柜）遍布全国各地。而今汪氏蜜蜂园内实现了工厂园林化、设施配套化、管理科学化、设备现代化、园内生态化。产品畅销全国，并出口欧美、东南亚，综合经济实力在全国蜂产品行业名列前茅。公司正在积极拓展海外市场，筹建海外生产基地，走出国门为国争光，实现在中国蜂产品行业代表国家竞争力，具有国际竞争力的目标。

2. 外部资源整合

汪氏蜂蜜的发展过程经历了社会资源、渠道资源、政府资源和客户资源的整合，从1998年落户江西蜂产品产量100多吨扩大到2008年1.18万吨，收入从1000多万元迅速扩大到5.8亿元，实现了规模生产，带来了巨大的经济效益。

（1）社会资源

利用地区的自然资源优势。汪氏蜂蜜1998年从珠海迁入江西南昌，董事长汪伦说："江西拥有得天独厚的自然优势，适宜蜜蜂生长。"另外，公司于2001年在吉林长白山脚下安图县设立分公司，也是考虑到安图县拥有大片的椴树，能够提供大量的椴树蜜。

与蜂农建立长期供应关系。公司采取"公司＋蜂农＋养蜂基地"的运作模式，先后在吉安、赣州、高安、进贤、鄱阳等地建立了优质的养蜂基地，每年投入专项资金100万元，发展养蜂户5000户，蜂箱已到30万箱，使蜂产品生产规模年均实现翻倍增长，同时每年也为蜂农带来直接经济效益2亿多元。

注重与国内外大学和科研院所开展技术合作。汪氏蜂蜜通过与德国不莱梅公司合资建立了汪氏化妆品有限公司，并在蜂蜜业务上开展合作，汪氏利用不莱梅的技术，设立了"中德汪氏不莱梅检测中心"，并与南昌大学共建了"南昌大学博士工作站"开展技术研究。公司还先后与四川大学、江西农业大学、吉林大学等大学开展合作，使公司在同行业中的研发力量居于领先水平。在中国蜂产品行业重点企业2005—2006年度发展报告中显示，45个重点企业中27家企业拥有99项专利，其中汪氏蜂蜜拥有13项，位居第二。

（2）渠道助力汪氏蜂业发展

江西汪氏蜂蜜于1998年率先在蜂产品行业中实施特许经营模式，目前拥有的3000多家经营店中有2000余家是特许经营的，销售网络遍布全国，中国特许经营协会于2008年公布的中国百强特许经营企业中，汪氏蜂蜜位列其中；同时汪氏蜂蜜采取连锁经营，设立经营店1000多家。汪氏通过“特许+连锁经营方式”，迅速抢占市场，规模快速扩大。汪氏蜂蜜通过“做广、做深、做强、做精”的要求来建设渠道。

（3）积极对接政府产业政策

首先，江西汪氏蜂蜜园有限公司已被江西省确立为重点发展企业，历年来，公司先后被江西省评为“江西名牌”“江西著名商标”“江西农业产业化十强龙头企业”“江西食品工业10强企业”“江西先进民营科技企业”“江西首批创新新试点企业”“省市农业产业化龙头企业”“省市工业企业纳税20强”等百项荣誉称号。现今，我国鼓励发展农业产业化，扶持发展农业项目，做好有利于农民增收的各项工作，汪氏蜂蜜的发展带动了蜂农收入的增加，是农业中的传统产业，有能力得到政府的支持。其次，江西为实现在中部地区崛起，着力扶持本省知名企业在全国的发展，汪氏蜂蜜在全国已经享有盛誉，进一步的发展能够带动江西经济的发展。再者，汪氏蜂蜜已经成为江西民营企业中的纳税大户，仅2008年利税就达6000多万元，我国对纳税多的企业有一定的优惠政策，这有利于汪氏蜂蜜整合政府资源。2008年，江西汪氏蜂蜜的万吨生产规模建设项目获批通过，确定为江西省重点建设项目，为此汪氏蜂蜜获得了政府1000多万元的基金投资。汪氏通过技术创新，项目建设有利于带动农民增加收入，成为获取政府资源的重要砝码。

（4）客户是第一资源

江西汪氏蜂蜜对受许人的解释为：受许人既是公司的销售终端，又是公司的客户。因为汪氏蜂蜜实现客户资源的整合是通过受许人间接实现的，公司直接的客户就是受许人。因此，汪氏蜂蜜对客户资源的整合能力大小直接体现在受许人的销售和服务上。汪氏蜂蜜通过提高产品功能、品种和质量，培训受许人提高服务质量，完善客户退货管理等，在保持忠诚客户的基础上，吸引新的客户。另外，公司建立终端客户信息数据库，运用各种营销方式获取更多的客户，如《汪氏蜂业报》始终展示终端客户消费汪氏产品后的满意度，为汪氏蜂蜜带来正面效应，有利于整合更多的客户资源。

（5）财务资源整合

目前，江西汪氏蜂蜜注册资本金已达5000万元，但是还未上市。汪氏蜂蜜历年来的利润一直在增长，但是公司主要把利润用于扩大再生产，例如目前汪氏蜂蜜在新建县完成了1.5亿元的投资，投产万吨蜂蜜生产线。

3. 资源整合的效果及存在的问题

（1）资源整合效果

汪氏蜂蜜通过资源整合与各阶段的融资，不断扩大生产规模，增加投资，实现了规模化。汪氏蜂蜜从1998年落户江西，采取各种手段整合资源，增加投资，使产量一直保持增长，特别明显的是2001年和2007年，产量都实现了几倍的增长，由此逐步实现了规模经济。

汪氏蜂蜜通过各种资源整合和融资方式，扩大生产规模，实现的规模经济明显从1998年的7万元每吨下降至2008年的3.2万元每吨，给公司带来了明显的经济效益。

（2）创业资源整合存在的问题

汪氏蜂蜜融资问题上显著的缺陷就是其还不是上市公司，融资渠道有限，融资规模小，这是企业发展的瓶颈，也是目前江西一些知名企业最大的通病。公司上市后能迅速从市场上融集大量资金，实现企业业绩呈现几倍、几十倍，甚至几百倍的增长。江西汪氏蜂蜜目前正在扩大投资规模，急需大量流动资金，仅靠公司借贷公司原始投资和企业利润不能满足投资需求。即使在江西，汪氏蜂蜜的银行贷款有一定的优先政策，但是资本成本大，公司不得不考虑是否增加贷款还是扩大投资。

目前，汪氏蜂蜜正在积极地扩张生产规模，整合各种资源以实现规模经济。公司增加生产基地，整合社会资源；积极发展特许经营方式，整合渠道资源；开展与政府部门的项目合作，整合政府资源；进行产品开发，吸引客户资源。从公司的蜂产品产量也可以看出，公司保持着规模扩张的趋势。但是当发展到一定程度后，如果还盲目扩大规模，就会带来规模不经济，整合的资源就成为企业的一种浪费，甚至是负担。

4. 给汪氏蜂业的几点建议

（1）汪氏蜂蜜公司必须加快实现公司上市的目标。公司应当加强同政府部门的关系，利用政府部门推动公司上市的影响作用，加强企业内部管理，在产品和服务上提高质量，权衡客户、蜂农、受许人、投资者等方面的利益，为带动江西经济的发展贡献更大的力量。

（2）汪氏蜂蜜公司必须认清市场情况，理性对待公司的规模扩张。详细分析市场环境、竞争者与客户之间的变动关系，制订生产计划，组织企业生产。其目的是使整合的资源与融集的资本与企业内部能力相符，如当短时间特许经营店增长数量增长过快，公司的管理人员、特许人培训等达不到要求，必定造成管理紊乱，效率低下，产生规模不经济效应。

（二）案例教学指南

1. 案例价值

（1）本案例是一个综合的创业资源整合案例，主要用于“创业基础”“创业管理”“创业实务”等创新创业课程的教学辅助与案例分析。

（2）本案例主要介绍了汪氏蜂业的发展历程、资源整合的做法以及存在的问题，该案例的教学目的主要在于让学生深刻感悟到创业的本质是资源的整合，任何人想要创业必须从自身拥有的资源出发，根据项目的需要整合志同道合的人的资源，才能启动创业计划。本案例的设置旨在培养学生的创业思维与资源意识，帮助学生拓展自己的资源圈子，不要画地为牢而被自己所困。

2. 讨论分享

（1）从创业角度而言，究竟什么是资源？

（2）结合本案例，大学生若想创业，如何发现适合项目的资源？

（3）汪氏蜂业能够实现规模化的诀窍是什么？

（4）汪氏蜂业的创业历程给你什么启发？

（5）请尝试规划一个自己的创业项目，并带着自己的项目去寻找资源。

3. 理论要点

（1）资源基础论：企业是各种资源的集合体。由于各种不同的原因，企业拥有的资源各不相同，具有异质性，这种异质性决定了企业竞争力的差异。

（2）资源依赖理论：组织最重要的是关心生存。为了生存，组织需要资源，而组织自己通常不能生产这些资源；组织必须与它所依赖的环境中的因素互动，这些因素通常包含其他组织；组织生存建立在一个控制它与其他组织关系的能力基础之上。资源依赖理论的核心假设是组织需要通过获取环境中的资源来维持生存。

（3）企业理论：企业的本质是资源所有者的契约性结合体，企业的发展离不开资源，通过资源的投入、整合、放大，企业才能实现又好又快的发展。

4. 教学建议

本案例可以作为教师教学的专门案例使用。

教师可按如下进度来组织自己的课堂案例教学，但仅供参考：

（1）整个案例课的课堂时间控制在 90 分钟左右。

（2）课前提出启发思考题，请学员在课前完成阅读和初步思考。

（3）课堂上，教师先做简要的案例引导，明确案例主题（5 分钟）。

（4）小组研讨。

①小组讨论并在组内分享（15 分钟）；

②接着小组派代表发言（每组 5 分钟，控制在 50 分钟内）；

③引导全班联系实际进一步讨论，并进行归纳总结（20 分钟）；

④如有必要，学生可以形成书面分析报告，并制作 PPT，进行分组汇报，训练学生的演讲表达能力，教授学生当众发言的技巧。

二、教学案例2 百度的融资经历

（一）案例描述

1. 首笔融资不求最多

1995年开始，李某就利用每年回国的机会考察国内的市场。但那时，他并没有急着回来，因为“感到中国还不需要搜索这个技术，大家还在推广网络的概念”。1999年10月，政府邀请了一批留学生回国参加“国庆典礼”，李某也在受邀之列。这次行程坚定了他回国创业的决心：“大家的名片上开始印E-mail了，街上有人穿印着.com#的T恤了。”更为重要的是，“中国出现了一批能够为搜索业务付费的门户网站”。

当时，国内门户网站使用的搜索引擎，大多是英文搜索软件的汉化版。虽然中文的语言逻辑和英文有着很大区别，但这些软件在开发时却很少考虑到华人尤其是中国内地网民的搜索习惯；而那时国内出现的“搜索客”等搜索引擎，在李某看来更像是“玩具”。

返回美国之后，手中握有全球第二代搜索引擎核心技术超链分析专利的李某找到了自己刚刚从美国东部闯荡硅谷时认识的好朋友徐某。1999年11月，徐某邀请李某到斯坦福大学参加自己担任制片人的《走进硅谷》一片的首映式。第二天，两人就基本敲定了市场方向、股权分配、管理架构以及融资目标等回国创业的大致框架。

此时互联网泡沫正盛，但是为了凭借自身团队的价值成为公司绝对控股的大股东，以便为将来的阶段性融资奠定基础，他们只制订了100万美元的融资计划，并开始寻找融资目标。在与各种背景的投资者接触后，李某倾向于选择有美国背景的投资者，原因在于“他们开的价码、条件比较好”。

很快就有好几家VC愿意为他们投资，他们看重的是三个因素：中国、技术、团队。“我们选了一家，即Peninsula Capital（半岛资本）。”Peninsula Capital是李某要和另一家投资商签署协议时才开始接触的。“当时急着回国，所以我们只给了他们一天的时间。”巧的是，Peninsula Capital 的一个合伙人 Greg 是徐某拍摄《走进硅谷》时采访过的。Greg 对徐某说:“从你拍的片子，我就知道你能成事。但我不认识他（指李某）。你说他的技术如何了得，有什么办法让我们相信？”不过，在按创投行业惯例与李某工作的 Infoseek 公司 CTO 威廉・张通电话后，Greg 下定了决心：威廉・张认为，李某是全世界搜索引擎领域排名在前三位的专家。

尽管对中国有着浓厚的兴趣——2000 年初 Peninsula Capital 还联合高盛、Redpoint Ventures（红点投资）向中国最早的 IT 交易网站“硅谷动力”投资了 1000 万美元，但是由于没有在搜索领域的投资经验，他们又拉来了 Integrity Partners 一起投资。这家 VC 主要由 INKTOMI（美国著名的搜索引擎公司，后被 YAHOO 收购）的几个早期创业者创办。两家 VC 决定联手向百度投资 120 万美元（双方各 60 万美元），而不是李某当初想要的 100 万美元。

“当时我觉得，需要 6 个月时间把自己的搜索引擎做出来。”投资人问李某，如果给更多的钱，是不是可以缩短这一时间，他的回答是否定的。但事实上，从 2000 年 1 月 1 日开始，百度公司在北大资源楼花了四个半月就做出了自己的搜索引擎。不仅如此，为了防止市场发生大的变化，原计划 6 个月用完的钱，百度做了一年的计划，从而坚持到了 2000 年 9 月第二笔融资到来的时候。

2. 与资本的第二次联姻

第一轮投资者 Integrity Partners，还为百度引来了第二轮融资的领投者德丰杰全球创业投资基金（DFJ）。Integrity Partners 的创始人之一 Scott Welch，早年创建一家购物搜索引擎企业时曾得到过德丰杰的投资。2000 年四五月份，DFJ 中的“F”，即创始合伙人 John H. N. Fisher，通过 Scott Welch 知道了百度，并很快对其产生了兴趣。DFJ 随即对百度展开了审慎的调查，这项工作由刚从新加坡国家科技局加入德丰杰全球创业投资基金的符绩勋担纲。

“那段时间，我们大都在晚上去实地考察百度。”符某回忆道，“透过公司的灯光，我们看到了这家企业身上闪现着硅谷式的创业精神。”而另一家创业投资巨头 IDG 决心投资百度，是因为发现李某一直滔滔不绝的不是自己如何厉害，而是怎么去找“比自己强”的技术和管理人员。“开始创业的时候，我们希望能够找到一位‘能人’担任首席执行官，所以那时我在公司的职务是总裁。”李某解释说。

投资谈判过程相当顺利，2000 年 9 月，德丰杰就联合 IDG 向成立 9 个月的百度投资了 1000 万美元。德丰杰约占了总投资额的 75%，因而成为百度的单一最大股东，但其仍然只拥有百度的少数股权。据估算，成立不到一年的百度价值至少应当在 2500 万美元以上。投资者还为百度带来了资本之外的价值。通过 Peninsula Capital 的穿针引线，百度与硅谷动力结成了合作伙伴,2000 年 5 月 22 日，双方合作推出了“动力引擎”。“硅谷动力 CTO 卢建的做法使我们的产品被市场所认可。现在他自己做的医疗网站还在竞价排名方面与百度合作。”李某表示。

这种投资组合之间的协同效应，在 DFJ 身上也得到了体现：周某、杨某等创建的 CHINAREN（后被搜狐收购）是百度的早期客户，在周某、杨某再次创建空中网（获得了德丰杰的投资）时，双方又再度携手。

3. 创业者主导下的战略转型

“百度早期的商业模式很像 INKTOMI，即主要为各大网站提供搜索技术服务。”李某介绍说。尽管百度一度占据国内搜索技术服务市场 80% 的份额，但经过 2000、2001 年的网络低潮之后，国内能够付得起价钱的只剩下新浪、搜狐等少数门户网站。“在服务的范围、方式以及收入分成等方面，百度不可避免地会受到这些门户网站的制约。”一直担任百度公司董事的符绩勋表示。

2022 年，百度智能云从制造业、水务、能源、交通、公共事业等重点行业核心场景切入，积累行业经验，再把不同行业通用需求沉淀到 AI 产品中。通过 AI 创新实现类似案例的跨行业复制，百度智能云的利润表现得到进一步优化。

（二）案例教学指南

1. 案例价值

（1）本案例是创业企业融资的一个经典案例，主要用于“创业基础”“创业管理”“创业实务”等创新创业课程的教学辅助与案例分析。

（2）本案例主要介绍了百度公司的发展过程与融资的策略，以及百度的战略转型。

总体表明了资金对于创业者的重要性，但资金是可以整合的。该案例的教学目的主要是让学生体会创业是需要资源的，创业应该从自身所掌握的资源出发，采取行动，然后寻找合适的伙伴获得其他的资源。本案例的设置旨在培养学生的创业思维与资源整合意识，同时告诉学生，两手空空并不可怕，可怕的是脑袋空空。

2. 讨论分享

（1）谈谈创业和资源的关系？

（2）结合本案例，请思考企业的本质是什么。

（3）百度为什么能够取得成功？

（4）假如你是一名创业者，如何获取资金？

（5）创业融资的种类有哪些？各有什么特征？

（6）财务资金在商业模式中扮演什么样的角色？

3. 理论要点

（1）创业融资理论：创业融资是指创业者为了将某些好的革新技术或创意转化为商业现实，从新创企业的战略及未来发展的需要出发，运用科学的预测方法确定资金需求量，通过不同的融资渠道，采用一定的方式，为新企业的建立及运营进行资金筹措的过程。新创企业的生命周期一般包含种子期、创业期、成长期和成熟期，在不同阶段，创业融资具有不同的阶段特征，企业需要根据自身所处的不同阶段合理地制订融资计划，做到融资阶段、融资数量与融资渠道的合理匹配。

（2）创业团队理论：创业团队是由两个或以上具有共同愿景和目标，共同创办新企业或参与新企业管理，拥有一定股权且直接参与战略决策的人组成的特别团队。他们拥有可共享的资源，按照角色分工相互依存地在一起工作，共同对团队和企业负责，不同程度地共同承担创业风险并共享创业收益。

4. 教学建议

教师可按如下进度来组织自己的课堂案例教学，但仅供参考：

（1）整个案例课的课堂时间控制在 90 分钟左右。

（2）课前提出启发思考题，请学员在课前完成阅读和初步思考。

（3）课堂上，教师先做简要的案例引导，明确案例主题（5 分钟）。

（4）小组研讨。

①小组讨论并在组内分享（15 分钟）；

②接着小组派代表发言（每组 5 分钟，控制在 50 分钟内）；

③引导全班联系实际进一步讨论，并进行归纳总结（20 分钟）；

④如有必要，学生可以形成书面分析报告，并制作 PPT，进行分组汇报，训练学生的演讲表达能力，教授学生当众发言的技巧。

第二节　课堂精读案例

一、精读案例 1　创业：资源重于激情

（一）案例描述

1. 外地开厂，遭受重创

创业青年王某是福建省福安市的一位普通农民。和其他众多的新生代青年农民一样，他并不甘心一辈子在农村过贫苦日子，他向往在城市有更好的生活。1999 年，年轻的王某带着对未来美好生活的憧憬，踌躇满志地来到福安市城关一家电机厂打工，希望借此脱贫致富。可是，4 年下来起早贪黑、省吃俭用，到头来手上的钱仍然所剩无几。时光无情地流逝着，眼看自己到了成家立业的年龄，却依然贫穷。他心中便暗暗萌生了自己创业当老板的想法。

2003 年回老家过春节，看到村里外出创业经商的同龄人喜气洋洋衣锦还乡，王某好生羡慕啊！村里还有几个青年也被他们的创业成功所感染，有人提议去河南办食

品厂，想找王某合伙一起干。王某心动了，他拿出打工攒下的 1 万多元，又向老父亲及亲戚朋友东拼西凑借了 5 万元。就这样，几个年轻人奔赴河南开始创业！

刚到河南时，人生地不熟，王某他们整天像无头苍蝇一样四处找场地办厂。他们资金不多所以不敢找好的地段，只能在郊区乡下找。经过十几天，好不容易在郊区找到了一个空置的旧仓库，租了下来。简单改造后几个人就住在仓库里了。接下来是买设备、安装、调试，然后采购原料、试制产品，折腾好一阵子，终于把食品厂给办起来了。

王某他们不怕苦、有闯劲，经过不断努力，慢慢地打开了当地市场，生意也渐渐地红火起来了。可后来发生的一次质量事故几乎使他们的食品厂倒闭。一天，煮料的操作工人未将绿豆煮熟，就投入到了下个工序，结果生产出一批不合格的生绿豆饼。因为绿豆是生的，豆饼只要过两三天就会发生霉变！可是，由于管理不善，这批豆饼已经发往市场了。接下来的大批量退货，使刚发展起来的食品厂濒临倒闭。

经过这次打击，食品厂亏损严重，经营步履维艰。王某觉得这样辛苦都不能成功，还不如回乡创业，另图发展。2006 年，办了 3 年的食品厂关闭了。

2. 家乡养鸡，重获希望

王某回到家乡后心里一片茫然，一直也没有找到合适的项目，转眼到了 2008 年的秋冬季节。

一天午后，王某闲来无事，漫无目的地在村庄周围转悠。他突然发现，由于很多人外出打工或经商办企业，村里很多田地都荒废了。“我为什么不利用这些土地在家乡创业呢？”他一遍遍问自己。但做点什么呢？他索性坐在小山坡上，在和煦的阳光下思来想去，一时却也寻思不出一个好主意。上一次失败的办厂经历，使他懂得了创业者选择创业方向、确定创业项目的重要性，也明白了一个成功的企业一定要始于正确的理念和好的构思，并且创业者应学会经营和管理企业的各方面知识。吃一堑，长一智，王某告诫自己再也不能盲目冲动了。

2009 年年初，一个偶然的机会，他和一个朋友进了福安农贸市场。他发现家禽家畜区域的交易非常红火，特别是土鸡土鸭非常畅销。他亲眼看到才上市的一批土鸡土鸭被抢购一空。农贸市场经销鸡鸭的老板说，目前福安的土鸡及土鸡蛋非常好销，有时根本进不到货。这时，王某想何不趁此利用那些荒废的田地开始养土鸡呢？福安人有吃土鸡蛋，用土鸡滋补身子和给亲朋好友送礼的习俗，市场需求应该不用发愁。从此，养鸡的念头一直在王某心中萦绕不散。不知是在哪本书里，王某读到一句话：创业的最佳目标并不是那个最有价值的创业项目，而是最有可能成功的创业项目。他想，自己养鸡也正是从自己的性格、兴趣和特长出发去寻找可以满足目前市场需求的创业方向，应该错不了。而且，如果搞生态养殖，政府还会给予鼓励，项目也符合社会发展方向。他从三个方面对该项目进行了分析。

（1）大势，就是国家政策，土鸡生态养殖符合国家的产业政策，也就是说跟对了形势。

（2）中势，指的是创业项目要有市场需求，而目前当地土鸡市场供不应求。

（3）小势，就是个人性格、兴趣、能力、特长与所做项目吻合，而养殖土鸡适合自己的能力，符合自己的兴趣，也可以发挥自己的特长。

因此，王某决定就做这个项目。但因为有了前车之鉴，这一次他不敢贸然行动。

首先，他谨慎地做了市场调查，看看自己对市场的直观判断是否准确。他走访了福安市区各大农贸市场，仔细询问了很多商贩，了解到虽然都是土鸡蛋，也分不同的品质，一般的土鸡蛋一斤可以卖 15 元，而质量好的最高可卖到每斤 20 元。

王某又走访了一些市民，90% 的人表示会选择长期购买土鸡蛋，其中有 75% 的人愿意接受每斤 20 元的高质量正宗土鸡蛋。因此他得出结论：福安当地市场对土鸡、土鸡蛋的需求量将不断增加，产品的市场价格也将不断上涨。王某意识到这是个发展前景非常好的项目，他必须及时抓住这个机会来发展自己的事业。他在取得家人支持后制订了详细的创业方案，开始了项目运作。王某很清楚，创业是需要具备一定的素质和能力的。为了学习现代养殖技术，2009 年 3 月，他参加了福安市农业局组织的“土鸡养殖”及“家禽养殖与疾病防治”培训班学习。4 月，参加了福安市占西坑生态养殖专业合作社与市农业局联合举办的“生物发酵与低成本养殖技术”培训班的学习。学成之后，他立即开始租田地、建厂房、买材料、订鸡苗、购设备等。用了一个多月的时间，土鸡养殖场就办起来了。

3. **遭遇疫情，提升技能**

可是，美好的创业计划并非一帆风顺，很快就在现实中遇到了困难。刚开始，由于实际经验不足，在养殖过程中不断出现鸡苗的非常规损耗，看着养殖场的鸡越来越少，王某的心里又一次发毛了。他辗转反侧，几天都睡不好觉。这可怎么办呢？他想起了在培训班给他们上过课的老师，便心急火燎地赶到福安市兽医站寻求帮助。兽医师来了，得出诊断结论，鸡苗感染了大肠杆菌，需要马上进行投药治疗，否则会导致更大面积甚至全部鸡苗死亡！在兽医师的帮助下，养鸡场的疫情逐渐得到了控制。不久，养鸡场又呈现出一片生机。这次疫情使王某再一次意识到养殖只靠勇气和干劲是不够的，必须熟练掌握养鸡相关的科学技术才行。为了学习养鸡的相关知识，王某多次到大型的养殖场取经，养殖技术不断提高。与此同时，王某开始利用一切机会学习企业经营管理和营销知识，并大胆地付诸实施。鸡场的管理越来越规范，养殖场得到了很好的发展。

4. **扩大规模，蓬勃发展**

王某家乡的很多农户看到养鸡卖土鸡蛋能挣钱，也纷纷加入养鸡行列。王某又一次看到了机会。2009 年底，他组织 6 户农民成立了“福安市青创生态农业专业合作社”，并出任法定代表人。合作社成立后，鸡场更进一步规范了管理、扩大了规模。由于合作社的土鸡是在生态林里放养的，而这些地方恰好是城里人锻炼、踏青、游玩、散步的好去处。来游玩的城里人看到王某的土鸡是散养的，吃的是谷物、豆渣酒糟等饲料，很认可他的产品，经常顺便买些带回城里。这下子，一传十、十传百，人们的口碑与宣传使越来越多的人来买王某的土鸡蛋，一时间土鸡蛋供不应求。王某的专业合作社渐入佳境，走上了蓬勃发展的道路。随着养鸡场规模的不断扩大，鸡粪的产出数量随之增加。为了不污染环境和影响村民生活，王某请来了农技部门的专家。在他们的支持指导下，王某将鸡粪发酵处理后转化为有机肥料，用于紫心番薯和土豆的种植，又为合作社增添了一条创收渠道。目前，王某的养殖队伍及养殖规模不断扩大，合作社成员从原来的 7 户增加到了 36 户，使家乡农户平均年收入增长 6600 多元。

另外，他还带动了周边其他村庄农户 49 户，并无偿为他们提供技术指导。王某的创业也得到了政府部门和社会的普遍认可。2010 年，王某荣获“宁德市青年创业奖”；2011 年，又获得“福安市青年创业奖”，还被评为“宁德市农村青年创业致富带头人”。王某第二次创业成功了！

（二）案例导读

1. 分析要点

创业是发现市场需求，寻找市场机会，并通过投资经营企业来满足这种需求的实践活动。创业是一个项目从孕育、出生到发育、成长的过程。投资是创业的起点，不可盲目。创业者要选择确定一个创业项目不是一件简单的事，来不得半点马虎。现实中，许多青年人在冲动中盲目创业，最终导致创业失败。因此，创业需要激情，更需要理性；创业需要有资金，更需要有清晰的目标，明确的方向以及心理、知识、技能和资源的准备。

2. 思考题

（1）王某的第一次创业为什么会失败？

（2）你认为王某第二次创业的思路及采取的步骤方法是否正确？为什么？

（3）通过本案例的学习，你认为应当怎样才能避免创业冲动？

（4）根据王某两次创业的故事，并结合你自己的实际情况总结出辨别创业方向的步骤和方法。

（5）王某应该如何整合创业资源，为自己的事业助力？

二、精读案例 2　YAHOO 借力于融资获得巨大发展

（一）案例描述

1. 导引

YAHOO，一个新兴网络传媒的代表，它的兴起与衰落都对我们有着极强的启示作用，我们或许能从 YAHOO 身上发掘出许多成功经验和失败教训，或许有些问题我们现在无法解决，但它们的指导意义却不容小觑。

2. 公司背景

YAHOO 公司（YAHOO Inc.），是一家美国的跨国互联网上市公司，是全球互联网服务公司及全球门户网站巨擘。它提供一系列的互联网服务，其中包括门户网站、搜索引擎、YAHOO 邮箱、新闻等。YAHOO 是由斯坦福大学研究生杨致远和大卫·费罗于 1994 年 1 月创立并在 1995 年 3 月 2 日注册成立公司，公司总部设立在加利福尼亚州森尼韦尔市。根据一些网络流量分析公司（包括 Alexa Internet，Comscore 和 Netcraft）的数据，YAHOO 曾经是网络上被访问最多的网站，有 4 亿 1 千 2 百万的独立 IP 用户访问者。YAHOO 全球的网站每日平均有 34 亿个网页被访问，这也使 YAHOO 成为美国数一数二受欢迎的网站。1995 年 4 月 12 日，YAHOO 正式在华尔街上市，上市第一天的股票总价达到 5 亿美元，而 YAHOO1995 年的营业额不过 130 万美元，实际亏损 63 万美元，直到 1996 年底，才赚了区区 9 万美元。两年后的 1997 年，YAHOO 市值已是 1995 年刚上市时的 23 倍。1998 年 8 月 25 日，它的股票价格为 97.50 美元，是 1998 年计划每股红利 32 美分的 305 倍，公司市值达 91 亿美元。连计算机产业盈利首户微软都感到震惊，因为它的股票价格才是其预期红利的 52 倍。据美国《商业周刊》1998 年 12 月 18 日公布的数据，YAHOO 是 1998 年股票增值最快的公司，股值增长率达 455%，居第二名。YAHOO 没有微软庞大的财力，也没有 SUN 那样成熟的经验和技术资本。而 YAHOO 两位创造人几乎是从零开始的，当时他们还只是两个穷学生。如果不是克拉克与安迪森绝妙的营销手段，网络“金童”的

光环很有可能不会落到YAHOO两位创始人头上。

3. 寻找风险投资者

1994年秋，YAHOO迎来了第100万个点击，费罗和杨致远意识到他们的网站是一笔巨大的商业财富。认识到YAHOO巨大的商业潜力，杨致远和费罗迅速起草了一份商业计划。带着这份计划书，他们到处寻找风险投资者。

建立大众化数据库，开发大众化软件，都需要资金支持。他们是如何解决每一个企业在初创时期都会遇到的资金问题的呢？高科技和新创意的孵化剂——风险资本给了他们大力的支持。

当时的产业背景是NetscaPE发布了其第一版浏览器的测试版；第一个发布广告的WEB站点已经出现，大众传媒已经大量报道互联网现象；风险投资基金已闻风而动，涌向WEB站点。

拿着正在攻读哈佛大学商业管理的老同学帮忙写的计划书，杨致远和费罗开始不停地访问风险投资家和风险投资公司。最后他们找到了SEQUOIA公司，这家公司投资过数百家高科技公司，包括苹果公司、阿达利数据库公司等。AY但是SEQUOIA公司的合伙人，Mike当时并不清楚YAHOO的发展机会到底在什么地方。杨致远把他们的模式称为“在WEB网上提供免费服务”，但是风险基金还从来没有投资过任何免费服务产品，YAHOO缺少有经验的工商管理人才，名字也不像现在响亮。所幸，Mike很快认识到，作为一种新兴媒体，YAHOO孕育着巨大的商机。

包括MCI、Microsoft、Netscape等在内的其他投资者也找到了YAHOO。美国在线（AOL）想收购YAHOO。如果创业者答应，他们很快就会变成百万富翁，事实却相反。美国在线收购不成，则威胁说，YAHOO必须面对和AOL的正面交锋，AOL有足够的实力建立自己的“YAHOO”，而且它们也有足够的实力购买一个YAHOO的“竞争对手”。

Netscape也提出了自己的建议：股票互换，而且Netscape的股票即将上市，比起AOL的股票来价值更高，杨致远和费罗同样拒绝了他们，他们要开创自己的事业。

1995年4月，SEQUOIA与YAHOO达成了合作协议。前者对后者估值400万美元，并以这一评估为基础注入了资金。YAHOO也从此走上了它们艰苦的创业之路。

4. YAHOO快速成长

YAHOO“在WEB网站提供免费服务”，那么它是怎样维持它的日常运作的呢？

YAHOO提供“免费服务”的对象是使用互联网的普通网民。YAHO0就是利用它广泛的浏览量和页面访问的次数来吸引工商企业到它的网站做广告。1998年12月，YAHOO的页面日点击次数达到了1.67亿次，而YAHOO借以维持其运作的资金也就源于它的广告收入。

1996年，仅同SOFTBANK及其附属公司签订的广告收入就达207.5万美元，该年YAHOO公司实现的净收入为1907.3万美元，是1995年136.3万元的14倍。1997年，YAHOO公司实现净收入7045万美元，1998年实现了2.03亿美元，短短4年时间，其净收入已经增长了近200倍。目前，YAHOO的不同语种网站已经扩展到了15个国家，还在亚洲、欧洲、加拿大设有自己的办事处。

5. 进入“死亡峡谷”

根据风险投资的理论，创业者在筹集到宝贵的“种子资本”“天使投资”，得以创办公司、开发技术乃至获得新产品问世等一系列成功，甚至于开始获得收入之后，还会面临失败的风险。因为新兴企业往往只是凭一个技术上的设想，要把它变为现实的产品要经过很多的实验，而且开发成功之后，作为一种全新的技术和产品，公司必须向消费者宣传推广，引导消费观念和消费方式。在该阶段，新兴企业耗费巨大，“一着不慎，全盘皆输”。有很多创业者壮志未酬，所创企业在该阶段就折戟沉沙，所以有人又把该阶段称为企业的“死亡峡谷”。

YAHOO的成长过程同样经历了该阶段。与YAHOO超常规发展相对应的是成本的高投入。YAHOO的成本费用一般包括广告宣传费、新产品宣传费和行政管理费。其中，以广告开支为最多，1995年是12.6万美元，1996年达到380.1万美元。

1998年第二季度一次性投入技术开发费用、兼并VIARREB公司及第四季度兼并YOYODYNE等公司的费用共计达到了1500万美元，再加上无形资产的摊销，

1998 年实际净收入降为 2559 万美元。高额的投入和费用支出使得 YAHOO 不得不常为资金的筹集而奔波。

6. 走出“死亡峡谷”——NASDAQ 的第三次推动

YAHOO 股票在 NASDAQ（美国第二板市场）公开上市筹集到的巨额资金，极大地解决了 YAHOO 在其成长过程中遇到的资金问题，为 YAHOO 的快速发展起到了至为关键的第二次推动，使其顺利通过新设立公司成长过程中的“死亡峡谷”阶段。

1996 年 4 月 12 日，YAHOO 在美国的 NASDAQ 市场以每股 13 美元的价格上市，发行了 260 万股，共筹集资金 3380 万美元。以这笔资金为基础，YAHOO 公司的规模不断扩大，经营业绩也逐步扭亏为盈。1996 年公司每股亏损 9 美分，1997 年每股盈利为零（如果考虑一次性投入及无形资产返销，则每股亏损 29 美分），1998 年每股盈利 45 美分（如果考虑一次性投入和无形资产摊销则每股盈利 23 美分）。

YAHOO 作为 INTERNET 股票板块中的一只，不断飙升。1996 年 6 月份的一个月之内，YAHOO 的股价就上涨了 100%。1998 年，YAHOO 股价上涨到初次上市的 10 倍，而且这个价格包含了几次拆股的影响。1998 年 7 月 8 日进行一送一股票分割，1999 年 1 月 12 日，YAHOO 又一次宣布一送一股票分割。即便如此，1999 年 3 月 22 日，YAHOO 股票的均价仍达到了 179 美元。

7. NASDAQ 市场的“YAHOO 法则”

YAHOO 股价的这种飙升之势用传统的“股价收益比”完全无法解释，因为一直到 1997 年 YAHOO 的收益还是负数，如何解释股价与收益的背离？UPSIDE 杂志的主编 Richard L.Brand 称之为“YAHOO 法则”，即只要“YAHOO 继续控制着史无前例的价格 / 收入比，互联网将继续是投放金钱的巨大场所”。也就是说，在互联网时代，一只股票的价格不再是以公司的收益做参照，而是以它的收入为参考指标。一个公司收入的高速增长也确实反映了该公司成长的能力和潜力。

（二）案例导读

1. 分析要点

（1）正是基于 YAHOO 的第 100 万个点击，Netscape 发布的第一版浏览器测试版，第一个发布广告的 WEB 站点出现，互联网现象在大众传媒的传播，杨致远把他们的商业计划称之为“在 WEB 网上提供免费服务”。就是这份商业计划让风险投资者看到了巨大的市场潜力，成就了 YAHOO 今日的成绩。那么何为商业计划？商业计划是指在战略导向下通过确定的商业模式实现阶段性战略目标的一切计划和行动方案。制订商业计划是使未来的创业者集中精力思考问题的有效方法，创业者能够明确目标，并对自己组建经营企业的能力进行一番评估。创业者通过制订商业计划，确定具体的目标和参数，并以此为尺度衡量业务的进程与营利性。由于能够完全自筹资金的创业者相对较少，大多数创业者面临的一个问题就是外部融资，或在创业起步阶段，或在后期企业扩展及成长时期。对于创业者来说，是否有一份好的商业计划决定了他们的将来。

（2）风险投资（Venture Capital）简称是 VC。广义的风险投资泛指一切具有高风险、高潜在收益的投资；狭义的风险投资是指以高新技术为基础，生产与经营技术密集型产品的投资。根据美国全美风险投资协会的定义，风险投资是由职业金融家投入到新兴的、迅速发展的、具有巨大竞争潜力的企业中的一种权益资本。

YAHOO 飞速崛起的故事能向人们昭示很多的道理。在经济社会，劳动力、资本等因素是不可或缺的，要赚取巨额的利润，没有雄厚的资本实力是绝对不行的。YAHOO 从互联网上捕捉到的无限商机是公司兴旺之根本，为普通网民提供“免费服务”，利用其广泛的浏览量和页面访问次数来吸引工商企业到自家的网站做广告，从而获得巨大的收益。正是这种巨大的收益预期，越来越多的风险投资者看好 YAHOO 的发展。风险投资的加入，促进了 YAHOO 的发展，并使之成为互联网时代风险投资的经典案例。

2. 思考题

（1）YAHOO 的盈利来源有哪些？

（2）你如何看待 YAHOO 初创时的风险？

（3）你如何看待创业融资与 YAHOO 成功的关系？

（4）“互联网 + 金融”的出路在哪里？

（5）从 YAHOO 的融资成功，你能得到哪些启发？

第三节　课外拓展案例

一、拓展案例 1　销售易六年获得五轮近 5 亿元融资

（一）案例描述

关注新商业时代，寻找下一个王兴、程维、张一鸣，就看创业邦“100 未来领袖”。大概 1995 年前，中国的 SaaS 概念和应用还尚处于一片荒芜，即便是这样，在行业浸淫 20 年、曾经的销售冠军史彦泽看到了 SaaS 服务在中国的巨大机遇，于 2011 年成立销售易，经过 6 年的发展，销售易已成中国闻名于行业的企业之一，数千家的付费企业选择了销售易。

早在大概 10 年前，美国的 Salesforce、WebExCommunication、DIGital Insight、中国的 Xtools 等公司，已经在 SaaS 领域做出一定的成绩。中国的一些大咖同样预测了中国在移动互联网和移动商务领域存在巨大的市场。

多年累积的经验告诉史彦泽，CRM 领域企业管理者和销售人员存在的痛点是传统 CRM 无法解决的，比如销售管理粗放、难以规模化发展，传统 CRM 软件复杂不好用、信息共享不透明等问题。

传统的 CRM 服务关注企业内部销售、市场和售后三个部门的业务流程自动化，

但只是企业内部的数据记录沉淀，而移动互联网时代，B2B和B2C销售需要全新一代的CRM产品，为其提供独到的产品和服务。

2011年7月，Allan成立销售易，想通过大数据、移动、社交和云让前端与用户真正地连接起来，从SaaS到PaaS，再到支撑企业全面连接自己的内外人群，而要完成这一转变，关键性在于用社交网络+移动互联网的技术重构CRM。

但销售易刚成立那会，中国的SaaS概念和应用尚还处于一片荒芜，最初的一年多，销售易走得并不如意，因为很多VC秉持着"中国的To B市场有什么好投的"态度。

庆幸的是，2013年底，红杉中国发现了销售易，并成为其早期A轮的投资方，此后，销售易的发展似乎处于一种开挂的状态，几乎每年都要拿一轮融资。

2014年7月，销售易获得红杉资本B轮投资；2015年3月，销售易获得经纬中国、红杉资本1500万美元C轮融资；2016年4月，销售易完成由经纬中国领投的1亿元人民币的C+轮融资。不到一年的时间，2017年1月，销售易获得了腾讯领投，红杉资本、经纬中国的D轮2.8亿元人民币融资。6年的时间里，销售易共完成了五轮近5亿元人民币的融资。

除了不断拿融资外，具备销售易特点的新产品也不断出现，2016年4月，销售易发布旗舰版PaaS平台；2016年7月，推出移动PaaS平台；2017年1月12日，发布了基于PaaS平台的教育、金融等五大行业解决方案。2017年5月，销售易推出了伙伴云、客服云及现场云三款基于PaaS平台的新产品。同时这也意味着销售易产品开始走出企业内部应用的藩篱，打通企业内外防火墙，连接外部合作伙伴和最终用户。

Allan称，"新产品的设计是以客户的需求为出发点，将企业业务运转中内部的销售、客服与外部的客户、伙伴连接起来。集合了销售云、伙伴云、客服云、现场云的销售易CRM，不仅应用了社交、移动、大数据、人工智能和物联网等新型互联网技术，还具备集成性、扩展性、可配置性等优势。"

做出了客户需求的产品，但仍很焦虑，6年的时间，足以让一家新公司从大众视野中消失不见，也足以让一家公司闻名于业内。2017年，销售易刚好走过6个春秋，公司从刚开始的7个人发展到近600人的规模，有数千家的付费企业选择了销售易。毫无例外，销售易取得如此好的成绩得益于其独特的产品理念：从客户需求出发，让每位使用者都能从中找到“存在感”，并从中感受到使用的价值。

具有20年行业经验的Allan深知传统CRM的聚焦点在管理层服务，其较为关注企业内部流程自动化（上述所讲的销售自动化、服务自动化、营销自动化），但在应用中，基层使用者只是软件中的一行代码，而忽视了其体验。

销售易的做法则是让CRM实现了从以管理为中心向以客户为中心的转变。Allan接受媒体采访时曾多次拿汽车销售行业为例，传统CRM中记录了客户信息、车辆配置信息、车辆维修和保养信息，安装应用了传统CRM的4S店，可以在系统内查询到信息，然后通过电话、电子邮件维护客户关系，但也仅此而已。而销售易产品不同于传统的CRM，不仅自动联结了车辆制造商和4S店，未来还打通与车辆本身和车主的互联。

举个实际的例子，客户购置新车，即可下载安装一款APP，输入发动机号，即被激活。通过预装的传感器，APP可及时提醒车主应该何时保养，更换何种配件。“车辆出现报警，APP也会及时弹出消息，进行一键诊断。”Allan解释。

尽管销售易的发展一直处于较好的状态；但至今“客户价值”这个频繁出现在Allen头脑中的词，仍然让其焦虑不已。销售易的愿景不仅仅是“让销售更容易”，而是要成为“融合新型互联网技术的全新一代连接企业内外的客户关系管理软件服务商”。

“而客户价值决定了销售易的愿景能否实现，战略能否更进一个台阶。”Allen表示。众所周知，做好To B市场并不是一件简单的事，销售易坚持多年实属不易。采访时Allan反复强调了“深水区”这个概念。经过几年的发展，Allan突然感觉到自己的企业走到一个深水区，“在技术上、平台上，我们走不动了”。Allan口中所谓的深水区，其实是因为新技术不断涌现，新玩家入局，在短期的技术红利带来一些行业变化和进步后，却发现根本无法真正撬动市场时的一种局面，这个时候就要去深入行业开始蹚深水了。

而这一现象在2016年的中国市场，是大部分SaaS产品所遇到的一个难题。但真正能建立出来一家非常高质量的、给客户和市场能够带来价值的技术性的公司，并不是件简单的事。“所以以公司现有的能力，仅仅靠原来的团队，是无法完成产品和技术再上一个台阶。”Allan很坦诚地回答。

摆在Allan面前一个很现实的问题是，如何做好中大型客户的服务，无疑这将对销售易这类创业公司有着更高的专业要求。Allan的解决之道在于吸纳国际人才，做适用于全球的产品。除了3月份从硅谷招来了赵宇辰作为销售易的首席数据科学家外，他还拉来了叶某（Michael）作为销售易产品副总裁、王某（Stanley）作为销售易首席架构师&研发副总裁，以及张某（John）作为销售易CTO，而这些人在硅谷曾有多年的行业经验。“这么着急地聚集了一群技术型人才，是因为一直不敢放松，就是希望能够在技术上再上一个台阶，做好客户服务。”Allan表示。

显然，销售易在这个节点上加大对技术的投入是一个聪明的做法。在过去的一段时间里，2B领域年轻人几乎都去做2C，而能坚持在2B领域的人也通过其在行业的积累实现对技术的深刻理解，技术无疑将是未来辅助智能化CRM更进一步发展的催化剂。

据统计，2017年上半年，国内有112家SaaS企业获得融资，融资总额超过43.96亿，可能是SaaS行业5年来融资最少的一年，尽管如此，2017年CRM领域发展依旧迅速。

一个重要信息是当下大火的人工智能似乎要成为SaaS领域的另一重要命题。2016年10月，Salesforce推出了人工智能平台Einstein，Einstein拥有机器学习、深度学习、预测分析、自然语言处理和智能数据挖掘能力，能将为客户自动定制模型，自动挖掘商业洞察，预测客户行为，推荐最有效的下一步行动，甚至自动执行任务。

2017年7月，销售易同样发布了智能化CRM，将大数据及机器学习引入，实现热点线索智能评分、找客户及关键信息回填、同类客户智能推荐等。据赵宇辰透露，销售易的智能化CRM又增加了小易助手，在AI方面增强了图形化分析能力。比如可以智能整理企业客户的雷达图，包括企业体量、业务方面多维度信息聚合体现。

“另外会提供客户业务和人员变动信息，提醒商务人员适时关注这家企业，并可以排出商务人员拜访客户的日程和次序流程。”赵宇辰补充。销售易的智能产品覆盖的四个层面：人工智能（artificial intelligence）、商业智能（business intelligence）、场景智能（contextual intelligence）和数据智能（data intelligence）。这被称为CRM智能中的ABCD理论。

DI+CI+BI+AI模式具体的应用表现在：

DI：在数据智能层面，底层基于数据，利用大数据进行标准化。将数据清洗，利用数据找客户，做数据画像等等。

CI：在场景智能层面，销售云发布了伙伴云、客服云、现场云等不同的云，每个云结合他们自己不同的数据，有自己的智能应用。

BI：在商业智能层面，销售易将数据可视化，多维度分析，形成企业图谱，能将数据多维分析、实时关联、自定义分析。

AI：在人工智能层面，非常多的AI场景，比如客户推荐。说到助手，还有预测、诊断等这些功能。

看似简单的定义，实则是Allan对人工智能在数据和场景实际应用的重视，“单纯的AI宛如空中楼阁。在我们销售易，智能=AI+BI+CI+DI”。

而新一代的智能化CRM在企业前端连接销售、市场和服务，后端连接财务、生产、供应链和研发。目前，销售易产品可以实现商机、线索、订单、回款一系列流程整合处理，而且能与第三方ERP和HR SaaS打通链接。

未来，销售易不仅要连接企业内部员工，还要把员工、用户、合作伙伴都紧密连接起来，真正实现内外打通和以客户为中心的经营。

（二）案例思考

1. 结合案例，谈谈创业与互联网之间的关系。

2. 初创企业发展靠的是什么？

3. 销售易为什么能够取得如此成功？

4. 初创企业如何才能实现连续融资？

5. 从销售易的成功，谈谈资源对于商业模式的重要性。

二、拓展案例 2　大学生小胡的创业人生

（一）案例描述

小胡是武汉某学院电信学院应届本科毕业生，红安农村人。4 年前，他借债上大学。在大学期间，他打工、创业，不仅还清了债务，为家里盖起了两层洋楼，自己还在武汉购房买车，拥有了自己的培训学校。他创业走过了怎样一条路？学校师生对他创业又是如何看的呢？

1. 从小收购土特产卖

小胡 1982 年出生在红安县华河镇石咀村一个普通农家，父亲在当地矿上打工，母亲在田里忙活。在小胡 3 岁那年，父亲在矿上出事了，腿部严重骨折瘫痪在床，四处求医问药。3 年后，父亲总算能下地走路了，可再也不能干重活累活。为给父亲看病，家里几乎家徒四壁。小胡的父亲不能下地干活，只得开了家小卖部，卖些日用品。小胡小小年纪就经常跑进跑出“添乱又帮忙”，也正是因为这个原因，他从小就接触到了买和卖。慢慢长大了，小胡在商业方面开始显示才能。全村 20 多个同龄小孩，他的年龄和个头都不是最大的，但却是“领袖”，他经常带着同伴们去挨家挨户收购土特产，如蜈蚣、桔梗、鳝鱼等，卖到贩子手上，挣些零花钱。

2002 年，小胡读高中，学习成绩还不错，正在读高一的弟弟辍学外出打工，给哥哥赚学费。小胡心里不是滋味，心中暗暗发誓，一定要考上大学，让家里人过上好日子。小胡说，他从那时就开始规划自己的大学生活：大一好好学习，尽量多去学点东西；从大二开始，寻找机会挣钱，力争大学毕业的时候，自己能当上老板。高考时，他本打算报考一所商学院，却遭到家人的反对，好在他对电子也有兴趣，最后选

择了武汉某学院电子信息工程专业。

2. 贴海报发现校园商机

2002年9月，小胡带着对大学生活的憧憬和从姑姑那借来的4000元学费，到学校报到。进校后，小胡感觉大学生活比高中生活轻松多了，空闲时间也多，他利用这些空闲时间逛遍了武汉所有高校，也熟悉了武汉的环境，这为他的下一步创业打下了基础。大学时间相对充裕，稍不注意就会养成懒散的习惯，小胡是个闲不住的人，他决定提前走入社会，大一下学期就开始了自己的创业之路，比原定计划提前了半学期。

2003年春季一开学，小胡开始给一所中介机构贴招生海报，这是他找到的第一份兼职工作，并且交了10元钱会费。“贴一份0.20元，贴完了来结账。”中介递给他一沓海报和一瓶糨糊，小胡美滋滋地开始往各大校园里跑。“贴海报，看起来容易，其实很难做的。”小胡没想到贴份海报，还要受人管，一些学校的保安轻者驱赶一下，严重的会辱骂甚至动手。3天后，小胡按规定将海报贴在了各个校园，结账获得25元报酬。同行的几人嫌少，都退出了，而小胡却又领了一些海报，继续干起来。不过，他心里也开始在想别的门道了。一次，他在中国地大附近贴海报时，看到一家更大的中介公司，就走了进去，在那里遇到一位姓王的年轻人。王某是附近一所大学的大四学生，在学校网络中心搞勤工俭学。

几个学生商量，能不能利用网络中心的电脑和师资，面向大学生搞电脑培训。网络中心同意了，但要求学生们自己去招生。“只要你能招到生，我们就把整个网络中心的招生代理权交给你。”王某慷慨地说。小胡想，发动自己在武汉的同学帮忙，招几个人应该是没问题，就满口应承下来。做招生宣传要活动经费，小胡没有经验。找几个要好的同学商量，结果大家都不知道要多少钱。有的说要5000元，有的说要2000元，最后小胡向王某提出要1800元活动经费，没想到王某二话没说，就把钱给了他。小胡印海报、买糨糊，邀请几个同学去各个高校张贴，结果只花了600元钱，净落1200元。这是他挣到的第一笔钱。

尽管只花了600元钱，但招生效果还不错，一下子就招到了几十个人。然而，这些学生去学电脑时却遇到了麻烦，因为动静搞大了，学校知道了这个事情，叫停了网络中心的这个电脑培训班。小胡几次跑到网络中心，都没办法解决这个事情。他无意间发现网络中心楼下有个培训班，也是搞电脑培训的，能不能把这些学生送到那去呢？

对方一听说有几十个学生要来学电脑，高兴坏了，提出给小胡按人头提成，每人 200 元。非常意外地，小胡一下子拿到了数千元钱。

3. 办培训学校，圆了老板梦

2005 年，“小胡会招生”的传闻开始在关山一带业内传开了。一家大型电脑培训机构的负责人找小胡商谈后，当即将整个招生权交给他。

随着这家培训机构一步步壮大，小胡被吸纳成公司股东。但小胡并不满足，他注册成立了自己的第一家公司——一家专门做校园商务的公司。小胡谈起成立第一家公司的目的：“校园是一个市场，很多人盯着这个市场，但他们不知道怎么进入。成立公司，就是想做这一块的业务，我叫它校园商务。”同时，小胡发现很多大学生通过中介公司找兼职，上当受骗的较多，就成立了一家勤工俭学中心，为大学生会员提供实实在在的岗位。他的勤工俭学中心影响越来越大，后来发展到 7 家连锁店。“高峰时，每个中心能有 10000 元左右的纯收入。”

2005 年下半年，由于业务越做越大，小胡花 20 多万元买了一辆丰田花冠轿车，在校园和自己的各个勤工俭学点奔跑。2006 年 9 月，他又将丰田花冠换成 30 多万元的宝马 320。记者问他为何换名车，他说：“谈生意，好车有时候是一种身份证明吧。”在给一些培训学校招生的过程中，小胡结识了一家篮球培训学校的负责人，开始萌生涉足体育培训业务的念头。经过多次考察比较，2006 年底，小胡整体租赁汉阳一所中专校园，正式进军体育培训。“以前都是为别人招生，这次总算是为自己招了。”如今，小胡已涉足其他类型办学，为自己创业先后已投入 200 万元左右。

4. 师生眼里，他是个怪才

尽管成了校园里的创富明星，但小胡一点也不张扬。虽然在外面买了房子，但小胡现在还和以前一样住在学生宿舍，吃食堂，而且他看上去和大多数同学差不多，只不过稍显得老成一些。只是在学校很难见到他的人，用同学们的玩笑话来说："谁要想见他，都要提前一个月预约。"他和同学关系都比较好，虽然经常不在学校，但是如果有消息的话，一般不出半天就会通知到他。"他是个怪才，我们都很佩服他。"小胡的同学裴振说，其实，班里对小胡的看法，分成两派：一部分人十分羡慕他，大学还没毕业就能自己赚钱买车买房；另一部分人认为他虽然创业成功了，但学习没跟上，而且他现在从事的工作和专业没什么关系，等于放弃了自己的专业，怪可惜的。

小胡在大学期间，学校也为他创业提供了帮助，从院长到老师，都为其创业和学习付出了更多心血。由于忙于创业，耽误了一些课程，学校了解他的特殊情况后，特事特办，按规定允许他部分课程缓考。班主任杜勇老师谈起自己的这个特殊学生，也连说："我带过很多学生，但小胡是其中最特别的，创业取得的成绩也较大。"他认为在现在大学生就业形势整体不太好的前提下，大学生自主创业，不仅解决了自己的就业问题，做得好的话还可以为别人提供岗位。"但要是能兼顾学业就更好了。"

（二）案例思考

1. 结合案例谈谈缺乏资源的大学生应如何创业。

2. 创业更需要的是规划还是行动？

3. 大学生如何充分利用学校的资源开展创业活动？

4. 大学生该如何通过整合资源来抓住机会？

5. 创新创业教育对于大学生来说是资源吗？

第五章 撰写创业计划书

第一节 经典教学案例

一、教学案例1 最精炼的创业计划书

（一）案例描述

在一次天使见面会上，北京创盟的河北创业者李某的发酵罐气流能量回收项目引起了风投的兴趣。Lu，Hayes & Lee，LLC Managing Partner 的 Glen Lu 在会后和李某交流了半个多小时。当时吸引风投目光的是李某的一份一页纸商业计划书，其内容如下。

产品简介

专利产品、国内空白，年节电100亿度、政府强力推广。

公司简介

公司成立于2005年8月，从事节能节电业务，拥有自己的技术与知识产权，包括电机节电器技术，发酵罐排放气流压差发电的多项专利。

项目简介

该项目名称为“发酵罐排放气流压差发电与能量回收”。发酵罐是药厂与化工企业普遍使用的生产工具，用量非常之大，如华北制药、石药、哈药这样的企业。每家企业使用的大型（150吨以上）发酵罐均在200台以上。因生产需要，发酵罐前端需要压气机给罐内压气，压气机功率一般在2000～10000千瓦，必须24小时运转，每年电费在900万～4000万元，满足发酵罐生产，就需要多台压气机工作。因此，压气机耗电通常是这些企业很大的一项费用支出。经发酵罐排放的气流仍含有大量的压力能，浪费在减压间上。如安装他公司研制的“发酵罐排放气流压差发电与能量回收”装置，可以回收压气机耗费电能的1/3左右。

同行简介

目前该技术国际统称TRT，应用于钢厂的高炉煤气压力能量回收。主要的供货商有日本的川崎重工、三井造船，德国的GHH，国内的陕西鼓风机厂，且年销售额达到20亿以上。

进展简介

本项目关键技术成熟并已经掌握，公司已经与某制药集团达成购买试装与推广协议。项目完成时，预计可以在该集团完成5000万元以上的销售。

优势简介

1. 公司已申请该项目的多项专利。

2. 市场中先行一步，属市场空白阶段。

3. 符合国家产业政策，国务院总理亲自担任节能减排小组组长。要求各地政府落实节能减排指标。该项目属于节能减排项目。

4. 各地方政府有节能奖励：如三电办有1/3的投资补贴，制药集团可获得约1600万元政府补贴。

5. 可以申请联合国CDM（清洁生产）资金（每减排1吨二氧化碳可以申请10美元国际资金，连续支付5年）。制药集团可每年节能6000万度用电，减排二氧化碳6万吨，可获得国际资金供给300万美元。

用户利益

1. 减少电力费用支出，以某制药集团为例，如全部安装该装置，一年可以节约电费3000万～36000万元。收回投资少于2年。

2. 很少维护，无须增加人员，寿命在 30 年以上，可以为用户创造投资 15 倍以上价值。

3. 降低原有噪音 20 分贝以上，符合环保要求。

4. 其他政府奖励。

目标用户与市场前景

本项目目前主要针对国内药厂、化工厂。从与某集团达成的初步协议看，集团内需求量大约在 100 多套，而全国存在同样状况的有多家药厂，再加上许多的化工行业也采用了相同或类似的生产工艺，均为公司的目标市场。总市场预计在 100 亿以上。

（二）案例教学指南

1. 案例价值

案例中的创业计划书有产品简介、公司简介、项目简介、同行简介、进展简介、优势简介、用户利益、目标用户与市场前景，是一份精炼的创业计划书。

2. 讨论分享

（1）案例中的创业计划书有何特点?

（2）该创业计划如何实现营利?

3. 理论要点

在创业前期制订一份完整的、可执行的计划书是每位创业者的必修课。通过调查和资料参考，创业者要规划出项目的短期及长期经营模式，以及预估出能否赚钱、赚多少钱、何时赚钱、如何赚钱及所需条件等。以上分析必须建立在现实、有效的市场调查基础上，不能凭空想象、主观判断。

创业计划书就是创业者计划创立业务的书面摘要。它用以描述与拟创办企业相关的内外部环境条件和要素特点，为业务的发展提供指示图和衡量业务进展情况的标准。创业计划书通常是市场营销、财务、生产、人力资源等各项计划的综合。撰写一份专业的创业计划书就等于你的创业已经成功了一半。

创业计划书一般有两个作用：一是为创业融资，即在创业前期或者创业中期利用创业计划书向外部投资商寻求资金投资；二是做好发展规划，即为自己以后的企业运营画好前进路线图。

4. 教学建议

教师可按如下进度来组织自己的课堂案例教学，但仅供参考：

（1）整个案例课的课堂时间控制在 90 分钟左右。

（2）课前提出启发思考题，请学员在课前完成阅读和初步思考。

（3）课堂上，教师先做简要的案例引导，明确案例主题（5 分钟）。

（4）小组研讨。

①小组讨论并在组内分享（15 分钟）；

②接着小组派代表发言（每组 5 分钟，控制在 50 分钟内）；

③引导全班联系实际进一步讨论，并进行归纳总结（20 分钟）；

④如有必要，学生可以形成书面分析报告，并制作 PPT，进行分组汇报，训练学生的演讲表达能力，教授学生当众发言的技巧。

二、教学案例 2　中国国际“互联网 +”大学生创新创业大赛 8 年综述

2023 年 4 月的山城重庆，迎来了一批敢闯会创的年轻力量，第八届中国国际“互联网 +”大学生创新创业大赛冠军争夺赛 4 月 9 日在重庆大学举行。本届大赛自 2022 年 4 月启动以来，共有来自国内外 111 个国家和地区、4554 所院校的 340 万个项目、1450 万名学生报名参赛，参赛人数首次突破千万。

赋能乡村振兴　传承红色精神

累计有 98 万个创新创业项目精准对接农户 255 万余户、企业 6.1 万余家，签订合作协议 7 万余项。

2017 年 8 月，参加第三届中国“互联网 +”大学生创新创业大赛“青年红色筑

梦之旅”的大学生收到了习近平总书记的回信，总书记勉励他们扎根中国大地，了解国情民情，用青春书写无愧于时代、无愧于历史的华彩篇章。

参赛者兰雨潇对总书记的话语仍然记忆犹新：“创业是一个困难而又漫长的过程，总书记的鼓励让我们坚定信念，我们定当志存高远、奋勇向前。”

为鼓励更多青年学子走出实验室，走进革命老区、贫困地区和城乡社区，接受思想教育、加强实践锻炼，大赛自2017年开设“青年红色筑梦之旅”赛道。从陕西延安到福建古田、从江西井冈山到河北西柏坡……5年来，共有177万支团队、813万名大学生积极投身于革命老区乡村振兴中。

获得第六届大赛金奖的贵州大学“博士村长”项目开创了产业振兴、造血扶贫的崭新模式，将科研与扶贫有机融合，扶贫足迹遍布整个贵州，下乡服务上万次，真正做到“把论文写在祖国大地上”。

“村里的乡亲们，是朋友也是同事！”，电子科技大学的“沈厅筑梦家庭农场”项目通过新媒体平台直播带货，创新“红旅”赛道精准扶贫模式，一个月内帮助果农销售柑橘超1500万公斤，增加岗位6万人次，实现销售收入增长5倍。

各地各高校依托“青年红色筑梦之旅”赛道，结合红色资源优势开展了形式多样的活动。

从井冈山老区走出的“百年好合”项目，针对井冈山旅游胜地和当地林地多的特点，打造了“大百合生态农业＋旅游”的产业模式，为当地带来了良好的经济效益和社会效益。如今，项目团队负责人赵延宽创办了自己的公司，继续为革命老区贡献力量。

“红旅”已成为一堂融合了党史教育、创新创业与乡村振兴的“思政金课”，助力更多青年学子为脱贫攻坚、乡村振兴贡献青春力量。

紧跟时代需求　贡献青春力量

涌现诸多紧跟前沿科技、瞄准国家重大战略需求的项目。

“我们团队研发的头盔运用了点阵结构缓冲层，较中国队上一代雪车头盔减重了500～700克，安全性能提升25.1%。”东莞理工学院研究的拓扑优化智能运动头盔已在 2022 年北京冬奥会中被中国雪车队使用。这支由多个学院、不同专业学生组成的新工科复合型学科交叉团队，用 4 年时间打破国外技术封锁，实现国产化转型。

“让我国运动员在参加自己国家举办的冬奥会时能戴上国产头盔，这不仅仅是综合国力的体现，也是我们自信的体现。”项目成员钟宇航道出了众多创新创业学子的心声。

南昌大学中科光芯——硅基无荧光粉发光芯片、天津大学心脉联衢——全球首款体内可视化小口径人工血管、北京理工大学研制的我国首套卫星通信阵列参数矩阵并行测量仪……这些成果，都来自中国国际“互联网 +”大学生创新创业大赛。

8 年来，大赛涌现出许多紧跟前沿科技、瞄准国家重大战略需求的项目。纵观其中，不少涵盖学科交叉和跨行业创新，体现了大数据、云计算、人工智能等新一轮工业革命重点领域的前沿趋势和最新成果。

从课堂教学到实践教学、再到服务国家经济发展，8 年来，大赛以赛促教、以赛促学、以赛促创，形成了创新创业教育的新模式。把创新创业教育融入人才培养全过程，高校重任在肩。有高校负责人介绍：“学校通过设置创新创业学分、开展多学科交叉融合创新创业项目等方式，助力学生创新创业，努力培养更多拔尖创新人才和团队。”

以赛促学、以赛促教、以赛促创，大赛带动了高等教育人才培养范式的变革。据介绍，本届大赛进一步突出育人功能，强化“四新”引领，面向新一轮科技革命和产业变革，正式设置产业赛道，提升大学生的创新精神、创业意识和创新创业能力。

产业出题、高校揭榜、学生答题、同题共答。8 年来，“互联网 +”大赛架起了教育端与产业端深度融合的桥梁枢纽，有力提升了学生解决实际问题的能力，有效推动了大学生更高质量的创业就业。激励广大青年学生把“青春梦”“创新创业梦”融入伟大的“中国梦”。

加强国际交流　构建开放平台

本届大赛吸引国外 107 个国家和地区的 1340 所学校、7944 个项目、25260 人报名参赛。

"'互联网 +'对我来说是一次改变人生的经历，也让我了解到中国是一片研究环境科学的沃土。"上届大赛季军，来自英国的威廉作为海外选手代表，在本届大赛同期活动——世界青年大学生创业论坛上分享自己的参赛感受，如今，他正在清华大学环境学院攻读博士学位。

自第三届大赛首次设立国际赛道，到第六届大赛首次以国际命名，越来越多海外创新青年会聚于此。"互联网 +"赛事国际化程度逐年提升，大赛成为增进世界大学生交流沟通的桥梁纽带及世界大学生青春追梦、共创未来的重要平台。

除中国高校外，本届大赛共吸引国外 107 个国家和地区的 1340 所学校、7944 个项目、25260 人报名参赛，与 2021 年相比，参赛项目数和参赛人数分别增长 44% 和 62%。规模增长的同时，参赛项目也"含金量"十足，牛津大学、剑桥大学、哈佛大学等世界百强大学共有 2873 个项目报名参赛，达到国际项目总数的 37%。大赛成为世界大学生高度关注、广泛参与的创新创业赛事国际品牌，有力促进了不同国家、不同文化、不同肤色大学生创新创业的跨时空交流。

在本届大赛挺进冠军争夺战的六强团队中，两支国外队伍也呈现了亮眼的项目成果：苏黎世联邦理工学院（瑞士）带来的智子科技——电源自动化设计软件平台，实现从需求到样机的研发全自动化，将电源研发成本降低一半、周期缩短一半；卡内基梅隆大学（美国）开发的临床级直肠癌诊疗评估一体化 AI 系统，可用于直肠癌手术术前决策与手术规划等。

本届大赛冠军争夺赛期间还举办了第四届教学大师奖、杰出教学奖和创新创业英才奖颁奖典礼，首届世界青年大学生创业论坛，大学生创新创业成果展等同期活动，邀请创新创业教育知名专家学者、优秀企业家代表、历届大赛冠军以及海外名校代表等共同参与并交流经验。

8 年来，从 20 万大学生到 3983 万大学生，从 5 万个团队到 943 万个团队，中国国际"互联网 +"大学生创新创业大赛记录着当代大学生奋发有为、昂扬向上的故事，让青春在创新创业中闪光。

（二）案例教学指南

1. 案例价值

本案例分析了中国国际“互联网 +”大学生创新创业大赛创办 8 年来，累计 943 万个团队、3983 万名大学生参赛……已经成为我国深化创新创业教育改革的重要平台，为许多有理想、有本领、有担当的青年插上创新创业的“翅膀”。

2. 讨论分享

（1）“互联网 +”大学生创新创业对乡村振兴有哪些作用？

（2）“互联网 +”大学生创新创业如何紧跟时代需求？

3. 理论要点

所谓“互联网 +”就是指以互联网为主的一整套信息技术（包括移动互联网、云计算、大数据技术等）在经济、社会生活各部门的扩散、应用过程。通俗来说，“互联网 +”就是“互联网 + 各个传统行业”，但这并不是简单的相加，而是利用信息通信技术及互联网平台，让互联网与传统行业进行深度融合，创造新的发展生态。

几十年来，“互联网 +”已经改造及影响了多个行业，当前大众耳熟能详的电子商务互联网金融、在线旅游、在线影视、在线房产等行业都是“互联网 +”的杰作。

“互联网 +”的本质是传统产业的在线化、数据化。网络零售、在线批发、跨境电商、滴滴打车等所做的工作都是努力实现交易的在线化。只有商品、人和交易行为迁移到互联网上，才能实现“在线化”；只有“在线”才能形成“活的”数据，随时被调用和挖掘。在线化的数据流动性最强，不会像以往一样仅仅封闭在某个部门或企业内部。在线数据随时可以在产业上下游、协作主体之间以最低的成本流动和交换。数据只有流动起来，其价值才得以最大限度地发挥出来。

4. 教学建议

教师可按如下进度来组织自己的课堂案例教学，但仅供参考：

（1）整个案例课的课堂时间控制在 90 分钟左右。

（2）课前提出启发思考题，请学员在课前完成阅读和初步思考。

（3）课堂上，教师先做简要的案例引导，明确案例主题（5 分钟）。

（4）小组研讨。

①小组讨论并在组内分享（15 分钟）；

②接着小组派代表发言（每组 5 分钟，控制在 50 分钟内）；

③引导全班联系实际进一步讨论，并进行归纳总结（20 分钟）；

④如有必要，学生可以形成书面分析报告，并制作 PPT，进行分组汇报，训练学生的演讲表达能力，教授学生当众发言的技巧。

第二节　课堂精读案例

一、精读案例 1　“麦面包”创业计划书

（一）案例描述

项目概况

1. 项目描述

随着中国经济发展的快速提升，人们消费需求的变化和消费水平的提高，人民生活习惯开始了多元化的趋势，西餐、糕点、面包等食品开始得到人们的青睐，行业利润较好，发展前景看好。对时尚、健康、品位和异国文化的追求成为最有消费潜力群体的消费理念！

2. 盈利模式

为吸引顾客味蕾，购买面包。特色面包，可自己动手制作。

创业团队

1. 团队成员背景

应届毕业生。

2. 团队优势、劣势

优势：对制作食物有热忱，对工作热情、有信心。

劣势：工作经验缺乏。

市场评估中

1. 目标顾客描述

小面包店主要是针对中老年人高血压、糖尿病等病不能吃甜食的困扰，制造一些适合中老年人吃的有益健康、有益改善病症的面包，以燕麦面包、藻类面包、麦类面包等为主。另外就是正在减肥的女性，研制出一种吃了不但不会长胖而且还有助于减肥的产品，让年轻女性依赖上我的减肥面包；最后是孩子，孩子可以说是甜点的主要消费群体，但吃多了糖对身体有害无益，要研制一种不加糖或加少量糖但让儿童喜欢的儿童类面包。儿童面包主要以花样繁多、口味各异吸引孩子的目光。

2. 市场变化的趋势

随着现代人生活水平的提高、生活节奏的加快，在日常生活中对各种烘焙食品的需求不断增加，这个市场有着无可估量的前景。一位在烘焙行业工作多年的人员介绍说，目前花样多多的面包、西点、蛋糕，正受到越来越多的年轻人和小孩子的欢迎，对于广阔的市场前景是毋庸置疑的。走在大街上，面包店随处可见，装潢考究，陈列的面包样式繁多。走进超市里，每家都有面包、糕点专柜，品种琳琅满目。知名的面包店更是在发展中加大新口味、新产品的开发力度，营销方式上不断推陈求新以争取顾客眼球。

3. 现有竞争者主要优势与劣势

近年来，国外大品牌和港台知名实力企业强势进入，给国内品牌树立了积极的榜样。星巴克、面包新语等大品牌不断提高产品质量，加快新产品的研发，加大营销推广力度，抢占中国面包市场份额。国内的品牌除元祖食品、好利来等实力较强的全国性品牌外，上海克莉丝汀、宁波新美心等地方性品牌也在快速崛起，并向周边地区扩张。随着市场准入制度的实施，面包行业进入“门槛”不断提高。国内市场竞争已从打“价格战”的恶性竞争，步入以产品质量和产品研发为核心的良性竞争轨道。随着消费者收入的增加和品牌意识的增强，一些产品品质低，缺乏特色的面包店将会退出市场舞台。

4. 本企业相对竞争对手的主要优势与劣势

优势

（1）特色经营。对消费市场进行深入研究，针对不同消费群体，以特色单品蛋糕和各式面包、中小甜点等特色经营及蛋糕客户亲手制作业务。

（2）操作方便。制作工艺规范化，传统秘方公开化。专业制作设备齐全。

（3）口味创新。在保持甜点和新口味的基础上，又根据各地的饮食习惯和时令性进行变换，让人们常吃常新。推出多种不同口味、不同吃法、不同情趣的西点，老少皆宜，品位时尚。

劣势

对于店面来说，客户来源很重要，而对于刚刚建立的店面来说，拥有信任的顾客是首要任务，要加大宣传力度，了解人们喜爱的口味，建立品牌。

市场营销计划

产品或服务特色

（1）按风味分类

主食面包、花色面包、调理面包、丹麦酥油面包。

（2）按加工程度分类

成品：散装面包、包装面包、蛋糕、点心。半成品：速冻面包。

（3）按照商品来源分类

自制面包、供应商面包、在休闲时刻，也可以与爱人或朋友一起来小店做爱心蛋糕，提供场地和设备。

价格策略

企业定价策略是指企业在充分考虑影响企业定价的内外部因素的基础上，为达到企业预定的定价目标而采取的价格策略。

1. 各式西式小点

黑森林 8 元 / 个，提拉米苏 10 元 / 个，幸运星 15 元 / 个，蛋挞 3.5 元 / 个。其余各种款式为 12 元 / 个。

2. 面包类

吐司类：5.5 元 / 包。面包切片类（牛奶、红豆、奶茶）：6.5 元 / 包。其余单个袋装面包为 3.5 ~ 10 元不等。

3. 饮品奶茶及咖啡。

原味 8.5 元 / 杯，其他口味依次按 1 元递增，最高价位 14.5 元 / 杯。

销售方式或选址策略

1. 销售方式

（1）可以和一些公司合作，让公司的福利改为发放面包屋的票券。

（2）面包口味要多样化，而且可以进行捆绑式销售，例如，可以买面包送牛奶，当然要购买达到一定金额的面包才行，附近有学校的，早上可以拿到学校门口特卖。

（3）下班高峰时期，在店门口进行试吃活动（将蛋糕切成小块，派发给目标顾客）。

（4）可以在每周日做一些优惠活动来吸引客户。对老人和学生实行价格优惠政策，这两个人群是很重要的，会影响很多人。

（5）增加外卖服务（电话和网络订购），提高工作人员的服务素质，进行专业的行业培训。

（6）可以搞小赠品活动，如有购买达到一定金额的顾客时，可以增一块小点心、或者小蛋糕之类的，这些赠品最好质量高一些，因为这也是变相宣传自己的商品，顾客吃好赠品，可能回头来购买赠品。

2. 选址策略

（1）要根据自己店铺的经营定位进行选址。

（2）要尽量避免在受交通管制的街道选址，店铺门前要有适合停放车辆的位置。

（3）要选择居民聚集、人口集中的地区，不要在居民较少和居民增长较慢的地区开店。

（4）要事先了解店铺近期是否有被拆迁的可能，房屋是否存在产权上的纠纷或其他问题。

（5）要选择同类店铺比较聚集的街区，或者选择适合自己店铺的专业市场。

企业组织结构

企业的法律形式

1. 个体工商户；

2. 有限责任公司；

3. 个人独资企业；

4. 合伙企业；

5. 其他。

组织结构及人员分工

（1）有一个合格的店长。

（2）管理岗的设置要突出营销（有销售人员）。

（3）有现场技术管理人员。产品的质量、新鲜的保障、产品的推出及时率及合格率都与技术有关，面包店要有一个多年经验的技术管理人员，进行店面卫生的管理、生产人员的管理及产品的安全、质量的管理。

（4）服务店面人员。

（5）糕点师。

启动资金预测

启动资金预测：房租一年36000元；装修费6000元；设备及原料10000元；雇用费6000元。

固定资产预测资金为50000元。

经营风险及规避措施

1. 经营风险

（1）竞争对手开业多年，有一定固定消费群。

（2）经济的发展虽然使人们对面包需求更大，但其他食物也在不断发展，热门食物的选择余地更多了。

（3）新店刚开业，品牌知名度不够。

2. 规避措施

（1）质量——严格的管理控制体系，在严谨中精益求精。

（2）服务——亲切、热情，让顾客的每一次购买倍感温馨。

（3）清洁——作为食品业的必修课，时刻以超标准的要求规范自我。

（二）案例导读

1. 分析要点

创业计划书是非常严肃的书面材料，有着严格的语言规范和完整的内容，对于未接触过公文写作的大学生而言，撰写起来是有一定难度的。在初次撰写创业计划书时，最好能够按照基本格式撰写，保证逻辑的连贯和内容的完整。

"麦面包"创业计划书包括项目概况、创业团队、市场评估、市场营销计划、企业组织结构、投资预测、经营风险及规避措施等。

2. 思考题

（1）你认为"麦面包"创业计划书还有哪些地方可以完善？

（2）"麦面包"创业计划书有哪些特点？

二、精读案例 2　竞赛适用的创业计划书模板

（一）案例描述

近几年来，面向大学生的创业计划竞赛非常多，大学生参与竞赛的积极性也非常高。最有影响力的比赛是“互联网 +”大学生创新创业大赛，参与面基本覆盖了全国各高校。一份出色的计划书，可以吸引观众关注，激发评委的兴趣，对提高比赛成绩起重要作用，根据近几年的比赛的情况，参考了一些获奖作品，现制订以下模板。当然，由于创业项目不尽相同，模板的内容也应该做相应的调整。竞赛适用的创业计划书主要内容结构如下：

1. 保密协议

2. 执行总结（2.1 公司概述；2.2 产品介绍；2.3 市场分析与营销；2.4 生产运作管理；2.5 组织与人力；2.6 投资与财务）

3. 产品介绍（3.1 产品概述；3.2 产品优点；3.3 产品研发与延展）

4. 市场分析（4.1 宏观环境分析；4.2 微观环境分析；4.3 市场竞争分析；4.4 STP 分析；4.5 SWOT 分析图解；4.6 产品市场总结和应对策略；4.7 发展趋势预测；4.8 问卷调查数据整理及分析）

5. 营销策略［5.1 营销目标；5.2 4P 策略组合及具体措施；5.3 前期市场进入策略；5.4 成熟期市场扩大化策略；5.5 服务营销（Service）；5.6 阶段性创意营销活动］

6. 商业模式（6.1 商业模式概述；6.2 公司商业模式；6.3 商业模式的创新途径）

7. 公司战略（7.1 总体战略；7.2 技术创新战略；7.3 人才培养战略）

8. 公司体系（8.1 组织形式；8.2 企业文化；8.3 管理方式及创新机制）

9. 生产运营管理（9.1 公司选址及布局；9.2 产品研发与生产；9.3 产品前景规划 9.4 运营管理；9.5 物流管理；9.6 质量管理）

10. 创业团队（10.1 团队简介；10.2 团队成员分工；10.3 团队顾问）

11. 投融资分析（11.1 投资估算；11.2 资金筹措方案；11.3 股本结构与规模；

11.4 重要生产销售指标；11.5 预计生产销售趋势；11.6 总成本费用及营运资金估算）

12. 财务评价（12.1 财务指标分析；12.2 财务报表分析）

13. 风险分析及其应对方案（13.1 政策风险其应对方案；13.2 市场竞争风险其应对方案；13.3 技术风险其应对方案；13.4 公司运营风险其应对方案；13.5 财务风险其应对方案；13.6 管理风险其应对方案）

14. 法律问题（14.1 各方责任与义务；14.2 公司设立与注册；14.3 知识产权设防）

15. 附录 1 专利（两项）、附录 2 专利授权书、附录 3 资质计量认证证书、附录 4 业绩证明、附录 5 安全运行证明、附录 6 与其他仪器对比分析表、附录 7 获奖证书、附录 8 订货合同书、附录 9 支持本团队创业证明、附录 10 调查报告

（二）案例导读

1. 分析要点

竞赛适用的创业计划书模板包含了创业计划书的主要内容，但根据创业项目的不同，在编写创业计划书时要做相应的调整和变化。

2. 思考题

（1）“互联网 +”大学生创新创业大赛对大学生就业和创业有哪些作用？

（2）创业计划书包括哪些内容？

第三节 课外拓展案例

一、拓展案例 1 河北保定启动高校毕业生就业创业推进计划

（一）案例描述

着眼于“人才保定”和“全国青年友好城市”建设，日前，河北省保定市启动

高校毕业生就业创业推进计划，自2023年7月至2024年6月，坚持市场化、社会化就业与政府帮扶相结合，力争吸引10万名高校毕业生就业创业。

公共部门稳岗扩岗。加快公务员和事业单位招聘进度安排，扩大招聘岗位数额，以医疗卫生和教育两大系统为重点，做到能招尽招。博士研究生可直接考核，不受岗位限制纳入事业编制。硕士研究生、“双一流”大学本科以上毕业生，可不需要笔试直接进入事业单位面试。省属重点师范院校本科及以上学历毕业生应聘中小学教师岗位，可不需要笔试直接进入面试。

基层就业渠道拓展。以开展“三支一扶”、大学生志愿服务西部计划和农村特岗教师等基层服务项目为重点，拓展社区工作者、社区幼儿园教师、养老机构服务等岗位。对就业困难的高校毕业生，开发设置城乡社区等基层公共就业服务、公共管理和社会服务、卫生防疫等临时公益性岗位；对到艰苦边远地区就业的高校毕业生，按规定给予学费补偿和国家助学贷款代偿、高定工资等政策。

征集重点产业岗位。持续围绕“7+18+N”重点产业体系现有企业、在建产业项目和在建的基础设施和工程建设项目，加大征集岗位力度，支持各开发区、产业园区持续推进科技成果高质量转化，吸纳更多懂技术、懂转化、懂市场的科技经纪人参与园区建设。支持线上教育培训、互联网营销、在线学习服务、冷链物流等新行业、新业态健康发展，积极创造灵活就业岗位，鼓励支持高校毕业生在新经济新业态灵活就业。

支持青年创业服务。构建高校毕业生自主创业“绿色通道”，健全创业孵化平台，为高校毕业生提供政策代办、成果转化、跟踪扶持等一站式服务。深入实施重点群体创业推进行动，组织好“创业环境优化”“创业主体培育”等计划。搭建资源对接平台，组织参加各类创业赛事活动，结合实际打造地方特色创业活动品牌，提供项目与资金、技术、市场对接渠道。扩大创业担保贷款资金规模，对符合条件的高校毕业生个人创业的及合伙创业的，分别给予不超过20万元和不超过130万元的创业担保贷款；对符合条件的小微企业最高给予不超过300万元的创业担保贷款。

培育创新载体。充分发挥保定市众创空间协会的资源优势，提升服务人员水平和孵化服务水平，开展科技企业孵化载体服务能力提升系列培训活动，从创业者、载体运营、投资等角度进行专题培训。邀请优秀科技企业孵化载体运营主体与相关县（市、区）对接，谋划建立县域分支机构，进行孵化品牌输出，以先进的孵化理念和孵化模式带动当地孵化器、众创空间的培育与发展。鼓励企业、高等院校和研发机构依托各级科技研发平台以及平台承担的科技计划项目，积极引进高层次人才和创新团队。

加大企业吸纳就业支持力度。聚焦落实各项就业政策，按月将中小微企业新增参保人员数据与高校毕业生、失业登记等数据进行比对，确定符合政策享受条件的单位和人员，主动联系推介政策内容。对符合条件的企业，继续落实失业保险稳岗返还政策，阶段性降低失业保险、工伤保险费率政策。开通“绿色通道”，推广“直补快办”模式，做到随申请、随确定、随审核、随发放。打造涵盖购房、租房、落户、交通、租金、物业、贴息贷款等全方位的政策服务体系，加大企业享受吸纳就业各项补贴政策落实力度。

（二）案例思考

1. 河北省保定市的高校毕业生就业创业推进计划包括哪些内容？

2. 河北省保定市如何实现市场化、社会化就业与政府帮扶相结合？

二、拓展案例2　探索“互联网+”背景下大学生就业创业能力提升策略

（一）案例描述

随着互联网技术的不断发展和普及，“互联网+”成为推动中国经济转型升级的重要战略之一。在这个大背景下，大学生作为未来社会的主力军，如何提高自身的就业创业能力，适应市场需求，成为互联网时代的优秀人才，成为备受关注的话题。然而，传统的就业观念和教育模式已经无法满足互联网时代的需求，大学生需要具备更

加全面、多元化的就业创业能力。

大学生就业创业能力是指大学生在就业和创业过程中所需要具备的一系列综合能力。在“互联网 +”背景下，大学生就业创业能力的提升显得尤为重要。一方面，互联网时代的就业市场对大学生的能力要求更高，需要他们具备更加全面、多元化的能力；另一方面，互联网时代也为大学生提供了更多创业机会，需要他们具备创新、创业的能力。

大学生就业创业能力主要包括以下几个方面：一是基础素质，这包括语言沟通、计算机应用、文化素养等方面的基本能力，是大学生就业创业的基础。二是专业技能，大学生需要具备与自己所学专业相关的技能和知识，以便在就业或创业中更好地发挥自己的优势。三是创新创业能力，互联网时代对创新创业能力的要求越来越高，大学生需要具备创新思维和创业精神，勇于尝试新事物，敢于面对挑战。四是团队协作能力，团队合作已经成为现代企业的重要特征，大学生需要具备良好的团队协作能力，能够与他人有效沟通、协调合作。五是终身学习能力，互联网时代更新换代的速度非常快，大学生需要具备终身学习的能力，不断更新自己的知识和技能，以适应市场的需求。大学生就业创业能力的提升是一个综合性的过程，需要大学生在学习和实践中不断积累和提升。

“互联网 +”以互联网为核心，涵盖各行各业的新型商业模式和创新发展趋势。在这个背景下，大学生就业创业面临着新的机遇和挑战。首先，“互联网 +”为大学生提供了更多的就业机会。随着互联网技术的不断发展，许多新兴行业和职业正在崛起，例如互联网金融、电子商务、移动应用开发等，这些行业对人才的需求量也越来越大。同时，互联网也为大学生提供了更多的自主创业机会，例如网络营销、电商平台、互联网金融等，让大学生可以在互联网平台上进行创业。其次，“互联网 +”也为大学生提供了更多的创新机遇。互联网时代强调创新和创意，大学生可以通过互联网平台进行创新尝试，开发新的产品或服务，满足市场需求，创造更多的价值。最后，“互联网 +”也提高了大学生的就业创业能力要求。互联网时代对人才的要求越来越高，大学生需要具备更加全面、多元化的就业创业能力，例如语言沟通、计算机应用、文化素养、创新思维、团队协作等方面的能力。同时，互联网时代的就业创业也更加注重实践和经验，大学生需要在实践中不断提升自己的能力。大学生需要积极拥抱互联网时代，不断提升自己的能力，抓住机遇，迎接挑战，成为互联网时代的优秀人才。

随着“互联网 +”时代的到来，信息技术的快速普及和应用，已经改变了就业市场的形态，进一步提高了人才的需求和素质要求。在这个过程中，大学生就业创业的难度也越来越大，需要通过不断提高自身的综合素质，提升自身的就业创业能力才能更好地适应市场的变化。我们以“互联网 +”时代对大学生就业创业的影响为切入点，提出提升大学生就业创业能力的措施和策略，以期为广大大学生提供实用的指导和有益的借鉴。

培养大学生创新思维。在大学生创新创业能力培养中，创新思维和创新意识的培养是至关重要的。为了培养学生的发散思维和创新思维，我们需要摒弃固化思维，培养定式思维，创造良好的环境和条件，激发学生的创新潜力。优化课程设计、进行课程改革、设计课程之间的结构，为学生的创新思维创造良好的环境。同时，结合专业、结合学校、结合地方企业、结合各种大赛，以“四结合”全方位为大学生创新创业提供保障。以“互联网 +”为主赛道，建立校内、院内等多级比赛，扩大比赛覆盖人数，延长比赛时间，营造创新的校园文化环境，提高校园创新软实力。此外，还可以通过开展创新创业俱乐部、创新创业实践项目、创新创业讲座等形式，培养学生的创新思维和实践能力。

大学生指导老师创新储备。创新导师的团队和能力是大学生创新创业能力培养的重要保障。为了建立可行的师资团队，可以进行校内有经验的教师选拔培养，并加强校外企业创业人员的培养，促进教师和企业创业人员之间的交流和沟通，开阔学生的创业眼界，增加学生的实践认知。同时，要对校内创业导师进行定时培养，提供相关政策的支持，保证教师的实训和实践不与教学时间相冲突。完善创业团队的建立也是非常必要的。需要对校级创业团队进行多方面的扶持和提高资金保障，以便更好地支持学生的创新创业活动。同时，积极组建双师型教师团队，以教师的实践经验和企业创业人员的实战经验相结合，为学生提供更加全面和实用的创新创业指导。

校企合作的实现平台。为了提高大学生创新创业能力，需要大力开展校企合作模式，注重人才的实用性与实效性，为企业有针对性地培养人才，这对于提高大学生创新创业能力具有十分重要的应用价值与实践意义。在校企合作平台中，企业重新对学校人才培养目标进行调整，校企合作中企业的人才需求与学校的人才培养目标有机地结合在一起，更加体现了学生的实践能力和创业机会。进一步完善人才培养的发展体系，为学生提供更加全面和有力的支持。在校企合作平台中，学校可以与企业开展多种形式的合作，例如开展实习、提供就业机会、合作开发项目等。通过与企业的合作，学校可以更好地了解企业的需求和趋势，为学生提供更加实用和有针对性地培养，提高学生的实践能力和创新创业能力。同时，企业也可以通过与学校的合作，获取更多的优秀人才和技术支持，提高企业的创新能力和竞争力。为了实现校企合作的平台，需要加强校企合作平台的建设和管理。学校可以建立专门的校企合作办公室或者团队，负责校企合作的协调和管理。同时，也需要加强对校企合作的宣传和推广，吸引更多的企业和学生参与，形成良好的校企合作氛围。

利用互联网平台，开展创新创业指导。在基于互联网背景的大学生就业创业工作展开中，学校方面可以利用互联网平台来开展大学生的就业创业指导工作。通过网络平台，及时关注学生的就业创业情况，对学生的就业创业问题进行及时收集与反馈，给予学生正确的就业创业指导，尤其是要关注学生在就业创业中的心理变化，帮助学生进行自身的职业生涯规划。通过网络平台的应用，也能够丰富学生的就业创业可能。一方面，网络平台简化了学生的求职流程，学生可以通过网络来收集就业创业的信息，以此来进行企业之间的比对和选择。另一方面，一些网络平台本身也是学生的就业机会，学生可以结合自己的专业和特长，利用网络平台来实现自身的价值，例如新媒体平台等。此外，学校还可以利用互联网平台开展创业培训、创新创业竞赛等活动，为学生提供更加全面和有力的支持。通过多种途径，为学生提供更加全面和有力的就业创业指导，培养更多的创新人才，推动大学生就业创业事业的发展。

客观认识互联网时代下的大学生就业心理变化。从互联网时代下给大学生就业创业带来的挑战来看，主要就是互联网上负面信息和错误信息给大学生价值判断带来的挑战。在目前的网络上也存在着各种高收入的言论，动辄毕业一年月入过万的言论，也在影响着学生对就业的判断，对收入的判断，从而不能够正确认识到社会的实际情况，进而产生焦虑和迷茫等心理，不利于学生的职业生涯规划。因此，针对这一问题，学校和教师需要认识到互联网时代下学生的心理变化，针对学生的心理变化做好引导和教育。学校可以通过开展心理健康教育，加强学生的心理疏导，帮助学生树立正确的价值观和就业观，引导学生理性看待互联网上的信息，正确面对就业创业中的挑战和困难，提高学生的心理素质和适应能力。同时，学校还可以通过开展职业规划指导，帮助学生制订科学的职业规划，明确自己的职业发展方向，提高学生的就业创业能力和竞争力。

完善“互联网 +”创新创业平台。随着互联网的发展，“互联网 +”创新创业平台已经成为大学生创新创业的重要途径。为了更好地发挥“互联网 +”创新创业平台的作用，需要不断完善平台的建设和管理。首先，需要加强平台的技术支持和创新能力。平台需要具备先进的技术和创新能力，以便更好地满足学生的需求和提供更加全面、有力的支持。同时，平台也需要不断更新技术和创新理念，保持时代感和前瞻性。其次，需要加强平台的服务能力和管理能力。平台需要提供全面的服务，包括创业项目孵化、创业指导、创新创业培训等，以便更好地帮助学生实现创新创业梦想。同时，平台也需要加强管理能力，保障平台的安全和稳定运行。需要加强平台的资源整合和创新创业生态建设。平台需要整合各种资源，包括人才、技术、资金等，形成完整的创新创业生态系统。同时，平台也需要积极引导和培育创新创业文化，营造创新创业的氛围和环境。最后，需要加强平台的宣传和推广。平台需要通过多种途径，包括社交媒体、校内宣传、创新创业大赛等，宣传和推广平台的优势和特点，吸引更多的学生参与创新创业活动。

（二）案例思考

1.“互联网 +”背景下，大学生如何提升就业创业能力？

2. 为什么传统的就业观念和教育模式已经无法满足互联网时代的需求？

第六章 创业团队和创业资金

第一节 经典教学案例

一、教学案例1 与辉同行

2023年12月26日，董宇辉新账号“与辉同行”获平台认证，认证信息为“与辉同行科技有限公司”。账号介绍为：这是真的，宇辉通行。12月22日，与辉同行科技有限公司成立，法定代表人为董宇辉，经营范围含新鲜水果零售、新鲜蔬菜零售、出版物零售、广播电视节目制作经营、网络文化经营、食品销售、旅游业务等。天眼查App显示，该公司注册地址与东方甄选关联公司东方优选科技有限公司位于同一幢楼。

2024年1月9日，董宇辉的新号“与辉同行”开启首播，两小时GMV破亿，新公司也拿到了出版物零售单位设立行政许可，新号的掌舵人董宇辉可以在文旅方面大显身手。

“与辉同行”团队成员已有接近70人。这个团队由年轻且充满朝气的创业者组成，他们在各自的领域取得了许多成就。他们在节目中分享了他们的故事、挑战和成功，展示了年轻一代的创业精神和活力。

俞敏洪现身“与辉同行”直播间透露称，俞敏洪表示看到大家欢蹦乱跳，内心充满愉悦感。他还透露了自己正在考虑“与辉同行”的国际化直播，并建议董宇辉可以到国外尝试直播。

董宇辉表示“与辉同行”这家公司会在俞敏洪的战略指示下，坚守农产品的初心，同时满足大家生活用品的初心，探索更多在书籍、在文化、在旅游上的可能性。

“与辉同行”的首播获得了观众的热烈反响。许多观众表示节目内容内容丰富、有启发性，并对董宇辉及其团队的创业精神和成就表示敬佩。他们表示会继续关注董宇辉和他的团队，期待更多的精彩内容。

“与辉同行”对于年轻创业者起到了积极的鼓励和激励作用。通过展示董宇辉及其团队的经历和成功故事，给年轻人树立了一个榜样。节目展示了创业的艰辛和困难，同时也传递着对年轻人奋斗的激情和希望。

“与辉同行”在首播时取得了令人瞩目的成绩，引发了观众的浓厚兴趣。未来，人们对这档节目将持续关注，希望看到更多具有启发性和正能量的内容。同时，期待董宇辉及其团队能够继续取得更多的成就，并为年轻创业者树立更多正面的榜样。

（二）案例教学指南

1. 案例价值

（1）本案例是一个综合的创业团队案例，主要用于“创业基础”“创业管理”“创业实务”等创新创业课程的教学辅助与案例分析。

（2）在本案例中，“与辉同行”的首播吸引了众多观众的关注，节目展示了董宇辉新团队的亮相和他们的创业经历。仅开播 20 分钟，该节目的粉丝量涨了 30 万，显示了观众对董宇辉及其团队的兴趣和认可。观众对节目的热烈反响表明了对年轻创业者的鼓励和激励。展望未来，人们期待节目能继续发展，并为年轻创业者提供更多的启示和正能量。

2. 讨论分享

（1）“与辉同行”具备了创业团队的那些要素？

（2）“与辉同行”的创业团队属于哪种类型？

3. 理论要点

（1）创业团队：由少数具有技能互补的创业者组成，为了实现共同的创业目标，为达成高品质的结果而努力的共同体。

（2）创业团队组成要素：由目标（purpose）、人（people）、定位（place）、权限（power）和计划（plan）五个重要的要素组成，称为“5P”。

（3）创业团队的类型：从不同的角度、层次和结构，创业团队可以划分为不同类型，而依据创业团队的组成者来划分，则具体有星状创业团队（Star Team）、网状创业团队（Net team）和从网状创业团队中演化而来的虚拟星状创业团队（Virtual starteam）。

4. 教学建议

教师可按如下进度来组织自己的课堂案例教学，但仅供参考：

（1）整个案例课的课堂时间控制在 90 分钟左右。

（2）课前提出启发思考题，请学员在课前完成阅读和初步思考。

（3）课堂上，教师先做简要的案例引导，明确案例主题（5 分钟）。

（4）小组研讨。

①小组讨论并在组内分享（15 分钟）；

②接着小组派代表发言（每组 5 分钟，控制在 50 分钟内）；

③引导全班联系实际进一步讨论，并进行归纳总结（20 分钟）；

④如有必要，学生可以形成书面分析报告，并制作 PPT，进行分组汇报，训练学生的演讲表达能力，教授学生当众发言的技巧。

二、教学案例 2　联邦家私的“长寿”秘诀

（一）案例描述

2004 年 10 月 28 日，广东南海联邦 × 集团悄悄迎来了 20 年庆典。20 年的时间

可以证明许多被称之为梦想的东西，联邦就这样用它当初的“小作坊”编写了它在中国家具行业中的成功史。与张某、柳某们相比，联邦的杜某少了许多中国式的光环，但相对于平均寿命不过2.9年的中国民营企业，20年的联邦多了一层企业“物种”进化论的标本意义：清晰、透明、完整而新鲜，甚至连当初创业时的6个股东仍原汁原味地保留着……

我们有更多的理由可以惊讶：20年的联邦为什么在壮大中没有分裂？20年的联邦6位股东为什么在成长中没有走散？是源于一个英明的领袖？一支铁打的团队？一个好的产品？一套健全的制度加上优秀的企业文化？……广东南海联邦家私集团总裁杜某认为：“这些要素都很需要。但更重要的是，把这些要素做出来后，又如何去整合它们？在先与后、轻与重、缓与急、成本和效益之间，如何去平衡和取舍？而这些过程又都需要兼顾人性规律、市场规律，甚至是自然规律。”

20年的联邦，20年的信任，20年的合作，20年的创新，才有了20年的收获。昔日的小作坊才有了今天。

1. 创业：目标一数

1984年10月28日，联邦集团前身广东南海盐步联邦家具厂成立。王某、何某、杜某、陈某——这4个小时候就在一起玩的朋友聚在一起，他们要干一番事业。小小的家具厂让这几个朋友走得更近了，不过，他们之间的关系还是发生了一些变化，朋友之外多了一层股东关系。

但他们还是习惯性地相互称“昌哥”“恩哥”……四个人没有什么背景，都很穷。王某学过设计，何某做过藤椅师傅，杜某在建筑公司干过打桩，四个普通人办了一个普通的家具厂，却起了一个洋气名字——联邦。然而，四个农民出身的人还是不知道企业怎么办。仅仅几个月后，联邦就出现危机——销路不畅，产品积压，还欠了银行近10万元的贷款。

于是，另一个被他们称作“杜哥”的儿时玩伴儿——杜某被他们请出山来。那时的杜某担任着一家藤器厂厂长，是当时广州荔湾区最年轻的厂长，参加过中国第一期厂长经理培训班，正是意气风发之时。杜某成为联邦的“老大”不久，企业便摆脱了困境，初现生机。随后，同样有着藤器厂工作背景的另一玩伴儿——郭某也毅然加盟。

联邦的六人组合，用杜某自己的评价：朴素、简单、正派，没有野心，没有排斥，在性格上互补，为了生计走到了一起。儿时的友谊和成人后的相互信任，是这支团队合作的纽带。

然而，一个总裁加五个副总裁，这样的团队能持续多久？

2. 规则：统一价值

联邦的其他股东都是有股金投入的，唯独杜某是没有投一分钱而应邀加盟的，那时是没有什么技术入股概念的，完全是“信”的作用。杜某认为，“信”有多重含义：一是指相信、信赖；二是指“人言”为“信”，要讲诚信、讲信用，作为从小一起长大、知根知底的6个玩伴，这两点彼此是可以做到的，三是指威信，在加盟之前，杜某坚持：联邦命令要单一，任何人不能以个人意志用事，在联邦公众利益面前，任何个人的利益或委屈都要让路，这个规矩是杜某为自己，也为联邦定下的。杜某认为：办企业与行军打仗一个道理，只有命令单一了，这个仗才能打胜。既有彼此掏心的信赖，又有有诺必践的诚信，同时又能自觉形成权威中心，联邦第一道情意“箍”算是上紧了。

第二道“箍”是制度。无规矩难以成方圆。尽管当时还没有“公司法”，联邦还是仿效西方的股份制公司制定了联邦的公司章程。经过几次小调整之后，达成了6个股东的股份基本平均的君子协定，避免了产权不清的问题。但为了避免群龙无首的另一个问题，又规定股东会表决时，杜某拥有两票，其他人一人一票。这样也保证了公司决策层在投票时相左的意见不会票数相等。此后，6个人的朋友关系和股东关系更加水乳交融，联邦的制度在悄悄凝聚着团队。

处理好分配关系是经营一个团队的关键，杜某认为分配包括：责任、权力、名誉、地位、金钱与物质。如果分配制度不成熟，企业的向心力将大打折扣。而在这个环节上，杜某强调：无论是公司的人力资源组织架构，还是岗位权限表，重点是实行责、权、利的高度对等。

在分配利益关系图谱中，联邦坚持了先顾客、后员工、最后股东的秩序，这样就有了联邦分配三原则：第一，当企业的利润微薄时，先保证经营者的利益，风险由投资者承担；第二，在公司推行资产经营责任制，使经营者的收益与可量化的经济指标挂钩；第三，实行年薪制。杜某进行分配平衡的一个手法是，从每个部门的收益中拿出20%由集团的最高决策层作面上的平衡，根据完成考核的情况进行分配。这样管理层就既有压力，又能得到相对更公平合理的利益分配。

分配原则实际上也是联邦给管理层上紧了第二条“铁箍”。联邦大部分的收益都用于公司的发展了，真正分配给股东的钱很少。20年来，杜某没有打过一次高尔夫球，虽然球场距离公司才半个小时左右的路程。杜某说：“你乱花一分钱，别人可以帮你乱花一块钱。所以不只我，联邦的所有股东没有一个人去打过高尔夫，这也影响了后来的经理人队伍。”杜某认为联邦股东层还是保留了更多当农民时的朴素、节俭，没有得意忘形。

管理层的第一条箍上紧之后，第二条箍上紧就容易了。“现在联邦员工的薪水与外资企业相比，处于中等偏上的水平。”杜某说，“2001年联邦出现第一次亏损的时候，员工工资都没有降，要降也是最高管理层先降。”

参观联邦最初的办公楼时，有15年工龄的谭师傅当了我们的向导，一般人已经找不到那所不起眼的小楼了。在联邦里，谭师傅也有了一些特权：可以直接约见总裁，子女优先安排在联邦就业，非重大违规失误不受解雇……像他这样的特权员工（10年工龄以上），联邦有几百人。

3. 阵痛：股东给经理人打工

“严格来说，企业管理不是靠制度，而是靠感悟。”杜某对这句话深有感触，“制度是死的，人是活的。更多的时候，企业碰到问题，最后的解决往往是某一阶段感情的结果。”杜某没有进一步解释感悟的内涵，这里多少有些说不清楚的成分。

联邦在创业初期，服东、厂长、业务员。几种身份一体化，大家努力工作就是。创业期的真挚友情、事业信念，年轻的活力，形成了联邦早期文化中的分享、信任、合作元素的结合，形成了强大的合为与张力。这种带有某种朴素、简单思想的联邦文化对联邦团队的稳固起了很大的预警与缓冲作用。

然而，随着联邦的快速发展，股东担任的管理职务、能力与水平力不从心，联邦股东身份与高级经理人身份同时兼任的核心体制受到挑战。这时，职业经理人进入联邦高管层，联邦面临中国民营企业共同的挑战性问题——股东给经理人打工！

友谊、制度、文化，这时候说什么也没有用了，除非股东自己接受了这个观念。

杜某说："这是联邦的大事，必须股东会通过。这是铁的制度，碰不得。"1992年，武汉市家具工业总公司的总经理石松加盟联邦，成为集团市场部总经理，股东何某任副总经理，拉开了联邦"股东为员工打工"和"管理老板"改革历程的序幕，1999年，绩效考核时，股东郭某负责的装饰工程部亏损，工资只拿了80%，奖金分文皆无。看到别的副总能拿到几十万元的奖金，郭某还是有些情绪和不服气，先找联邦常务副总王某，没有谈拢，最后找到杜某。"你先回去休息一个星期，想通了再来找我。"杜某没有让步。一个星期后，郭某想通了，让出了总经理的位置。

到2004年时，联邦已经有四个主要单位的总经理为职业经理人，有四位联邦的股东成为经理人的下属。而在联邦七人组成的董事会中，六名原始股东只有四位还是董事会成员，另外三名董事则是后来招聘进来的专业人员，而且都是外地人。

这场革命最终形成了联邦的所有权与经营权分离，原始的股份制变为现代企业制度。这个过程多多少少还是有些挑战，因而更多的中国民营企业仍在这个问题上徘徊不前。

4. 成功：加重团队合作的砝码

20年的发展，联邦团队经历着自我完善，来自市场的力量也在时时考验着这支团队的稳定。更多的时候，杜某一步一步变行政领导为市场领导，让市场来判断对与错、是与非。

联邦从一个简陋的家具小作坊开始，很快由制造藤椅转向主流的木制家具。1986年，联邦举办的"90年代家私展望"首开行业大规模展览的先河，引发市场轰动效应；1990年，联邦家私设计展与广东电视台等5家媒体合作举办，这也创造了联邦客户120天排队购货的纪录。联邦"产品设计领先——市场造浪——批量生产"的商业模式让联邦收获颇丰，品牌形象得到提升。同时，以联邦品牌为依托的加盟连锁店也得以发展，联邦在商业领域一路高歌。联邦的成功加重了联邦团队合作的砝码，而市场的竞争又在频频制造难题。

1999年，杜某迎来了一次来自股东层强烈的挑战。随着家具市场产品竞争越来越走向于雷同，联邦当初引领市场的势头开始减弱。杜某建议投资6000万元在广州时代广场建设"联邦家居广场"，尝试着一种新的经营业态，让联邦从众多的家居店里脱颖而出。这个建议，初期矛盾不大，在快要拍板定案时，股东意见出现分歧。股东的分歧甚至影响了银行的贷款，时间拖了下来。杜某埋头做了三个方案：将3年之内联邦可能遇到的风险详细列出，什么时候亏损，每一年亏损多少，联邦能承受的范围，把联邦可能会碰到的风险计算得清清楚楚，从预算上将联邦的风险降到最低。最终股东会全票通过。

寸土寸金的时代广场与联邦家私的品质联系在了一起，联邦的品牌效应得到释放，在广州家具中，联邦已经成为行业标杆。现在，联邦家居广场每个月的销售额都会超过500万元，高峰时达近千万元。

2001年，联邦遇到了创业以来第一次亏损。这次亏损震动了已经习惯于领跑感觉的联邦。表面看来这次亏损与具体的一些经营措施相关，但其背后是多年以来累积的"大企业病"危机。杜某决定背水一战，以他为首的决策团队，深潜企业一线，对联邦的销售和制造组织进行扁平化改造，调整联邦的运营架构，使联邦重新回到高速增长的轨道，联邦处于其历史上经营业绩最为良好的时期。市场的成功稳固着联邦团队，但各种诱惑还是时时盯着可能出现的裂缝。联邦股东层还是一度出现小裂痕，但个别离开的股东很快又回到联邦。是什么东西修复了联邦团队出现的裂缝呢？是昔日的友谊、文化的吸引、制度的宽容，还是市场的压力？杜某不愿多谈。20年的企业怎么可能会没有曲折呢？

5. 裂变：为了更长久的合作

2004年10月28日，联邦迎来了20周年的庆典。而联邦发展史上的"二次变革"已经拉开大幕。2004年9月6日，联邦与深圳一家咨询公司签订协议，着手计划联邦组织架构的重新调整。杜某说："联邦的组织架构还是针对2001年亏损时搭建的垂直结构，现在这种架构已经不适应市场的需要。"

新的联邦集团将成立产品创新中心、营销中心、制造中心和物流配送中心四大中心，分管11个业务部门。在杜某的计划里，集团公司以品牌、资本为纽带，各个业务部门将独立经营核算，更多的经理人将变为企业家，这意味着以联邦名义又将产生新的股东阶层，而这一次联邦充当了大股东。

20年精诚合作的联邦团队将开始产生裂变。"联邦20年的发展，股东没有分开，这并不意味着为了合作而合作；现在要产生裂变，也不是为了分开而分开，而是为了更长久的合作而裂变。"在运动中合作，并非为了合作而合作，或许正是联邦团队20年精诚合作的理由……

（二）案例教学指南

1. 案例价值

（1）本案例是一个综合的创业团队案例、主要用于"创业基础""创业管理""创业实务"等创新创业课程的教学辅助与案例分析。

（2）在本案例中，我们可以看到广东南海联邦家私集团和海尔、联想、万科、四通正泰、德力西等企业一样，经过二十几年的发展，他们创业团队的成员依然如创业之初一般同舟共济，保持着创业之初的坦诚、率真、信任和依赖。我们从本案例中可以总结出如何组建一个优秀的创业团队经验，并了解优秀的创业团队具备的特征。

2. 讨论分享

（1）结合本案例，谈一谈在决定创业之后，如何来组建一支创业团队。

（2）在选择创业团队成员时，应该从哪几个方面去考察？

（3）优秀的创业团队具有哪些特征？

3. 理论要点

（1）组建创业团队的程序：撰写创业计划书；优劣势分析；确定合作形式；寻求创业合作伙伴；沟通交流，达成创业协议；落实谈判，确定责任权利。

（2）选择创业团队成员：一般来说，选择创业合作伙伴应该看对方是否认同自己的价值观，是否对创业项目有良好的愿景，是否具有能弥补自己某方面的不足的特长和技能，确立合作关系时，一定要做到责、权、利明确统一。在合作过程中，要善于尊重、理解、宽容对方，要注意通过及时顺畅的沟通来解决可能出现的矛盾。特别重要的是，在合作过程中要本着相互信任的原则，通过制度规范来保证企业的所有发展成果不被个人所影响，否则，一旦合作关系破裂将给企业带来不可估量的损失。

（3）创业团队的组织形式：公司制；合伙制。

4. 教学建议

教师可按如下进度来组织自己的课堂案例教学，但仅供参考：

（1）整个案例课的课堂时间控制在 90 分钟左右。

（2）课前提出启发思考题，请学员在课前完成阅读和初步思考。

（3）课堂上，教师先做简要的案例引导，明确案例主题（5 分钟）。

（4）小组研讨。

①小组讨论并在组内分享（15 分钟）；

②接着小组派代表发言（每组 5 分钟，控制在 50 分钟内）；

③引导全班联系实际进一步讨论，并进行归纳总结（20 分钟）；

④如有必要，学生可以形成书面分析报告，并制作 PPT，进行分组汇报，训练学生的演讲表达能力，教授学生当众发言的技巧。

第二节　课堂精读案例

一、精读案例 1　创业青年失去合作伙伴

（一）案例描述

青年小马生长在一个传统的商人家庭，从小受到了良好的商业熏陶和教育。20岁时他从父辈那里接下了一家小型面粉加工厂。小马在经营面粉加工厂的过程中，根据市场需求不断调整产品定位，注重提高产品质量，注重提升服务品质，并大力拓展周边市场，小厂的生意很快红火起来，小马有了可观的收入，初尝了创业的成果。但小马是个胸怀大志的人，他并不满足于现有小面粉加工厂的生意，他立志要弘扬民族饮食文化，打算在食品行业寻找自己的新起点，闯出一片更大的天地。

一次，小马去云南参加全国性的食品展销会，在会上他邂逅了一位技术专家周老师，周老师曾留学英国和阿拉伯地区，获得博士学位，专门从事清真速食食品的研发，拥有多项技术专利。小马对周老师描述了自己弘扬民族饮食文化，发展民族食品产业的梦想，周老师非常赞同，两人一拍即合，当即决定合作办厂生产销售速食羊杂碎。经过在云南短短三天时间的初步沟通，两人协商，由小马出资金并负责销售，周老师出技术并负责生产，合作在宁夏回族自治区吴忠市开办一家清真食品加工厂。在没有详细确定新企业股份比例分成、工作职责、收益分配方案等具体事宜的情况下，两人仅仅凭借着创业的激情和对梦想的执着就开始合作了。

回到宁夏后，小马卖掉了自己的面粉加工厂，又募集了一部分资金，正式注册公司，采购设备、招聘工人、试制产品，经过三个多月的准备，工厂正式投产，第一批产品也正式上市销售了。公司注册时，小马并没有给周老师分配股权，对于周老师的合作关系两人仅仅有一个简单的口头约定，即周老师先用自己的专利技术为公司生

产产品，并拿固定的薪酬，待产品上市销售一个阶段，质量过关并能被市场接受后，两人再行商定周老师应占有的股份比例和收益分配方法。在合作的前半年里，两人全身心地投入到厂子的启动工作中，合作还比较顺利，但是半年后，随着生产和销售的逐步正常，小马发现与周老师的合作开始出现了问题。

1. 合伙人保密配方

从厂子一开始生产产品小马就发现，周老师对产品的生产配方和工艺流程严格保密。周老师在主持生产的过程中把所有的技术资料和配方一律用只有他自己能看懂的阿拉伯文书写，并且只由他自己保管。在配料时，周老师每次都是一个人操作，不让任何人观看。小马觉得心里很不舒服，之前经营面粉厂的时候，厂里的主要员工都是家族成员，小马没有和别人合作的经验，他隐约觉得周老师这样垄断技术可能会有不良的后果，但他不知道该如何处理这个问题。小马好几次想向周老师提出应该把技术资料和工艺细节向厂里的其他技术人员公开，但因为合作之前并没有和周老师说定这个问题，小马觉得不好开口。

2. 合伙人采购主要原材料

公司产品的一些主要原材料如料包等，在技术上有一定的要求，小马并不熟悉具体的技术指标，于是周老师提出从他熟悉的能在技术上达标的供应商那里采购，小马同意了。于是公司部分主要原材料的采购由周老师负责联系、订购和验货。但随着时间的推移，小马心里的疑惑越来越重了，他总觉得随着生产量的增大，原材料采购量也越来越大了，周老师会不会从中吃回扣呢？小马想收回采购权，但每次一向周老师提出，周老师就以采购原材料技术指标很高，只有他介绍的供应商能提供为由回绝了，小马觉得自己确实不懂技术，也就没有再坚持。但小马在与公司其他员工交谈时提到过他对周老师是否收回扣的怀疑，没想到这话最后还是传到周老师那里，因此在两人心里都埋下了阴影。

3. 合伙人提出股权要求

公司运营半年后，周老师正式提出要求，希望能获得公司50%的股权。但小马认为，产品投产和上市销售才两三个月的时间，还不足以证明产品就没有质量问题或是能被市场所接受，现在就给予周老师股份并不符合当初的约定，再者周老师对技术严格保密，没有道理提出50%这么高的股权要求。他答复周老师，等一年以后再商定股权分配的问题。

4. 合伙人向公司借钱

在小马回绝了周老师分配股权的要求后不久，周老师说自己在天津的爱人有病，请假回去照顾爱人，周老师回天津后不久就给小马打电话，说自己的爱人需要住院治疗但医疗费不够，希望公司能借他3万元。小马很为难，但又不好回绝周老师的请求，更担心周老师不回来影响厂里的生产，他考虑再三之后给周老师汇去了1万元，但要求周老师尽快回来。可周老师回来后不到一个月再次提出要回天津照顾妻子。小马只好同意，周老师回到天津没几天再次给小马打电话要求再借2万元，这次小马已经开始担心周老师可能会离开公司，就没有再借钱给他。

事情果然如小马所料，周老师终于不辞而别了。小马非常着急，多次给周老师打电话催促他回来，并提出只要他回来就立即商讨股权分配的问题，但周老师总以各种理由推脱，最后索性不接小马的电话了。

周老师临走时带走了所有的技术资料、产品配方、工艺标准，甚至原材料供应商的联系方式，导致公司的生产彻底停顿。面对刚刚打开一点的市场局面和刚刚投入的大额广告宣传费用，小马感到非常沮丧，他想不明白为什么自己和周老师的合作这么快就结束了，他觉得是自己当初选择合作伙伴不当，周老师根本就没有合作的诚意。

（二）案例导读

1. 分析要点

本案例中的创业者小马是一个新办企业的董事长、总经理，由于企业所经营的产品有很高的技术含量，小马选择了一位技术专家作为自己的合作伙伴。但是从与这位技术专家合作一开始就出现了很多问题，由于小马缺乏和别人合作的经验，没有能及时地处理好这些问题，最终导致合作关系破裂，给企业带来了巨大的损失。通过本案例的学习，可以了解创业者在创业的过程中，特别是创业的初期阶段，一定要明白处理好与合作伙伴的关系的重要性，掌握选择合作伙伴的一些基本原则。

2. 思考题

（1）在本案例中，导致两人合作关系破裂的主要责任在谁?

（2）在本案例中，两人在合作过程中有哪些问题没有处理好?

（3）在本案例中，如果你面对相同的情况，你该如何处理?

（4）创业者该不该给合作伙伴分配股权? 在创业的什么阶段分配比较合适? 采取什么样的方式分配股权比较合理?

（5）如果和合作伙伴发生矛盾，应该采取什么样的补救措施?

二、精读案例 2 如何打造创业团队凝聚力

（一）案例描述

小王毕业于河南省 ×× 市师范学院，2014 年，刚刚毕业的她就来到了上海，顺利地进入一家企业开始了自己的职业道路。由当初的设计师到企助策划，再到市场营销，最后成为管理者，几年的时间里小王积累了很多市场经验，也慢慢地萌生了自己创业的念头。

和众多有梦想、有理想的创业青年一样，在自己成长的道路上，看到了很多人的成功，并暗自下了决心。2016 年经过一番筹备，小王开始了自己的第一次创业。在当时的环境和条件下，资金和人员的配备成为难题，经过 2 个合作伙伴的共同努力，她终于解决了资金的问题，开始组建销售团队，但管理这个团队确实是一件非常苦恼的事情。由于缺乏实际运作经验，在内部责任分工上出现了众多分歧，经过了一年多的努力，公司在市场上小有收获，但是这个团队由于分工、职责和团队理念等问题，最终还是解散了。

经历了第一次创业失败，小王总结出了很多实际经验，也从中悟到一些道理，

团队需要一种相同的文化理念支持，需要一种凝聚力。光凭着热情，一个创业团队可以支持一时，但很难持久，所以这个10多人的队伍出现了“集体干活，个人出名”的现象，同时也没有及时地发现和解决员工的这种心理状态。

2018年，在一次展会上看国外的虚拟现实技术应用和制作水平非常先进，吸引了全场观众的目光，也启发了小王对虚拟现实技术在国内市场应用的关注。经过一段时间的市场调研，小王发现国内传统的演示和展示技术已经远远不能满足众多行业企业的个性化需求。虚拟现实展示技术无论是发展方向，还是市场应用，前景十分宽广。这次创业小王选择了以虚拟现实、3D视觉技术为主的科技服务业。为了自己的第二次创业能有自己的企业特色，小王前期做了很多工作：组建公司前，参加专业机构培训，从中学习到一个优秀企业家所需要具备的素质，以及在团队精神文化建设、团队塑造和团队领导等方面进行学习；在筹备期，建立了公司的管理流程和制度，同时也制订了公司的奖励机制。有了这些制度、流程和责任划分，她创立的上海晟昊科技有限公司在初期市场运作上取得了比较好的效益，慢慢地随着市场的扩展，公司人员也逐渐增多。公司已经从创业初期阶段，发展到一个15人的团队成长阶段，随之也产生了一些新的管理上的问题。这也意味着公司的制度和流程都需要进一步完善。

1. 员工的自我膨胀

市场部有一位成员叫小伊，1998年出生，年轻气盛的他大学毕业没多久，就成为公司成立时的第一批员工，在公司一直是一个踏实能干的人。刚进入公司时，小伊薪酬在3000元左右，但他踏实诚恳的态度得到了很多客户的认可，并且成为公司每月的销售冠军，薪金也从之前的3000元提升到现在的月收入10000元。公司对他宠爱有加，在业务上也是全力协作。因业务优秀，小伊一直坚持自己的方法来执行公司的业务制度，慢慢地他的心态发生了很大的变化，开始自我膨胀，对主管的建议很少能听进去。在一次业务合作中，他由于过度自信犯了一个严重的错误：给客户报价时，没有明确地告知客户合同总金额，结果在签订合同的时候出现了很大的出入，最终错失了一笔重要的订单。

2. 新主管引发的矛盾

转眼小伊来到公司已经有8个月了。公司由于业务的扩展，把原有的一个销售团队分为了A、B两个小组，并由各自的主管来带队。经过公司的谈话教育以后，小伊已经认识到自己在业务上的错误，公司决定把他分配到新主管的团队中去好好磨合，不料在一次业务中却激发了另一个矛盾。由于新主管对待业务十分严格，不允许有错误的存在，作为小伊的主管，她也有权力去安排小伊的业务。小伊嘴上虽然没说，但心里总是不服气新主管，觉得自己是老业务员，应该和新业务员享受的工作任务不同。一次新主管和小伊一起拜访小伊的客户，无意中认识了小伊客户的老总。一来二去，新主管和老总渐渐熟络并成为朋友，老总对晟昊科技非常满意，就给新主管介绍了另外一个新客户。小伊得知这个消息以后，十分不开心，并开始对新主管抱怨。在公司总结会议上，小伊提出了自己的不满，觉得新主管是在抢夺他的客户资源，认为自己立下了很多功劳，现在却要被别人分享，还和新主管发生了争吵，拍拍桌子扬长而去……

3. 团队的争执

自从公司把销售团队分为了A、B两个小组，大家开始进入了一种非常好的状态，每个人都非常努力地工作着。各个小组都不愿意落后于人，晟昊科技的业务发展开始步入快车道。但是，也慢慢暴露出了其他问题。公司的业务在热火朝天地开展着，但每次开会时小王总能闻到火药味，A、B两个小组开始对客户资源进行垄断。在周末统计客户时，A组把一些打过电话的客户归为意向客户，同时表明B组不要重复开发；B组也不示弱，也用同样的方法垄断客户。两组总是相互对抗着，常常为了争一些客户而争吵，导致了一些业务人员把大量的客户资源放在自己手里，而没有进行真正的开发。有一次A组和B组都在争夺同一个客户，这时竞争对手进入了，最终由于A、B两组没有及时地沟通协作，竞争对手拿下了这个客户的订单，这个结果着实让全体销售人员感到可惜。

（二）案例导读

1. 分析要点

本案例中的创业者小王和她的团队是一支“90后”“95后”的年轻队伍，如何打造一支有凝聚力的团队和建立良好的激励机制，时刻考验着这支年轻的队伍。正确用人，及时纠正员工的心态，开展团队文化建设，是企业发展的根本。通过对本案例的学习，使创业者知道，团队需要一种相同的文化理念支持，需要一种凝聚力，同时也要有良好的奖惩机制。管理一支团队应注重员工的心态建设，应以人性化的管理去达到执行制度的目的，为企业的发展和壮大奠定基础。

2. 思考题

（1）在本案例中，如果你是小王，你该如何解决小伊的问题?

（2）在本案例中，如果你是小王，你该如何处理两个销售团队的工作关系?

（3）在本案例中，你觉得员工小伊在哪方面出了问题？该如何解决?

（4）在本案例中，两个销售团队之间出现矛盾的主要原因是什么？如何从公司制度的角度来解决问题?

第三节　课外拓展案例

一、拓展案例 1　俞 × 创业团队

（一）案例描述

俞某，1962 年 10 月出生于江苏江阴，1980 年考入北京大学西语系，毕业后留校担任北京大学外语系教师,1991 年 9 月，俞某从北京大学辞职，开始自己的创业生涯。

1993 年，俞某创办了“新 × 方”培训学校，创业伊始，俞某单枪匹马，在仅有一个不足十平方米的漏风的办公室里，零下十几度的天气，自己拎着糨糊桶到大街上张贴广告，招揽学员。

“任何事情都是你不断努力去做的结果，当你碰到困难的时候，你不要把它想象成不可克服的困难，在这个世界上没有任何困难是不可克服的，只要你勇于去克服它！”正是凭借着这种不怕困难、勇于克服困难的精神，“新 × 方”不断发展壮大着，俞某还把“从绝望中寻找希望”作为“新 × 方”的校训。

1994 年，俞某已经投入 20 多万元，“新 × 方”已经有几千名学员，在北京也已经是一个响亮的牌子，他看到了一个巨大而诱人的教育市场。俞某喜欢教书，他曾经说过：我这辈子什么都可以离开，就是不可以离开讲台。对教师职业的热爱和“新 × 方”的发展壮大，让他决定他不仅要做一个教师、一个校长，还要做一个教育家。

1. 聚集人才

在“新 × 方”创办之前，北京已经有三四所同类学校，参加“新 × 方”培训的多是以出国留学为目的。“新 × 方”能做到的，其他学校也能做到。就当时的大环境而言，随着出国热，以及人们在工作、学习、晋升等方面对英语的多样化要求，国内掀起了学习英语的热潮，越来越多的优秀教师加入英语培训这个行业，如何先人一

步，取得自己的竞争优势，把“新 × 方”做大做强，俞某认识到英语培训行业必须具备一流的师资。

培训学校普遍做不大是有原因的，由于对个别讲师的过分倚重，每个讲师都可以开一个公司，但是每个公司都做得不大。所以，俞某需要找到更多的合作伙伴，帮他把控住英语培训各个环节的质量。而这样的人，不仅要有过硬的专业知识和能力，更要和俞某本人有共同的办学理念。他首先想到的是远在美国的王某、加拿大的徐某等人，实际上这也是俞某思考了很久所做的决定——这些人不仅符合业务扩展的要求，更重要的是这些人作为自己在北大时期的同学、好友，在思维上有着一定的共性，肯定比其他人能更好地理解并认同自己的办学理念，合作也会更坚固和长久。

这时他遇到了一个和他有着共同梦想的惺惺相惜的朋友——杜某。杜某像一个漂泊的游侠，研究生毕业后游历了美国、法国和加拿大，凭着对外语的透彻领悟和灵活运用，在国外结交了许多朋友，也得到了不少让人羡慕的机会。但是他在国外待的时间越久，接触的人越多，就越是感觉到民族素质提高的重要和迫切。要提高一个人、一个民族的素质唯有投资教育。

1994 年在北京做培训的杜某接到了俞某的电话，几天后，两个同样钟爱教育并有着共同梦想的“教育家”会面了，谈话中，俞某讲述了“新 × 方”的创业和发展、未来的构想、自己的理想、对人才的渴望……这次会面改变了杜某单打独斗实现教育梦想的生活，杜某决定在“新 × 方”实现自己的追求和梦想。

1995 年，俞某来到加拿大温哥华，找到曾在北大共事的朋友徐某。这时的徐某已经来到温哥华10年之久，生活稳定而富足。俞某不经意地讲述自己创办“新 × 方”的经历，文雅而富有激情的徐某突然激动起来：“你真是创造了一个奇迹啊！就冲你那1000人的大课堂，我也要回国做点事！”

随后，俞某又来到美国，找到当时已经进入贝尔实验室工作的同学王某。1990 年，王某凭借自己的教育背景，3 年就拿下了计算机硕士学位，并成功进入著名的贝尔实验室，可以说是留学生中成功的典型。白天王某陪着俞某参观普林斯顿大学，让他震惊的是，只要碰上一个黑头发的中国留学生，竟都会向俞某叫一声“俞老师”，这里可是世界著名的大学啊。王某后来谈到这件事时说自己当时很震惊，受到了很大的刺激，俞某说，你不妨回来吧，回国做点自己想做的事情。

就这样，徐某和王某都站在了“新 × 方”的讲台上。1997 年，俞某的另一个同学包某也从加拿大赶回来加入了“新 × 方”。“新 × 方”就像一个磁场，凝聚起一个个年轻的梦想，这群在不同土地上为了求学，洗过盘子、贴过广告、做过推销、当过保姆的年轻人，终于找到一个突破口，年轻人身上积蓄的需要爆发的能量在“新 × 方”充分得到了释放。

就这样，从 1994 年到 2000 年，杜某、徐某、王某、胡某、包某等人陆续被俞某网罗到了“新 × 方”的门下。

2. 构建团队

作为教育行业，师资构成了“新 × 方”的核心竞争力，但是如何让这支高精尖的队伍，最大限度地发挥作用？俞某从学员需求出发，秉持着一种“比别人做得多一点，比别人做得好一点”的朴素的创新思维，合理架构自己的团队，寻找和抓住英语培训市场上别人不能提供或者忽略的服务，使“新 × 方”的业务体系得以不断完善。

比如，当时“新 × 方”就开辟了一块由一个加拿大人主持的出国咨询业务，学员可以就近咨询，获得包括一些基本申请步骤、各个国家对待留学生的区别、各个大学颁发奖学金的流程和决策有何不同、读研究生和读博士生的区别在什么地方等必要知识。

1995 年，俞某逐渐意识到，学生们对于英语培训的需求已经不只限于出国考试。比如，1995 年加入“新 × 方”的胡某就应这种需求，开发出了雅思英语考试培训，大受欢迎，胡某本人也因此被称为“胡雅思”。

徐某、王某、包某、钱某等人分别在出国咨询、基础英语、出版、网络等领域各尽所能，为“新 × 方”搭起了一条顺畅的产品链。徐某开设的“美国签证哲学”课，把出国留学过程中一个大家关心的重要程序问题，上升到一种人生哲学的高度，让学员在会心大笑中思路大开；王某开创的“美语思维”训练法，突破了一对一的口语训练模式；杜某的“电影视听培训法”已经成为国内外语教学培训极有影响力的教学方法……“新 × 方”的很多老师都根据自己教学中的经验和心得著书立说，并形成了自身独有的特色，让“新 × 方”成为一个有思想、有创造力的地方。

俞某的成功之处是为“新 × 方”组建了一支年轻而又充满激情和智慧的团队。俞某的温厚、王某的爽直、徐某的激情、杜某的洒脱、包某的稳重，5 个人的鲜明个性让“新 × 方”总是处在一种不甘平庸的氛围当中。

谈到团队的组建，《西游记》中由唐僧率领的取经团队被公认为是一支“黄金组合”的创业团队。4 个人的性格各不相同，却又同时有着不可替代的优势。比如说，唐僧慈悲为怀，使命感很好，有组织设计能力，注重行为规范和工作标准，所以他担任团队的主管，是团队的核心；孙悟空武功高强，是取经路上的先行者，能迅速理解、完成任务，是团队业务骨干和铁腕人物；猪八戒看似实力不强，又好吃懒做，但是他善于活跃工作气氛，使取经之旅不至于太沉闷；沙僧勤恳、踏实，平时默默无闻，关键时刻他能稳如泰山、稳定局面。

但是，创业路上，并没有那么巧的机缘和条件，能幸运地集聚到这样 4 个不同性格的人。所以，如果只能从这 4 个人中挑选出两个人来作为创业成员的话，你会挑选哪两位?

在一次活动中，牛根生客串主持人，向马某和俞某提出了这样一个问题。

俞某选沙僧和孙悟空，马某选择了沙僧和猪八戒。两人都选择了耿直忠厚的沙僧，但是关于另一个人选，两人的选择却很有意思。

马某这样解释他为什么选择猪八戒：“最适合做领袖的当然是唐僧，但创业是孤独寂寞的，要不断温暖自己，用左手温暖右手，还要一路幽默，给自己和团队打气，因此我很希望在创业过程中有猪八戒这样的伴侣。当然，猪八戒做领导是很欠缺的，但大部分的创业团队都需要猪八戒这样的人。”

俞某不赞同马某的选择，他认为猪八戒不适合当一个创业伙伴，猪八戒是很能搞活气氛，让周围的人轻松起来，但是缺点也很突出，就是不坚定，需要领袖带着才能往前走。而且猪八戒既然没信念，哪好就会去哪，哪有好吃的就往哪去，很容易在创业过程中发生偏移，企业有钱时会（大赚一笔后）离开，企业没钱时也很可能会弃企业而去。而孙悟空就不会这样，他是一个很理想的创业成员。

俞某列举了他的理由：他（孙悟空）的优点很明显：第一，有信念，知道取经就是使命，不管受到多少委屈都要坚持下去。第二，有忠诚，不管唐僧怎么折磨他都会帮助他一路走下去。第三，有头脑，在许多艰难中会不断想办法解决。第四，有眼光，能看到别人看不到的机会和磨难。

当然，孙悟空也有很多个人的小毛病，会闹情绪、撂担子，所以需要唐僧必要时念念紧箍咒。但是，在取经路上，孙悟空所起到的作用是至关重要的。如果将西天取经比喻成一次创业过程，孙悟空就是其中不可或缺的创业成员。

"新 × 方"的创业团队就有些类似于唐僧取经的团队。徐某曾是俞某在北大时的老师，王某、包某同是俞某北京大学西语系 80 级的同班同学，王某是班长，包某是大学时代睡在俞某上铺的兄弟。这些人个个都是能人、牛人。所以，"新 × 方"最初的创业成员，个个都是"孙悟空"，每个人都很有才华，而个性却都很独立。俞某曾坦承：论学问，王某出自书香门第，家里藏书超过 5 万册；论思想，包某擅长冷笑话；论特长，徐某梦想用他沙哑的嗓音做校园民谣……他们都比我厉害。

俞某敢于选择这帮牛人作为创业伙伴，并且真的在一起做成了大事，成就了一个"新 × 方"传奇，从这一点来说，他是一个成功的创业团队领导者。他知道"新 × 方"大多人是性情中人，从来不掩饰自己的情绪，也不愿迎合他人的想法，打交道都是直来直去，有话直说。因此，"新 × 方"形成了一种批判和宽容相结合的文化氛围，批判使"新 × 方"人敢于互相指责，纠正错误；宽容使"新 × 方"人在批判之后能够互相谅解，互相合作。这就是"新 × 方"人的特点：大家互相之间不记仇，不记恨，只计较到底谁对谁错、谁公正。

这种源自"北大精神"的自由文化，是俞某敢用"孙悟空"，而且是多个"孙悟空"的前提条件，这是"新 × 方"成功的关键因素之一。而另一个关键因素就是俞某本人所具备的包容性，帮助他带领着一帮比他厉害的"牛人"，不仅将"新 × 方"从小做大，还完成了让局外人都为之捏了一把汗的股权改制。最令人意料不到的是，俞某居然还将"新 × 方"带到了美国的资本市场，成为中国第一个在海外成功上市的民营教育机构。这一份成绩虽然还不能定义为最终的胜利，但是仍然有着非同寻常的意义，它告诉了人们，对于中国教育来说，一切价值正有待重估。

2021 年 11 月，俞某透露了直播带货计划，他将和几百位“新 × 方”老师通过直播带货帮助农产品销售。虽然这一计划在一开始就备受质疑，但负责承接这项计划的“新 × 方”在线已经开始了准备工作，并成立了“× 方甄选”。“× 方甄选”一开始就是结合知识学习进行直播。

“× 方甄选”是新东方推出的直播带货新平台，该平台属于东方甄选控股有限公司，该公司定位是做一个专注于为客户甄选优质产品的直播平台；一家以持续提供“× 方甄选”自营农产品为内核产品的优秀产品和科技公司；以及一家为客户提供愉快体验的文化传播公司。

2021 年 12 月 28 日，上线直播带货平台“× 方甄选”，12 月 28 日 8 点，俞某在抖音举行首场农产品直播带货。2022 年 12 月 28 日，“× 方甄选”账号从 1 个增加到 6 个，粉丝总量突破 3600 万，已推出 52 款自营产品，总销量达 1825 万单。2023 年 3 月，“新 × 方”在线正式官宣：改名“× 方甄选”。2023 年 12 月 4 日，“× 方甄选”官宣，并在 12 月 10 日首次在 App 上线文旅产品。

（二）案例思考

1. 结合案例，谈谈该创业团队的优势是什么。

2. 结合案例，谈谈创业团队应该包括哪些成员。

3. 结合案例，谈谈组建创业团队应该注意什么。

4. 结合案例，谈谈创业团队的演变过程是怎样的。

5. 结合案例，谈谈应该从哪些方面衡量创业团队的创业精神。

二、拓展案例 2　小宋的困惑

（一）案例描述

小宋毕业于某名牌大学机电工程系，是液压机械专业方面的工学硕士，毕业后，小宋就到北京某研究院工作，期间因业绩突出被破格聘为高工。

在我国科研体制改革大潮的冲击下，小宋和另外几个志同道合者创办了一家公司，主要生产液压配件，公司的资金主要来自几个股东，包括小宋本人、他在研究院时的副手老黄，以及原来的下属小秦和小刘。他们几个都在新公司任职，老黄在研究院的职务还没辞退掉，小宋、小秦、小刘等人则彻底割断了与研究院的联系。新公司还有其他几个股东，但都不在公司任职。

这几人在公司的职务安排是，小宋任总经理，负责公司的全面工作；小秦负责市场销售；小刘负责技术开发；老黄负责配件采购、生产调度等。近年来，公司业务增长良好，但也存在许多问题，这使小宋感到了沉重压力。

第一，市场竞争激烈，在公司的主要市场上，小宋感受到了强烈的挑战。

第二，老黄由于要等研究院分房子而未辞掉在原研究院的工作，尽管他分管的一摊子事抓得挺紧，但小宋仍认为他精力投入不够。

第三，有两个外部股东向小宋提建议，希望公司能帮助国外企业做一些国内市场代理和售后服务工作。这方面的回报不低，这使小宋等公司核心成员颇为心动，但现在仍举棋不定。

第四，由于公司近两年发展迅速，股东们的收入有了较大幅度的增加，当初创业时的那种拼搏精神正在消退。例如，小宋要求大家每天必须工作满 12 小时，有人开始表现出明显的抵触情绪，勉强应付或者根本不听。

公司的业绩在增长，规模在不断扩大，小宋感到的压力也越来越大。他不仅感到应付工作很累，而且对目前公司状况也有点不知所措，不知道该解决什么问题，该从何处下手，公司的某些核心成员也有类似的感觉。

（二）案例思考

1. 你认为小宋创建的团队有何优势?

2. 在小宋创业的过程中，团队是成功的重要保证，但也遇到了很多问题，你认为问题主要出在什么地方?

第七章 创业风险的评估

第一节 经典教学案例

一、教学案例1 史某的两次创业

（一）案例描述

1. 史某与“巨×集团”

史某，1989年研究生毕业后“下海”，在深圳研究开发M-6401桌面中文电脑软件，获得成功。1992年，史某率100多名员工，落户珠海。

“巨×”一下子发展了起来，资产规模很快接近2亿。史某开始不满于只做“巨×”汉卡，他开始做“巨×”电脑，“巨×”电脑挣钱，但管理不行，坏账一两千万。“巨×”电脑还没做扎实，史某又看上了财务软件、酒店管理系统。史某去美国考察，问投资银行未来哪些行业发展速度最快？投资银行说是IT和生物工程。史某回国立即上马了生物工程项目。其他涉足的行业还有服装和化妆品。摊子一下铺到了六七个事业部。

1993年，“巨×”仅中文手写电脑和软件的销售额即达到3.6亿元。位居四通之后，成为中国第二大民营高科技企业。史某成为珠海第二批重奖的知识分子。

当时中国人才外流现象比较严重，为了吸引外流人才回国效力，时任珠海市委书记、市长的梁广大选中了史某作为“中国大学生留在本土创业”的典型。作为支持，珠海市政府曾经批给“巨 ×”一块地，“巨 ×”准备盖18层的办公楼。在大厦图纸都设计好之后，梁广大找史某谈了谈，希望史某为珠海争光，将“巨 × 大厦”建为中国第一高楼。“巨 ×”只有建成了中国第一高楼，史某才配做全国典型。为了支持“巨 ×”建中国第一高楼，市政府批给了“巨 ×”3万多平方米土地。125元/平方米的价格等于白送。

1993年，中国经济过热发展，只要有房子就能卖掉，甚至连“楼花”都能卖掉盖72层的“巨 × 大厦”需要12亿，此时，史某手中只有1亿元。史某将赌注压在了卖楼花上。1993年，珠海西区别墅在香港卖出十多亿“楼花”。可等到1994年史某卖楼花的时候，中国宏观调控已经开始，对卖“楼花”开始限制，必须投资到一个数额才能拿到预售许可证，后来越来越规范，限制越来越多。史某使出浑身的宣传本事，也只卖掉了1亿多“楼花”。盖高楼，地下部分最花钱。地下20米之后都是岩层。“巨 × 大厦”一共打了68根桩，最短的桩打了68米，最长的桩打了82米，仅打桩就花了史某1亿多元。1995年，“巨 ×”推出12种保健品，投放广告1个亿。史某被《福布斯》列为大陆富豪第8位。“脑黄金”取代“巨 × 汉卡”成为“巨 ×”新的摇钱树。1995年，仍然认为形势一片大好的史某往“巨 × 大厦”地下三层又砸了一亿多元。

1996年“巨 × 大厦”资金告急，史某贷不到款，决定将保健品方面的全部资金调往“巨 × 大厦”。此时，“脑黄金”每年已经能为“巨 ×”贡献1个多亿利润。“我可以用“脑黄金”的利润先将“巨 × 大厦”盖到20层。先装修20层。卖掉这20层，再盖上面的。”没成想，保健品业务因资金“抽血”过量，再加上管理不善，迅速盛极而衰。“脑黄金”卖不动了。

1997年初“巨 × 大厦”未按期完工，国内购楼花者天天上门要求退款。媒体“地毯式”报道“巨 ×”财务危机。得知“巨 ×”现金流断了之后，“‘巨 ×’3个多亿的应收款收不回，全部烂在了外面。”不久，只建至地面三层的“巨 × 大厦”停工。“巨 × 集团”名存实亡。史某成为“全国最穷的人”。

2. 史某与征途网络

由于“巨 ×”的倒下，一文不名的史某个人向朋友借了 50 万元，带领着十几名忠实的追随者转战江浙、东北，开始再度创业的历程。

史某试探性地先花了 10 万元广告费在江阴打市场，很快产生了热烈的市场效应，影响到了无锡。于是，他们用赚到的钱接着在无锡打市场，然后无锡也有了很好的市场反应。史某开始重新树立起信心。接着他们的市场开到了南京，带动整个江苏，同时在吉林启动，很快，常熟、宁波、杭州都做开了市场。

就这样，在 1999 年 3 月，史某终于在上海注册成立了一家新的公司——上海某生物制品有限责任公司。当年，新公司的主营产品“脑 × 金”销售额就达 2.3 亿元。

对于史某和他的团队来说，“巨 × 危机”或许是他们最大的财富，因为史某从中得到的教训和对于自身的深刻认知，让他们在以后的创业中受益无穷。

2004 年 11 月，上海征途 × 科技有限公司正式成立。三四年前史某就曾想过投资做网游。在进入网游之前，史某曾经找来专家咨询，也曾专门拜会一些行业的主管领导。结论是，至少在 8 年或者更长的时间里，网络游戏的增长速度会保持在 30% 以上。而在史某看来，国人对娱乐的需要日益增长，中国游戏玩家的比例相对也较低，增长潜力巨大。因此，史某断言：现在的网游市场肯定是一个朝阳产业。

史某始终认为，网络游戏的成功靠的就是两个：钱和人。史某不缺钱，多年保健品业务积累和投资收益给史某带来了巨大的资金积累。在几年前，史某就曾经对网络游戏动心过，但是那时他没有游戏团队，新浪的汪延曾经告诉他，新浪之所以没做成网游也是因为缺人。

2004 年，放弃大型网络游戏研发的上海盛大的一个团队准备离开盛大并希望找一个合适的投资伙伴，并在同一个台湾的投资方接触。史某听说此事之后，立刻找到这个团队见面，会谈之后，史某投资 T 的热情再度被点燃，并决定投资。

在正式确定后史某自问：如果失败，其原因有可能来自什么方面？一是产品，二是人员流失等等。在一问一答当中，史某罗列出来了十几个项目要点，也一一找到解决的方法。

初做网游的史某，无法全面同对手竞争，因此制定了一个“聚焦聚焦再聚焦”的策略。征途网络只做一款产品，只选择MMORPG类中的2D领域，史某声称要做“2D游戏的关门之作”。从现在的结果来看，史某的聚焦策略取得了一定程度上的成功，《征途》的在线人数已经领先于直接竞争对手。

为了网络游戏的项目，史某预先估计到最高可能会亏损2个亿，因此就在账上准备了2亿元人民币。但是，前期4000万人民币投下去之后，很快《征途》就已经进入良性发展，在公测阶段便已经开始盈利。由此，史某也就正式进入改变网游格局的征途。

有游戏同行直截了当说史某，太另类、不按常理发牌，但同时也认为将公司广告做到央视，将“脑 × 金”的地面推广经验运用到网游渠道，也确实有创意。史某自称曾到农村去、到商店去，和买脑白金、买其他保健品的消费者聊天，了解他们的习惯、喜好。要想了解网游玩家的心理，史某则省去了不少的麻烦，一方面，他本人就是玩家；另一方面，他也可以非常方便地同玩家在网上交流。史某玩网络游戏时，面对枯燥的打怪升级，非常不满，开发团队采纳了史某的意见，增加了升级的方式。

虽然被盛大多次抢先，但是《征途》全面免费以及给玩家发工资的策略也在市场上取得了不错的成效。现在，《征途》的所有用户当中，83%的用户都是免费的，真正收费的用户只有17%。史某认为，免费用户很重要，可以为自己带来人气；而收费用户在代练以及装备交易方面的市场潜力远大于普通的点卡计时收费市场。

史某自称对市场调查有着更深的理解，史某自称曾经直接进到网吧里和玩家聊天。调查之后，史某发现，网游和保健品一样，真正的最大市场是在下面，不是在上面。中国市场是金字塔形的，塔尖部分是北京、上海、广州这些城市，中间是南京、武汉、无锡等较大城市，真正最大的网游市场就在农村，农村玩网游的人数比县城以上加起来要多得多。

外界普遍认为史某保健品成功的关键是广告，而在史某自称最关键的一环其实是地面推广。现在，史某将在保健品当中的营销经验应用到了网络游戏当中。据征途网络副总经理汤某介绍、目前征途网络的地面办事处已经近百家，计划发展到上千家。

（二）案例教学指南

1. 案例价值

（1）本案例主要适用于有关“创新创业基础”“创业管理”等课程的案例教学。

（2）本案例较为详细地描述了史某的两次创业的经历，旨在告诉学生创业充满了不确定性，可能存在各种各样的风险，作为创业者应该具备较强的风险意识，时刻做到居安思危，未雨绸缪。

2. 讨论分享

（1）根据案例提供的材料，你认为“巨 × 集团”在创业过程中面临着哪些风险？

（2）根据案例提供的材料，你认为《征途》在创业过程中面临着哪些风险？

（3）风险是否一定意味着失败、亏损、危机？应付风险的策略正确与否的重要性体现在哪里？

（4）如何评估与应对创业风险？

（5）大学生应如何培养自己的风险意识？

3. 理论要点

（1）中文“风险”一词，相传起源于远古的渔民。渔民出海前都要祈求神灵保佑自己出海时能够风平浪静、满载而归。现代意义上的“风险”一词，已经大大超越了“遇到危险”的狭窄含义。无论如何定义风险一词的由来，但其基本的核心含义是“未来结果的不确定性或损失”。如果采取适当的措施使破坏或损失的概率不会出现，或者说通过智慧的认知、理性的判断，继而采取及时而有效的防范措施，那么风险可能带来机会，由此进一步延伸的意义，不仅仅是规避了风险，可能还会带来比例不等的收益，有时风险越大，回报越高、机会越大。因此，如何判断风险、选择风险、规避风险，继而运用风险，在风险中寻求机会、创造收益，意义更加深远而重大。

创业风险是指企业在创业过程中存在的各种风险。由于创业环境的不确定性，创业机会与创业企业的复杂性，创业者、创业团队与创业投资者的能力和实力的有限性而导致创业活动结果的不确定性，就是创业风险。

（2）创业风险种类繁多，贯穿并交织于整个创业过程，但是这些风险具有一些共同的特征：

第一，客观性。创业本身就是一个识别风险和应付风险的过程，风险的出现是不以人的意志为转移的，所以创业风险的存在是客观的。

第二，不确定性。由于创业所依赖和影响的因素具有不确定性，这些因素是不断变化、不断发展的，甚至是难以预料的，因此造成了创业风险的不确定性。

第三，双重性。创业有着成功或失败两种可能性，创业风险具有盈利或亏损双重性。

第四，可变性。随着影响创业因素的变化，创业风险的大小、性质和程度也会发生变化。

第五，可识别性。根据创业风险的特征和性质，创业风险是可以被识别和划分的。

第六，相关性。创业风险与创业者的行为紧密相连。同一风险，采取不同的对策，将会出现不同的结果。

4. 教学建议

本案例可以作为专门的教学案例，下面的教学进度设计仅供参考：

（1）整个案例课的课堂时间控制在 90 分钟左右。

（2）课前提出启发思考题，请学员在课前完成阅读和初步思考。

（3）课堂上，教师先做简要的案例引导，明确案例主题（5 分钟）。

（4）小组研讨。

①小组讨论并在组内分享（15 分钟）；

②接着小组派代表发言（每组 5 分钟，控制在 50 分钟内）；

③引导全班联系实际进一步讨论，并进行归纳总结（20 分钟）；

④如有必要，可让学生比较分析并形成书面分析报告，并制作 PPT，进行分组汇报，训练学生的演讲表达能力，教授学生当众发言的技巧。

二、教学案例 2　亿唐网：一个定位混乱的范本

（一）案例描述

“亿唐网”是由获得哈佛商学院 MBA 的唐海松创建，其“梦幻团队”由 5 个哈佛 MBA 和 2 个芝加哥大学 MBA 组成，凭借其宏伟的创业计划，获得德丰杰（DFJ）和 Sevin Rosen Funds 两家美国风险投资公司共计 5000 万美元的融资。直至今日，这仍然是中国互联网领域数额最大的私募融资案例之一。亿唐宣称自己不仅仅是互联网公司，还是一个“生活时尚集团”，致力通过网络、零售和无线服务，创造世界级品牌生活时尚产品，提升新一代中国人的生活水平。此时中国互联网炙手可热，无论是新浪、搜狐等老门户盈利激增，还是盛大、携程、百度等新兴网站横空出世。不可思议的是，坐拥亿万风投，哈佛 MBA 团队、“明黄一代”等诸多概念光环的亿唐，却在过去十多年里成为“没落贵族”并最终被市场无情地淘汰出局。这个“梦幻团队”出了什么问题？他们创业失败的案例可以给后来者哪些启示？在中国面临从工业时代向创意经济大转型的当下，总结亿唐成与败的教训，无论是对于创业者还是投资者都有非常有益的借鉴意义。

1. 公司背景

唐海松，一个农民的儿子，靠着自己的勤奋和聪明，考入复旦大学物理系，后奔向美国，进入世界一流的“企业诊所”麦肯锡投资咨询公司，投身哈佛商学院深造，担任国际顶级公司 Zegna 总裁助理，1999 年回国创设亿唐。很快，唐海松成功组建了一个由 5 个哈佛 MBA 和 2 个芝加哥大学 MBA 组成的“梦幻团队”，而在员工中，有一半来自复旦、清华、北大、交大、科大等名牌院校，且有在哈佛、芝加哥、匹兹堡、麻省、普林斯顿、杨百翰等世界名校深造以及在麦肯锡、普华永道、博雅等

全国著名公司的工作经历。

2. 公司战略

亿唐的英文名字是“etang”，“e”指的是电子网络，“tang”则让人联想起兴盛的唐文化。“如果公司要在《华尔街日报》打广告，那就应该是‘etang’，中国文化的又一次复兴！”同时，将网站取名为亿唐，昭示“一亿个中国人在网上”，唐海松决定用自己的双手再造一个中华盛世！

如何再造一个中华盛世呢？亿唐的方法是通过创造自己的价值观，借助价值观的巨大力量创造知名品牌。认可了亿唐的价值观，也就认可了亿唐的品牌。亿唐的价值观是什么呢？唐海松说：“我们的宗旨在于把积极的生活态度、优雅的生活方式和紧密的社区精神带给新一代的中国人。”当有一天亿唐成为积极态度、优雅生活的代名词的时候，亿唐就深深烙在亿万新一代中国人的心灵最深处了。这是亿唐的梦想，也是亿唐的品牌战略。

新一代中国人的特征是什么呢？亿唐是这样描述的：18 到 35 岁之间，受过良好的教育，向往现代生活方式，务实、高效、富裕。唐海松称之为中国的“明黄一代”，明黄色也就成了亿唐的标志。唐海松试图通过视觉冲击力极强的黄色把自己的品牌传播出去：“看到红色，人们会想到可口可乐；看到山德士上校，人们会想起肯德基。我希望几年之后，只要看到黄色，大家就会想起我——亿唐。”

3. 网络之梦

“通常一个世界级品牌的建立至少需要十年的时间和数以亿计的美元，亿唐难道有这样的实力吗？”面对诸如此类的疑问，唐海松总是显得格外轻松：“这就是因特网时代的不同了。通过 Internet，一个品牌的建立将会容易得多。”唐海松的自信是有道理的，毕竟因特网把世界变成了一个地球村，因特网时代之前，商业模式是先有产品，再有品牌，而因特网时代则可以先有品牌，然后再是产品的销售。“通过亿唐网站树立品牌，当亿唐深入人心的时候，公司就会进入时尚类消费产品的开发和市场开拓，这些相关产品会随着亿唐品牌的声名远扬而增值。”这就是唐海松和他的亿唐的网络之梦。有一篇文章曾这样形容唐海松的亿唐之梦：当“亿唐队”的球迷们从睡梦中醒来，拧开亿唐牌的牙膏，用亿唐牌的牙刷刷完牙，倒上一杯亿唐牌的牛奶，走上亿唐网站，先看今天的亿唐新闻，再到亿唐本地的指南中为晚上的聚会订好亿唐晚餐，然后穿上亿唐牌的牛仔服，蹬上亿唐牌的自行车匆匆上路，那是怎样一幅让唐海松狂喜的图画！

唐海松网络之梦很快就得到了命运之神的青睐，国际资方认为唐海松的商业计划是有创见的，亿唐的明黄一代是他们认为绝好的思路，同时，亿唐的创业团队优势明显。于是，亿唐轻松得到了450万美元的一期投资，网站运行后，又得到了4300万美元的二期投资。

4. 定位混乱

得到巨额资金注入后，亿唐网一夜之间横空出世，迅速在各大高校攻城略地，在北京、广州、深圳三地建立分公司，并广招员工，在各地进行规模浩大的宣传造势活动。

有着几千万美元做后盾，亿唐人开始烧钱：在豪华的湖畔别墅举办活动，在宽敞气派的健身房休闲，投入巨资大肆宣传。而在核心业务网站建设上贪多求全，毫无特色，一时找不到拿得出手的业务，以致外界评论："中国门户网站浮躁，再浮躁不过亿唐；中国内容网站空洞，再空洞不过亿唐。"2000年底，互联网的寒冬不期而至，亿唐网资金耗损过半，而盈利却无从谈起。

2001年6月，亿唐网三家分公司各自解散，员工大幅减裁，员工数量从120人跌至30人。同时，亿唐网也放弃了象征着向上的"明黄一代"黄灿灿的背景色调，而改为绿色，这一举动被视为亿唐自身定位的全面动摇。

为了尽快盈利，唐海松把宝押在了线下，放到了实体。从2001年到2003年，亿唐不断通过与专业公司合作，推出了手机、背包、安全套、内衣等生活用品，并在线上线下同时发售，并尝试手机无线服务，可惜大势已去。2005年9月，亿唐决定全面推翻以前的发展模式，将其绝大部分页面和流量转向新网站hompy.cn，风光一时的亿唐网站转型成为一家新的web2.0网站。2006年，亿唐将其最优质的SP资产C牌照资源贱卖给奇虎公司换得100万美元，试图在hompy.cn上最后一搏。

2008 年，hompy.cn 被迫关闭，亿唐只剩空壳，昔日“梦幻团队”纷纷选择出走。2009 年 5 月，etang.com 域名被人以 3.5 万美元拍走。

（二）案例教学指南

1. 案例价值

（1）本案例主要用于“创业学”“管理学”等课程。

（2）本案例是一篇描述定位混乱的互联网贵族亿唐网创业失败的教学案例，其教学目的在于使学生对品牌创建、企业运作、团队管理、风险投资等问题具有感性的认识和深入的思考，从产品与目标群体契合度、海外商业模式与本土商业模式的异同性等角度分析问题，并提出解决方案。

2. 讨论分享

（1）你如何看待亿唐网的创业失败？

（2）你如何看待亿唐网的目标群体定位？

（3）请分析亿唐网商业模式的主要症结在哪儿。

（4）如果你是唐海松，面对巨额风投，你将如何运作？

（5）数字经济时代，创业者应如何规避失败的风险？

3. 理论要点

（1）目标客户群体定位理论

市场细分是市场经济发展的必然，通吃产业链的产品已经成为过去时，针对部分消费者（目标客户群体）的细分需求制定产品定位方可打造企业的核心竞争力。

在初步确定目标客户群时，必须关注企业的战略目标，一方面，寻找企业品牌需要特别针对的具有共同需求和偏好的消费群体；另一方面，寻找能帮助公司获得期望达到的销售收入和利益的群体。

目标客户群体定位是指企业针对潜在顾客的心理进行营销设计，创立产品、品牌或企业在目标顾客心目中的某种形象或者某种个性特征，保留深刻的印象和独特的位置，从而取得竞争优势。

（2）盈利模式理论

它是企业在市场竞争中逐步形成的企业特有的赖以盈利的商务结构及其相对应的业务结构，是企业的一种获利方式。

盈利模式可能决定企业的生死，迄今为止还没有找到一个明确的盈利模式的企业是没有任何前途可言的。无论企业的规模有多大，只要找不到正确适合的盈利模式，就注定是过眼云烟、昙花一现。成功的盈利模式是脚踏实地的。

4. 教学建议

本案例可以作为专门的教学案例，下面的教学进度设计仅供参考：

（1）整个案例课的课堂时间控制在 90 分钟左右。

（2）课前提出启发思考题，请学员在课前完成阅读和初步思考。

（3）课堂上，教师先做简要的案例引导，明确案例主题（5 分钟）。

（4）小组研讨。

①小组讨论并在组内分享（15 分钟）；

②接着小组派代表发言（每组 5 分钟，控制在 50 分钟内）；

③引导全班联系实际进一步讨论，并进行归纳总结（20 分钟）；

④如有必要，可让学生比较分析并形成书面分析报告，并制作汇报 PPT，进行分组汇报，训练学生的演讲表达能力，教授学生当众发言的技巧。

第二节　课堂精读案例

一、精读案例 1 “视美乐”的悲惨命运

（一）案例描述

“视美乐”被媒体誉为中国第一家大学生高科技公司，核心技术产品叫作“多媒

体投影机”，是由清华大学材料系学生邱虹云发明的一种集光学、机械、电子技术于一体的视听设备，在技术设计上有巨大突破，大大降低了成本。当时的清华大学自动化专业学生王科发现了这个令他振奋不已的发明，并找来了清华经济管理学院的在校MBA学生徐中，三人相约一起创业。该设备曾获首届全国大学生科技创业大赛一等奖，并以此得到了上海第一百货公司250万元的风险投资，然而第二年视美乐公司并没有得到上海一百曾经许诺过的高达5000余万元的二期投资，最终公司将其技术以3000万元的价格卖给了青岛澳柯玛集团。可以说，成立初期的“视美乐”公司曾有过许多傲人的光环——“中国第一个大学生创业公司”“中国第一个本土风险投资的成功案例”“成功销售全世界第一款可直接接收电视信号的多媒体投影机”，但随着产品走入市场，公司面临资金短缺问题而不得不寻求风险投资，最终在市场经济的资本运作下，被青岛澳柯玛集团控股，而三位视美乐创始人相继退出公司管理层。这让我们不禁思考：创业者在发展企业的过程之中，如何寻求合适的风险投资？又如何在市场经济的资本运作下，保证创业者自身的权益？

1. 公司背景

邱虹云、王科、徐中都是清华大学的学生。其中邱虹云是材料系的学生，曾在清华大学“挑战杯”课外科技发明比赛中获一次特等奖、两次一等奖，被誉为“清华爱迪生”，是一个极其难得的发明家。王科是自动化系的学生，从大三起就先后在麦肯锡管理公司、法国巴黎国民银行等20多家公司实习或工作过，其间他有不少机会可以出国或进入外企工作，但自己创业的念头一直萦绕在他心头。徐中是工商管理MBA的学生，到清华读书前他已工作了6年，在长城特钢公司先搞机械设计，后任团委书记，因此年纪轻轻就有机会参与大公司领导层会议，在学生公司里他绝对是见多识广、企业经验丰富，而且他做事风格踏实、稳健。当王科的热情和闯劲、邱虹云的钻研和创造力、徐忠的成熟和管理经验结合到了一起，就诞生了一个著名的创业公司——视美乐公司。

1999年初，邱虹云在自己的宿舍里发明了多媒体超大屏幕投影电视（澳视单片投影机的雏形）。1999年4月底，在清华第十七界“挑战杯”发明赛上，当时的王科发现了这个令他振奋不已的发明。邱虹云在很简陋的条件下演示着，并向王科介绍，这是他潜心研制的一种集光学、机械、电子技术于一体的视听设备，因为在技术设计上有突破，大大降低了成本。

王科说服了邱虹云，并找来了清华经济管理学院的在校 MBA 学生徐中，三人相约一起创业。当时他们组织了一些人进行了周密而细致的市场调查，发现这个外观简单的产品是集光、机、电于一体化的一个高技术壁垒的发明，将会在市场上引起一场革命。1999 年 5 月，王科用自己打工挣来的钱，以及向家人、朋友东挪西借来的钱凑够 50 万元，在徐中的护送下来到工商局，注册了名为“视美乐”的公司，并在一间从清华经管学院借来的小房间里开始了不寻常的创业过程。

视美乐成为中国第一家由在校大学生创办的高科技公司，邱虹云任公司总工程师，王科任总裁，徐中任总经理。

2. 一期融资

日渐成熟的技术广泛吸引了社会各界的注意，也吸引了企业家的关注。1999 年 7 月，在清华兴业投资管理有限公司总经理潘福祥的帮助下，他们终于成功地得到了上海第一百货的风险投资。

视美乐公司与上海第一百货商店股份有限公司签订了两期共 5250 万的风险投资协议，第一期投入 250 万元用于产品中试，上海一百占公司 20% 的股份。该事件是我国第一例本土化的风险投资案例、第一例上市公司参与的风险投资。

第一百货向视美乐公司投入的 5250 万元资金，主要用于视美乐公司的核心科研成果——多媒体超大屏幕投影电视的产品开发、生产和市场推广。该项目由清华兴业投资管理有限公司担任投资与财务顾问，该公司借此次成功运作，已成为我国第一个担任风险投资中介服务的专业机构。

另外，为了加强与清华大学在科技开发和管理咨询方面的合作，第一百货同时正式宣布加入清华大学与企业合作委员会，并计划启动“面向二十一世纪的绿色家园”等课题的研究，努力挖掘具有市场前景的高科技成果，创造新的经济增长点。

3. 二期融资

视美乐公司入驻清华大学的高新技术企业孵化器——清华科技园后，得到公司管理和创业环境等多方面的扶持，在获得上海一百的风险资金后，视美乐公司集中优势资源全力投入了产品中试，经过8个月的紧张攻关，克服了一个个技术难题，终于顺利完成了产品的中试，并于2000年3月取得了生产许可证。视美乐投影电视将进入大规模生产阶段，需要引入更大规模的运作资金。在进行二期融资时，由于投影电视的大规模产业化生产的特点，为尽快将这一有革命意义的产品推向市场，并考虑到视美乐公司的长远发展，视美乐公司和第一期投资方上海一百决定引入对视美乐长期发展能够提供更多专业支持的新的合作伙伴，现有大型家电企业无疑是最佳选择。

在获知视美乐要寻找大型家电企业作为合作伙伴的信息后，一直对视美乐项目有着浓厚兴趣的澳柯玛集团立即跟进，并迅速与视美乐公司达成了合作协议，双方认为，成立一个新合资公司的方式更适合视美乐项目的运作。

2000年4月25日，北京视美乐科技发展公司与澳柯玛集团总公司在清华科技园联合举行了新闻发布会，宣布合资成立澳柯玛—视美乐信息技术有限公司。根据协议，澳柯玛集团以3000万元的价格购买视美乐多媒体超大屏幕投影电视的全部知识产权，并且由澳柯玛集团和视美乐公司各出资1500万元，共同组建注册资金3000万元的澳柯玛—视美乐信息技术有限公司，从事该产品的生产和市场推广。

4. 黯然退场

如今，青岛澳柯玛集团控股澳视公司70%的股份，三位视美乐创始人只作为小股东存在，并相继退出了公司管理层。对于过去的创业经历以及后来的退出，这些曾经的创业大学生都不愿意再谈，而随着澳柯玛侵占上市公司资金案发的伤筋动骨，视美乐也从此一蹶不振。

清华兴业投资管理有限公司总经理潘福祥认为，学生办公司有他们的优势，比如有闯劲，不怕吃苦，能够不计时间、报酬拼命地干。但是，他们也有缺点，那就是不懂商业运作，没有这方面的经验。竞争对手不会因为你是学生就心慈手软，消费者也不会因为你是学生就买你的产品，我们虽然认为他们的产品有前途，但并不认为一定会成功，因此，经常告诫他们要“如临深渊，如履薄冰”。他说：“我认为学生创业是一种方向，即使‘视美乐’失败了，这条路还是要走下去的。”

“视美乐的核心问题是资金短缺。”如今在清华大学任教的徐中掩饰不住脸上的伤感，“经验不足也是其中问题之一。尽管当初大学生创业者已经考虑过会遇到的困难，但并不是有预料就意味着能够克服，公司运作是一件很复杂的事情。”

（二）案例导读

1. 分析要点

（1）风险投资的定义

风险投资是指由投资者将风险资本投向新兴的、迅速成长的、有巨大竞争潜力的未上市公司（主要是高科技公司），在承担很大风险的基础上为融资人提供长期股权资本和增值服务，培育企业快速成长，数年后通过上市、并购或其他股权转让方式撤出投资并取得高额投资回报的一种投资方式。

（2）风险投资的特点

风险投资是一种权益资本，而不是借贷资本。对于创业者来说，风险投资是一种昂贵的资金来源，但是它也许是唯一可行的资金来源。

风险投资是一种长期的（平均投资期 5—7 年）、流动性差的权益资本。一般情况下，风险投资家不会将风险资本一次全部投入风险企业，而是随着企业的成长不断地分期、分批地注入资金。

风险投资家既是投资者又是经营者。风险投资家在向风险企业投资后，便加入企业的经营管理。也就是说，风险投资家为风险企业提供的不仅仅是资金，更重要的是专业特长和管理经验。

风险投资最终将退出风险企业。风险投资虽然投入的是权益资本，但他们的目的不是获得企业所有权，而是盈利，是得到丰厚利润和显赫功绩，然后从风险企业退出。

（3）创业者吸引风险投资的原则

创业企业必须有独特的技术。这种技术是竞争对手难以模仿的，而且能够通过知识产权制度得以保护。只有这样，企业才能通过技术壁垒将竞争对手阻隔在市场之外，获取长期的高额利润。

必须有足够大的市场，这样才能保证被投资企业的高成长性与增长的潜力，减少风险投资人的顾虑。

必须有一个具有互补性技能的团队。新产品的开发充满不确定性，企业仅仅有创意与专利是不够的，必须生产出满足市场需求的产品。因此，团队成员应该具备财务管理、技术研发、设计生产及产品营销等技能，还要具有百折不挠的创业精神。

2. 思考题

（1）分析“视美乐”为何能够吸引风险投资？

（2）“视美乐”引进风险投资是“利大于弊”还是“弊大于利”？

（3）如果你是“视美乐”公司的创始人，你会怎样进行资本运作？

（4）有人认为“企业要长大，创业者要离开”，由视美乐到澳视有何启示？

（5）“视美乐”面临的主要创业风险是什么？

二、精读案例 2　铱星计划的失败

（一）案例描述

1. 引言

铱星计划是世界科技史上最了不起、最可惜、最失败的项目之一。为了获取世界移动通信市场的控制权，让用户从世界上任何地方都可以打电话，在美国政府的帮助下，以摩托罗拉为首的一些公司提出了新一代卫星移动通信系统的美妙构想。它的目标是建立一个把地球包围起来的“卫星圈”，实现通信网络覆盖全球（包括南极、北极和各大海域），它的最大特点是通过卫星与卫星之间的信息传输来实现全球通信，相当于把地面蜂窝移动系统搬到了天上，让人类通信直接跨越基站模式而进入到卫星时代。这是真正的科技精品，该计划一出炉，就因其无与伦比的技术优势吸引了全世界的眼球，赢得了巨额风险投资，并在科索沃战争、台湾大地震中发挥了重大作用，可以说，铱星系统在诞生之后，对人类发展和社会进步功不可没。但正如艾媒咨询CEO张毅所言：“科技理想过于超前，市场没有同步开发出来，这是铱星计划碰到的问题。在这个角度上讲，是摩托罗拉在不合适的时机干了不合适的事情。”这一项目是在1991年正式启动的，到1999年4月，只有1万个用户，铱星系统并未因为其高科技而受到足够多的用户青睐，铱星计划迅速破产。铱星成了美丽的流星，摩托罗拉试图改变世界的梦想只是一个美丽的幻想。作为一个高科技项目，铱星计划的失败，引起人们更深层的思考，高科技创业项目如何才能把技术优势转化为市场优势？在创新创业浪潮下，创新如何有效融入创业中？对于许多科技创业项目和公司，铱星计划失败的案例或许可以让他们可从中悟出些许道理。

2. 公司背景

铱星计划是一个让无数摩托罗拉人兴奋不已的奇思妙想。革命性的想法由何而来呢？对于摩托罗拉的工程师巴里来说，它来自妻子在加勒比海度假时的抱怨，说她无法用手机和她的客户沟通。此后，巴里和摩托罗拉的另两名工程师共同构想了一种铱星解决方案。铱星系统是由77颗近地卫星组成的星群，他们如同化学元素铱原子核外的77个电子围绕其运转一样，因此被称为“铱星”，这项计划被称为“铱星计划”，尽管后来卫星总数减少到66颗，但这66颗卫星分布在6条轨道上，可以覆盖全球，用户用手持话机可直接接通卫星进行通信。1991年，摩托罗拉投资4亿美元建立了铱星公司，铱星计划正式启动。1998年5月，布星任务完成，我国的“长征2号丙改进型”火箭和美国、俄罗斯的火箭分别承担了铱星的发射任务。1998年11月1日，铱星全球通信业务正式开通，为此，摩托罗拉公司耗资1.8亿美元为其进行大张旗鼓地广告宣传。开幕式上，美国副总统戈尔用铱星打了第一个电话。此前，铱星公司已经正式上市，其股票在短短的一年内大涨四倍。铱星系统被美国《大众科学》杂志评为年度最佳产品之一。

3. 铱星陨落

用户数目是一个通信公司得以运行的最基本前提，而铱星话机的价格高达每部

3000 美元，通话费则是每分钟 3 ~ 8 美元，这导致铱星用户数量一直令人沮丧，到 1999 年 4 月，公司只有 1 万个用户，面对微乎其微的收入和每个月四五千万美元的贷款利益，公司陷入了巨大的压力之中。

1999 年 6 月，铱星开始裁员。1999 年 8 月 13 日，铱星提出了破产保护的申请。2000 年 2 月，日本第三大电信公司——铱星日本公司的最大股东 DDI 宣布关闭日本铱星公司，终止对铱星公司的资金援助，导致摩托罗拉公司的资产重组方案宣布流产。

2000 年 3 月 18 日，铱星公司正式破产，铱星成了美丽的流星，摩托罗拉损失 50 亿美元。铱星计划是一个空前绝后的创新构想，铱星技术是无与伦比的，以至有人认为，在它还没有付诸实施之时，谁也不敢说一定会成功和失败。在它陨落之后，也不能断言其美妙的构想是错误的。但其最终的破产，确有其必然性，从计划到实施，时间过长，失去了投资方的耐心和市场机会；技术壁垒性不强，到 1998 年地面移动通信技术已非常成熟，无论是价格、款式还是区域覆盖度，铱星都不具备竞争力，更谈不上具备明显的技术优势了。事实上，早就有投资者提出异议了：用户必须首先将自己置于在电话天线和卫星之间没有任何障碍物的地点，才能顺利地使用电话（不能在室内和车内使用）。

（二）案例导读

1. 分析要点

（1）技术创新理论

技术创新并不仅仅是某项单纯的技术工艺发明，而是一种不停运转的机制，只有引入生产实际的发现与发明，并对原有的生产体系产生震荡效应，才是创新。它不是一个技术概念，而是一个经济概念。

技术创新的实现离不开一定的社会经济条件，包括发达的金融体系、完善的信用制度，市场制度、市场规模及其决定的有效需求、信息流动、社会政治结构和环境等。技术创新的本质特征是风险、不确定性与高额报酬并存，良好的激励体制和运行机制是实现创新的根本保证。

（2）商业模式理论

客户价值最大化、整合、高效率、系统、盈利、实现形成、核心竞争力、整体解决这八个关键词构成成功商业模式的八个要素，缺一不可。其中：整合、高效率、系统是基础或先决条件，核心竞争力是手段，客户价值最大化是主观追求目标，持续盈利是客观结果。商业模式比技术创新更重要。

（3）风险控制理论

风险伴随着项目执行的整个过程，风险的出现会增加项目的费用，减缓项目的进度，并对项目的完成质量产生不良影响，从而影响投资者的预期收益。

风险控制的四种基本方法是风险回避、损失控制、风险转移和风险保留。

2. 思考题

（1）如何权衡技术创新与市场变化之间的关系？

（2）创业公司如何防范技术风险？

（3）铱星计划面临哪些创业风险？

（4）如果你是铱星公司的负责人，你要如何带领公司走出危机？

第三节　课外拓展案例

一、拓展案例 1　创业靠的是天赋和努力

（一）案例描述

年轻的傅章强用行动写下了两项上海“之最”：第一位成功创业的大学生，第一位入驻浦东软件园的“知本家”。不熟悉他的人会觉得讶异：一个从福建南平考到上海来的大学生，没有任何背景和依靠，只是靠着自己的天赋和努力，还在大学三年级

时，便在市科委负责一个攻关项目的开发，研究生一年级便以负责人身份向市科委申请到了另一个“九五”项目，这在一般教授都未必能做到。而熟知傅章强的人却不觉得讶异：一进海运学院计算机系，傅章强便表现出了突出的才能和特别的努力，那时候的他，一清早便钻进机房，中午啃两个面包，直至次日凌晨一两点钟，满天星斗时才钻出来。日日如此，且这样的工作热情一直保持至今。天才加上勤奋，出成绩是必然的！

真正开始创业，只是起源于一个念头：市科委的项目做出来以后，同行评价都非常高，认为达到了国内先进水平，但接下来的命运却是“高束焉，庋藏焉”，产业化根本没做好。傅章强心中很觉可惜：科研成果只需适当包装、完善，完全可大范围推广，产生巨大的社会价值！基于此，他决定自己开公司！1998 年初，傅章强在学校附近租了一套两室一厅的房子，投资 2 万余元，置办了三台电脑，为创业开始磨刀霍霍了。到当年年中，他拟订了一个吸引风险投资的计划书，融得一笔 100 万元人民币的风险资金。年底，“必特软件”正式注册。“必特”，在英文中即“bit”，代表计算机中的二进制，而二进制是计算机的基础，暗含办企业要从基础做起的理念；同时，“bit”和“micro”一样，都有微小、微粒的含义，但“bit”比“micro”数量级稍大一些，其中，蕴藏着傅章强的“野心”。

当时，作为申城第一个在校大学生办的企业，“必特软件”似乎还有着违反校规的嫌疑。一开始，傅章强只能瞒着学校偷偷干。困难似乎也在意料之中。开业几个月，傅章强没有谈成一笔业务。有时有客户谈得已经很投机了，跑过来一看他的“两室一厅”，业务便就此“夭折”。傅章强一直记得第一笔业务的成交，那是一个朋友介绍他承接上海新华律师事务所的一个项目，有 40 多万产值，同时另有一家单位也在争取这个项目。那段时间，傅章强一有空就往事务所跑，义务帮他们解决电脑方面的小问题，提供业务咨询，甚至编些小程序。“走出门，让客户了解自己，这很重要。我认认真真地做，并且把事情做好了。这样他们才会来买你的东西。”凭着这一点“小花招”，感动了市场，傅章强赢得了自己创业生涯的第一笔业务。

客户间的口口相传有时比自己上门推销要有效得多。第一笔业务让傅章强兴奋的同时，也充满着压力。他对自己的要求是不能松懈，永远要做得更好。他的客户也如滚雪球般，有了良性上升的趋势。1999 年下半年，在校学生创业得到政府的鼓励和提倡，傅章强的公司名正言顺地“公开化”，甚至他还把自己的导师和学校的一些教授吸引而来。白天，傅章强去上导师的课，晚上，导师来协助公司做业务。1999 年，他招聘了第一批专职的员工，从原来三四个人的“小作坊”向规模化、正规化过渡。

一个偶然的机会，傅章强了解到位于张江高科技园区内的浦东软件园开始招商。这是个由上海市和信息产业部联合创建的国家软件产业基地，政府对入驻软件园的企业给予一系列极其优惠的政策扶植，最现实的便是三年内办公楼租金免费。

当场拍板签下了协议书、成为第一个入驻浦东软件园的“知本家”。如今，“必特软件”已成为软件园的五家骨干企业之一，被信息产业部认定为国内第一批“软件企业”，并获国家高新技术企业称号。在张江，“必特”也是第一个拿到科技部设立的科技创新基金的企业。公司从入驻张江时的 40 多人，发展到现在超过 80 人，产值与客户数都呈良好的上升趋势。“我是一个善于化解压力的人，化压力为动力，一天天做得更好！”傅章强的话掷地有声。像傅章强这样靠着自己的天赋和努力创业的大学生不在少数。

（二）案例思考

1. 结合案例，谈谈创业风险的来源是什么。

2. 如何应对资源约束所产生的风险？

二、拓展案例 2 真功夫的失落

(一)案例描述

麦当劳、肯德基在国内大受欢迎，中餐连锁一直愤愤不平，不断有人跳出来挑战洋快餐。从十几年前的“红高粱”到现在很红火的“真功夫”,“红高粱”早已不知所踪,“真功夫”似乎真的有点功夫，连锁店面越来越多了。跟公司名字一样，2009年8月,“真功夫”的广州总部爆发的一场真功夫表演，在投资界和创业界颇为轰动：共同创始人及公司大股东潘宇海委任其兄潘国良为“副总经理”，并派到总部办公，但遭到“真功夫”实际控制人、董事长蔡达标的拒绝后，引发剧烈争执。

要理清“真功夫”的管理权矛盾，还得从头说起。1994年，蔡达标和好友潘宇海在东莞长安镇开了一间“168蒸品店”，后来逐渐走向全国连锁，并于1997年更名为“双种子”，最终更名为“真功夫”。真功夫的股权结构非常简单，潘宇海占50%，蔡达标及其妻潘敏峰（潘宇海之姐）各占25%。2006年9月，蔡达标和潘敏峰协议离婚，潘敏峰放弃了自己的25%的股权换得子女的抚养权，这样潘宇海与蔡达标两人的股权也由此变成了50：50。

2007年“真功夫”引入了两家风险投资基金：内资的中山联动和外资的今日资本，共注入资金3亿元，各占3%的股份。这样，融资之后，“真功夫”的股权结构变成：蔡、潘各占47%，VC各占3%，董事会共5席，其构成为蔡达标、潘宇海、潘敏峰以及VC的派出董事各1名。

引入风险投资之后，公司要谋求上市，那么打造一个现代化公司管理和治理结构的企业是当务之急。但蔡达标在建立现代企业制度的努力触及了另一股东潘宇海的利益,“真功夫”在蔡达标的主持下，推行去“家族化”的内部管理改革，以职业经理人替代原来的部分家族管理人员，先后有大批老员工离去。公司还先后从麦当劳、肯德基等餐饮企业共引进约20名中高层管理人员，占据了公司多数的要职，基本上都是由蔡总授职授权，潘宇海显然已经被架空。

2011 年 4 月 22 日，广州市公安机关证实蔡达标等人涉嫌挪用资金、职务侵占等犯罪行为，并对蔡达标等 4 名嫌疑人执行逮捕。蔡潘双方对真功夫的混乱争夺让今日资本顶不住股东压力，而选择退出。2012 年 11 月 30 日，今日资本将旗下今日资本投资——（香港）有限公司（下称今日资本香港公司）所持有真功夫的 3% 股权悉数转让给润海有限公司。至此，真功夫股权又再次重回了蔡潘两家对半开的局面。三年之后，真功夫原总裁蔡达标一案尘埃落定。根据广州中院二审判决，蔡达标构成职务侵占罪和挪用资金罪被维持 14 年刑期。随着蔡达标刑事案件终审判决生效，蔡达标所持有的 41.74% 真功夫股权已进入司法拍卖程序，有传言股权估值高达 25 亿元。

公司的联合创始人蔡达标和潘宇海，在共同经历了创业早期的艰难之后，因为对企业未来的发展方向持有不同的看法，其中又掺杂着家族情感的变异，双方由昔日的联合创业者变成了今天的利益敌对方。因为双方的股权份额几乎相当，这导致他们之间的冲突难以在不影响公司发展的条件下自行解决。在真功夫的案例中，值得关注的一个细节是，风险投资在几年前向真功夫注资时，曾考虑到两位创始人几乎相等的股权是公司未来发展的一个潜在的不稳定因素，由于他们支持蔡达标的发展思路，因此投资人曾要求逐渐稀释潘宇海的股权。但在这一要求被落实之前，真功夫的内斗已经发展到了不可调和的程度。

真功夫作为家族企业，其管理应该做好以下两点：

第一，规则的制定。规则制定是所有家族企业必须要做的。公司是一系列的契约，涉及的都要写清楚，若有补充也可以修改公司章程，以便矛盾出现时有章可循。真功夫的案例透露出该公司规则的缺失。好的家族企业治理一定要建立非常清晰的家族治理结构，通过家族宪章或是家族议会等非常正式的组织和规则的形式，把它明确化、固定化，并且不断强化。总之，规则和产权是公司发展的两大基础，没有这两大基础，公司得不到长久发展。

第二，家族创始人的适时退出。家族成员要明确自身之于企业的作用，公司在不同阶段的需求是不一样的，一旦创始人跟不上公司的需求就应当主动退出。创始人不一定始终要在企业里，该退出时就退出。

公司治理是一个大科学，但是解决不了最核心的问题——人的胸怀。一个人若是铁了心对着干，破罐子破摔，就算鱼死网破也要搞垮对方，这种情况谁也无能为力。在中国，我们更看重管理者的领袖风范，这个跟股权可以有联系，也可以没有必然联系。看看中国当年改制的一些上市企业，他们的股权并不是很集中，但他们有一个核心——厂长，厂长往往是一言九鼎。无论是对于自己、公司，还是团队、部下，人格魅力都超过全部。

（二）案例思考

1. 结合案例，谈谈真功夫为什么会失败。

2. 如何通过股权结构设计来化解创业风险？

3. 如何通过政策研究来规避风险？

第八章 开办新创企业

第一节 经典教学案例

一、教学案例 1 从小事做起，低调入市

1982 年 6 月，张某出生在重庆市永川区一个工人家庭，父母都是普通工人。1998 年，初中毕业后的张某没有考上重点高中，就一直待在家里给姑姑带小孩。为了给家里减轻负担，3 年后，张某只身来到温州打工。

张某先后当过裁缝店的学徒，做过服务生，但都不尽如人意。张某是一个喜欢安静的女孩子，那些关于销售、保险等富有挑战性的工作，她不能胜任。后来经人介绍，张某来到一户人家做“月嫂”。 张某觉得自己干其他的不在行，但伺候人应该没有问题。这户人家男主人平时工作很忙，根本没有时间照顾家里，刚出生不久的孩子成天闹，女主人没有一点经验，小两口经常为琐事吵嘴。张某去的那天正好碰着男主人抱着小孩束手无策，一见张某，他像丢包袱似的把小孩交给她就上班去了。就这样，张某一边要照顾女主人，一边还要照料小孩。

女主人自己的身体很好，并不需要张某的时时看护，更多的时候，张某是帮女主人带孩子。张某很勤快，只要孩子一睡，她就忙里忙外地把家里收拾得干干净净，主人对她很满意。在张某的照顾下，孩子长得白白胖胖的，很惹人喜爱。

慢慢地，张某发现，孩子倒是长得白白胖胖的，但是体质比较差，只要天气一变化，不是感冒就是发烧，弄得家里人忙得一团糟。张某开始琢磨，该怎样给孩子加强营养、增强体质呢?

张某猛然想起外婆带小孩时经常找中草药熬水给小孩洗澡搓背，孩子们因此身体健康，皮肤也好，以前张某帮姑姑带小孩，也经常找些中草药给孩子洗澡，很多中草药方张某还记忆犹新。

这个方法虽然很“土”，但是效果很不错。张某把自己的想法给主人讲了，女主人听了也很感兴趣。当晚，张某给家里打长途电话，叫家里人找些中草药来。药寄到以后，张某就坚持用中草药水给孩子洗澡。效果还真的不错，经过一段时间后，小孩子生病少了，体质增强了，全家人都很高兴。

主人家的孩子慢慢长大了，张某只得告别他们，来到另一家带小孩。刚到新主人的家里，小宝宝也成天地哭闹，好在张某有了经验，连抱带哄总能很快让孩子安静下来。等到天气好的时候，张某又像以前一样，给小孩用熬好的中药水洗澡、搓背。在那个小院子里，一个小孩“洗澡”，总会引得周围邻居前来围观，问长问短。一传十、十传百，张某带小孩子有了“名气”。

等到这家小孩长大了，已经有五六家排着队争着要请她带小孩。

这样的工作张某一做就是6年。每到一个地方，都会用中药熬水来给孩子们洗澡，效果好不用做广告，附近有小孩子的家庭都让她给自己的小孩子洗澡，时间长了，张某的“名气”越来越大，有时候一个月光是帮别人的小孩子洗澡就能得到300 ~ 500元的小费。这时，有人建议她开一个专门给小孩洗澡的店，以她的经验和名气一定能赚钱。

张某接纳了这个建议，并为此积极准备。想到在温州人生地不熟，她决定回重庆发展。

1.“洗”出名气

张某对重庆的市场进行了考察，发现给小孩洗澡还是一个不为人所知的行业，这既让她有些不安，但也激励了她创业的决心。

为了稳妥起见，张某决定先找个门面“试试水”。她租了一间50多平方米的店面，2011年9月开业。“娃娃”洗澡堂毕竟是新鲜事物，开业前三天，来看热闹的人很多，但就是没有人愿意把小孩送到这里来。要打开局面，首先要让人们了解这件事情，有了了解才有理解，才会接纳。于是，张某一遍一遍不厌其烦地给客人们介绍用草药水给小孩洗澡的好处。

过了几天，终于有位婆婆带着她的孙子来到张某的洗澡堂。原来孩子背上冒出许多小红疙瘩，跑了许多医院都未治好，万般无奈，婆婆才决定到这里来试试运气。

在张某的店里泡过几次澡后，小孩身上的疙瘩不见了，体质也明显好了许多。有了这个活广告，张某的“娃娃”洗澡堂一下子有了客源。

为了打出“洗澡堂”的名气，张某精心制作了宣传单，对小孩洗药水澡这个新行业进行了全方位的介绍。此外，张某根据小孩的不同症状，在洗澡水中用何首乌、蒲公英、银花藤等数十种普通中药以不同比例、火候、水分煎制药水。张某还把这些专业知识制作成宣传展板，让顾客清楚他们的行业水准。时间长了，很多父母都开始把小孩往张某这里送。生意好了，张某更觉得业务水平有待提高。有一天，张某从一本书上看到，孩子健康成长一要“营养”，二要“保健”。而保健就是给婴儿做按摩，抚摸婴儿全身肌肤，它可以兴奋婴儿的大脑中枢，刺激神经细胞的形成及其触角间的联系，促进小儿神经系统的发育和智能的成熟，从而促使血液循环和身体发育，增强体质。药水洗澡应该是一种药物保健，而按摩则是自然保健。张某还在网上了解到，国外很多国家都流行为婴儿按摩。于是，张某把按摩引入澡堂，在澡堂开辟了一间婴儿按摩室。这样一来，生意更加火爆。

2. 走上致富路

“娃娃”洗澡堂经营一年后，受到了众多消费者的青睐，原来的洗澡堂狭窄了，张某决定扩大规模，一口气把相邻的三个门面全部租下，并更名为“宝宝洗澡按摩店”。

为了开拓区县市场，2021年9月，张某的第一家“宝宝洗澡按摩店”分店在万州开业。现在，张某的“宝宝洗澡按摩店”已经开了三家分店。平时，张某就自己开车到几个店里转转，给员工做做示范，大家都亲切地称呼她为“晓丽姐”。

从一个身无分文的打工妹到拥有固定资产120多万元的老板，张某说她还有一个愿望，就是让她的“宝宝洗澡按摩店”连锁店开满全国……

（二）案例教学指南

1. 案例价值

开个小店是创业，办个工厂也是创业；三百六十行，行行都有自己的门道。但是国际形势在不断地变化，国内政策也在不断地调整，市场的波动可能带来机会，也可能带来毁灭性的灾难。培养宏观意识有利于抓住机会，避开危险。创业者要培养全球化意识，学会从宏观上分析问题，从高处往下看，反过来再寻找向上的阶梯。创业者要从小处做起，但是最终能够发展起来的都是具有宏观意识、能够把握住机会的人。

2. 讨论分享

（1）打工妹张某的创业经历分几个阶段？每个阶段她是怎么做的？

（2）张某成功创业的故事，给创业者什么启迪？

（3）结合自身特点，思考自己是否具备创业素质？

（4）简述创业者为什么要具备一定的素质和能力。

（5）根据自己的情况分析自己的不足之处，制订提高自身创业素质的计划。

3. 理论要点

创业素质由五个方面的素质构成：思想政治素质、职业道德素质、科学文化素质、专业技能素质和身心素质。

（1）思想政治素质：是指人们在政治上的信念、世界观和价值观。思想政治素质是职业素质的灵魂，对其他素质起统率作用，规定着其他素质的性质和方向。

（2）职业道德素质：是社会道德的有机组成部分，是社会道德原则和道德规范在职业生活中的具体表现。它包括职业态度、职业道德修养水平等。

（3）科学文化素质：是指人们对自然、社会、思维、科学知识等人类文化成果的认识和掌握的程度，它包括科学精神、求知欲望和创新意识。

（4）专业技能素质：是指人们从事某种职业时，在专业知识和专业技能方面所表现出来的状况与水平。

（5）身心素质：包括身体素质和心理素质。身心素质是从事职业活动的重要条件，是成就事业的基础。

4. 教学建议

本案例可以作为教师教学的专门案例使用。教师可按如下进度来组织自己的课堂案例教学，但仅供参考：

（1）整个案例课的课堂时间控制在 90 分钟左右。

（2）课前提出启发思考题，请学员在课前完成阅读和初步思考。

（3）课堂上，教师先做简要的案例引导，明确案例主题（5 分钟）。

（4）小组研讨。

①小组讨论并在组内分享（15 分钟）；

②接着小组派代表发言（每组 5 分钟，控制在 50 分钟内）；

③引导全班联系实际进一步讨论，并进行归纳总结（20 分钟）；

④如有必要，学生可以形成书面分析报告，并制作 PPT，进行分组汇报，训练学生的演讲表达能力，教授学生当众发言的技巧。

二、教学案例 2　积极进取，艰苦创业

（一）案例描述

朱某是一位极其特殊的千万富翁。他没有自己的实业，却拥有一个庞大的车队；他没有一分钱的本钱，却养活了 100 多号人。说起来，他发家致富的手段简直令人眼红，那就是靠海吃海，靠贩卖海水赚钱！在短短 4 年的时间里，他买了楼、买了车、买了船，个人资产超过了千万。

谁会想到这平凡的海水竟会浇灌出一个千万富翁！他是怎样成功的呢？

1. 惊奇发现：深圳的海水贵过自来水

1967 年 7 月 19 日，朱某出生在山西省大同市一个普通工人家庭。他在家中排行老大，还有一个弟弟和一个妹妹。高中毕业后，19 岁的朱某参军当了汽车兵。24 岁转业回到大同市，在粮食系统为一个领导开车。

1996 年 8 月，正直的朱某不知为什么竟稀里糊涂地下了岗。下岗后的他成了“家庭主夫”，每天洗衣做饭还要带 3 岁的儿子，全家的生活就靠妻子每月 380 元的工资维持。后来，朱某同妻子商量：他想去开出租车。可是夫妻俩求遍了所有的亲戚朋友，也没有借到那 17 万元的购车款。后来朱某见开餐馆能赚钱，就用借来的 3 万元，开了一家规模不大的餐馆。

开始的一两个月，餐馆的生意还可以，但后来随着餐馆越开越多，生意便越来越难做。餐馆勉强维持了 6 个月，便赔得只有关了门。

生意亏了，可债务烂不了。面对纷纷找上门来的债主，朱某焦头烂额。远在深圳的弟弟知道哥哥的情况后，打电话让哥哥来深圳打工。

弟弟是 3 年前去深圳闯荡的，并在深圳成了家，夫妻俩在深圳南山区蛇口开了一家海鲜餐馆，生意非常红火。

朱某来到深圳后，白天负责对外送餐，夜间就住在餐馆里“看家护院”。弟弟、弟媳开给他的工资是每月 1000 元。

在外人眼里，朱某是这家餐馆的三老板。朱某也认为自己是老板的亲哥哥，自然与众不同，所以餐馆里无论大事小事他都认真对待，像自己的家一样。直到后来发生了一件事，才使他清醒地认识到自己的身份只是一个普通的打工仔。

一天中午，一桌客人吃完饭后结账，服务员一算是 104 元，客人要求免去零头，服务员做不了主，就去问老板娘。碰巧这时老板娘不在，服务员看见朱某送餐回来，就上前问他。为了拉回头客，朱某认为这 4 元钱应该免了，就自作主张地免去了零头。谁知一刻钟后，老板娘气呼呼地找到他，质问他为什么要免去那 4 元钱。没等他解释，老板娘就毫不客气地说：“以后我餐馆里的事你少管，你要是真有水平，你自己的餐厅也不会倒闭了。这 4 元钱从你这月的工资中扣回！”

那一刻，朱某羞得无地自容。夜里，他一个人躺在用几张凳子拼凑起来的“床”上，无声地流了一夜的眼泪。

餐馆里每天都有吃不完的海鲜，为了保鲜，每天都要往装海鲜的玻璃槽中注入足够量的海水。由于离海远，餐馆每天都要专门派人去海边运回新鲜的海水。这样一来，来回的车费加上工人的工资，每月都是一笔不菲的开支。后来有了一些专门向海鲜酒楼卖海水的人，老板娘也乐得省事，每天至少要在这些人手中买 1 吨的海水。以前送来海水时，朱某只管往海鲜槽中注水，结账都是老板娘，所以他根本不知道海水的价格。自从发生了这次“受辱”事件后，朱某便萌生了另找出路的念头，所以，他对卖海水这一行表现出一种强烈的好奇。

后来，当朱某得知 1 吨的新鲜海水要卖 13 元时，他更是惊讶得说不出话来。经过层层过滤的 1 吨自来水才卖 4 元钱，这海水咋比自来水还贵几倍呢？

晚上，朱某翻来覆去地想了一夜。他想哥哥为弟弟打工本身就没有面子，现在弟媳又对他冷言冷语，不如现在就离开这里。可是离开后，他靠什么生存呢？朱某想到了每天到酒楼来送海水的那个小伙子。自己有的是力气，为什么不能像他那样去卖海水赚钱呢？加上大海浩瀚无边，取之不尽用之不竭，根本不需要任何本钱，这不就是最适合自己的职业吗？

对，就卖海水去！朱某终于下定了决心。

第二天，朱某把自己的想法对弟弟讲了，弟弟说什么也不让哥哥走。但朱某去意已决，弟弟见拗不过他，就偷偷地塞给他 1000 元钱。

在蛇口，朱某用这 1000 元钱租了一间价格便宜的铁皮房，又从旧货市场花 80 元买回了一辆加重自行车和四只 50 公斤的水桶。这就是朱某创业的全部家当。

2. 深圳速度：骑车驮水到开车拉水只用了一年

1998 年 6 月 16 日是朱某第一次贩卖海水的日子。当他从 5 公里外的海边驮着 200 公斤海水摇摇晃晃地来到市区时，早已累得连自行车都把握不住了。可更让他难以接受的是那些大一点的海鲜酒楼大多数都是自己用车去拉水，少部分餐馆虽然不是自己拉水，但已有专人供水。那一天，他驮着200公斤海水在市区内整整转了6个小时，可1公斤海水也没有卖出去。直到晚上11点，他才不得不绝望地倒掉海水回到出租屋。

那一晚，已累得精疲力竭的朱某却怎么也睡不着。他不停地思考为什么自己第一天卖海水就惨遭失败。他回忆白天在推销海水时各餐馆的不同反应，觉得如果要打开市场，有必要事先给这些酒楼的老板们算一笔账，打消他们心底认为海水太贵的顾虑。他在心中演算道：假如每个餐馆按平均每天需要1吨海水计算，如果用车拉水的活，油费4元，往返的过路费10元，人工费2元，这样一算就是16元，还没有加车辆磨损费。如此说来，他1吨海水卖13元真不算贵。应该能够打开市场，看来问题出在他卖海水的方法上。

第二天，朱某没有盲目地再去驮水，他先是买了一个传呼机，又印制了些名片，然后逐个餐馆去游说。这一招还真管用，当天就有3家海鲜餐馆接受了他的海水。

1吨海水他要跑5趟，3吨就是15趟，往返的路程是150公里。他整整奔波了一天，当他拿到39元钱的时候，人也几乎累瘫了。

就这样，他坚持了20天，虽然赚到了780元钱，但此时他的体力也已透支，根本无法再扩展业务。赚这么一点钱和打工有什么区别？朱某不甘心，他又开始分析起自己的问题所在。他想来想去，发现运海水的关键环节是要解决运输工具，而此时他所有的积蓄只有1450元。他跑到二手摩托车市场，看见最便宜的没有牌照的旧摩托车还要1700元。他咬着牙又坚持送了10天海水。当钱凑足时，他整个人也瘦了一圈。

摩托车终于买回来了，但由于没有牌照，白天根本不敢开，朱某只好在夜晚偷偷地开出去拉海水，然后储存在用低价买回来的废油桶里，白天再骑着自行车一家一家地送。这样做虽然减轻了体力，业务也由原来的3家扩展到5家，但工作的时间却拉长了，一个夜晚他要拉15趟水，只有到中午才能休息几个小时。

虽然累得腰酸背疼，但每天都能赚到六七十元钱，朱某心里十分高兴，而更重要的是他从中发现了更大的商机。他想，深圳是离海最近的城市，海水都这样贵，那么在远离大海的城市，也有海鲜餐馆，有海鲜就离不开海水，运到那里一定能卖上更高的价钱。可是，长途运水靠摩托车怎么行？买一台二手水车至少也要七八万元，这对他来说简直是个天文数字。他只好把这一宏伟的目标暂时埋藏在心里，老老实实地继续踩自行车卖水。

又是一个月过去了，朱某赚了 2300 元，除去房租和生活费以外还剩 1800 元。他毫不犹豫地拿着 1800 元又在二手车市上买了一辆摩托车，然后以每月 600 元的工资招聘了一个工人。这时他的业务已扩展到 12 家，利润比以前翻了一倍多。

正在他准备大干一场的时候，一件最让他担心的事情发生了。

由于朱某所租住的是铁皮房，每家中间只隔了一层薄薄的铁皮，而他的屋里放了 9 只大铁桶，每天夜晚摩托车的声音和往铁桶里倒水的声音都搅得四邻不得安宁，特别是那咸咸的、腥腥的海水味隔很远都能闻到。为此，邻居们多次向他提出抗议，后来又与朱某的工人发生过几次争吵。朱某自知理亏，便逐家逐户登门道歉，可换来的却是邻居的冷脸。一天晚上，当朱某和工人刚发动摩托车，准备去拉第一趟海水的时候，交通管理大队的警车突然出现在门口。他的两辆摩托车眼睁睁地被拖走了。

朱某知道这肯定是邻居们搞的鬼，但他又有什么理由怪罪他们呢，只有自己吃个哑巴亏。

车没了，这水可怎么拉呢？难道就这样自认失败吗？这位天生不服输的硬汉没有被眼前的困难所吓倒。他决定像开始那样，用自行车从海边驮水。当他把这一想法告诉自己的工人后，那人吓得直吐舌头，说什么也不干了。朱某只好为他结算了工资走人。

又只剩朱某一个人了。他用自行车驮水一天最多只能送 3 家，而现在他好不容易才有了 12 家餐馆客户，如果扔掉其他 9 家，就等于失信于人，今后想再捡起来可就没那么容易了。朱某思前想后，觉得仅靠自己一个人无论如何也是办不到的，只有借助外援才能保住这 12 家客户。最后，他想到了为弟弟的餐馆送水的那位老板，他想从那位老板那里以 13 元 1 吨的价格买来海水再以同样的价格卖给那 9 家餐馆。这样做，虽然自己赚不到一分钱，但却能赚回一份信誉。

说干就干，他立即打电话与那位老板联络。天上掉馅饼的好事谁都愿意做。那位老板当即爽快地答应下来。

慢慢地，朱某手里有了一定积蓄后，他买回一辆有牌照的摩托车。这次他不用再担惊受怕，只在夜里去拉海水了。可车虽有了，朱某明白仅凭自己一个人的力量，再吃苦也难将市场做大，要想做大必须扩大规模。此后。他每过一个月就用手中赚的钱去买回一辆摩托车，一口气买了6辆。朱某招了6名会开摩托车的工人，把队伍分成三组，每组2个人2辆摩托车。一组住在沙头角，取大梅沙的海水，负责送盐田、罗湖两个区；第二组住在沙嘴，取沙嘴角的海水，负责送福田区；第三组住在蛇口，取蛇口港的海水，负责送南山区。

这种合理的安排，不仅节省了时间，也节省了不少财力。他这无本的生意越做越大，很快便占领了深圳特区关内的市场。这时，朱某的眼睛又盯上了关外。但关外路途比较远，如果用摩托车送水的话，除了过路费和油费外很难赚到钱，而且运水的重量也有限，只有用汽车运大吨位的水。这样一来，拥有一辆运水车成了朱某的当务之急。

1999年6月，朱某花6万元买回了一辆二手水车，这辆车每次拉10吨水，一天拉6次，每天可净赚400多元。

这时的朱某已成了一个名副其实的小老板，但他并没有满足，“不安分”的他，又把目光投向了深圳以外的市场……

3. 险招取胜：买船出海只为拉纯净海水

1999年8月，朱某又开始向东莞市场进军。这时候，他手里已有近10万元资金。他开始在临近深圳市的凤岗、塘厦、谢岗、樟木头和黄江等镇进行市场摸底。当开发出的市场所需海水量可以满足一辆10吨水车的运量时，朱某又买回了第二辆水车。就这样，他的市场像滚雪球一样，每开发一个城市，待积累足资金后，就去开发下一个城市。这样一路下来，在短短半年多的时间内，朱某就开发出东莞7个镇和惠州、惠阳两个市。他的水车发展到3辆，手下的工人也有25人之多。

车多了，人多了，这自然是好事，但相应的内部管理又出现问题。有的员工本来拉了5趟水，但回来却只报4趟，多出的那趟水钱就自然流进了他的腰包；还有今天要修车，明天要买配件，每天都有几百元的票据要朱某报销。面对这种混乱的局面，朱某感到非常头疼。如果自己去抓管理，那么市场就没有人去开发。如果不去抓管理，那么他苦心经营的市场，就会被搞得乱七八糟。

正在他束手无策的时候，没想到弟弟突然找上门来。原来他离婚了，对此，朱某并没有感到惊讶，他早就看出弟弟婚姻的问题。他对弟弟说："人活着不能靠任何人，靠别人就会使自己底气不足，只有拼出一条自己的路来，才会活得踏实些。"他收留了弟弟，并让他负责管理。

为了使自己的经营活动合法化，朱某准备成立一家海水运送公司。但经过多方咨询，根本就没法注册。后来只好变成货运公司。

但从2000年以后，送海水的人逐渐多了起来。有些小贩为了抢占市场，连连压价，以致朱某送的海水被多家餐馆拒绝。面对市场价格混乱的局面，朱某不知是跟着降价好还是不降好。他想：如果降价，凭自己目前的实力和2年多来建立起的客户网络，一定能挤垮那些小贩，牢牢地占领市场。可是，这种低价局面一旦形成，以后再想提价可就难了。

就在朱某犹豫不决的时候，在东门的一家海鲜坊里遇到的一件事，引发了他的新思路。

那是2000年4月的一天，朱某的工人送往一家海鲜坊的海水被退回来了。他感到很纳闷，决定亲自去送，因为他和这家海鲜坊的老板很熟。当他骑着摩托车来到海鲜坊后，老板虽然热情地接待了他，但还是拒绝了他的海水。老板说："你们送的海水都是在近海取的，近海水质污染严重，用你们的水喂养，海鲜吃起来也变了味，我现在用的是渔船从深海处捎回来的水。"

听了他这么一番话，朱某恍然大悟，他以前从来没有想过这个问题。回来后，朱某同弟弟一起来到大梅沙，发现海水上的漂浮物很多，海岸上的垃圾到处都是。他才从心底感觉到这种海水确实让人不放心。

这件事对朱某的触动很大，他和弟弟商量了半宿，最后决定买船。朱某分析：自己有了船就能到深海处取水，这样一来既可以挤垮那些海水小贩，又能保住自己送出的海水的价格。

第二天，朱某便开始张罗买船。经别人介绍，朱某以14万元的价格买回来一条“退役”的旅游船，经过维修改装后，开始运水。

此招一出，朱某的名声大振。他的海水不但没有降价，在较远的城市里每吨反而涨了1元钱。

2001年3月，朱某在深圳西丽湖花了50多万元买了一套三房二厅的房子，将妻子和孩子都接到了身边。至今，朱某除了买房，又买了一辆车，还拥有一个庞大的送水车队，有10辆摩托车，5辆汽车、1条拉水油船和100多号人马跟着他打工。

如今，朱某是一个千万富翁了。他的成功告诉我们：作为一个创业者，一定要有发现商机的眼光，必须学会因地制宜、因时造势，懂得利用一切有利于自己的环境和条件。只有这样，哪怕是一桶桶平凡的海水，也能浇灌出一个千万富翁来。

（二）案例教学指南

1. 案例价值

万事开头难，尤其像朱某这样处境的打工仔，一无资本，二无知识，想创业那可真是难上加难。然而朱某经历了千辛万苦，最终还是成功了。他成功的原因有很多，比如他务实的态度，独具的慧眼发现了潜在的商机，又能够驾驭商机、把握商机，适时地调整经营策略，一步一个脚印地打拼，把捕捉到的商机转化成最大的财富，做到人无我有、人有我优，永远比竞争者抢先一步等。但实质上他的成功之路远非如此。商机是无处不在的，如何才能有一双发现商机的眼睛？只有在困苦中锻炼，从微不足道的小事中寻找，在生活与实践中把握。没有一技之长的朱某靠着军人的坚忍、超强的耐力与碰到问题善于思考、刻苦钻研的精神终于战胜一切艰难困苦。这种积极进取、艰苦奋斗的精神，才是他成功的关键。

2. 讨论分享

（1）创业需要哪些条件？

（2）创业者必须拥有的基本素质有哪些？

（3）朱某的创业故事给你印象最深刻的是什么？带给你哪些启示？

（4）根据自身情况，想一想自己身边可能存在的商机。

3. 理论要点

（1）识别创业商机

当你看到了创业商机之后，接下来就是考察商机的可行性。有想法、有点子只是第一步，并不是每个大胆的想法都能转化为创业机会。如何判断一个好的商机呢？好的商机有以下四个特征：第一，它能吸引顾客；第二，它能在你的商业环境中行得通；第三，它必须在竞争对手想到之前及时推出，并有足够的市场推广时间；第四，你必须有与之相关的资源，包括人、财、物、信息、时间等。

（2）发掘创业机会的做法

大致可归纳为以下七种方式：①分析特殊事件来发掘创业机会。②分析矛盾现象来发掘创业机会。③分析作业程序来发掘创业机会。④分析产业与市场结构变迁的趋势来发掘创业机会。⑤分析人口统计资料的变化趋势来发掘创业机会。⑥分析价值观与认知的变化来发掘创业机会。⑦分析新知识的产生来发掘创业机会。

4. 教学建议

本案例可以作为教师教学的专门案例使用。教师可按如下进度来组织自己的课堂案例教学，但仅供参考：

（1）整个案例课的课堂时间控制在 90 分钟左右。

（2）课前提出启发思考题，请学员在课前完成阅读和初步思考。

（3）课堂上，教师先做简要的案例引导，明确案例主题（5 分钟）。

（4）小组研讨。

①小组讨论并在组内分享（15 分钟）；

②接着小组派代表发言（每组 5 分钟，控制在 50 分钟内）；

③引导全班联系实际进一步讨论，并进行归纳总结（20 分钟）；

④如有必要，学生可以形成书面分析报告，并制作 PPT，进行分组汇报，训练学生的演讲表达能力，教授学生当众发言的技巧。

第二节　课堂精读案例

一、精读案例 1　钻研业务，提高技能

（一）案例描述

在中国餐饮界，年仅 26 岁的王某是一个响当当的人物！他一共获得了国内外 10 多项厨艺大奖，其中包括两项国际特金奖；他还是北京羊蝎子李餐饮有限公司的行政总厨，一人掌管厨师 1000 多人……然而，他实现这一切，只用了 5 年时间！

也许你会认为他出身于烹饪世家，抑或极具烹饪天赋？都不是。其实他只是一名来自农村，只有初中文凭的打工仔。那么，他究竟是怎样改变自己的命运的呢？

1. 北京，我要用一张车票征服你

王某出生在安徽省萧县大屯镇。由于家里太穷，他初中毕业后，到市第一职业高中工艺美术班读了一个学期，就辍了学。

1998 年初的一天，郁闷不堪的王某跑到镇上逛了一圈，没想到，竟在那里碰到了许久未曾谋面的小学同学黄某。

寒暄中，王某得知，黄某在北京一家餐馆做配菜员，老板包吃包住，月薪 600 元以上。这对于一个农村出去的打工仔，算得上不错的收入了。他想：既然黄某能在北京生活得这么好，我何不也到北京的餐厅尝试尝试呢？说不定还可以干出一番事业！

向亲戚借了 120 元钱，王某踏上了开往北京的列车，开始了他的寻梦之旅……然而事情并不如想象的那样简单，王某好不容易才在丰台区的一家家常菜馆找到了一份做勤杂工的活儿。他刚上班就被厨师长炉火纯青的厨艺“镇”住了。厨师长 40 多岁，胖胖的，炒菜时，锅勺在他两只手里潇洒自如地抖动，一招一式令人目不暇接，三五分钟就能炒出一盘菜来，色香味形样样俱佳，简直就像变戏法一样！看得王某眼睛都

要掉出来了。他怔怔地想：有了这样的技术，何愁找不到饭碗？我一定要把这套本领学到手！

尽管王某是一名谁都可以呼来唤去的勤杂工，月工资也只有240元，但一想到在这里不用花钱就有机会学到厨艺，他便兴奋不已，干起活来特别卖力。一有空闲，他就溜进厨房，看师傅们如何操作。

后来，王某经过一番思索，觉得“偷学”行不通，只有跟那些厨师帮厨、配菜“套近乎”、搞好关系，他们才会心甘情愿地抖出“招数”。

从此，王某每天以最快的速度忙完自己的事情，然后跑到厨房里干这干那，下班后，还帮厨师们打扫寝室、洗衣服、打洗澡水，甚至捶背……往往一天下来，累得连说话的力气都没有了，倒在床上衣服都来不及脱就呼呼大睡。

这一切都被厨师长看在眼里，他觉得这孩子有灵性、肯吃苦，是一块做厨师的料，于是，向老板提出将王某调到厨房给他打下手。

王某正式进入厨房的那一天，厨师长将一把磨了两天的刀递到他手里说：“小子，你要记住，无论是做事，还是做人都要精细、有耐性！”王某听了，眼泪一下子流了出来：“我一定记住您的话。您永远是我的师傅！”

在厨师长的指导下，王某从刀法、配方到制作，每一个环节都精益求精，很快就能独自掌勺了。

半个月后，王某第一次领到了240元的工资，为了检验自己的厨艺，也为了表达一份感激之心，他决定“犒劳”餐厅的同事。那天，他把这笔钱拿出来买回原材料，然后，做了满满的一桌菜。没想到，同事们吃了之后，个个称好。

2.“冷拼”绝招，当上连锁店厨师长

王某从同事的肯定中获得了信心，然而，家常菜馆毕竟有其局限性，不能接触更深层的厨艺。两个月后，王某毅然选择了跳槽，因为，他知道只有到那些高档餐厅里去，才能结识名厨，接触美味佳肴。

王某在闹市区跑了10多天，后来被位于二环路的一家酒楼聘用。这家酒楼有3000多平方米的营业面积，服务人员400多人，其中深谙各大菜系的高级厨师20

多人。

由于王某具有一定的基本功，经过一个月的试厨，他被安排到配菜车间当了配菜员。有了这样一个“舞台”，王某得以接触形形色色的菜肴，还有机会“零距离”地向那些高级厨师请教。

一次，王某和一位粤菜厨师交流，这位厨师告诫他说：“我做了10年的粤菜，才达到现在这个程度，中国的饮食文化博大精深，人的精力毕竟有限，不可能什么都学，学得越专、越精，才越有可能取得成绩啊。”这番话让王某受益匪浅。自此，他在做好一般菜、花色菜配制的同时，选定了自己的“专业方向”：专攻凉菜的配制。

只要一有空闲，王某就往新华书店跑，他把工资的大部分都花在了购买有关凉菜的配制与花色等方面的书籍上，每天不管工作有多累，他都要坚持看20页书。

经过一段时间的实践，王某发现，其实配菜并没有固定模式，每一道菜都可以配出上千种造型、上千种滋味；每一种造型、每一种滋味，不同的人会有不同的感受……

由于敢于求新求变，不到半年，王某就从众多的配菜员中脱颖而出，被任命为凉菜主管，月工资也由800元升至1600元。

王某更加大刀阔斧地进行改革，推出一系列造型时尚、富有时代气息的凉菜拼盘，一时间顾客纷至沓来，还引来了一大批婚宴、生日宴的订单。

1998年12月一个星期二的下午，王某突然接到通知，让他开始做准备，星期五中午有一个40桌的豪华婚宴，每桌订价为4000元，其中一半是凉菜。王某听了不由得倒吸了一口凉气。天啊！这可是一张大单呀，总价16万元，仅凉菜就是8万元！干这行以来，自己从未接触过这么大场面的宴席，能胜任吗？要是出了差错，不光是个人脸面的问题，那是要砸酒楼的牌子的呀，何况只有两天半的准备时间！

怎么办？俗话说“知己知彼，百战不殆”，王某赶紧找来婚宴主人的联系方式，打电话询问来宾的人员结构，以及口味偏好。最后，王某得知，来宾中大多数都属白领阶层，本地人大约占80%，口味偏浓……掌握了这些信息，王某心里就有底了。

当晚，王某经过一番思索，确定了凉菜配制的总体思路：每桌上20道凉菜，每道菜根据材料的特点予以造型。主要突出简捷、实用的粗犷之美；所有的凉菜集中放在绘有龙凤呈祥图案的檀木盘上，摆成“心”字，然后在中间立起一朵火红的玫瑰凸显爱情的浪漫与永恒……

王某把这个想法向厨师长一说，厨师长当即同意。于是，王某立即将人员召集起来，进入“一级战备”状态……

第三天中午12点半，婚宴开始了，当服务员将20道凉菜和盘托出时，大厅里顿时躁动起来，喝彩声不绝于耳。此时，王某的心里才像一块石头落了地。

转眼两个小时过去了，婚宴结束了。一个衣着朴素的中年男人走进凉菜间，进来就问宴席上的凉菜是谁做的，在场的工作人员说是王某。这位中年男人递给王某一张名片，王某接过来一看，上面印着：李某，北京羊蝎子李餐饮有限公司董事长兼总经理。

李某将王某叫到一旁，直截了当地问他，我要开一家大规模的酒店，缺一名主管凉菜的副厨师长，你愿不愿去？工资和待遇随你定！王某听了，怎么也不肯相信：仅凭几道凉菜，就能受到如此器重？见王某一脸迷惑的样子，李某坦诚地说，羊羯子火锅是祖传下来的，现在想重整旗鼓，因为吃火锅需要有凉菜搭配，所以急需这方面的人才。

3. 壮志凌云，做中国第二位国际金厨

1999年2月，王某再次跳槽，怀着满腔激情到位于宣武区西便门的羊蝎子李餐饮有限公司的第一大店就职，并与该公司签下了3年合约。就职伊始他就在店里推出了一系列京味凉拼，很快赢得了顾客的普遍好评。

此后，考虑到众多食客中还有许多外地顾客，王某又推出了40多个花色品种。一次，他在《中国烹饪》杂志上看到一则征稿启事，他想试一试自己水平究竟如何，于是花了400多元钱买来一台海鸥牌照相机，拍下两幅得意之作应征。谁知，两个月过去了，作品没有刊登出来。为了弄清其中的原因，王某专门抽出时间到编辑部拜访。到了那里，一位资深编辑找出他的作品帮他分析原因，原来是原料的搭配违背了营养规律。从这时起，王某感觉到了自己的不足：自己只有初中文化，倘若不尽快

“充电”，将来肯定要落伍，还谈干什么事业？

三个月后，王某从一位朋友口中获悉：被誉为中国餐饮界“黄埔”的北京东方食艺烹饪学校要面向全国招生，主讲老师都是中国烹饪协会、北京烹饪协会的“大腕级”名厨，他觉得这是一个提高自己的机会，决定报名参加学习。

1999 年 6 月，王某走进了北京东方食艺烹饪学校的大门。开学第一天，王某发现学校简介中介绍的主讲老师中，管某只有31 岁，是全国厨师界唯一的“全国五一劳动奖章”获得者，是中国最年轻、也是第一位国际金厨，心里十分佩服，他想，自己也要朝着这个目标进发！

刚开始上课时，王某面对老师的满口术语和深奥难懂的食品原理一筹莫展。为了过这一关，每次上完课，他便借来同学的笔记一字不漏地抄下来，然后，分门别类地制作成“扑克牌”式的资料卡片，无论在哪里，只要有时间，就拿出卡片来“死记硬背”。有一次，他坐公共汽车去找一位老同事，结果背着背着，随车在城里转了好几圈，后经乘务员提醒，才知道又回到了原地……

与此同时，他还非常注重实际操作，每次学到了新知识或者有什么灵感，他就在酒店里进行大胆尝试，然后虚心地向顾客征询意见。

凭着这股拼劲，王某的厨艺水平飞速提高。一年后，全校举行第四届烹饪大赛，王某一举夺得“最佳冷拼师”称号，并引起了他心中的“偶像人物”管某对他的关注。

2002 年 10 月，管某鼓励王某参加在成都举行的第十二届全国厨师节烹饪技术大赛。在管某的指导下，王某共制作了“锦绣山河”“长城迎客松”“锦鸡”等 5 个作品。在强手如林的赛场上，王某获得了两项铜奖。

此次比赛，王某认识到了自己与全国名厨的差距，一回到北京，就向管某提出要正式拜他为师，谁知管某一口否决：“不得全国性的银奖、金奖，不要提拜师的事！”

为了拜管某为师，从他身上取得“真经”，王某又向第二轮大赛——第二届东方美食国际大奖赛发起冲击。这是一个在东南亚地区极具影响力的国际性大赛，有 13

个国家的选手参加，竞争激烈程度可想而知。其实各类拼盘的味道和造型，选手们可以预先设计，关键是在比赛现场看谁的速度最快。

将近半年时间，王某都将大部分的精力投入到提高冷拼的制作速度上。他将每一个作品化整为零，然后按照国际最高水平，限定每个部分的制作时间，每次练习时都进行现场计时，并作好记录，然后针对差距继续练习……

2023 年 4 月，第 × 届东方美食国际大赛在 ×× 隆重举行。功夫不负有心人，王某以超群的技艺脱颖而出，凭作品“锦绣前程”夺得冷菜拼盘特等奖，被国内外同行誉为“国际金厨”和“中厨之星”。同年 6 月，管某正式收他为徒。

随着厨艺水平的不断提高，王某被任命为北京羊蝎子餐饮有限公司的行政总厨，一人掌管厨师 1000 多人，月薪达到了 20000 元以上。同时，他还被中国烹饪协会、北京烹饪协会吸收为会员，被北京东方食艺烹饪学校聘为高级讲师。一个打工仔，就这样成为许多怀揣梦想的打工仔的老师！

（二）案例导读

1. 分析要点

职业技能，也可称为职业能力，是人们进行职业活动、完成职业责任的能力和手段。它包括实际操作能力、处理业务的能力、技术能力以及有关的理论知识等。钻研业务、提高技能，就是要求从业人员努力钻研从事的事业，孜孜不倦、锲而不舍，不断提高职业能力。

2. 思考题

（1）王某是怎样走向成功的？

（2）王某好学的品质表现在哪里？

（3）在本案例中王某是如何钻研业务、提高技能的？

（4）在本案例中王某的成功，对创业者有何帮助和启示？

二、精读案例 2　开拓进取，以智取胜

（一）案例描述

现年 32 岁的苏北青年刘某高中毕业后，来到地处上海郊区的青浦工业区找工作。但转了几家企业，不是招工名额满了，就是工资不理想。几天下来，工作仍没着落，而此时刘某身上再找不出一分钱来。饥肠辘辘的他，想讨杯水喝。这户农家门前有一大片田地荒着，里面长满了野草，刘某问这户农家老大爷："门前好好的一块地，为何让它荒着？"

老大爷叹了一口气说："村里的劳动力都进厂打工去了，哪有人种地呢？现在就是不要一分钱白租给人家种，也没人种呀！"老大爷的一番话使刘某想起：就在他进入老大爷家门前，听到从市里来此踏青的一对时尚男女的对话。那男子说："乡下的空气真好，整天坐在办公室里闷死了，如果有可能，我真想到农村生活一段时间。"女子接口说："是呀，如果我们能种上一点地，既能锻炼身体，又能吃上亲手种出的菜，那种感觉比小资还小资呢！"

刘某一下子迸发了灵感：包下这些农田，然后再转包给城里的小资白领们，让他们在乡下有一块责任田，自己不光能从中赚取转租差价，而且帮着白领们管理责任田，也会有一笔不小的收入。想到就干，刘某便对老大爷说："您有几亩田，全包给我来种，我每亩给您 300 元的承包费。"老大爷很高兴地把地租给了他。

包下田后，刘某又找老乡借了 200 元钱，到电脑打印部印制了一些宣传单，在上面写道："处在都市中的你，是否想在乡下拥有一块自己的责任田，春种秋收，能吃上自己亲手种出的粮食与蔬菜？那么赶紧来吧，在青浦角上，有一块良田等着你来播种。"刘某拿着这些宣传单到一些写字楼去发放。不久，还真有不少白领主动与刘某联系。刘某与他们约好，"五一"长假期间一起到青浦签合同。

刘某将那 5 亩田分成 50 块地，按田块所处的区域定下 100 ~ 150 元不等的年承租费，买来了镰刀、铁锹、锄头等农具。转眼间，"五一"长假到了，城里的那些白

领们如约而来，纷纷租下了自己看中的标号田。缴纳了租金签下合同后，他们从刘某手中领到了农具，开始干活。刘某则给这些从来没有沾过农活边的城里人做示范。

至长假结束时，原先荒着的田块已成了整整齐齐的庄稼田，有人播下了黄瓜、西红柿的种子，有人埋下了地瓜苗，还有人种下了茄子、冬瓜。临走时，白领们还与刘某签下了代管合同，委托他代为施肥、治虫等。每块地的管理费，刘某均按照200元收取，这样下来，光租田费与管理费，他就收到了15000元，除去成本，他还净赚10000元。

到了收获季节，刘某帮客户打理收下的瓜果蔬菜，用袋子装好送到城里。白领们吃到了自己亲手种下并收获的果蔬、粮食，十分高兴。消息传开后，引来了更多的客户。

为了更多的城里人的种田需求，刘某不仅在青浦租下了100多亩农田，还在别处租下了一些农田。刘某更加忙碌，他对技术指导也开始收费。随着经验的进一步积累，他还把农田做了统一的规划，向观光农业迈进，吸引了不少的观光客。有了观光客之后，刘某再次动起了脑子，他留下几亩田，请人种了一些应时菜，这样在观光客踏青时，就可以现摘现卖。尽管价格比农贸市场贵了不少，但仍是供不应求。

经过两年的打拼，刘某积攒下了不少钱财。如今，他在上海买了一套房子、一辆轿车，过起了有房有车的滋润日子。

刘某传奇的致富经历告诉我们，光盯着已有的岗位去抢食，生财的路子会变得狭窄；开阔思路，善抓机遇，发挥自己的优势，到处都有“金”可淘。

（二）案例导读

1. 分析要点

在创业的过程中，其实有许许多多的机会。只要你肯动脑筋，突破思维定式，开阔思路，进行创新思考，寻找新的路径，就很有可能实现成功创业。如果你的创意结合了自身特点，就更能出奇制胜。这就是刘某传奇致富经历的诠释。他的成功完全可以用两个字概括“创新”。

什么是创新？创新是指人们利用自己的聪明才智对已有的物质和精神材料进行加工，从而生产出前所未有的有价值的物质产品和精神产品。创新之所以能够改变世界，首先是因为创新的“新”：新点子、新方法、新观念、新产品……刘某“新”在哪里？农业原本属于第一产业，而他把它作为第三产业来经营，把两种产业的优势结合起来，推出了全新的“产品”——“休闲田”的租赁业务。

2. 思考题

（1）刘某的创业经历给创业者带来了什么启示和帮助？

（2）结合案例中刘某的创业经历，谈一谈什么是创新？

（3）结合案例中刘某创业的经历，谈谈怎样培养创新能力。

（4）想一想自己是否也具备创新的能力？

第三节　课外拓展案例

一、拓展案例 1　擦鞋“擦”出来的产业

一双沾满油污的翻毛皮鞋，谁见到都会头疼，但晁某用自己调制好的专用皮鞋喷剂喷在皮鞋的表面，然后用打火机“轰”的一声把皮鞋点着，双手十分娴熟地翻转皮鞋，数十秒后火焰熄灭了，他用一把专业擦鞋刷，刷去皮鞋表面上的灰尘和渣滓，然后又在皮鞋的表面喷了另一种喷剂，放进一个特制的烤箱。一个多小时后，他从烤箱里取出皮鞋，进行抛光、防臭、防水处理后交到顾客手里，皮鞋焕然一新，如同刚买的一般。这就是专业皮革护理店老板的绝活。他的事业也正是从擦皮鞋开始。

1. 在成都做了一个月的学徒

1998 年，晁某从西安某学院毕业，在酒店做文案管理等工作。一天他突然在报纸上看到成都罗某“罗记擦鞋店”的报道，该店可以专业护理高档皮鞋。这在西安还是个空白呢。晁某十分动心，便下定决心要辞掉原来的工作出来自己创业，项目就是

经营高级擦鞋店。

辗转去成都找到罗某后，晁某说明了来意，但罗某无论如何不愿收他这个徒弟，因为害怕晁某在成都开一家店和自己竞争，自己的独门生意就无法经营了。

但认定的路，晁某不愿意轻易放弃。于是，一连三天，晁某一直泡在店里，软磨硬泡，后来终于得到可以先在店里干一个月的机会。这样，一步一步地，晁某掌握了皮革护理的全套知识。

在晁某父母眼中，擦鞋绝对不是体面的行业，他们竭力反对晁某的做法。但晁某决心已定，并决定将擦鞋做成一份产业，如同美容美发、洗脚按摩，有门市，能连锁，使其登上大雅之堂。

2. 在西安以4万元起家

回到西安，经过一个多月的寻找，晁某在古城西安南门里湘子庙街古香古色的牌楼下，开起了CNC皮鞋护理店。房租半年15000元，加上装修和购买设备，4万元积蓄基本耗尽。

开张第一笔生意是擦一双磨砂女士短靴，因为是第一个客户，晁某给顾客打了5折，只收了她15元。尽管没有赚到钱，晁某还是兴奋了半天，毕竟，好的开始是成功的一半。

“你能护理好我这双鞋吗？”一位顾客拿着一双高档皮鞋问道，晁某接过鞋，观察了一番：“这是意大利生产的铁狮东尼牌皮鞋，大约9000多元钱一双。这种品牌鞋子的用料很讲究，皮质柔软光滑，并且没有一点毛孔，是经过精心挑选的上等牛皮，据我了解要得到这样好的皮革，鞋厂在养牛时采取的是“罩养法”，避免蚊虫叮咬，同时在宰牛之前还要喂一段时间的特殊饲料……”听了一半，顾客就直接把鞋推给晁某，“你护理我放心。”这位顾客干脆到他那里办理了包月卡。

这样一步一步，晁某以踏实和善解人意赢得了许多顾客的好评，渐渐引来了众多的顾客。

令原本做好头几个月赔钱准备的晁某没想到，开店的当月，账面收支竟然持平。

3. 形成产业是最终目标

当询问晁某今后还有什么打算时，晁某表示："要认真把事情做大，不是简单地擦皮鞋，形成产业化。这半年，我经历了很多，包括女朋友的离去，尽管与我搞擦皮鞋关系不大。但现在我只想把擦鞋店经营好，我打算再开几家分店，基本覆盖西安城区的东西南北。比如高新开发区的分店正在筹划中。按照自己的管理标准去管理，将保养工作流程化，形成一个专业皮革护理的品牌产业。"

"擦皮鞋也要求学历，这句话绝不是作秀。"晁某再三解释，说这句话只是想让人了解，皮鞋保养是一门专业的技能，需要专业的人才。"我现在使用的保养剂就有几十种，受教育程度高的人在知识的领会方面要比文化层次低的人快得多。为什么我高薪聘请韩某、张某，一方面他们是我的师弟，另一方面，就是学历方面的考虑从今后的发展来看，要让自己的项目往产业化方向发展下去，起点就必须高，必须有专业人才，我会对雇员的学历有要求，学历过低的人，我是不会要的。"

（二）案例思考

1. 假如你是晁某，你会不会放弃酒店的工作，转而从事擦皮鞋的工作？

2. 从晁某的身上，我们可以看出创业者的哪些特质？

3. 你对晁某对未来的创业打算有什么看法？

4. 通过晁某创业的案例，给创业者带来怎样的帮助和启示？

二、拓展案例 2　下一个路口等花开

（一）案例描述

1995 年的夏天，对 16 岁的张某来说是那样的漫长，因为考场上没发挥好，他中考惨败。本来他可以去读高中，但作为农民的父母没有能力去实现他的大学梦，他也不忍心给父母增加负担，只能自己寻找出路。

当同学们高兴地步入高中或者满怀憧憬地走进复习班的时候，张某决定外出打工。他像飞出笼子的鸟，兴奋地前往德州，投奔一个老乡。德州是一个不大的城市，但对于生活在农村的他来说却充满了神秘。在老乡的介绍下，他到了一家职业介绍所，老板一脸热情，问他什么学历，想做什么工作。其实，他也不知道自己能做什么。他把自己的大致情况说给老板，听完后那位老板皱了皱眉头说："有一家酒店需要勤杂工，管吃管住一个月300块钱，干吗？"他想都没想，赶紧点了点头，虽然交了60块钱的中介费，但他的心里还是美滋滋的。

第二天开始干活了，此时他才知道，当母亲听说他外出打工时为什么会黯然流泪，勤杂工不是扫地、倒水那么简单，他像一台机器被老板呼来唤去，根本没有休息的时间。早晨4点钟就起床，然后开始一天的忙碌，晚上11点才关门休息。一天下来，他累得腰酸腿疼，好几次都想不干了，但想想刚交上的60块钱，想想父母在田地里耕作的身影，他只好坚持下来。坚持了一个月，终于要发工资了，他兴奋了一夜，反复盘算着这300块钱该怎么花。可老板把钱递到他手里的时候，他惊讶地张大了嘴巴，只有150块钱，不是说好一个月管吃管住300元吗？老板一脸的不屑，说他不过是打扫打扫卫生、刷刷碗筷，还想拿多少钱？150元已经不少了，像他这样的打工仔，满大街都是，不愿干就走人。

张某一气之下辞了工作。后来，他做过搬运工、油漆工，除了交房租和吃饭外所剩无几。有一次，他在工地上做小工时，还差点被建筑架子上的木板砸伤。那时张某第一次感到生活是多么的艰难，他为自己没有知识、没有技术感到悲哀。

张某回到家中，老老实实地拿起锄头和父母一起下地务农了。尽管是农村孩子，但他一直在学校读书，这一次是真的到田里耕种抢收，几天农活做下来，累得不行，晚上躺在床上，张某疑惑了："我该怎么办？农村孩子除了挤高考独木桥，就只有在家种地受累或者到城里打工受气的份吗？我外出打工一年多，赚得最多的也就是几百元，而有的人却能轻轻松松赚到几千元，为什么会有这样的差距？"他最终想明白了，因为自己没有知识，没有技术。

1. **走进职校，他为梦想插上翅膀**

几经选择，张某决定就读职业学校，他想，掌握一门技术也许能改变他的命运。1996 年 7 月，张某到德州某中专机电班学习。

张某非常珍惜这来之不易的学习机会。他已经在外面打拼了一年，知道没有技术就没有选择，只能靠出苦力赚钱。教室里的几组小电机被张某琢磨来琢磨去，电机组上缠绕的电线有多少圈，他几乎都数清了。张某还成了学校里各种活动的积极分子，演讲比赛、专业技能比赛上都留下了他的身影。他觉得前方的路虽然漫长，但充满希望。

1998 年 9 月，张某考到山东某学院学习烹饪。大学的活跃氛围让张某开阔了眼界，在那里，张某如鱼得水，尽情遨游在知识的海洋里。与此同时，他喜欢上了酒店管理，业余时间自学起酒店管理的有关知识。

暑假里，他到德州美丽华大酒店实习。到了酒店，他才知道在职校里学到的理论知识在这里显得有些单薄，一切都得从实际、从细节做起。客房入住登记、前厅接待、餐饮、财务、劳资、人事等等，张某一一实践。由于他刻苦谦虚、善于钻研，在此期间还得到美丽华大酒店董事长的指导与器重，张某获益匪浅。

2000 年 7 月，张某高职毕业，因为打下了良好基础，他被几家单位同时看中。张某忘不了美丽华老总对他的关爱，忘不了美丽华充满朝气的工作氛围，最后他选择了德州美丽华大酒店。生活没有亏待他，因为扎实的理论知识和较强的实践能力，初出茅庐的小伙子很快在酒店里崭露头角，被任命为美丽华大酒店餐饮部经理。张某利用酒店的自身品牌，策划出很多有特色的促销活动，进行了大规模的宣传，举办了美食节等，吸引消费者前来就餐。他还在双休日安排“家庭休闲”活动，提供包价服务项目，如特色早茶、西式午餐、风味晚餐等。既提高了餐饮部的收入，又带动了其他部门的效益。

张某的工作得到了美丽华大酒店上层领导的认可，但张某又不满足了，他总觉得自己的专业知识还是欠缺，要想在本行业有所发展就必须继续充电。

2. 漂洋过海，他成了高级“灰领”

2001年3月，张某满怀憧憬地走进了南京金陵饭店管理干部学院，在这个由名个酒店主管人员和部门经理参加的培训学校里，他开始了新的起点。因为勤奋刻苦4个月的培训结束后，成绩优异的他被推荐到原国家旅游局下属的北京旅之友酒店管理顾问公司。

刚进公司，张某就被安排专职做酒店人员培训和酒店委托管理工作。参加北京旅之友酒店管理顾问公司培训的学员，都是来自各个大酒店的主管和部门经理，不仅有着资深的经历，而且很多人还有着本科或者硕士学历，张某只是高职毕业生，他感觉压力特别大。

第一次讲课时，张某准备得非常充分，他想给大家留下一个好印象。当他谈到酒店营业收入的控制问题时，一位拥有硕士学位的酒店部门经理站了起来：“请问老师，酒店销售收入控制的方法有哪些？如何完善酒店销售收入控制的监督体系？”这个问题让张某愣住了，他只知道酒店销售收入的控制是酒店管理的基本职能之一，是酒店内部管理的重要组成部分，至于其他内容，他从来都没有想过。他站在那里支支吾吾，台下的学生开始窃窃私语，有的还在偷笑。他脸上一阵红一阵白，恨不得找个地缝钻进去。好不容易到下课，赶紧逃跑似的走出了教室。

第一次讲课就如此难堪，张某内心无比痛苦。他找到公司里资深的专家，询问有关酒店营业收入的控制问题，专家从他的脸上感觉到了了的困扰，鼓励他说：“你还年轻，有不懂的问题多问问别人，多看看书，多上网查查资料，千万别有什么思想负担。”专家的话让张某心里踏实了不少。第二次上课，他就向那位学员道了歉，并且谦虚地说，自己虽然是老师但实际上有很多问题都不懂，希望大家有什么问题互相讨论交流。从那以后，他每次遇到不懂的问题，都去请教别人，并在书上和网上寻找问题的答案，在培训别人的同时，自己也提高了很多。

第一期学员培训下来，大家都被这个学历不高但踏实认真的小伙子打动了，那个第一堂课向他提问的拥有硕士学位的经理拍着他的肩膀说：“不错，小伙子，学历并不代表一切，你让我心服口服。”

实践是最好的老师。在边学边干中张某有机会实践了在学院学到的理论知识，更重要的是增长了专业见识，丰富了专业实践经验。因为表现出色，他被公司提升为最年轻的中层管理干部。随着公司业务的发展，他先后被派往武汉、南京、徐州、成海等地任职，担任过酒店经营顾问、大堂经理、专职培训师、餐饮部经理、驻店经理等职务。

旅之友酒店管理顾问公司为了长期发展，决定派遣一批人员到海外学习。公司从知识到能力进行了层层选拔，而且还把英语作为一项考察内容。张某工作期间报名参加了外语培训班，拼命学习英语。通过领导推荐、业绩考核、综合能力测试，最后张某实现了自己的愿望，他被派往马来西亚，成了公司里派出去学习的最年轻的员工，而且是公司派往海外 12 人当中学历最低的一个。

2023 年 7 月，张某踏上了马来西亚的土地，他没有想到一个农家孩子，会漂洋过海出国学习。他抑制住激动的心情告诉自己，一定要抓住机会，为明天的事业做好准备。现在他已在马来西亚吉隆坡攻读旅游管理硕士学位，兼修金融专业。

（二）案例思考

1. 在张某身上我们可以看出创业者应具备哪些素质?

2. 如果你是张某，当遭遇挫折后，你会怎么做?

3. 假如你是张某，当你给学员培训时，遭遇同样的尴尬，你会怎样处理?

4. 张某成功的案例给创业者带来哪些帮助和启示?

第九章 初创企业管理

第一节 经典教学案例

一、教学案例1 Facebook的成功之道

（一）案例描述

1. 导引

Facebook是美国的一个社交网络服务网站，于2004年上线，2012年上市，成为美国史上规模最大的IPO，市值接近1000亿美元。创始人扎克伯格（Mark Zuckerberg）身价近300亿美元，成为全球最年轻的亿万富翁。据统计，Facebook拥有8.3亿的活跃用户，这个记录也是全球互联网之最。2010年，被美国知名媒体《Fast Company》评为世界最具创新力公司。从默默无闻到业内龙头，再到全球轰动，Facebook的成功之道是什么呢？

2. 企业基本情况

Facebook创办人马克·扎克伯格是哈佛大学的学生。最初，网站的注册仅限于哈佛大学的学生，之后扩展到波士顿地区的其他高校，最终，在全球范围内有大学后缀电子邮箱的人都可以注册。

Facebook的可贵之处，是在经济大环境不佳的情况下，敢于冒险，专注于锐意创新，实现了快速成长。Facebook 的特点主要有以下几个。

（1）创新的架构：Facebook 的架构是用户自己的空间 + 社交互动的平台 + 商业应用，这点在全球还没有人能超越。

（2）开放的平台：Facebook 是唯一将源代码和第三方服务接口完全开放的平台，商用开发者可以最大限度地使用 Facebook 的用户资源。

（3）真实的身份：Facebook 的用户都是用真实身份注册和登录，真实的身份成就了真实的社交网络。

Facebook 是世界排名领先的照片分享站点，2012 年 5 月，Facebook 拥有约 9 亿用户，2013 年 11 月，每天上传照片约 3.5 亿张。2015 年 8 月 28 日，Facebook CEO 马克·扎克伯格在个人 Facebook 号上发布消息称，Facebook 的单日用户数突破 10 亿。

3. 主要功能

（1）墙（the wall）

墙就是用户档案页上的留言板。注册用户有权浏览某一个用户的完整档案页。2007 年 7 月，用户还可以在墙上贴附件。

（2）捅（pokes）

Facebook 提供一个“捅（Poke）”功能，让用户可以丢一个“Poke”给别人。这个功能的目的是吸引其他用户的注意。现在“Poke”派生出新的功能，如“超级 Poke”，用户可以把 Poke 替换成任何动作。

（3）礼物（gift）

2007 年，Facebook 新增了“礼物”功能。朋友们可以互送“礼物”，收到的礼物以及所附的消息会显示在收礼者的“墙”上。

（4）市场（marketplace）

2007 年 5 月，Facebook 又推出 Facebook 市场。所有 Facebook 用户都可以使用这个功能。

（5）状态（status）

状态，让用户向他们的朋友和 Facebook 社区显示他们在哪里、做什么。

（6）活动（events）

Facebook 活动的功能帮助用户通知朋友们将发生的活动，帮助用户组织线下的社交活动。

除上述功能外，还有广告服务、热门话题、提问功能、直播频道等。

4. 备受追捧

2004 年 6 月，PayPal 的联合创始人 Peter 向 Facebook 投资了 50 万美元。当时 Facebook 成立才 4 个月，估值 500 万美元，这是 Facebook 获得的第一笔投资。8 年后，Peter 的投资回报率高达 2 万倍。2005 年 5 月，风险投资公司 Accel Partners 向 Facebook 投资 1270 万美元。当时，Facebook 的市值大约为 1 亿美元。Accel Partners 目前是 Facebook 最大的外部投资者，拥有大概 10% 的股份。按照 Facebook1000 亿美元的上市估值计算，其 7 年投资回报率达 1000 倍。2012 年 5 月 18 日，Facebook 正式在美国纳斯达克证券交易所上市。Facebook 一直以高回报吸引了众多的投资者。

5. 盈利模式

Facebook 的盈利模式主要有三个方面：广告收入、增值服务、第三方应用。

（1）广告收入

实名制的开放平台：由于 Facebook 上的用户绝大多数都是真实身份，对于 Facebook 而言，可以清楚地知道每个用户真实信息和上网的轨迹，这对广告主是至关重要的。

微软广告条：微软是 Facebook 上条幅广告产品的独家供应商，那些需要在 Facebook 页面上投放复杂广告的商家可以直接从微软购买。为此微软对 Facebook 注资了 2.4 亿美元。

传统广告：传统广告可以直接在 Facebook 的网页上面购买。

（2）增值服务

用户购买虚拟产品：Facebook 用户可以直接购买虚拟礼品，这方面每年有 3000 万美元收入。这是比较重要的一种盈利模式。

付费调查问卷：Facebook 将调查问卷结果发送给那些支付费用的人。

（3）第三方应用

从APP开发商身上赚钱，Facebook现在就是一门心思做平台，不遗余力地培养APP开发商，为APP开发商创造最好的赚钱途径。APP开发商可以向在Facebook上面免费租赁店面的商家兜售自己的玩具，以吸引用户。

（二）案例教学指南

1. 案例价值

（1）本案例主要适用于有关创新创业内容的课程。

（2）本案例是一篇描述Facebook商业模式的教学案例，其教学目的在于引导学生对企业商业模式等问题具有感性的认识及深入的思考，从企业发展、创新服务等角度分析问题，并提出解决方案。

2. 讨论分享

（1）Facebook商业模式成功的关键因素是什么？

（2）你如何理解Facebook是创造需求，而不是满足需求？

（3）“互联网+”背景下电子商务如何提供更优质的服务？

（4）商业模式的核心是什么？

（5）如何进行商业模式的设计？

3. 理论要点

（1）互动的客户体验。线上线下一体化运作模式对于互联网的企业具有相当的可移植性。它帮助我们长期留住用户，在用户心里留下对网站强烈的印象。

（2）清晰的用户定位。互联网日新月异，要取得成功，必须有“聚焦、保纯”的战略思维，对于与互联网关联度很高的用户，一定要保持高纯度，增加品牌的吸引力，给予用户“社区归属感”。

（3）创新性集群思维。“互联网+”时代对创新有着更高的要求，社会化的网络交互平台提供了“网络社区概念”和“微经济”思维。Facebook通过将微细的社区聚集成群，形成规模效应，从而创造了更大的社区价值。

4. 教学建议

本案例可以作为专门的教学案例，下面的教学进度设计仅供参考。

（1）整个案例课的课堂时间控制在 90 分钟左右。

（2）课前提出启发思考题，请学员在课前完成阅读和初步思考。

（3）课堂上，教师先做简要的案例引导，明确案例主题（5 分钟）。

（4）小组研讨。

①小组讨论并在组内分享（15 分钟）；

②接着小组派代表发言（每组 5 分钟，控制在 50 分钟内）；

③引导全班联系实际进一步讨论，并进行归纳总结（20 分钟）；

④如有必要，可让学生比较分析 B2B、B2C、C2C、B2M、M2C、B2A（即 B2G）、C2A（即 C2G），并形成书面分析报告，并制作汇报 PPT，进行分组汇报，训练学生的演讲表达能力，教授学生当众发言的技巧。

二、教学案例 2　A8 模式的迷人魅力

（一）案例描述

A8 音乐集团获得 2000 万美元风险投资的事没有引起多少人的关注。但是，在 SP 向 CP 转型的众多现象中，A8 悄然转型的独树一帜，却是值得一提的。

1. A8 的模式

A8 总裁刘 × 是清华出身，讷于言，却敏于行。对于新机会的捕捉和操盘堪称高手。此处就不多提了。而作为 A8 高层之一，原华纳唱片总裁许 × 的出现，则让人感觉有些惊奇。许 ×1999 年带着华纳公司 20 万美元开创中国公司，2004 年，华纳中国年营利达 5000 万元，签约歌手达十几个。这已经是很不错的成绩了。现在，许 × 的野心更大，他想在未来 5 年实现 1 亿元营收，并希望明年底签约歌手达到 100 个。但千万别把 A8 看成未来的一个唱片公司，它是包括 SP、网络、唱片渠道的综合体。

更精确地说，这是一家唱片公司的投资管理公司，采取基金式的管理模式。至少许×是这么认为的。

根据许×设想的这个模式，A8除了在自身网站挖掘并签约一些原创歌手之外，还会跟众多唱片公司合作，比如A8看上个歌手，但该歌手已经与A唱片公司签约了，那么A8就会找A唱片公司，或出些资金，或为歌手打造一个方案，和A公司一起包装这个歌手，并在唱片、铃声、互联网下载方面一起受益。

2. 不同模式之简单比较

显然，尽管目标都是夺取原创歌曲的版权，但A8的转型模式和其他SP有所不同。以前掌上灵通收购九天音乐网，只是希望控制网络方面的原创音乐的源头，以减少对唱片公司的依赖。而华友世纪直接收购民营唱片公司飞乐唱片，还接连签下庞龙、陈好和张靓颖等歌手，又向前跃进了一步，直接和唱片公司竞争了。但是，这种做法有些操之过急。

A8不是最大的SP，好像排名是第7，拿不起大钱，当然也无法进行大收购，可它却依靠一个很取巧的模式，赢得了掌声。至少是拉到了2000万美元的真金白银。A8于2008年6月12日在香港主板挂牌上市，该网站于26日开始路演。据当时港交所相关文件显示，A8音乐的招股价范围是1.66～2.38港元，将发行9100万股，集资1.5亿～2.2亿港元。专注、执着的公司才能上市。专注、执着的音乐人才能成功。在A8上市这几年历程中，同期也有很多准备上市的公司都在路上被甩了下来，纷纷另做其他打算，只有A8坚持了下来。所以真正的高手是要耐得住寂寞，A8是这样，作为音乐行业从业的人员，也需要耐得住寂寞。

近两年是数字音乐的低谷，其中最大的作用，就是让利用音乐做概念来融资圈钱的投机分子们出局，他们纷纷掉头另寻其他概念。一方面，坚持下来的都是胜利者，是收获者，也都是对音乐产业真正有帮助的人和公司；另一方面，也促进了音乐产业升级和洗牌，尤其是对低素质、低价值含量的行业从业人员的洗牌和淘汰。A8上市证明，以后音乐产业的规则，对行业人员素质有了更高的要求，并不是懂点音乐，懂点宣传就可以了，以后音乐市场的规则是要懂资本运作、懂管理、懂运营。固有思维模式下的公司和领导人是要被淘汰的。

（二）案例教学指南

1. 案例价值

（1）本案例主要适用于“创新创业”等课程的商业模式构建分析。

（2）本案例是一篇描述 A8 音乐成功转型的商业模式的教学案例，其教学目的在于引导学生进一步认知商业模式的重要性以及商业模式创新的价值所在。学生通过深入分析 A8 音乐的发展历程、行业特性、运营策略、资源整合、团队重构等方面，能够更加明确商业模式的本质。

2. 讨论分享

（1）A8 音乐商业模式成功的关键因素是什么？

（2）A8 应该如何拓展商业模式去满足消费者的体验式音乐需求？

（3）创业者如何寻找新的商机与概念并加以实施？

（4）如何认识盈利模式与商业模式的关系？

（5）数字经济时代，技术与商业模式的关系如何？

3. 理论要点

（1）现代管理学之父彼得·德鲁克曾说过：“当今企业之间的竞争，不是产品之间的竞争，而是商业模式之间的竞争。”市场经济发展到今天，竞争已经不仅停留在产品、技术、服务、管理、人才等方面，一切都必须以一种有形的模式存在和出现。商业模式，简单地理解是指能够为公司带来收益并且收益越来越大的赚钱方式，主要包括三种模式：销售模式、运营模式、资本模式，其核心就是对资源的整合能力。随着计算机科学技术的发展，互联网作为先进的商业媒介已经形成了互联网商业模式。

（2）互联网商业模式就是指以互联网为媒介，整合传统商业类型，连接各种商业渠道，具有高创新、高价值、高盈利、高风险的全新商业运作和组织架构模式，包括传统的移动互联网商业模式和新型互联网商业模式。

（3）商业世界是个快速变化的世界，任何商业模式都不是永远不变的，而要保持其领先地位就要不断地进行创新，哪怕被认为是最优秀的商业模式。世界上许多优秀的企业不是没有核心能力，也不是没有好的商业模式，而是不能根据市场环境的变化进行积极有效的创新、变化而衰落的。与之相反，一些优秀的企业通过建立一种将成功商业模式不断进行更新的机制，从而实现了企业快速、持续、稳定的增长创新无界限！

4. 教学建议

本案例可以作为专门的教学案例，下面的教学进度设计仅供参考。

（1）整个案例课的课堂时间控制在 90 分钟左右。

（2）课前提出启发思考题，请学员在课前完成阅读和初步思考。

（3）课堂上，教师先做简要的案例引导，明确案例主题（5 分钟）。

（4）小组研讨。

①小组讨论并在组内分享（15 分钟）；

②接着小组派代表发言（每组 5 分钟，控制在 50 分钟内）；

③引导全班联系实际进一步讨论，并进行归纳总结（20 分钟）；

④如有必要，可让学生比较分析 A8 音乐与其他音乐内容提供商之间的异同，并以团队的形式形成书面分析报告，并制作 PPT，进行分组汇报，训练学生的演讲表达能力，教授学生当众发言的技巧。

第二节　课堂精读案例

一、精读案例 1　京东：B2C 商业模式的领航者

（一）案例描述

1. 京东概况

京东（JD.COM）是中国领先的综合网络零售企业，公司旗下产业京东商城是中国电子商务领域最受消费者欢迎和最具有影响力的电子商务网站之一，拥有在线销售家电、数码通信、电脑、家居百货、服装服饰、母婴、图书、食品、在线旅游等 12 大类数万个品牌商品。公司秉承“客户为先”的经营理念，致力于为供应商和卖家提供一个优质的服务平台，为消费者提供丰富优质的产品、便捷的服务、实惠的价格，致力于打造一个受广大用户信赖、喜欢的优质网购入口。2013 年 5 月，京东商城超市业务正式上线。2013 年 7 月 30 日，京东首次披露金融布局，支付业务年底上线。2014 年 3 月 10 日，腾讯与京东联合宣布，腾讯入股京东 15%。5 月 22 日，京东在美国纳斯达克交易所挂牌上市，交易代码为“JD”。

2. 刘 × 东其人

刘 × 从 1998 年开始自主创业，历经了创业前两三个月，公司就他一个人，天天拿着宣传单站在楼下散发的磨砺；顶住了父母、女友对自己不理解的压力：遭遇了很多生意场上的无助。因为 SARS 危机，他最终走上了电商这条路。在这条路上，一路走来，虽然艰辛重重、非议不断，但他却在夹缝中杀出了一条自己的路！在电商领域，刘 × 挑战国美与苏宁、拒用支付宝、屏蔽一淘搜索、与当当展开价格战、卖机票和奔驰 SMART……这些举动让他锋芒毕露，也令他饱受争议！京东商城也在一路封杀中硬生生地活了下来，就像一棵嫩苗长成了大树。明基曾对京东封杀，公开表示

不承诺京东特价品的售后服务；其后，京东遭遇技嘉科技和液晶厂商瀚视奇的封杀；还遭遇苏宁、国美、当当和出版社的封杀……刘 × 曾这样回应图书之争：我今生最恨的词就是“封杀”！请图书部门同事把这些出版社记下来，他们的图书永远四折！正是他坚持合作、诚信、交友的原则才能在一次又一次的战争中取得胜利，然后以300% 的速度飞速增长！

3. 我国 B2C 的发展情况

B2C 是指面向最终消费者的电子商务，它是企业通过 Internet 向个人消费者直接销售产品和提供服务的经营方式。就目前来说，大部分物流还是需要机器和人搬运的。目前国内外的各种物流的配送虽然大多跨越了简单送货上门的阶段，但在层次上仍是传统意义上的物流配送，因此在经营中存在着传统物流配送无法克服的种种弊端和问题，京东的物流配送方式：自营配送模式 + 第三方物流，可以将物流成本降到最低，物流、快递决定电子商务的未来，但是从目前来看，京东的配送速度的确很快，但是它依然存在着不足：投资过大，风险增加，缺乏灵活性，以及京东无法监控第三方物流，不能保证配送服务的质量。京东应该选择自身的物流配送模式，注重物流配送体系的基础建设，发挥物流配送中心的作用。

4. 京东的商业模式的奥秘所在

（1）产品流、物流和信息流

首先，京东以诚信这个金字招牌打开了市场，保证是正品，还都是三包的；还可以获得额外的返点，用更低的价格买到京东商城的商品。作为一个消费者，当然希望能够买到价廉而物美的产品，不得不说消费者提起网购总是会说：假货太多，水太深。很多人宁愿多花点钱去专卖店买也不在网上购买。但是京东在业内是以正品低价著称，这也是其能够在更新发展迅速的电商行业保持激情活力的原因之一。

京东的配送服务也是相当人性化的，包括 211 限时达、次日达、极速达、夜间配、自提柜。截至 2023 年 12 月 31 日，211 限时达已覆盖全国 300 多个城市，次日达服务还覆盖全国 248 座城市，极速达和夜间配业务在北京、上海、广州、成都、武汉、沈阳 6 个城市提供服务。满足了不同消费者的需要。

京东现在推出O2O战略。京东的零售业O2O战略分为两大核心：第一个是信息系统，第二个是物流系统。“点对点”物流体系有四个服务标准：第一个服务标准就是O2O的物流标准，1小时必须送达；第二个是定时达，24个小时可以上门提货，也可以送货上门；第三个是希望通过便利店实现15分钟的极速达；第四个是上门的体验服务，消费者可以在网上下单，到门店试穿、试吃等等。

除此之外还有其他的增值服务，一个是保温物流，这个保温物流有两个概念：高温和低温。如果送餐就是高温，如果要送冷藏就是低温。另一个是逆向物流，这个不仅是退货的概念，更多强调的商品体验，如卖女士衣服，送到家里体验再购买，体验以后由商家取回来多余的商品，这是逆向物流。

不得不说在京东这种为消费者考虑的想法是许多商家和企业都值得思考和学习的。

（2）不同角色的利益都得到满足

按理说，一个完美的商业模式，应该让多方共赢才对，如谷歌的搜索引擎，客户用它搜索资料是不用花钱的，这是普通网民的福利；广告商花钱做广告，因为有海量用户会看到这些广告，这是厂家的福利；而谷歌收了广告费，就能继续研发技术，继续加强用户体验，这是一个三赢的模式。

但京东的“模式”，只让顾客得利，供货商呢，则放在次要位置。刘 × 说：“我有这么多终端用户，而且以每年3倍多速度增长，有用户就有销量，就不愁找不到供货商。我们的低价虽然对传统渠道有冲击，但他们也有出货量的压力，因为有量才有返点，所以只要能卖掉，有时候他们不赚钱都愿意给我供货。”他最看重的就是用户数量的爆发式增长，所以京东商城的所有行为，都围绕这个基本中心——在京东刚开始时，刘 × 不惜一切代价，以保障消费者利益为由，以超低价、无假货、开正式发票、服务快等，虏获了一大批客户的心；接着，他挟客户以令投资商，投资者看到京东发展迅猛，便主动投入资金，以“低价、亏损”为旗帜，吸引更多的客户；然后再转头面对供应商，要求供应商接受更长的账期、高额的进场费、很高的扣点……和最开始的不需要那么多钱不同，今天的京东商城，需要花钱的地方太多了，甚至每个月要花哪些钱都规划得清清楚楚，然后由公司的财务负责人直接找投资人谈，刘 × 只是象征性地拍板。

（3）收入来源趋于多元化

2012 年上半年，京东商城销售额同比增长超过 120%，交易额同比增长 161%。公开资料显示，2011 年，京东商城的毛利率为 5.5%，配送费占 6.6%，广告占 2.3%，技术和管理费用率约 1.5%，净亏损 5% 左右。而亚马逊的利润浮动在 25% 左右。2009 年 12 月，刘 × 曾表示："京东正处在盈亏平衡点上，我们年销售额达到 40 亿元就足以盈利。"但显然他食言了。京东商城的状况是，销售额飞速增长，而利润却始终不见大起色，持续亏损，刘 × 甚至宣称到 2015 年都没打算盈利。电商企业通过透支未来以求延续生命的生存逻辑的确值得关注。作为国内 B2C 电商业领头的京东商城，难道不想尽快盈利吗？显然不是。京东商城似乎陷入了融资——规模——亏损——融资恶性循环的困局中。亏损根源于投入？刘 × 说，京东商城的亏损绝大部分来自投资，如果停止对未来进行巨额投资的话，就不亏损了，而且亏损全在可承担范围之内。比如亚马逊连续亏损 7 年，但只用两年时间就把过去的亏损全部赚回来了。他相信，京东商城总有一天会实现。

京东商城目前的主要利润来源是在与供货商的包销模式中获取的产品差价和返点收益。刘 × 曾透露，2009 年京商城的毛利率比 2008 年提高了 70%，而这 70% 的增长全部来自返点收益。2012 年 2 月，就有网友在微博曝光京东商城与供货商的合作协议。该协议称，京东商城收取供货商 20 万元品牌服务费，并要供货商保证京东商城销售总额 20% 的毛利额。此外，京东商城还设计出其他收益项目。比如平台使用费，京东商城根据服务类型收取相应比例的佣金，如收取平台使用费 6000 元等，同时根据不同的店铺经营类目，收取平台保证金 1 万元至 10 万元不等。京东商城还对物流服务进行出租；利用收到顾客货款和支付供应商的时间差产生的资金沉淀，进行再投资从而获得盈利；广告费也成为其营收来源之一。莫岱青说："从商品品类来讲，京东商城现在从 3C 转型到综合百货类，它的盈利来自直接销售收入、虚拟店铺的出租费、广告费、资金沉淀收入等。"

5. 京东的竞争策略模式

（1）物流为王

京东商城在完成中国互联网史上单笔最大融资之后，再次站到了风口浪尖之上。一时间，鼓吹者有之，质疑者有之，众说纷纭。无论大家如何去猜测融资背后的故事，京东商城融到了一大笔真金白银是确定无疑的事情。根据京东商城一贯的风格，必然在此之后开启新一轮的快速扩张，而支持京东快速扩张的最大武器则是万试万灵的价格战。面对京东商城即将再次点燃的战火，许多“业内人士”开始“拍砖”，有的呼吁厂家和供应商联合抵制京东，有的开始“招兵买马”准备正面迎战。京东为什么这么“嚣张”，四处出击大打价格战？它的底气在哪里呢？回答就是物流！物流！物流！

自建物流带来的物流低成本才是京东商城挖掘出来的最大“黑金”。这才是京东商城低价的最终底气所在！早在20世纪60年代，现代管理学之父彼得·杜拉克就预言，物流领域是经济增长的“黑暗大陆”，是“降低成本的最后边界”，是降低资源消耗、提高劳动生产率之后的“第三利润源”。抓住了这个“第三利润源”，才有了叱咤风云、笑傲商林的京东商城！京东商城也不是成立之初就想到自建物流体系的，刚开始它和绝大多数电子商务企业一样利用第三方物流企业进行货物配送。但是当京东商城发展到一定规模时，刘 × 就发现普通规模的物流企业难以满足京东商城快速增加的交易订单量。改用UPS、DHL等一线物流企业的话，偏高的收费标准将导致用户因配送费用过高而放弃京东商城。另外，京东商城主营的3C产品单笔订单价格较高，而第三方物流配送的话，途中的破损率、丢失率均难以把握。

所以在2007年6月，当京东商城的日交易量达到3000订单时，刘 × 果断开始了包括自建仓储和配送体系在内的整个物流体系。

2007年8月，京东商城开始在北京、上海、广州三地建立自己的配送队伍，其余地方继续采用第三方快递。2009年初，京东第二轮融资的2100万美元中有高达70%用于成立控股物流子公司，购买新的仓储设备，配备手持RF扫描器，建设自有的配送队伍。在此之后，2010年1月，京东商城又把刚获得的第三轮1.5亿美元风投中的超过50%投向了仓储、配送、售后方面。其后，京东商城获得的15亿美元融资，刘 × 几乎全部投入到物流和技术研发的建设项目中，再次“豪赌”物流！正是这样持续不断地对物流进行高强度的投入，让京东商城可以在成本上傲视群雄，可以支撑它打赢一场又一场没有硝烟的战争。

（2）诚信为基

古人有云：不信不立，不诚不行。诚信乃企业立足之本，诚信才会换来美好前景。当今世界500强企业没有一家不是靠着脚踏实地、诚信经营取得成就的。当一个企业耗尽自身的信用资本，那就会走向灭亡。

在2008年金融危机期间，京东资金链面临断裂，刘 × 正急于融资，这时他开始接触风投，认识了今日资本的徐新等人。在一天一夜的谈判后，他们让他说一个数字，他谨慎地说了一个数字：200万。徐新笑着说，200万元怎么够，然后给了他1000万美元。徐新回忆说，今日资本第一轮投资京东后，京东的成长非常快，本来目标翻一倍，结果翻了两倍。

后来在金融危机时，京东只得到2000万美元的投资，他亲自和他的团队审查合同，300多页的合同，他一条一条看过去，在每一页上都签上自己的名字，他觉得这是自己的诚意。

虽然说价格不是很好，但是它很重要。在徐新看来，刘 × 是匹千里马，他的聪明、诚信、坚持、倔强甚至强势都是企业家的一种气质。正是出于这份看重，京东2007年意向融资200万美元，徐新给了他1000万美元，并在2009年金融危机后再次领投2000万美元的B轮融资。在雄牛资本合伙人李绪富看来，刘 × 是他见过的最阳光的企业家。所谓阳光，第一是对所有的人都非常真诚；第二是其做企业的方式是透明的，对社会、对股东、对员工都是如此。所以京东所拥有的诚信不是单方面对消费者的诚信，也是对自己团队中，与自己一起奋斗的伙伴们的诚信。

刘 × 所有的待人处事原则中，贪腐成为绝对不容触碰的价值底线，这几乎也成为每一个京东人的共识。据说，京东一个副总裁被开除了，原因就是拿了供应商的一个不到300元的箱子。当时他的年薪是150万元，以及在上市之后至少值六七千万元人民币的股份。在刘 × 看来，对贪腐的判断标准绝不是金额的大小，而是一种价值观的认同。当年初创业时的经历让刘 × 牢记：千里之堤，溃于蚁穴。

在京东，内部讲得最多的一句话是“诚信”。不光是讲，也坚持在做。自 1998 年京东创业起就坚持无假货，不欺瞒用户，这为京东积累了良好口碑。当时人们几乎不敢相信网上销售，若无“诚信”，京东想要开拓一片天地绝无可能。京东还创造过中国企业 PE 合作史上最经典的案例，让商界相信“一个口头承诺比一个亿更宝贵”。电商企业要加强自律、提升以服务为根本的核心竞争力。完善电子商务诚信的建设并不是一时之间就能完成的，也不是一个人的力量就能完成的，只有每一个电子商务主体都认识到诚信的重要性、紧迫性，团结一心，共同努力，才能使电子商务诚信体系尽快得到完善，从而使我国的电子商务走上具有中国特色的电子商务道路，使我国早日成为一个科技与网络技术高度发达的诚信国家。

（3）价格为饵

既然是价格战，那么首先你要有在这场战争中反抗的实力，那就是足够的资本。2012 年 8 月 14 日，京东商城掌门人刘 × 在微博上宣布：从今天起，京东所有大家电保证比国美、苏宁连锁店便宜至少 10% 以上！这条微博发布后，瞬间被大量转发。这意味着，在电商行业占据重要地位的京东商城，以大家电为突破口，正式向另外两家传统家电巨头国美、苏宁宣战。苏宁易购当日下午随即在微博回应：苏宁易购的所有产品价格必然低于京东，差价将两倍赔付消费者！这条微博的出现，使网民意识到一场电商大战即将上演。而就在当日晚上，国美直截了当称：国美电子商城全线商品价格都要比京东商城低 5%。最终，8 月 15 日上午 9 点，一场由京东、苏宁、国美主导的电商“三国杀”正式拉开序幕，引发了业内外的高度关注。

这场价格战与其说是价格和利润的较量，不如说是互联网模式与传统模式的“大决战”，而驱动两种模式“决战”的力量是资本。京东此前已进行了三轮融资，2007 年，它获得今日资本千万美元投资，2009 年今日资本、雄牛资本以及投资银行家梁 × 的私人公司联合注资 2100 万美元。2011 年的 C 轮融资规模空前，DST、老虎基金等共 6 家基金和社会知名人士融资共计 15 亿美元，这是中国互联网市场迄今为止单笔金额最大的融资，逼迫该业务占比超过60%的苏宁应战。价格战导致投资者看空苏宁盈利前景，股价下跌，担保机构要求苏宁追加股票，否则平仓。无论哪种情况，都会造成苏宁资金链大出血。这样，京东给阻碍在面前的对手以巨大的打击，这为京东在产品市场和资本市场创造有利条件。

（4）想员工之所想

刘 × 在刚创业时开了一家饭店。刘 × 买了20多块卡西欧手表，给餐厅所有员工一人一块，这在当时是很贵重的礼物，200多元一块，但刘 × 毫不手软，因为他要“表达心意”。这还不是全部，他还给所有员工涨了工资，重新安排宿舍，装了空调，甚至改善了服务员的伙食，之后就不再去过问餐馆，放心地交给餐厅的老伙计经营。直到半年后，刘 × 发现自己一直在贴钱，伙计内外勾结只想贪钱，自己从外面辛苦赚到的钱仍在不断往餐厅里投，资产从此前的20万元变成了负债20多万元。这让刘 × 第一次开始认真思考性本善还是性本恶的问题。

“为什么你对员工这么好，而他对你这么不好？你真的没有亏待他，他的工资吃住还是待遇方面都比以前要好；可是以前每个人还踏踏实实干活，而现在却都是想捞自己的钱。”他不断问自己。在有了更多经验后，刘 × 通过反思将这次创业失败归咎于自己。“对员工疏于管理，没有明确企业制度，更重要的是没有建立企业的价值观。”所以贪腐成为绝对不容触碰的价值底线。杜绝了不良风气，刘 × 想得更多的是怎么样给大家带来利益。截至上市前，京东共有5.6万名员工。刘 × 说，“他们和我一样，全部都是屌丝，希望用自己的汗水来赢得更好的生活，希望能够生活好、有钱孝敬父母、孩子能在城里上学”。

2014年春节，所有人都没有注意到的一则新闻，刘 × 却注意到了，这是《安徽留守儿童疑因父母不回家过节自缢》的新闻，他毅然决定对春节期间加班的所有同事，凡是有孩子的，按照每个孩子3000元给予补贴，要求同事们把孩子们接到身边共度佳节。如果个别同事离家太远，费用不够，超出部分，实报实销。离家近的，多余费用不用退还。

6. 永恒的激情与格局

如今，刘 × 还坚持着自己初创业时的梦想，除了不再向家里要钱之外，更大的梦想就是使更多人获得更好生活的机会。在商场身经百战的他没有变得故作老成或者与员工拉开距离，而是一个非常“接地气”的老板。IPO 高管会议现场，京东商城集团 CEO 沈某因脚伤拄着拐杖而来，他一脸严肃地揭穿说：“我们京东商城集团 CEO 因为陪孩子玩儿把脚摔伤了，还坚持前来，真的很不容易。”弄得会议现场哄笑一片，沈某哭笑不得。而在京东员工看来，这样的无厘头事件早已见怪不怪。刘 × 说：“每个人的追求都不一样，只要过的日子是想要的，就是幸福的，我在工作时最快乐，所以如果每天能够工作，都很开心。”一个企业的活力很大一部分是领导者所创下的基调，一个严肃的上司，那下面的工作气氛肯定也是严肃的，有这样一位充满激情、活力、“接地气”的老板其企业氛围可想而知。

（二）案例导读

1. 分析要点

（1）商业模式分析法是商业社会最重要的分析方法之一，掌握良好的商业模式分析方法对于商业资产的定价、商业谈判、客户服务等有着最直接的意义。总的来说，企业的商业模式必须顺畅，具有实证性。商业模式分析法在实际的运用过程中往往在脑海中多是一瞬间的直觉。多自问为什么？凭什么？针对每一个商业细节进行调查是进行商业模式分析的不二法门。

（2）利润：利润是商业经济组织最重要、最基础的指标之一。在现金流的基础上分析利润的数额固然重要，但准确地分析预期利润和恰当地运用利润周期同样重要。在中国，在众多人口的生存与发展的迫切要求下，各个行业从获取高额利润到市场平均利润的时间要比国际市场要短很多。因此，在中国投资预期利润高、现期利润低的企业风险将很高。特别是几倍于以证券市场为代表的行业变化周期（一般市场是半年一小变，两年一大变，四年会有根本的变化）。

（3）市场收益：市场是正常商业组织获取商业收益的来源，分析企业的市场性质、范围、容量、层次、认知程度等是极其重要的。市场利益通常从对市场容量和开发难易程度方面进行综合考虑。一般从开拓市场的成本来分析市场效益。

（4）人的因素：人是最重要的生产力因素之一，分析商业领导人时，在大多数情况下可以容许其对自己的定位有很大偏差，但是他对企业在市场和同行中的定位应该是真实而客观的。应对其做事、说话的真实性、顺畅度和逻辑性进行求证。企业的定位是市场现实，是结果而非原因。另外要注重对企业领导人的直觉判断。其有相关经验和丰富的人生经历，良好的管理素质、具有商业道德和恰当的商业态度是最根本的。在人和物之间，人是有创造性的，人对物具有主观能动性。

2. 思考题

（1）京东的市场定位与价值主张是什么？

（2）京东商业模式的成功之处是什么？

（3）京东与天猫、亚马逊在模式上有什么异同？

（4）如果你是刘 ×，将如何带领京东实现跨越式发展？

（5）如何进一步创新京东的商业模式？

二、精读案例 2　中国动向的商业模式

（一）案例描述

大部分人对中国动向公司的名称可能非常陌生，但是对其所拥有的品牌一定极为熟悉，比如品牌 Kappa（背靠背）。

1. 成长奇迹

中国动向是意大利品牌，2002 年进入中国市场，李宁公司是其最初的中国区总代理。2008 年，中国动向的销售额是 33 亿元人民币，虽然规模不算大，但利润率极为惊人，毛利率是 62%，且利润构成与纵向一体化、毛利率中包括生产环节和零售环节利润的百丽公司完全不同。

2. 利润来源

中国动向的生产全部采用外包制，生产环节没有利润，同时，零售环节也全部外包，即通过经销商去开展零售业务。其62%的利润源自品牌和研发设计能力，所以中国动向62%的毛利率比百丽公司的含金量要更高，税后净利润率是40%。在收购日本公司前，中国动向在中国公司只有五六百人，每年却能够创造13亿元的净利润，这些财务数据都远远地超过了李宁公司。

3. 中国动向公司的由来

中国动向原是李宁公司投资的一项业务，后来李宁公司将这块业务分拆出来，分拆的价格是1000万元人民币，中国动向公司由此诞生。

分拆出来的中国动向公司2008年在香港股票市值达到300亿元，相较于2004年、2005年的1000万元人民币，短短的两三年就增长了3000倍。

李宁公司之所以把中国动向这项业务以如此低的价格出手，有两个主要原因：一是当时中国动向Kappa的业务并没有非常大的起色，与其他的公司一样经营传统的运动服装，这在当时是亏损的；二是Kappa的品牌所有权属于意大利，这对于上市公司来讲，是个巨大的安全隐患。

对于李宁来说，作为奶妈型的业务，中国动向Kappa的风险是比较大的。其风险不在于启动的运转，而在于控制性。如果其品牌拥有公司要将这项业务拿走，那么李宁的业绩就会出现大幅度的下降。所以这种奶妈型的业务，对于上市公司安全隐患很大。而解决这一隐患的方法只有一个，即像国美一样，把奶妈变成一种专业，变成一种商业模式，否则就会非常被动。而当时的李宁公司只有一个Kappa的品牌代理，所以李宁公司只能把这项业务割舍。在这之后，中国动向公司就成立了。

4. 成立后的重大转变

中国动向公司成立后做了两件事情，最终使其华丽转身。

（1）开创体育用品时尚化的创新商业模式

中国动向公司做的第一件事情就是对产品做出重大改变，开创体育用品时尚化的创新商业模式。

Kappa 作为意大利品牌，过去只有两条产品线：一是传统的运动装；二是今天的 Kappa 产品，即运动时尚化产品，这种产品在非运动场合穿着的人数和时间远远大于在运动场合穿着的人数和时间。中国动向公司选择了后者，其商业模式的创新主要体现为两个方面。

第一，独特的客户定位与价值诉求。Kappa 运动时尚产品的四个主题词为：运动、时尚、性感、品味。这一定位很难将其与传统的运动装联想在一起。传统的运动装没有太多款式，也不时尚，但是 Kappa 不同，Kappa 在中国新的定位就是运动服装时尚化，目标人群是宣称要运动但却从不运动，以及想有运动的感觉但不想出汗的人。比如，一些企业界人士就是 Kappa 典型的目标顾客群，这类人士有应酬，工作生活不规律，应该多运动，但是基本上有各种理由从不做运动；同时在带领企业发展的过程中需要有一种激情、运动的感觉，但却不想出汗。Kappa 背靠背就找到了这些客户群的需求，然后纵深发展，很快就实现了快速成长，甚至远远超出原来设想的增长。

第二，将赊销改为代销。中国动向公司是通过经销商来进行销售的，所以当其将运动款改成时尚款以后，经销商都很焦虑。因为过去的运动服都是赊销，先拿货，再收钱，如果卖不掉，责任是经销商。在这种情况下，中国动向做出一个非常重大的决定，将 Kappa 新的时尚款服装改成代销，企业给经销商供货，如果卖不掉经销商可以将货退回，风险全部由中国动向承担。这个决定实施后，中国动向的产品开始大卖。

（2）融资

在融资上，Kappa 向摩根 · 斯坦利融资 3800 万美元，然后向意大利公司购买 Kappa 中国品牌的永久使用权，可以说，Kappa 做得非常出色。实际上，在此之前，李宁公司曾想获得永久使用权，但是 Kappa 没有答应。随后，金融危机的爆发让 Kappa 公司的母公司决定卖掉一个子公司，开价 8500 万美元，而当时中国动向只有 1000 万元人民币的资金。最后，中国动向公司向摩根 · 斯坦利融资 3800 万美元，其中付给意大利 Kappa3500 万美元，用于收购 Kappa 品牌中国所有权和全球优先购买权。

5. 商业模式的关键：控制力

中国动向的股票值能一度达到300亿元，这与购买意大利品牌的中国永久使用权是分不开的。这一永久使用权的获得让中国动向拥有了控制力，业务得以长期发展，同时也打开了资本市场的价值，最终实现大发展。

在商业模式里，控制力非常重要。企业五年以后会怎么样，有控制力和没控制力是完全不同的，资本市场就是要考虑企业五年以后的状况，投资的是未来。而这也正是Kappa中国动向能够获得成功的关键之一。

6. 未来走向

中国动向的未来走向就是Kappa品牌的全球化和中国市场的多元化品牌。

（二）案例导读

1. 分析要点

（1）商业模式创新在企业的发展中已经起到举足轻重的作用，是一个企业做强、做大、做优的必由之路。商业模式创新贯穿于企业资源开发、研发模式、生产方式、营销体系、流通体系等企业经营的全过程，特别是基于信息化的商业模式创新，有可能完全颠覆传统的商业模式，摧毁传统的商业企业，是一项庞大而又系统的创新工程。如何进行商业模式创新，需要我们去学习、去思考、去探讨、去实践。

（2）商业模式创新也不是一蹴而就的，每个行业创新的方式方法都不一样，商业模式的创新要根据企业现有的基础去做。当然创新自然会有它固然的天然法则存在，就像企业是否找到客户的精准定位，是否抓住客户的杀手级隐性核心需求。如果企业能生存，那肯定满足了客户的某些需求。但是如果企业满足的只是客户的小需求，那么只是一家能生存的企业；如果企业能够满足客户的核心需求，那么企业将是一家可以快速发展的企业；如果企业满足了客户的杀手级隐性核心需求，那么企业就可以脱颖而出，可能会成长为一家上市公司，甚至成长为一家伟大的公司。

（3）每一个行业都需要自己的竞争门槛，都需要建立相应的核心资源去提升竞争门槛，比如可口可乐有自己的秘方、分钟传媒占领了中国大部分楼宇电梯、东阿阿胶控制了90%的驴皮，这些企业都成就了自己的霸业，而关键就在于他们有自己的核心资源，从而取得了行业的控制力和定价权。所以，我们要想自己的企业在行业里面脱颖而出，就需要我们想方设法地去取得这个行业的核心资源，这样才能在行业里面获得地位，中国动向的发展正是因为其掌握了控制权。

（4）创新是当今企业发展的主题。商业模式创新是技术创新、产品创新、工艺创新、组织创新之后的一种新的创新类型，在成功的创新中有60%的创新是商业模式创新。一项新技术的经济价值仅仅是潜在的，它必须以某种形式商业化后才能具体表现出来。同样一项技术，采用不同的商业模式它给企业带来的收入也是不同的。创新并设计出好的商业模式已经成为商业界关注的新焦点，商业模式创新能够为企业带来战略性竞争优势，是新时期企业应具备的关键能力，例如西南航空公司、苹果、亚马逊、携程等国内外知名企业正是依靠独特的商业模式进行创业，获得了巨大成功。

2. 思考题

（1）中国动向商业模式的成功之处在哪儿？

（2）如何进行准确的商业定位？

（3）你如何看待创业融资与中国动向成功的关系？

（4）中国动向下一步应如何实现创业升级？

（5）请用产业微笑曲线来剖析中国动向的商业模式。

第三节　课外拓展案例

一、拓展案例1　返利网：掮客e传

（一）案例描述

返利网，成立于2006年。返利网的商业模式并不复杂。简单来说，用户通过返

利网端口进入 B2C 网站，如京东商城、亚马逊中国等进行购物时，可以获得返利网给予的积分，当积分累积到一定规模便可以折现返回。折现返还给消费者的实惠实际上是 B2C 网站支付给它的广告费用，而返利网的收入来自于其中的利差。2007 年，不到 26 岁的葛永昌在工作之余研发了返利网。当时，同济大学工程系毕业的他已经有了 5 年多的互联网技术从业经验，一次偶然的机遇，葛永昌邂逅了美国 Pactec 软件，一个能够给企业带来订单，还能帮助用户省钱的赚钱软件。仔细研究 Pactec 的模式之后，葛永昌意识到，这种一举三得的模式似乎也可以运用在 B2C 领域，他便在工作之余，自己开发了返利网。

在葛永昌看来，返利网与百度或者其他 B2C 广告不同，最大的优势便在于提高了商家的用户转化率。普通的购物网站用户转化率只有千分之一，即便京东商城、淘宝也分别只有 3% 和 7%，而返利网的用户转化率高达 25%。由于此类服务网站属于轻资产运营，葛永昌只投入了 10 多万元，在短短几个月内便开始盈利，葛永昌索性辞去工作。2010 年，由于 B2C 网络购物井喷式发展，返利网也迎来了真正的爆发性增长。

葛永昌透露，目前返利网注册用户已有 300 万，每月新增用户 30 万～50 万；每月生成 5 万笔订单，为 B2C 网站带去超过 3 亿元人民币的销售额，为此，返利网每月差不多要给消费者带来 500 万～600 万元的返利优惠。返利网的商业模式更像是链接消费者与 B2C 网站的入口，这种返利模式若要获得成功，一方面必须拥有庞大的商家资源，给用户更多的购物选择；而另一方面也必须拥有足够多的注册用户，让 B2C 商家依赖你。

如今，对于返利网而言，它的挑战依旧是如何进一步扩大自己的用户规模。事实上，目前一淘网已经开始推广这种返利模式，而支付宝在推广其支付宝登录时，也已经开始采用这种方式。而伴随着互联网的"开放"热潮，连 360 这样的公司也进入了这一领域。

葛永昌并不畏惧竞争，在他看来，商业不仅需要精确的数学模型，更需要艺术的执行。腾讯 QQ 也推出过返利模式，但并未成功。返利网模式带给消费者的购物体验，不仅仅是便宜和便利，价格战不可持续，更为关键的是留住用户，为他们提供更加多维的购物体验。目前，返利网正试图让入口变得更像一个社区，这样一来便于吸引更多的用户参与使用，同时也能增加现有用户的黏性，真正地留住他们。

（二）案例思考

1. 返利网的商业模式是什么？有什么特色？

2. 互联网时代的商业模式应该如何设计？

3. 互联网时代如何通过增加体验感来吸引用户？

4. 互联网思维的本质是什么？

二、拓展案例 2　教育培训类商业模式洞悉

（一）案例描述

教育培训行业本身是一个非常传统的行业，谈创新并不容易。但是，父母对素质教育的重新认识及科技进步带来的教育手段和资源的变化，为教育行业的发展带来了契机。回首近些年来国内教育行业的发展，可圈可点的商业模式创新如雨后春笋，层出不穷。目前，国内教育培训行业已经涌现出许多领军者，我们在这里盘点若干个典型案例，作为教育培训行业正在颠覆传统的有力佐证。

1. 轻资产模式：必克英语

必克英语是国内电话英语培训的领航者。学员不用去教室，可以随时随地用电话与远在菲律宾的外教老师一对一地上课。必克采用“轻资产模式”，一方面从菲律宾外教中心租用“呼叫中心”及教师，另一方面，则重点发展教学及用户管理系统。学员不管是在家还是出差在外地，都可随时随地接听外教电话进行上课。目前，绝大部分学员是来自不同领域的在职人士。电话英语培训在国外已经不是稀罕事，事实上，这种一对一的英语教学模式在韩国已经非常成熟，多见于电信运营商的增值服

务，而国内的运营商太过集中，因此没能得到发展。

这种商业模式节省了教育行业的最大成本，即场租成本。在成本上做了减法，意味着师资力量的优化和后续服务的提升。必克英语的收入模式，是每位学员半年收取 9000 元，或一年收取 16000 元。相对于行业内的竞争对手华尔街、英孚教育等机构的高昂学费，显得性价比高了许多。然而，节约成本并不是必克英语“轻资产模式”的核心竞争力，适应于国内英语学习者听力太弱和传统英语培训过于集中化的现状才是必克英语的核心优势。对于语言学习而言，每天学习一小时并坚持12 天，比集中学习 12 小时好得多。由于电话英语培训不受时间地点限制，可以减轻职场人士来回奔走培训机构的压力，节约时间和金钱成本，提高学习效率。同时，必克英语实现了全语境的英语沟通，随时随地就可以与老师进行听说训练，20 分钟一次的课程，正是一次仿真的会话场景，提供学员丰富的交流空间。必克英语 2010 年收入约 1000 万元，已实现盈利。现阶段必克英语推出了必克英语微杂志，初见成效，弥补了电话英语培训无读写的空白。

2. 线上教育

（1）粉笔未来

在线教育多年来可谓是叫好不叫座。“新 × 方”线上做了十年，一年仅两亿规模。对于传统教育的航母来说，他们不缺钱，而缺互联网基因。粉笔未来用纯互联网思维进入，开发粉笔网，一个微博式教育社区。粉笔网一反常态，以社区的方式组织用户和知识之间的关系，实行实名认证制度，在不同领域推荐靠谱的老师和优质的课程安排，同时为所有的社区成员提供学习资料的上传和下载。

粉笔未来让学生和老师间真实沟通，满足互相了解的需求，解决了垂直社区的用户活跃问题。随着社区的发展壮大，粉笔网吸纳了有价值的学习资料，汇聚了各个领域的名师，逐渐形成规模。粉笔未来不仅搭建学习者的互动平台，还拥有基于大数据的创新教育产品——猿题库。大数据可分为两个层级，一个是在大数据运算针对不同区域类型学生的智能分配，另一个是针对个人的个性化智能应付。猿题库利用大数据分析，让学生每次做的试卷都卡在能力点上，刚好得 50 分，另外还能对学生进行现状分析，提出个性化的增分方案。猿题库是另一个巨大创新，是可以通过技术手段实现对考试现场的还原，增加学生考试的真实度。

2020 年，猿题库的注册用户人数已累计达到 4 亿，顶峰停留时间长达 20 分钟。粉笔未来接下来将会和搜狐教育、YY 教育联合做线上大型模拟考试等活动。

（2）教育平台 Treehouse

2014 年教育平台 Treehouse 完成了价值 700 万美元的 B 轮融资，早在 2011 年 10 月，该公司就完成了种子轮融资，融资金额 60 万美元，2012 年 4 月，他们完成了 A 轮融资，融资金额 475 万美元。至今为止，该公司融资总额已超过 1200 万美元。

Treehouse 于 2011 年成立，他们的产品旨在帮助用户学习编写代码，这个产品支持 ios、安卓和网页平台。他们希望使用视频、游戏等多种方式帮助用户学习代码编写。该种服务为收费服务，每个用户收费为 29 美元到 49 美元不等，付费用户可以浏览他们的视频图书馆，使用实时练习引擎，并且得到线上专家的深度指导。该公司于 2014 年年 9 月份迅速实现了盈利，并在当月将用户数量扩大到了 12000 人。除了获得新的资本之外，该公司推出一个高中试点项目，此项目旨在帮助那些不想上大学而又有志成为软件工程师的高中生学习编程知识。项目时间为 6 个月，学习费用为每个学生每月 9 美元。在推出这个高中项目之前，Treehouse 曾于 2012 年秋天推出了一个“大学生奖励项目”，这个项目为美国大学生提供了 5000 个 Treehouse“金牌账户”，成绩优异的大学生可以免费获得这个账户，在 Treehouse 上进行为期两年的学习。该公司的“金牌账户”使用费为每月 50 美元，这意味着 Treehouse 为大学生提供了总计价值 300 万美元左右的捐助。

公司创始人表示，他们乐于为高等教育贡献出自己的力量，他们在这一领域的开销还将继续加大。另外，他们认为优秀的人才不应该受到学历的限制，他们坚信高效的在线教育能让人们获得足够的专业技能。

3. 教育类孵化器：创始人学院

创始人学院是一个培训创业者的早期创业孵化器，虽然成立于 2009 年，但是它的学员成立的公司已有 565 家，共融到 4000 万美元的外部资金。创始人学院的学费非常便宜，一般不到1000美元，但学员创办公司并融了第一笔资金以后，要补付大约4500美元的学费。

其实学院的收入不靠学费，而是靠学员公司的股份。成功毕业的同学创办公司，要拿出3.5%的原始股。这些股份学院拿40%，导师们拿30%，连同班同学都能拿30%。于是同学和导师都会真心希望并尽力帮助学员成功。

在每一座城市，它一般会办两三个免费培训活动，再开始四个月的课程。课程分为三个阶段，每个阶段持续五个星期，包括概念的完善和业务的设立。期间有很多硅谷名人作为导师。参加培训的创业者并不需要一个完整的创业主意，甚至可以白天工作，晚上上课。不过课程很繁重，仅有35%的学生能顺利毕业。目前全球申请人数达5500人，但是录取率仅有25%左右。

创始人学院的创始人曾经创建过八家公司，并办过一所职业学校，还是一家风投评论网站的CEO，有大量的创始人关系，因此三年就找到了900多个导师。至于收入，前面已经有很多论述。总的来讲，现在学院应持有565家公司的1.4%股份，即3.5%的40%，如果学院在美国之外开课，它就会把这1.4%的股份中的大半分给当地的合作伙伴。创始人学院的目标是每年在全球30多个城市创办1000家公司，拥有大量原始股。

（二）案例思考

1. 结合案例，谈谈教育行业的商业模式有什么共同的地方。

2. 如何设计跨界教育商业模式？

3. 结合教育行业案例，谈谈资源与商业模式的关系。

参 考 文 献

刘斯，2015．Photoshop CS5 平面设计案例教程 [M]．北京：科学出版社．

前沿电脑图像工作室，2007．精通 Photoshop CS2 [M]．北京：人民邮电出版社．

锐艺视觉，2010．Photoshop 特效设计经典 228 例 [M]．北京：中国青年出版社．

王玲，2012．Photoshop CS5 平面设计实例从入门到精通 [M]．北京：人民邮电出版社．

U0622198

职业教育“十三五”规划课程改革创新教材

Photoshop CS6 平面设计案例教程

马勇林　杨玉辉　王　琳　主编

白浩东　尹梓先　马　燕　宋霞生　副主编
邱仕强　唐志根　王懋伟　马亳杰

科学出版社

北　京

内 容 简 介

本书根据编者多年的教学经验和实践经验编写而成，主要内容包括基础知识，Photoshop CS6 快速入门，图像选区操作，绘图和填充工具，修饰和调色操作，文字、路径和形状工具，图层管理操作，通道和蒙版的应用，滤镜的应用，3D 和动作功能的应用，照片特效处理，图像特效制作，文字特效制作，纹样特效制作，创意合成特效，商业综合案例。

本书可作为职业院校“计算机图形图像”和“平面设计”课程的教材，也可供计算机美术爱好者学习参考。

图书在版编目（CIP）数据

Photoshop CS6 平面设计案例教程 / 马勇林，杨玉辉，王琳主编. —北京：科学出版社，2018.11

（职业教育“十三五”规划课程改革创新教材）

ISBN 978-7-03-057952-2

Ⅰ. ① P… Ⅱ. ①马… ②杨… ③王… Ⅲ. ①平面设计－图像处理软件－高等学校－教材 Ⅳ. ① TP391.413

中国版本图书馆 CIP 数据核字（2018）第 131514 号

责任编辑：张振华 / 责任校对：马英菊

责任印制：吕春珉 / 封面设计：东方人华平面设计部

科学出版社 出版

北京东黄城根北街 16 号

邮政编码：100717

http://www.sciencep.com

天津市翔远印刷有限公司印刷

科学出版社发行　各地新华书店经销

*

2018 年 11 月第 一 版　开本：787×1092 1/16

2018 年 11 月第一次印刷　印张：15 1/4

字数：340 000

定价：39.00 元

（如有印装质量问题，我社负责调换〈翔远〉）

销售部电话 010-62136230　编辑部电话 010-62135120-2005（VI 03）

前　言

为了适应行业发展和教学改革的需要，编者根据《教育部关于"十二五"职业教育教材建设的若干意见》《国家中长期教育改革和发展规划纲要（2010—2020年）》等相关文件精神，在行业、企业专家和课程开发专家的精心指导下，结合企业工作岗位实际，编写了本书。本书编写紧紧围绕相关企业的工作需要和当前教学改革趋势，坚持以就业为导向，以综合职业能力培养为中心，以"科学、实用、新颖"为编写原则。

相比以往同类教材，本书具有许多特点和亮点，主要体现在以下几个方面。

1．名师团队，理念新颖

本书编者均来自职业院校教学一线或企业一线，有多年教学和实践经验，多数教师带队参加过国家或省级的技能大赛，并取得了优异的成绩。在教材的编写过程中，编者能紧扣该专业的培养目标，考虑教材内容与职业标准对接，借鉴技能大赛所提出的能力要求，把职业标准所要求的知识、技能和技能大赛过程中所体现的规范、高效等理念贯穿其中，符合当前企业对人才的综合职业能力的要求。

本书编写采用"基于案例教学""基于工作过程"的职业教育课改理念，力求建立以案例为核心、以工作过程为导向的"教学做一体化"的教学模式。

2．面向职教，实用性强

本书突出职业教育特色，充分考虑职业院校学生对知识的接受能力和对知识的掌握过程，抛弃了以往同类教材过多的理论文字描述，以简洁的语言、详细的操作步骤、丰富的图示来进行讲解，强调操作技能的训练；从实用、专业的角度出发，剖析各个案例的知识点、技能点，能够以练代讲，练中学，学中悟，只要跟随操作步骤完成每个案例的制作，就可以掌握Photoshop的技术要领。这种全新的教学方式不仅可以大幅度提高学习效率，还可以很好地激发读者的学习兴趣和创作灵感。

3．资源立体，方便教学

本书配有免费的立体化教学资源包（下载地址：www.abook.cn），收录了课件、视频、动画等相关素材，便于教学。

在编写本书的过程中，编者得到了众多专家、同行的帮助，参考了有关作者的教材和资料，在此一并表示衷心的感谢！

由于编者水平有限，加之编写时间较为仓促，书中疏漏和不妥之处在所难免，恳请广大读者批评指正，以便后续的不断改进和完善。

编　者

2018年8月

目　　录

课程准备 基础知识

>>>>

◎ 单元导读

走在繁华的大街上，随处可见的报纸、杂志、海报、招贴等都应用了平面设计技术，而要掌握这些精美图像画面的制作，不仅需要掌握相关软件的操作，还需要掌握相关的平面设计知识。Photoshop CS6 是目前世界上优秀的平面设计软件之一，广泛应用于包装设计、广告设计、网页设计、插画设计等领域。本单元主要介绍平面设计的基础知识及 Photoshop CS6 的工作界面。

◎ 学习目标

- 知道平面设计的应用领域，以及平面设计师的基本要求。
- 了解平面设计要素及构图技巧。
- 熟悉 Photoshop CS6 的工作界面。

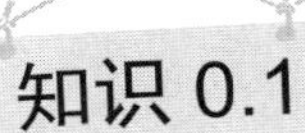

平面设计基本认知

1. 什么是平面设计

（1）平面设计的概念

平面设计是一门将信息学、心理学和设计学等学科按照一定的科学规律进行创造性组合的学科，是视觉文化的组成部分。

平面设计是一门静态艺术，它通过各种表现手法在静态平面上传达信息，能给人以直观的视觉冲击，也能让人受到艺术美感的熏陶。现在，平面设计以其特有的宣传功能和独特的文化张力影响着人们的工作和生活。例如，图 0-1 给人一种岁月沉淀之感，图 0-2 有一种时尚与科技并重之味。

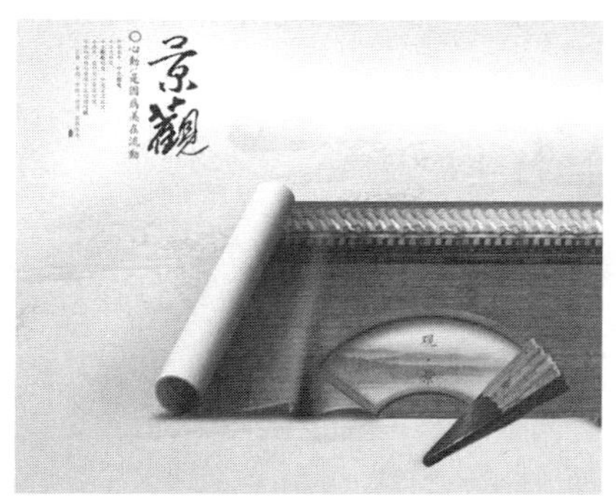

图 0-1　江南景观

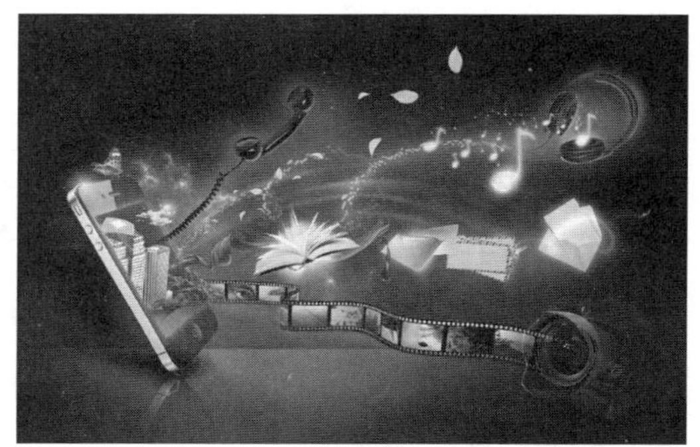

图 0-2　时尚与科技

（2）平面设计的目的

平面设计通过调动图像、图形、文字、色彩、版式等诸多元素，并对其进行一定的组合，在给人以美的享受的同时，兼顾某种视觉信息的传递，如图 0-3 所示的企业标志和图 0-4 所示的平面创意。

图 0-3　企业标志

图 0-4　平面创意

（3）平面设计的特征

平面设计最显著的特征就是社会性。随着社会的进步和科技的发展，平面设计已不单纯是一种独立的艺术形式，而是科技与艺术的结合，是商业社会的产物。在商业社会中，设计与创作理想需要达成某种平衡。

平面设计与美术不同，平面设计既要符合审美性又要具有实用性，要以人为本，并通过设计的作品阐述人的理念、认识等，所以设计是一种需要而不仅仅是装饰、装潢。

平面设计具有一定的技术性。它需要精益求精，不断地完善。设计的关键之处在于发现，只有通过不断深入的感受和体验才能做到。打动别人对于设计师来说是一种挑战。足够的细节能感动人，图形创意、色彩品味、材料质地也能打动人。在设计创作时，设计师需要把多种元素有机地进行组合。

知识窗

平面指的是非动态的二维空间，平面设计是指在二维空间内的设计活动。而二维空间内的设计活动，是一种对空间内元素的设计及将这些元素在空间内进行组合和布局的活动。

2. 平面设计应用领域

目前常见的平面设计应用领域：网页界面设计（图 0-5）、包装设计、直邮广告设计、海报设计、平面媒体广告设计（图 0-6）、购物点广告设计、样本设计、书籍设计和视觉识别设计（企业形象识别系统）。

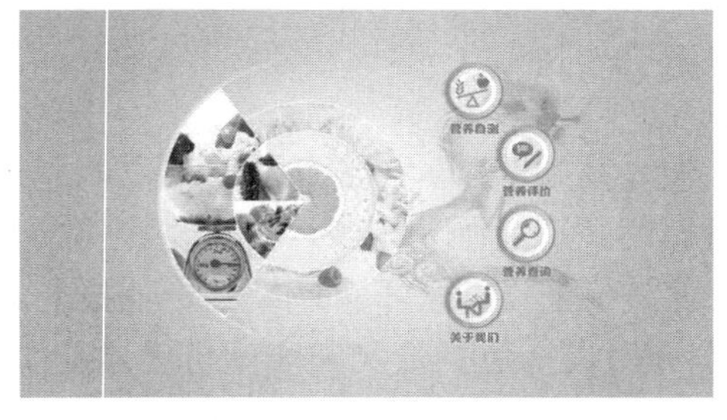

图 0-5　界面设计

图 0-6　平面媒体广告设计

不同的设计领域有不同的要求，但在各领域的设计中，都是将图形、图像、文字、色彩和标志等元素通过一定的组合和布局应用到多个对象，从而构成多种形式的设计结果。

3. 平面设计师专业素养

平面设计是一种创造性的思维活动，它的视觉传达语言只是表达设计师创意和设计思想的工具。对于设计师来说，仅仅掌握这一语言工具的运用是远远不够的，全面的专业理论知识、广博的艺术修养、丰富的想象力和创新能力、强烈敏锐的洞察力、对设计构想的表达能力等，也是一名平面设计师应具备的专业素质。

设计师必须具有宽广的文化视角和丰富的知识；必须具有创新精神并能解决问题；应

考虑社会反映、社会效果，力求设计作品对社会有益；应概括当代的时代特征，反映真正的审美情趣和审美思想。

设计师应以严谨的态度面对设计和创作，不为个性而个性，不为设计而设计；应坚信自己的个人信仰、经验、眼光、品味，不盲从、不孤芳自赏、不骄不躁，并对自己的设计总结经验、用心思考、反复推敲，实现新的创造。

设计师应注重个人修为。平面设计作为一种职业，设计师职业道德的高低与其人格的完善有很大的关系。往往决定一名设计师的设计水平就是其人格的完善程度，人格完善程度越高，其理解能力、把握权衡能力、辨别能力、协调能力、处事能力等就越强。

设计师必须通过不断地学习和实践来提升设计水平，涉猎不同的领域，进行不同的尝试。设计师的广泛涉猎和专注是相互矛盾而又统一的，前者是灵感和表现方式的源泉，后者是工作的态度。好的设计并不只是图形的创作，它是中和了许多智力劳动的成功果。在设计中最关键的是意念，好的意念需要学养和时间去孵化。设计师还需要开阔的视野，以获得丰富的信息。触类旁通是学习平面设计的特点之一，艺术之间本质上是相通的，文化与智慧的不断补给是成长为优秀设计师的法宝。

知识窗

目前，在大部分高校设计艺术专业的教学中，要求职业平面设计师首先必须对中外美术史、设计史、美学、文学、哲学、广告学、消费者心理学和信息学等学科和领域有比较系统和全面的了解，但更多的知识和经验则需要设计师在职业生涯中不断地学习和积累。

4. 平面设计基础

（1）造型基础

平面设计属于造型艺术的一个门类，造型是平面设计的基础。随着计算机辅助设计的广泛应用，在实际的设计工作中，很少需要平面设计师手工绘画和写字，有时甚至不会用到画纸和笔，但作为造型艺术的基础，手工绘画仍然是平面设计师不可或缺的专业技能。

平面设计的造型基本要求和基础训练与其他设计门类（包括绘制和雕塑等艺术门类）一样，以素描和色彩为主要训练手段。但在今天，对于平面设计专业来说，更重要的是通过素描与色彩的基础训练，培养和锻炼学生对客观现象的观察、理解和表达能力，以及运用造型艺术语言对客观对象的各种复杂结构，在不同光影和角度的形态、明暗层次、影调、色彩变化的敏锐感觉和对整体与局部表现的控制能力等。通过素描与色彩的基础训练，同时可以使学生对与造型艺术紧密相关的学科，如透视、解剖、色彩原理等基础学科有更深的了解和认识。

知识窗

一名从事造型艺术的设计师或艺术家，对视觉艺术语言所应具备的感觉、领域和表达能力，大多是从这些基础训练中得来的。从经过严格系统造型基础训练的平面设计师所设计的作品中，人们能够明显地感觉到其造型功底的深浅。

（2）专业基础

经过系统的造型基础训练后，接下来要进行的是专业基础的学习，主要内容包括平面构成、立体构成、色彩构成、基础图案、字体设计、装饰画、书法、基础训练、专业绘画（如手绘、喷绘）、计算机基础等。通过学习，应了解和掌握造型艺术中的设计艺术和表达方式，主要包括平面构成中的重复（如图0-7所示，通过重复的构成来表现整体感）、对称（如图0-8所示，运用对称方式的花纹纹样）、近似、渐变、发射、变异、集结、对比、空间、肌理等，构图中的和谐、对称、均衡、比例、视觉重心、对比与统一、节奏与韵律，图案中的单独纹样、适合纹样、对偶纹样、自由纹样和二方连续、甲方连续，以及计算机美术中的计算机基础、计算机图形/图像设计软件、网页设计软件和排版软件等。

图0-7　重复构成

图0-8　对称纹样

知识窗

肌理是指物体表面的组织纹理结构，即各种纵横交错、高低不平、粗糙平滑的纹理变化，用于表达人对设计物表面纹理特征的感受。一般来说，肌理与质感含义相近。对设计的形式因素来说，当肌理与质感相联系时，它一方面作为材料的表现形式被人们所感受，另一方面则通过先进的工艺手法创造新的肌理形态。不同的材质、不同的工艺手法可以产生不同的肌理效果，并能创造出丰富的外在造型形式。

（3）专业设计训练

专业设计训练的内容主要包括招贴广告设计、标志设计（图0-9）、包装设计（图0-10）、图像处理、画册宣传设计等。

图 0-9　标志设计

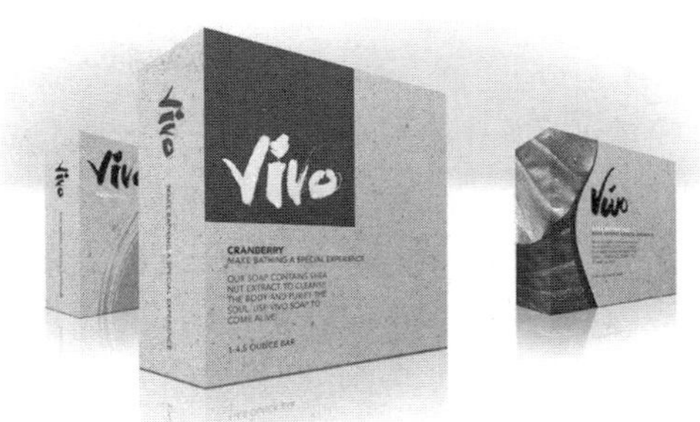

图 0-10　包装设计

专业设计训练就是将造型基础、专业基础和理论基础知识综合起来，针对平面设计的各个主要设计种类，结合具体的设计内容进行整体的训练。通过这一系列的训练，应对平面设计种类及其各自的特点、规律和表现手法等有一个全面、深入的了解和认识，为日后的平面设计工作打好基础。

5. 平面设计要素

现代信息传播媒介可分为视觉和听觉两种类型，其中观众 70% 的信息是从视觉传达中获得的，如报纸、杂志、招贴海报、路牌、灯箱等，这些以平面形态出现的视觉信息传播媒介，均属于平面设计的范畴。

因此，平面设计的基本要素主要有 3 种：图形、色彩和文字。这些要素在平面设计中担当着不同的使命。下面将分别介绍图形、色彩和文字这 3 种要素在平面设计中的运用及其重要性。

（1）图形

图形具有形象化、具体化、直接化的特性，它能够形象地表现设计主题和创意，是平面设计主要的构成要素，对设计理念的陈述和表达起着决定性的作用。平面设计中的图形元素要突出商品和服务，通俗易懂、简洁明快、具有强烈的视觉冲击力，并且要紧扣设计主题。

图形的运用首先在于裁剪，要想让图形在视觉上形成冲击力，必须注意画面元素的简洁，因为画面元素过多，观众的视觉容易分散，图形的感染力就会大大减弱。因此，对图形处理时设计者要敢于创新，力求将观众的注意力集中在图形主题上。

图形可以是黑白画、喷绘插画、手绘图、摄影作品等，图形的表现形式可以是写实、象征、漫画、卡通、装饰等手法。

（2）色彩

色彩运用得是否合理是平面设计中相当重要的一个环节，色彩也是人类最为敏感的一种信息。色彩在平面设计中具有迅速传达信息的作用，它与观众的生理反应和心理反应密切相关。观众对平面设计作品的第一印象是通过色彩得到的，色彩的艳丽程度、灰暗关系等都会影响观众对设计作品的注意力，如鲜艳、明快、和谐的色彩会吸引观众的眼球，让观众心情舒畅，而深沉、暗淡的色彩则给观众一种压迫感。因此，色彩在平面设计作品中有着特殊的表现力。

在平面设计中，色彩运用得当，可以增加画面的美感和吸引力，并更好地传达商品的质感和特色，如图 0-11 所示的珠宝画册设计和图 0-12 所示的节日宣传广告。

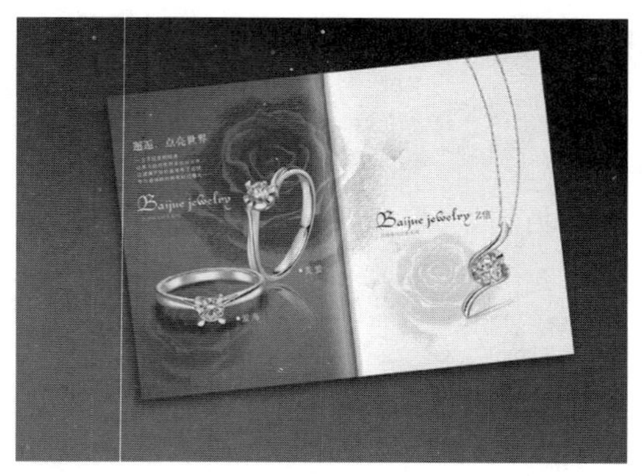

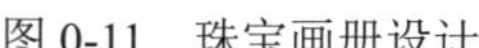
图 0-11　珠宝画册设计

图 0-12　节日宣传广告

（3）文字

文字是平面设计中不可或缺的构成要素，它是传达设计者意图，以及表达设计主题、构想和理念最直接的方式，起着画龙点睛的作用。文字的排列组合可以左右人的视线，而字体大小则控制着整个画面的层次关系。因此，文字的排列组合、字体字号的选择和运用直接影响着画面的视觉传达效果和审美价值。

知识窗

文字元素主要包括标题、正文、广告语等几个部分。其中，标题最好使用醒目的大号字，放置在版面最醒目的位置；正文主要用来说明广告图形及标题所不能完全展现的广告主体，因此，一般将正文置于版面的左右或上下方；广告语又称标语，是用来配合广告标题、正文来强化商品形象的简洁短句，它应该顺口易记、言简意赅，并放置于版面较为醒目的位置。

6. 构图技巧

构图是为了表现作品的主题思想和美感效果，即在一定的空间内，安排和处理人、物关系及其位置，把个别或局部的形象组合成艺术的整体，在一定规格、尺寸的版面内，对一则平面广告作品的设计要素（如广告方案、图形背景、装饰线、色彩等）合理、美观地进行创意性编排，并组合布局，以取得最佳的广告宣传效果。

1）水平线构图。水平线构图又称标准型构图或横线型构图，它是最常见、最稳妥的构图形式，可以给人一种安定感。一般情况下，插图位于版面的上方，以较大的幅面吸引人的注意力，接着利用标题点明主题，从而展现整个平面广告，如图 0-13 所示。

图 0-13　水平线构图

2）对称式构图。对称式构图通常是指画面中心轴两侧有相同或视觉等量的主题物，使画面在视觉上保持相对均衡，从而产生一种庄重、稳定的协调感、秩序感和平衡感，如图 0-14 所示。

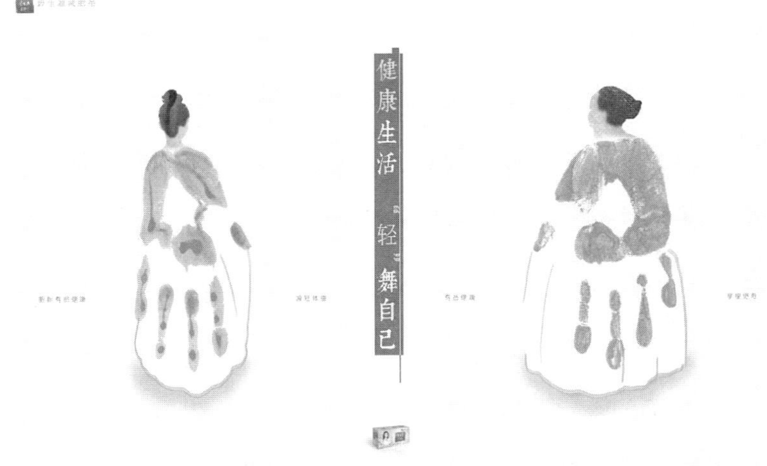

图 0-14　对称式构图

3）曲线式构图。曲线具有优美、富于变化的视觉特征。曲线构图可以增加画面的韵律感，给人柔美的视觉享受，例如，S 形曲线构图可以有效地牵引观众的视线，使画面蜿蜒延伸，增加画面的空间感。另外，S 形曲线构图也可以用于突现女性的曲线美。

4）垂直线构图。垂直线构图与水平线构图类似，它可以使画面在上下方向上产生视觉延伸感，可以加强画面中垂直线条的力度和形式感，给人以高大、威严的视觉享受。

知识 0.2 Photoshop CS6 界面介绍

执行“开始 /Adobe Photoshop CS6”命令，启动 Photoshop CS6 程序，程序启动后，即可进入 Photoshop CS6 的工作界面，如图 0-15 所示。

图 0-15 Photoshop CS6 的工作界面

知识窗

除了上述启动 Photoshop CS6 程序的方法外，还可以在桌面上双击 Photoshop CS6 的快捷方式图标，或双击计算机中已经存储的任意一个 PSD 格式的文件。

1. 标题栏

标题栏位于整个工作界面的顶端，显示了当前应用程序的名称和相应功能的快捷图标，以及用于控制文件窗口显示大小的“最小化”“最大化”“关闭”3 个按钮，如图 0-16 所示。

图 0-16 标题栏

单击标题栏左侧的程序图标，即可在弹出的下拉列表中执行最小化窗口、最大化窗口，以及关闭窗口等操作，如图 0-17 所示。

单击菜单栏右侧的“基本功能”下拉按钮，弹出的下拉列表如图 0-18 所示。根据图像处理的需要，可以对工作界面的形式进行更换或新建工作区等。

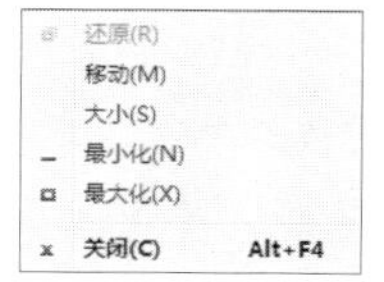

图 0-17　程序图标下拉列表

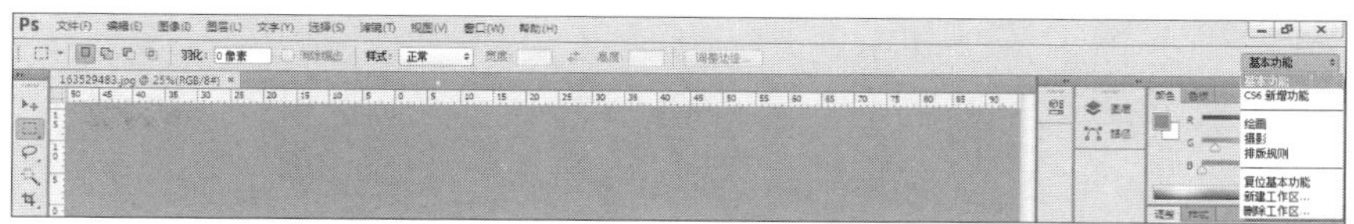

图 0-18　“显示更多工作区和选项”下拉列表

知识窗

可以根据需要对各种浮动面板或图像窗口进行自定义，再通过新建工作区，将自定义的工作区进行存储，以方便其他图像的编辑操作。

2. 菜单栏

菜单栏位于标题栏的下方，主要包括“文件”“编辑”“图像”“图层”“选择”“滤镜”“分析”“3D”“视图”“窗口”“帮助”11 个菜单，如图 0-19 所示。

文件(F)　编辑(E)　图像(I)　图层(L)　选择(S)　滤镜(T)　分析(A)　3D(D)　视图(V)　窗口(W)　帮助(H)

图 0-19　菜单栏

Photoshop CS6 中的大多数功能可以利用菜单栏中的命令来实现，用户单击任意一个菜单项都会弹出其包含的命令。

知识窗

若菜单中的命令呈现灰色，则表示该命令在当前编辑状态下不可用；若菜单命令右侧有一个三角符号，则表示此菜单包含子菜单，将鼠标指针移至该菜单上，即可弹出其子菜单；若菜单命令的右侧有省略号“…”，则执行此菜单命令时将会打开与之相关的对话框。

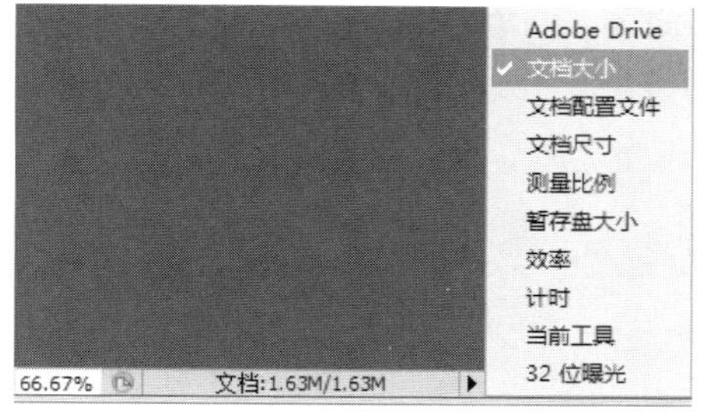

图 0-20　当前图像文件信息

3. 状态栏

状态栏位于图像编辑窗口的底部，主要用于显示当前所编辑图像的各种参数信息。状态栏右侧显示的是图像文件信息，单击文件信息右侧的小三角形按钮，即可弹出下拉列表，其中显示了当前图像文件信息的各种显示方式，如图 0-20 所示。

知识窗

按住【Alt】键，单击状态栏的中间部分，并按住鼠标左键不放，将弹出显示当前图像的宽度、高度、通道及分辨率等相关信息。

图 0-20 所示下拉列表中各种显示方式的含义如下。

1）文档大小：当前图像处理出现多图层时，“/”左侧的数字表示合并图层后的图像文档大小，“/”右侧的数字表示未合并图层时图像文档的大小。

2）文档配置文件：主要显示图像文档的颜色模式。

3）文档尺寸：主要显示图像文档的宽度和高度。

4）暂存盘大小：“/”左侧的数字表示当前图像操作所占的内存，“/”右侧的数字表示系统可使用的内存，系统可使用的内存直接影响图像的处理速度。

5）效率：将图像可使用的内存大小以百分数的方式显示。

6）计时：记录上一次操作所用的时间。

7）当前工具：显示当前在工具箱中使用的工具名称。状态栏左侧的数值框用于设置图像窗口的显示比例，在该数值框中输入图像显示比例值后，按【Enter】键，当前图像即可按照设置的比例显示。

4. 工具箱

工具箱位于工作界面的左侧，如图 0-21 所示，要使用工具箱中的工具，只需要单击工具按钮即可。

若在工具按钮的右下角有一个小三角形，表示该工具按钮中还有其他工具，在工具按钮上右击，即可弹出所隐藏的工具选项，如图 0-22 所示。

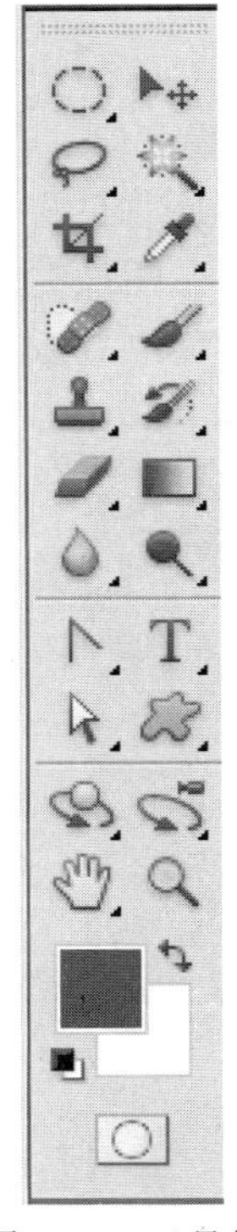

图 0-21　工具箱

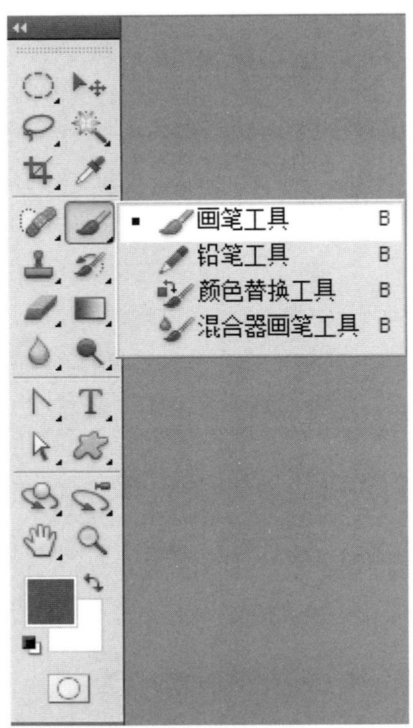

图 0-22　显示隐藏的工具选项

知识窗

用户还可以通过以下方法来选择工具箱中的隐藏工具。

按住【Alt】键的同时，反复单击隐藏工具的按钮，即可循环显示每个隐藏的工具按钮。

按住【Shift】键的同时，在键盘上按住工具快捷键，即可循环显示每个隐藏的工具图标。

移动鼠标指针至工具中有小三角形的工具按钮上，按住鼠标左键不放，将弹出隐藏的工具选项，然后拖动鼠标指针至需要的工具选项上即可选择该工具。

5. 工具属性栏

工具属性栏一般位于菜单的右下方，主要用于对所选择工具的属性进行设置。它提供了控制工具属性的相关选项，其显示的内容会根据所选工具的不同而改变。在工具箱中选择相应的工具后，工具属性栏将显示该工具可使用的功能，图 0-23 所示为画笔的工具属性栏。

图 0-23　画笔的工具属性栏

6. 图像编辑窗口

在 Photoshop CS6 工作界面的中间，灰色区域即为图像编辑窗口。当打开一个文档时，工作区中将显示该文档的图像编辑窗口。图像编辑窗口是显示图像的区域，也是编辑或处理图像的主要工作区域，Photoshop CS6 中的所有操作都可以在图像编辑窗口中完成。打开文件后，图像标题栏呈灰白色时，即为当前图像编辑窗口，如图 0-24 所示。

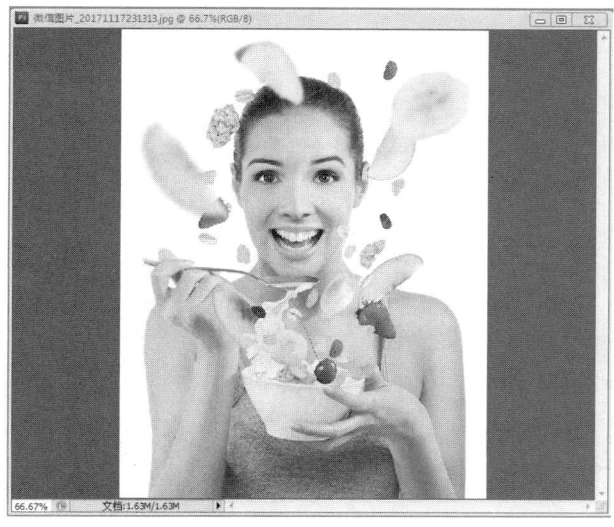

图 0-24　图像编辑窗口

7. 浮动画板

浮动画板是 Photoshop CS6 软件中重要的组成部分，也是处理图像时必不可少的一部分，它主要用于对当前图像的图层、颜色、样式及相关的操作进行设置，图 0-25 所示为“通道”面板。默认情况下，浮动面板是以面板组的形式出现的，主要位于工作界面的右侧，其最大的优点就是可以根据工作的需要进行隐藏和显示。另外，用户还可以对其进行分离、移动和组合等操作。

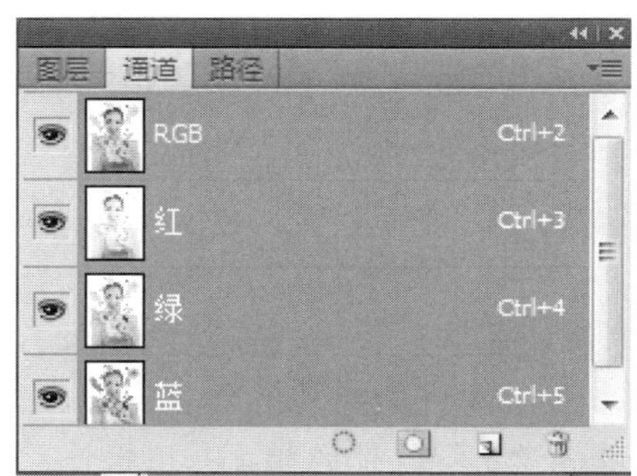

图 0-25 “通道”面板

知识窗

用户还可以通过以下方法对浮动面板进行选择或设置。

可以直接在“窗口”菜单中选择需要显示或隐藏的浮动面板。或者使用快捷键，如按【F5】键，可控制“画笔”面板；按【F6】键，可控制“颜色”面板；按【F7】键，可控制“图层”面板；按【F8】键，可控制“信息”面板，按【Alt+F9】组合键，可控制“动作”面板。

按【Tab】键，将显示或隐藏工具箱和浮动面板。

按【Shift+Tab】组合键，将显示或隐藏浮动面板。

单击浮动面板右上角的“折叠为图标”按钮，可将面板折叠为相应的图标。若要分离面板，可将鼠标指针移至需要分离的面板标签上，按住鼠标左键并拖动面板，至图像编辑窗口中的任意位置后释放鼠标左键即可；若要组合面板，只需要将面板的标签拖入所需组合的标签即可。

1 单元 Photoshop CS6 快速入门

>>>>

◎ 单元导读

Photoshop 是设计领域中最为常用的软件，随着 CS6 版本的推出，其功能变得更为强大，应用范围也变得更加广泛。在本单元的学习中，我们将熟悉 Photoshop CS6 的工作环境，然后通过实例进一步了解软件的相关入门操作。

◎ 学习目标

- 掌握图像的管理操作。
- 会使用 Bridge 浏览图片。
- 了解屏幕的显示模式、图像的显示区域和属性。
- 掌握旋转与裁剪的方法。
- 会选择前景色和背景色。
- 会应用辅助工具。

案例 1.1

图像的管理操作

案例文件：资源包 \ 源文件 \ 素材 \ 单元 1\ 可口可乐 .jpg

案例效果：资源包 \ 源文件 \ 效果 \ 单元 1\ 可口可乐 .psd

技术点睛："新建"命令、"打开"命令、"存储为"命令、"关闭"按钮等

操作难度：★★

案例目标：通过应用"新建""打开""存储为""关闭"等命令和按钮，掌握文件的新建、打开、存储、关闭等技能

操作步骤

01 启动 Photoshop CS6 应用程序，选择"文件 / 新建"选项，如图 1-1 所示。

02 在打开的"新建"对话框中，设置名称、宽度、高度、分辨率、颜色模式和背景内容，如图 1-2 所示。

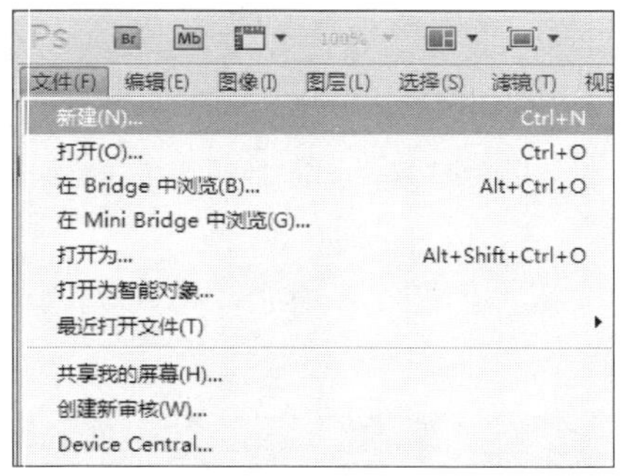

图 1-1　新建图像

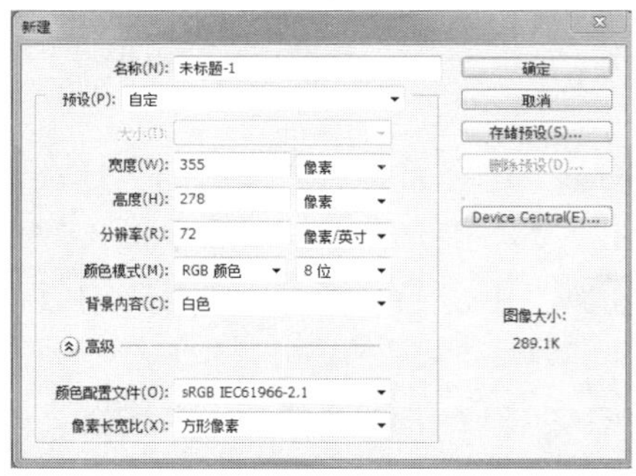

图 1-2　"新建"对话框

> **知识窗**
>
> 除了直接选择"新建"选项外，也可以按【Ctrl+N】组合键。或者在已经打开的名称栏上右击，在弹出的快捷菜单中选择"新建文档"选项，即可打开"新建"对话框。

03 设置完毕后单击"确定"按钮，即可新建一个空白图像文件，如图 1-3 所示。

04 选择"文件 / 打开"选项，如图 1-4 所示。

05 在打开的"打开"对话框中，通过"查找范围"打开相应的文件路径，并选择素材图像文件，如图 1-5 所示。

06 单击“打开”按钮，即可打开所选择的图像文件，如图 1-6 所示。

图 1-3　新建空白图像文件

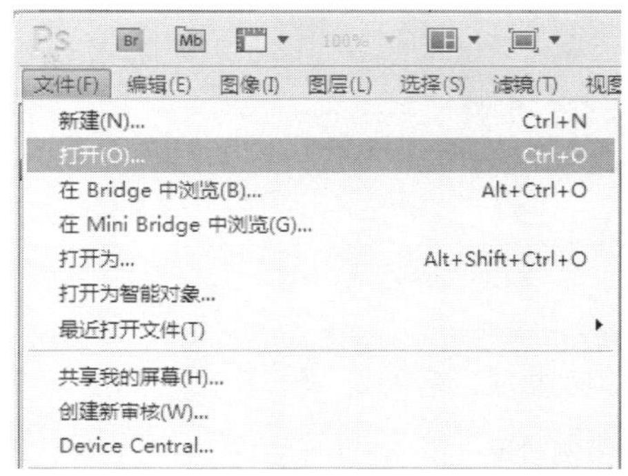

图 1-4　打开图像

图 1-5　“打开”对话框

图 1-6　打开图像

07 选择“文件 / 存储为”选项，在打开的“存储为”对话框中即可存储编辑的图像文件，如图 1-7 所示，然后单击“保存”按钮即可。

08 单击当前图像编辑窗口上方的“关闭”按钮，如图 1-8 所示，即可关闭当前图像文件。

图 1-7　“存储为”对话框

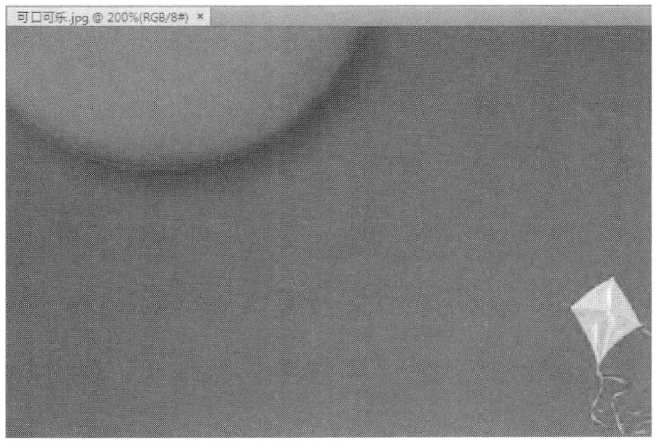

图 1-8　单击“关闭”按钮

知识窗

除了上述关闭图像文件的操作方法外，还有以下两种方法：选择“文件 / 关闭”选项或按【Ctrl+W】组合键。

案例 1.2

使用 Bridge 浏览图片

技术点睛： Bridge 浏览图片功能

操作难度： ★★

案例目标： 通过本案例的学习，掌握在 Bridge 中浏览图片的操作方法

操作步骤

01 选择“文件 / 在 Bridge 中浏览”选项，如图 1-9 所示。

02 打开 Bridge 浏览窗口，如图 1-10 所示。

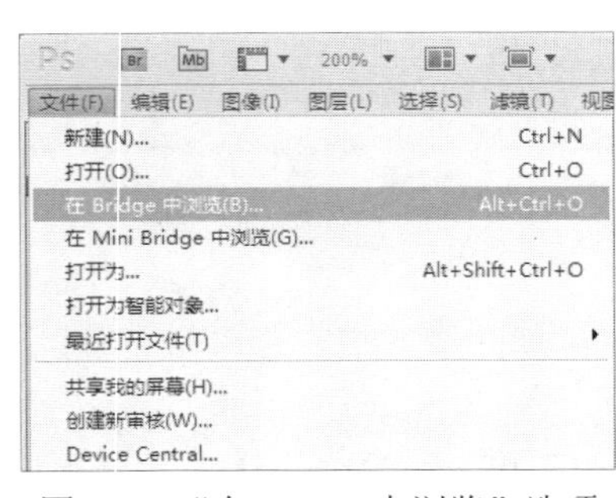

图 1-9 “在 Bridge 中浏览”选项

图 1-10 Bridge 浏览窗口

03 选择窗口左侧“文件夹”选项卡，并单击“Photoshop CS 6”文件夹左侧的小三角按钮，展开该文件夹，如图 1-11 所示。

04 单击“素材”文件夹左侧的小三角按钮，展开该文件夹，如图 1-12 所示。

图 1-11 展开“Photoshop CS 6”文件夹

图 1-12 展开“素材”文件夹

05 双击“第一章”文件夹，打开该文件夹中的所有图像，如图 1-13 所示。

06 在“内容”面板中单击需要浏览的图片，即可浏览该图像，如图 1-14 所示。

图 1-13　打开文件夹

图 1-14　预览图像

案例 1.3　切换屏幕显示模式

案例文件： 资源包 \ 源文件 \ 素材 \ 单元 1\ 城市 .jpg

案例效果： 资源包 \ 源文件 \ 效果 \ 单元 1\ 城市 .psd

技术点睛： “屏幕模式”按钮

操作难度： ★★

案例目标： 通过本案例的学习，掌握各屏幕显示模式之间的切换操作

操作步骤

01 打开“资源包 \ 源文件 \ 素材 \ 单元 1\ 城市”素材，此时屏幕显示为标准屏幕模式，如图 1-15 所示。

02 在标题栏上单击“屏幕模式”下拉按钮，在弹出的下拉列表中选择“带有菜单栏的全屏模式”选项，如图 1-16 所示。

图 1-15　标准屏幕模式

图 1-16　选择“带有菜单栏的全屏模式”选项

03 执行操作后，屏幕即可显示带有菜单栏的全屏模式，效果如图 1-17 所示。

04 在“屏幕模式”下拉列表中选择“全屏模式”选项，弹出信息提示框，单击“全

屏”按钮，即可将屏幕切换至全屏模式，效果如图 1-18 所示。

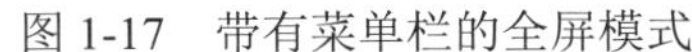

图 1-17 带有菜单栏的全屏模式

图 1-18 全屏模式

案例 1.4 缩放图像显示区域

案例文件： 资源包 \ 源文件 \ 素材 \ 单元 1\ 畅游世界 .psd

案例效果： 资源包 \ 源文件 \ 效果 \ 单元 1\ 畅游世界 .psd

技术点睛： “缩放工具” “抓手工具”

操作难度： ★★

案例目标： 通过实践操作，掌握应用“缩放工具”和“抓手工具”控制图像显示区域的方法

操作步骤

01 打开“资源包 \ 源文件 \ 素材 \ 单元 1\ 畅游世界”素材，如图 1-19 所示。

02 选择工具箱中的“缩放工具”，移动鼠标指针至图像编辑窗口中，此时鼠标指针呈带加号的放大镜形状，如图 1-20 所示。

图 1-19 畅游世界素材

图 1-20 鼠标指针呈带加号的放大镜形状

03 单击，即可放大图像的显示区域，效果如图 1-21 所示。

04 单击工具属性栏中的“缩小”按钮，如图 1-22 所示。

图 1-21　放大图像显示区域

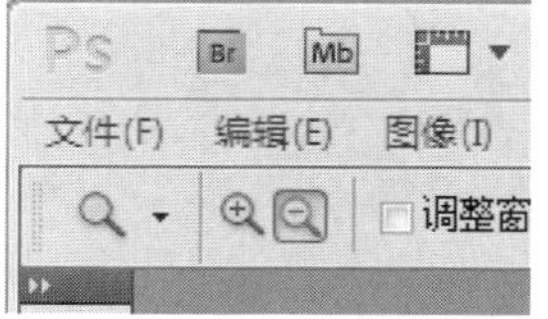

图 1-22　“缩小”按钮

05 将鼠标指针移至图像编辑窗口中，鼠标指针呈带减号的放大镜形状，如图 1-23 所示。

06 单击，即可缩小图像的显示区域，效果如图 1-24 所示。

图 1-23　鼠标指针呈带减号的放大镜形状

图 1-24　缩小图像显示区域

07 选择工具箱中的“抓手工具”，将鼠标指针移至图像编辑窗口中，鼠标指针呈手掌形状，如图 1-25 所示。

08 按住鼠标左键并拖动，即可移动图像的显示区域，效果如图 1-26 所示。

图 1-25　鼠标指针呈手掌形状

图 1-26　移动图像显示区域

案例 1.5 设置图像属性

案例文件： 资源包\源文件\素材\单元1\向日葵.jpg

案例效果： 资源包\源文件\效果\单元1\向日葵.psd

技术点睛： “图像大小”对话框

操作难度： ★★

案例目标： 通过本案例的学习，掌握设置图像属性的操作方法

操作步骤

01 打开“资源包\源文件\素材\单元1\向日葵”素材，如图1-27所示。

02 选择“图像\图像大小”选项，在打开的“图像大小”对话框中显示了当前图像文件夹的图像大小和分辨率，如图1-28所示。

图1-27 向日葵素材

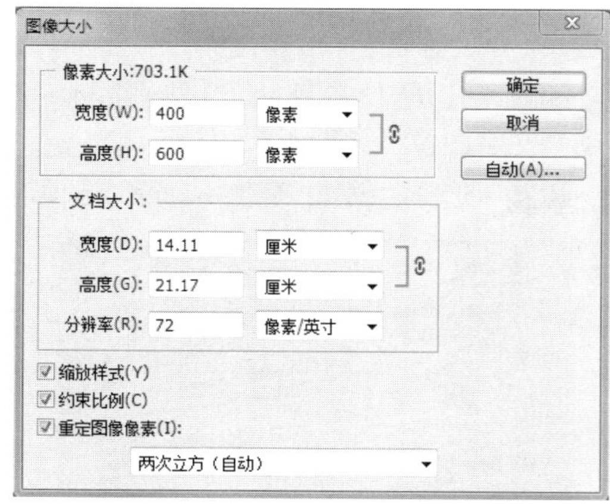

图1-28 “图像大小”对话框

03 在“文档大小”选项组中设置“宽度”为14.3厘米，“高度”为10.16厘米，“分辨率”为72像素/英寸，并取消选中“约束比例”复选框如图1-29所示。

04 设置完毕后单击“确定”按钮，即可改变图像大小及分辨率，效果如图1-30所示。

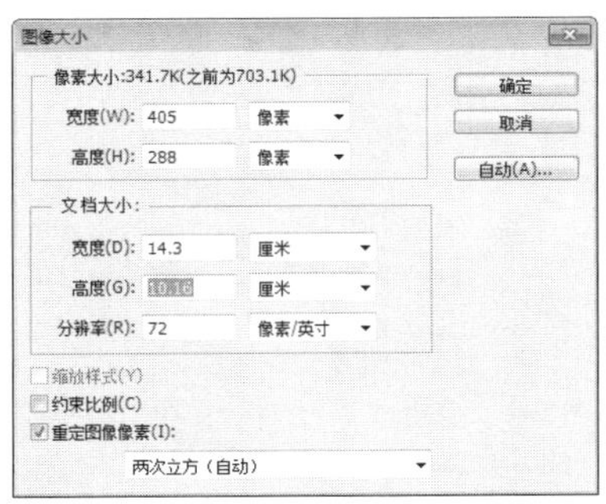

图 1-29　设置各参数

图 1-30　实例效果

案例 1.6　旋转与裁剪

案例文件： 资源包 \ 源文件 \ 素材 \ 单元 1\ 中国风 .psd

案例效果： 资源包 \ 源文件 \ 效果 \ 单元 1\ 中国风 .psd

技术点睛： “裁剪工具” “移动工具”

操作难度： ★★

案例目标： 通过本案例的学习，掌握图像旋转与裁剪的操作方法

操作步骤

01 打开“资源包 \ 源文件 \ 素材 \ 单元 1\ 中国风”素材，并使用“移动工具”选中“中国风”文字图像，如图 1-31 所示。

02 选择“编辑 \ 变换 \ 旋转”选项，执行操作后，调出变换控制框，如图 1-32 所示。

图 1-31　中国风素材

图 1-32　变换控制框

03 将鼠标指针移至变换控制框的左上角控制点上，鼠标指针呈↰形状，如图 1-33 所示。

04 按住鼠标左键并向左下方拖动，即可旋转图像，效果如图 1-34 所示。

图 1-33 鼠标指针改变形状

图 1-34 旋转图像

05 将图像旋转至合适角度后，将鼠标指针移至控制框内，当鼠标指针呈黑色三角形时，双击确认旋转操作，效果如图 1-35 所示。

06 选择工具箱中的“裁剪工具”，移至图像编辑窗口的左上方，按住鼠标左键并向图像右下角拖动，即可显示一个矩形的虚线框，如图 1-36 所示。

图 1-35 确认旋转操作

图 1-36 矩形虚线框

07 移至合适位置后释放鼠标左键，在裁剪矩形控制框外的图像区域为被裁剪区域，如图 1-37 所示。

08 将鼠标指针移至控制框内，当鼠标指针呈黑色三角形时，双击即可裁剪图像，效果如图 1-38 所示。

图 1-37 裁剪矩形控制框

图 1-38 裁剪图像

案例 1.7 选择前景色/背景色

案例文件： 资源包\源文件\素材\单元 1\黑板 .psd

案例效果： 资源包\源文件\效果\单元 1\黑板 .psd

技术点睛： "设置前景色"色块、"设置背景色"色块

操作难度： ★★

案例目标： 通过实践操作，掌握前景色和背景色的设置方法

操作步骤

01 打开"资源包\源文件\素材\单元 1\黑板"素材，如图 1-39 所示。

02 单击工具箱下方的"设置前景色"色块，打开"拾色器（前景色）"对话框，如图 1-40 所示，设置 R 为 68、G 为 90、B 为 78。

图 1-39 黑板素材

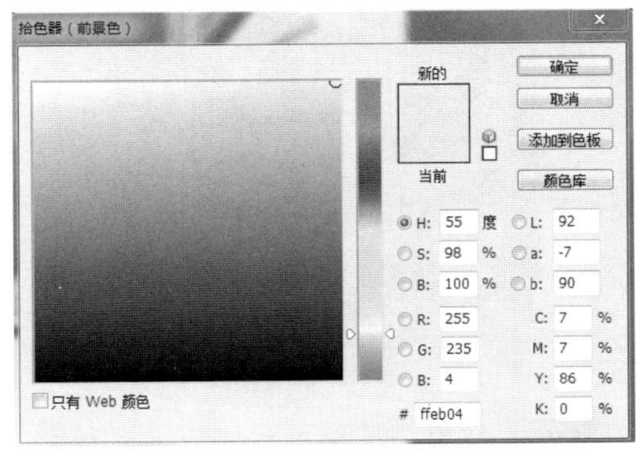

图 1-40 "拾色器（前景色）"对话框

03 设置完毕后单击"确定"按钮，完成前景色的设置，展开"图层"面板，选择"图层 1"，如图 1-41 所示。

04 按【Alt+Delete】组合键，即可为图像填充前景色，效果如图 1-42 所示。

图 1-41 选择"图层 1"

图 1-42 填充前景色

05 单击工具箱下方的“设置背景色”色块，打开“拾色器（背景色）”对话框，如图 1-43 所示，设置 R 为 255、G 为 215、B 为 4。

06 确定“图层 2”为当前图层，按【Ctrl+Delete】组合键，完成背景色的设置，效果如图 1-44 所示。

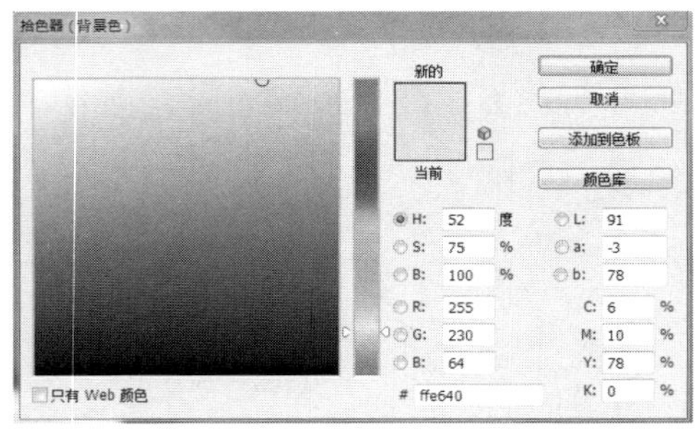

图 1-43　“拾色器（背景色）”对话框

图 1-44　最终效果

案例 1.8　应用辅助工具

案例文件：资源包 \ 源文件 \ 素材 \ 单元 1\ 情人节 .psd

案例效果：资源包 \ 源文件 \ 效果 \ 单元 1\ 情人节 .psd

技术点睛：“首选项”对话框、“标尺”命令、“新建参考线”命令等

操作难度：★★

案例目标：通过实践操作，掌握常用辅助线的创建与设置方法

操作步骤

01 打开“资源包 \ 源文件 \ 素材 \ 单元 1\ 情人节”素材，如图 1-45 所示。

02 选择“编辑 / 首选项 / 参考线、网格和切片”选项，打开“首选项”对话框，如图 1-46 所示。

03 在“网格”选项组中单击“颜色”右侧的下拉按钮，在弹出的下拉列表中选择“浅蓝色”选项，如图 1-47 所示。单击“确定”按钮，完成参考线、网格和切片属性的设置。

图 1-45　情人节素材

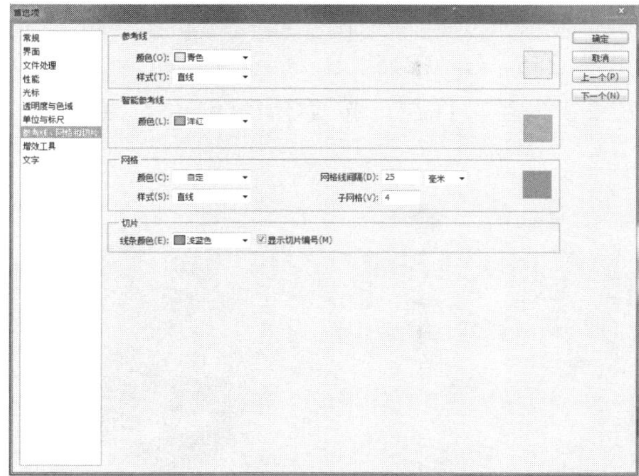

图 1-46　“首选项”对话框

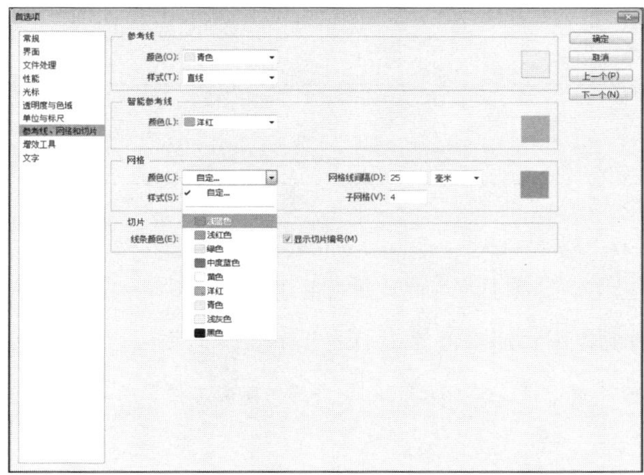

图 1-47　设置颜色

04 选择“视图 / 标尺”选项，即可显示标尺，如图 1-48 所示。

图 1-48　显示标尺

05 选择“视图 / 新建参考线”选项，打开“新建参考线”对话框。选中“垂直”单选按钮，设置“位置”为 10 厘米，如图 1-49 所示；选中“水平”单选按钮，设置“位置”为 10 厘米，如图 1-50 所示。

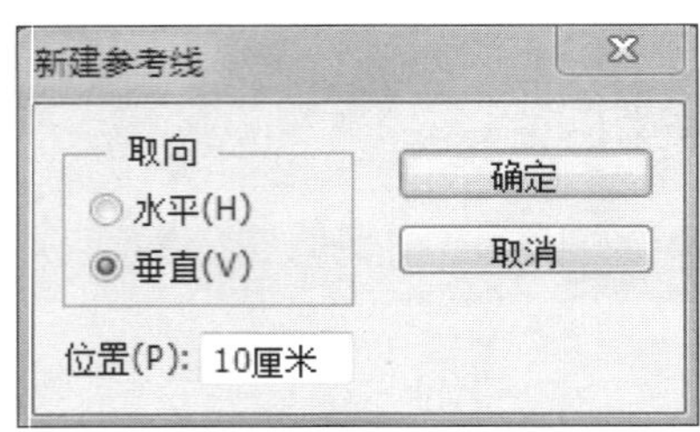

图 1-49 选中“垂直”单选按钮

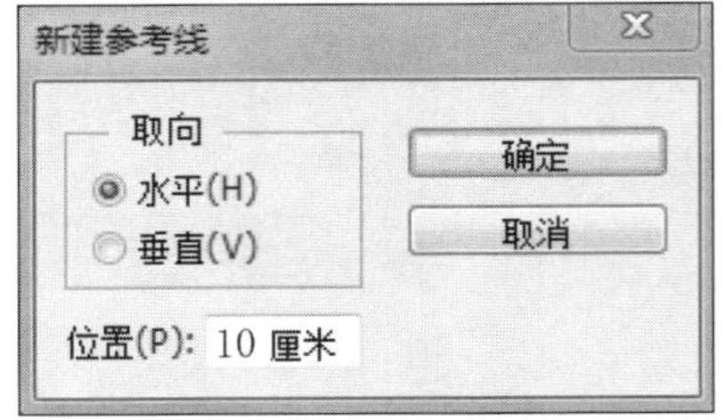

图 1-50 选中“水平”单选按钮

06 设置完毕后单击“确定”按钮，新建一条水平参考线，如图 1-51 所示。

07 选择“视图 / 显示 / 网格”选项，即可显示网格，如图 1-52 所示。

图 1-51 新建水平参考线

图 1-52 显示网格

2 单元 图像选区操作

>>>>

◎ 单元导读

选区是一个非常重要的概念。由于调整图像的色调与色彩、运用工具对图像进行编辑等大部分操作只对当前选区内的图像有效，因此掌握各种选区的创建方法非常重要。在Photoshop CS6中，有很丰富的创建选区的工具，如矩形选框工具、椭圆选框工具、单行选框工具、套索工具、魔棒工具等。本单元将通过实例详细介绍这些工具的使用方法。

◎ 学习目标

- 认识选框工具。
- 掌握各种选区的创建方法。
- 掌握填充和描边选区的操作方法。

案例 2.1

矩形选框工具和椭圆形选框工具应用——花漾年华

案例文件： 资源包\源文件\素材\单元2\花漾年华.jpg、窗前.jpg、依靠.jpg

案例效果： 资源包\源文件\效果\单元2\花漾年华.psd

技术点睛： “矩形选框工具”“椭圆选框工具”“移动工具”

操作难度： ★★

案例目标： 通过本案例的学习，掌握创建选区及将创建的选区移动到指定图像中的操作方法

操作步骤

01 打开“资源包\源文件\素材\单元2\花漾年华”和“窗前”素材，如图2-1和图2-2所示。

02 选择工具箱中的“矩形选框工具”，在窗前素材图像上的适当位置按住鼠标左键并拖动至合适位置，释放鼠标左键创建一个矩形选区，如图2-3所示。

03 使用“移动工具”选中矩形选区，按住鼠标左键并拖动鼠标至花漾年华素材图像编辑窗口中的适合位置，选择“编辑/自由变换”选项，调整图像的大小和位置，效果如图2-4所示。

图2-1　花漾年华素材

图2-2　窗前素材

图2-3　创建矩形选区

图2-4　移动图像

04 打开“资源包 \ 源文件 \ 素材 \ 单元 2\ 依靠”素材，选择工具箱中的“椭圆选框工具”，在依靠素材图像上的适当位置按住鼠标左键并拖动鼠标至合适的位置，释放鼠标左键创建一个椭圆选区，如图 2-5 所示。

05 使用“移动工具”选中椭圆选区，按住鼠标左键并拖动鼠标至花漾年华素材图像编辑窗口中合适的位置，选择“编辑 / 变换 / 缩放”选项，调整图像的大小和位置，效果如图 2-6 所示。

图 2-5　创建椭圆选区

图 2-6　最终效果

知识窗

1. 矩形选框工具

使用“矩形选框工具”可以方便地在图像中制作任意长、宽的矩形选区。在实际操作中，常常会遇到多个选区相加或相减的问题，可以通过选择不同的方式来解决。

1）“新选区”按钮 ：清除原有的选择区域，直接新建选区。

2）“添加到选区”按钮 ：在原有选区的基础上，增加新的选择区域，形成最终的选择范围。

3）“从选区减去”按钮 ：在原有选区中，减去与新的选择区域相交的部分，形成最终的选择范围。

4）“与选区交叉”按钮 ：使原有选区和新建选区相交的部分成为最终的选择范围。

2. 椭圆选框工具

使用“椭圆选框工具”可以在图像中制作任意半径的椭圆形选区。它的使用方法与“矩形选框工具”的使用方法类似。创建正圆选区时，只要按住【Shift】键再拖动“椭圆选框工具”制作选区即可。

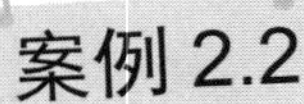

案例 2.2 单行选框工具应用——精美信纸

案例文件：资源包 \ 源文件 \ 素材 \ 单元 2\ 精美信纸 .jpg

案例效果：资源包 \ 源文件 \ 效果 \ 单元 2\ 精美信纸 .psd

技术点睛：“单行选框工具”

操作难度：★★

案例目标：通过实践操作，掌握应用“单行选框工具”创建单行选区的方法

操作步骤

01 打开“资源包 \ 源文件 \ 素材 \ 单元 2\ 精美信纸”素材，如图 2-7 所示。

02 选择工具箱中的“单行选框工具”，在素材图像上多次单击，创建水平选区，如图 2-8 所示。

图 2-7　素材

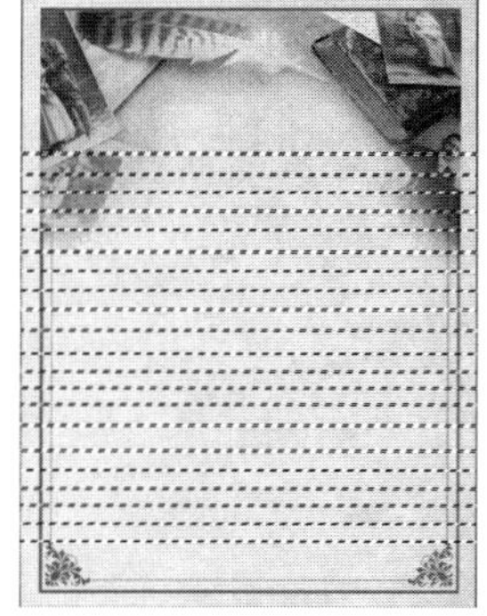

图 2-8　创建水平选区

知识窗

使用“单行选框工具”可以在图像中制作出 1 像素高的单行选区。该工具的属性栏中只有选择方式可以设置，用法和原理都和“矩形选框工具”相同。使用“单列选框工具”的方法与“单行选框工具”相同，可以在图像中制作出 1 像素宽的单列选区。

03 选择工具箱中的“矩形选框工具”，并单击工具属性栏中的“从选区减去”按钮，在图像编辑窗口中左侧适当位置按住鼠标左键并拖动鼠标，选择需要减去的区域。

04 释放鼠标左键，即可减去被矩形框选中的选区，并用与上面同样的方法，减去其右侧相应的区域，效果如图 2-9 所示。

05 单击工具箱下方的“设置前景色”色块，打开“拾色器（前景色）”对话框，设置前景色为黑色，如图 2-10 所示。

06 单击“确定”按钮，按【Alt+Delete】组合键，填充前景色，并按【Ctrl+D】组合键取消选区，效果如图 2-11 所示。

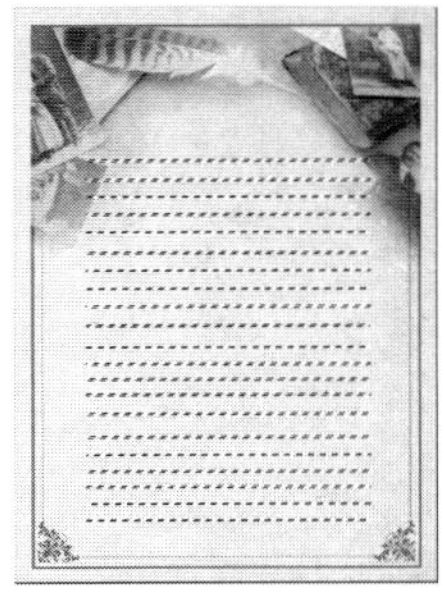
图 2-9 减去选区

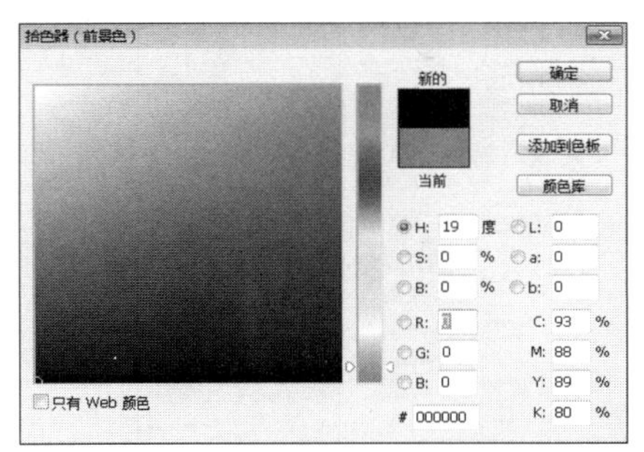

图 2-10 “拾色器（前景色）”对话框

图 2-11 最终效果

案例 2.3 套索工具应用——创意瓷瓶

案例文件： 资源包 \ 源文件 \ 素材 \ 单元 2\ 创意瓷瓶 .jpg

案例效果： 资源包 \ 源文件 \ 效果 \ 单元 2\ 创意瓷瓶 .psd

技术点睛： “套索工具”、“色相 / 饱和度”对话框等

操作难度： ★★

案例目标： 通过实践操作，掌握创建套索选区及调整图像色相、饱和度的方法

操作步骤

01 打开“资源包 \ 源文件 \ 素材 \ 单元 2\ 创意瓷瓶”素材，如图 2-12 所示。

02 选择工具箱中的“套索工具”，将鼠标指针移至图像编辑窗口中瓷瓶的边缘处，按住鼠标左键并拖动，回到起始位置释放鼠标左键，创建一个套索选区，如图 2-13 所示。

图 2-12 创意瓷瓶素材

图 2-13 创建套索选区

03 选择“图像 / 调整 / 色相 / 饱和度”选项，打开“色相 / 饱和度”对话框，设置“色相”为 −120、“饱和度”为 7，如图 2-14 所示。

04 单击“确定”按钮，并按【Ctrl+D】组合键取消选区，效果如图 2-15 所示。

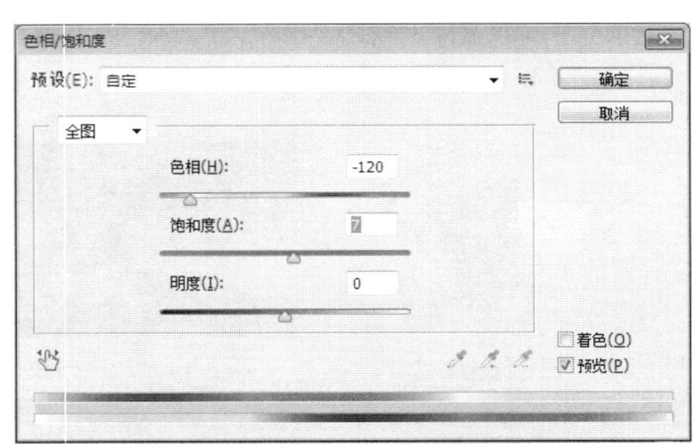

图 2-14　“色相 / 饱和度”对话框

图 2-15　最终效果

知识窗

1）套索工具组 :“套索工具”用于创建任意不规则选区 ;“多边形套索工具”用于创建有一定规则的选区 ;“磁性套索工具”用于创建边缘比较清晰，且与背景颜色相差比较大的图片的选区。

2）“羽化”: 可模糊选区的边缘，取值范围为 0 ~ 250 像素。

案例 2.4

多边形套索工具应用——闪亮手机

案例文件： 资源包 \ 源文件 \ 素材 \ 单元 2\ 闪亮背景 .jpg、手机 .jpg

案例效果： 资源包 \ 源文件 \ 效果 \ 单元 2\ 闪亮手机 .psd

技术点睛： “多边形套索工具”　“移动工具”

操作难度： ★★

案例目标： 通过实践操作，掌握应用“多边形套索工具”创建不规则多边形选区的方法

操作步骤

01 打开“资源包 \ 源文件 \ 素材 \ 单元 2\ 闪亮背景”和“手机”素材，如图 2-16 与图 2-17 所示。

02 选择工具箱中的“多边形套索工具”，将鼠标指针移至图像编辑窗口中手机边缘处，确定起始点，围绕图像边缘不断单击，最后在结束绘制选区的位置上双击，创建一个多边形选区，如图 2-18 所示。

03 使用“移动工具”拖动选区内的图像至“闪亮背景”素材图像编辑窗口中的适合位置，选择“编辑 / 变换 / 缩放”选项，并调整图像的大小和位置，效果如图 2-19 所示。

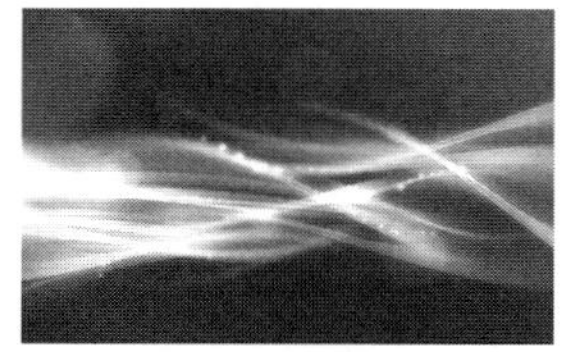
图 2-16　闪亮背景素材

图 2-17　手机素材

图 2-18　创建多边形选区

图 2-19　最终效果

知识窗

运用“多边形套索工具”创建选区时，按住【Shift】键的同时单击，可以沿水平、垂直或 45° 方向创建选区。按住【Alt】键可以在“套索工具”或“多边形套索工具”之间进行切换。

案例 2.5

磁性套索工具应用——油漆刷

案例文件：资源包 \ 源文件 \ 素材 \ 单元 2\ 油漆刷 .jpg

案例效果：资源包 \ 源文件 \ 效果 \ 单元 2\ 油漆刷 .psd

技术点睛：“磁性套索工具”

操作难度：★★

案例目标：通过实践操作，掌握应用“磁性套索工具”创建不规则选区的方法

操作步骤

01 打开“资源包 \ 源文件 \ 素材 \ 单元 2\ 油漆刷”素材，如图 2-20 所示。

02 选择工具箱中的“磁性套索工具”，在油漆刷图像边缘处单击，确定起始点，围绕图像边缘拖动鼠标，绘制套索路径，如图 2-21 所示。

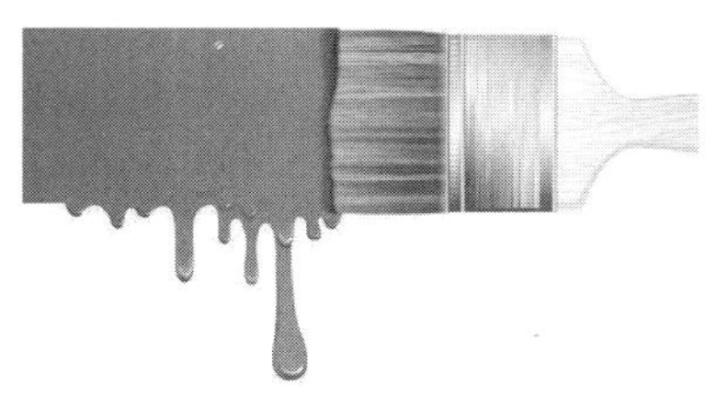

图 2-20　油漆刷素材

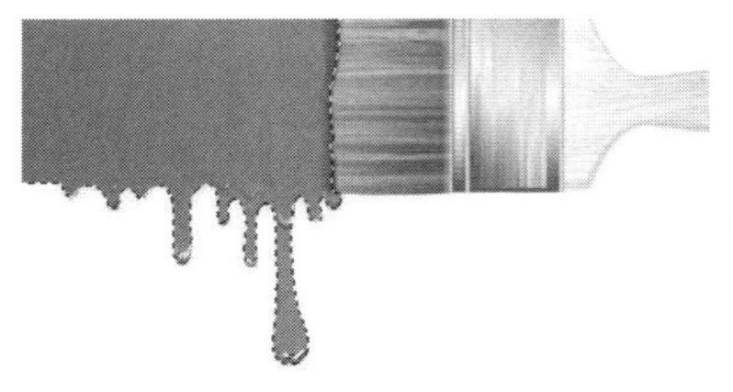

图 2-21　绘制套索路径

知识窗

运用“磁性套索工具”创建边界选区时，按【Delete】键可以删除上一个节点和线段，如果选择的边框没有贴近被选图像的边缘，可以在选区上单击，手动添加一个节点，然后调整其位置。

03 选择“图像 / 调整 / 色相 / 饱和度”选项，打开“色相 / 饱和度”对话框，设置“色相”为 117、“饱和度”为 5，如图 2-22 所示。

04 单击“确定”按钮，并按【Ctrl+D】组合键取消选区，效果如图 2-23 所示。

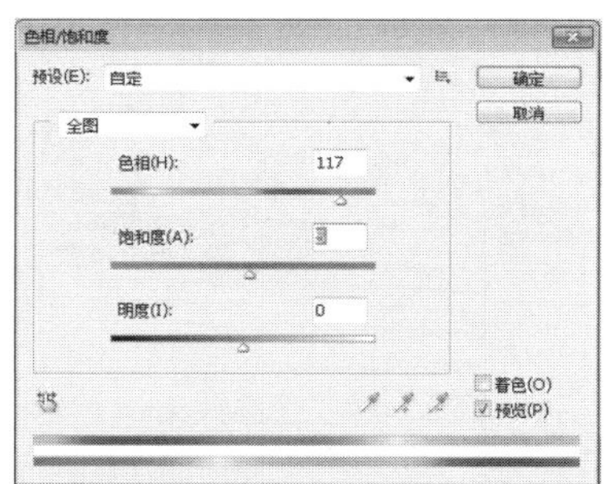

图 2-22　设置色相和饱和度

图 2-23　最终效果

案例 2.6

快速选择工具应用——葡萄

案例文件： 资源包 \ 源文件 \ 素材 \ 单元 2\ 葡萄 .jpg

案例效果： 资源包 \ 源文件 \ 效果 \ 单元 2\ 葡萄 .psd

技术点睛： “快速选择工具”

操作难度： ★★

案例目标： 通过实践操作，掌握应用“快捷选择工具”快速创建选区的方法

操作步骤

01 打开“资源包\源文件\素材\单元2\葡萄”素材，如图2-24所示。

02 选择工具箱中的“快速选择工具”，并在图像编辑窗口葡萄素材上单击创建选区，如图2-25所示。

图2-24 葡萄素材

图2-25 创建选区

03 选择“图像/调整/色相/饱和度”选项，打开“色相/饱和度”对话框，设置“色相”为–47、“饱和度”为5，如图2-26所示。

04 单击“确定”按钮，并按【Ctrl+D】组合键取消选区，效果如图2-27所示。

图2-26 “色相/饱和度”对话框

图2-27 最终效果

知识窗

“快速选择工具”是根据颜色相似性来选择区域的，可以将画笔大小内相似的颜色一次性选中。在操作的过程中，可以通过按“【”键来缩小或按“】”键来加大此工具的画笔直径，从而改变操作后所得到的选区。

案例2.7

魔棒工具应用——女人节

案例文件： 资源包\源文件\素材\单元2\女人节.jpg、文字效果.jpg

案例效果： 资源包\源文件\效果\单元2\女人节.psd

技术点睛：“魔棒工具”“移动工具”“缩放”命令

操作难度：★★

案例目标：通过本案例的学习，掌握创建不规则选区及调整图像大小和位置的操作方法

操作步骤

01 打开“资源包\源文件\素材\单元 2\女人节”和“文字效果”素材，如图 2-28 和图 2-29 所示。

图 2-28　女人节素材

图 2-29　文字效果素材

02 选择工具箱中的“魔棒工具”，在文字效果素材图像编辑窗口中的白色区域上重复单击，依次选择所有的背景颜色，创建白色选区，如图 2-30 所示。

> **知识窗**
>
> 1）“魔棒工具”：使用“魔棒工具”可快速得到基于颜色的选区，能把图像中连续或不连续的颜色相近的区域作为选区的范围，以选择颜色相同或相近的色块。
>
> 2）“容差”：用来控制“魔棒工具”在识别各像素色值差异时的容差范围。可以输入 0 ~ 255 的数值，取值越大，容差的范围越大；取值越小，容差的范围越小。

03 选择“选择 / 反向”选项，反选选区，使用“移动工具”拖动选区内的图像至女人节图像编辑窗口中的合适位置，选择“编辑 / 变换 / 缩放”选项，调整图像的大小和位置，效果如图 2-31 所示。

图 2-30　创建选区

图 2-31　最终效果

案例 2.8

色彩范围命令应用——唇膏

案例文件： 资源包 \ 源文件 \ 素材 \ 单元 2\ 唇膏 .jpg

案例效果： 资源包 \ 源文件 \ 效果 \ 单元 2\ 唇膏 .psd

技术点睛： “色彩范围”命令、“添加到取样”按钮

操作难度： ★★

案例目标： 通过实践操作，掌握应用“色彩范围”命令创建颜色相似选区的方法

操作步骤

01 打开“资源包 \ 源文件 \ 素材 \ 单元 2\ 唇膏”素材，如图 2-32 所示。

02 选择“选择 / 色彩范围”选项，打开“色彩范围”对话框，如图 2-33 所示，设置“颜色容差”为 150，并将鼠标指针移至黑色矩形框中，在适当位置单击，选中图像中的红色区域。

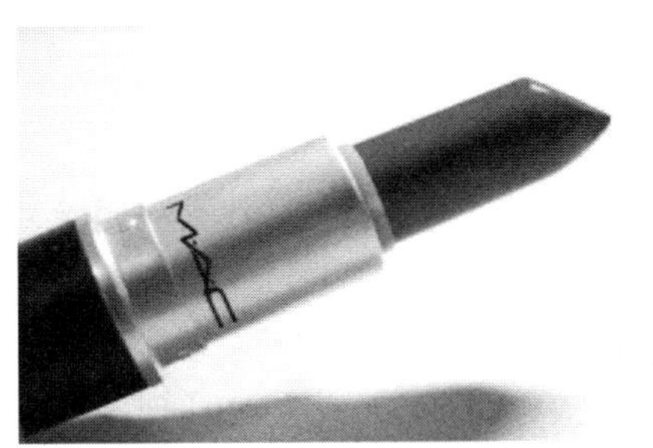

图 2-32　唇膏素材

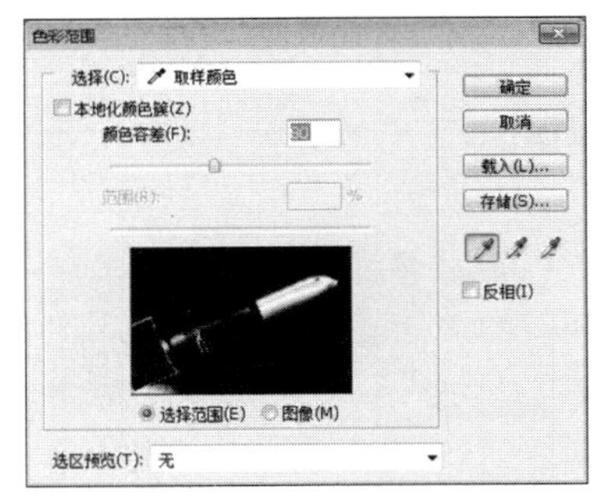

图 2-33　“色彩范围”对话框

知识窗

“色彩范围”对话框中主要选项的含义如下。

1）“选择”下拉列表：可以选择颜色或色调范围，也可以选择取样颜色。

2）“颜色容差”文本框：输入数值或拖动滑块，以改变文本框中的数值，可以调整颜色范围。

3）“反相”复选框：可以将当前选区反选。

4）“选区预览”下拉列表：默认情况下，其设置为“无”，即不在图像窗口显示选择效果。如果选择“灰度”、“黑色杂边”和“白色杂边”选项，则分别表示以灰色、黑色或白色显示选择区域；如果选择“快速蒙版”选项，则表示以预设的蒙版颜色显示未选区域。

03 单击“色彩范围”对话框中的“添加到取样”按钮，将鼠标指针拖动至黑色矩形框的红色区域中并多次单击，加选红色的全部图像范围，如图 2-34 所示。

04 单击“确定”按钮，即可选中红色全部区域图像，如图 2-35 所示。

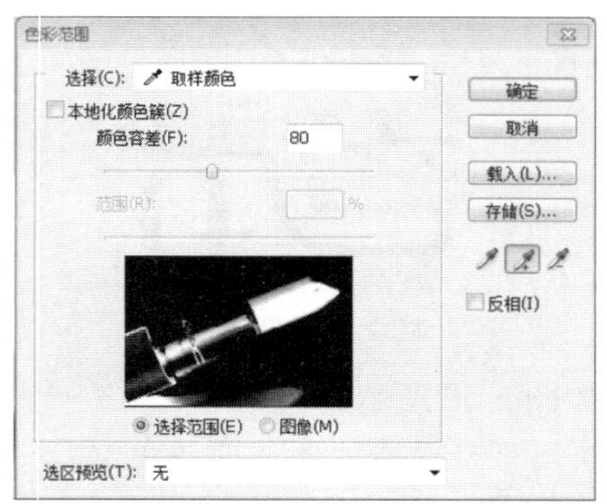

图 2-34　加选红色区域

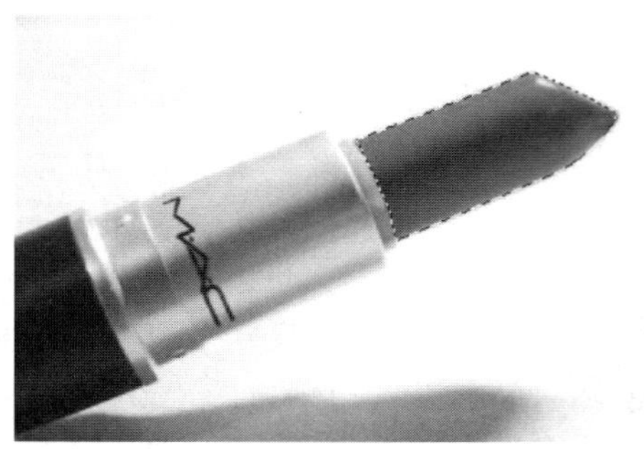

图 2-35　选中后的效果

05 选择“图像 / 调整 / 色相 / 饱和度”选项，打开“色相 / 饱和度”对话框，设置“色相”为 −40、“饱和度”为 10，如图 2-36 所示。

06 单击“确定”按钮，并取消选区，效果如图 2-37 所示。

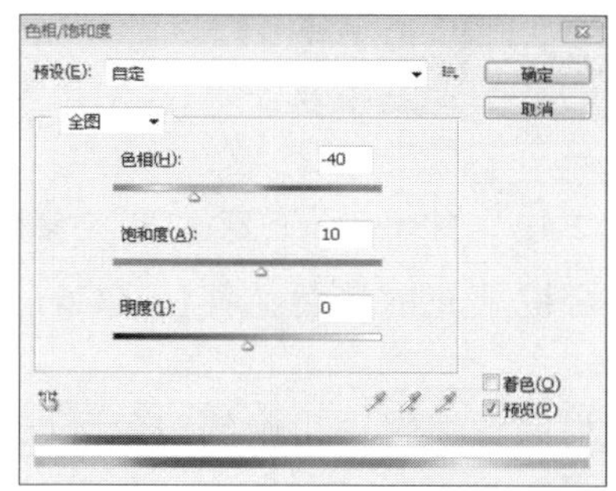

图 2-36　“色相 / 饱和度”对话框

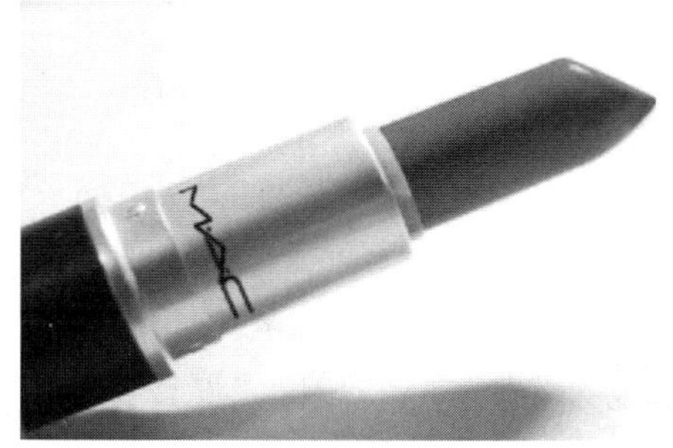

图 2-37　最终效果

案例 2.9

填充和描边选区——艺术字体

案例文件： 资源包 \ 源文件 \ 素材 \ 单元 2\ 艺术字体 .jpg

案例效果： 资源包 \ 源文件 \ 效果 \ 单元 2\ 艺术字体 .psd

技术点睛： “魔棒工具”、“填充”命令、“描边”命令

操作难度： ★★

案例目标： 通过实践操作，掌握“填充”“描边”命令的应用方法

操作步骤

01 打开“资源包 \ 源文件 \ 素材 \ 单元 2\ 艺术字体”素材，如图 2-38 所示。

02 选择工具箱中的“魔棒工具”，在文字素材图像编辑窗口中的白色区域单击创建选区，如图 2-39 所示。

图 2-38　艺术字素材

图 2-39　创建选区

03 选择“选择 / 反向”选项，反选选区，如图 2-40 所示。

04 单击工具箱下方的“设置前景色”色块，打开“拾色器（前景色）”对话框，设置前景色 R 为 254、G 为 10、B 为 10，如图 2-41 所示。

图 2-40　反选选区

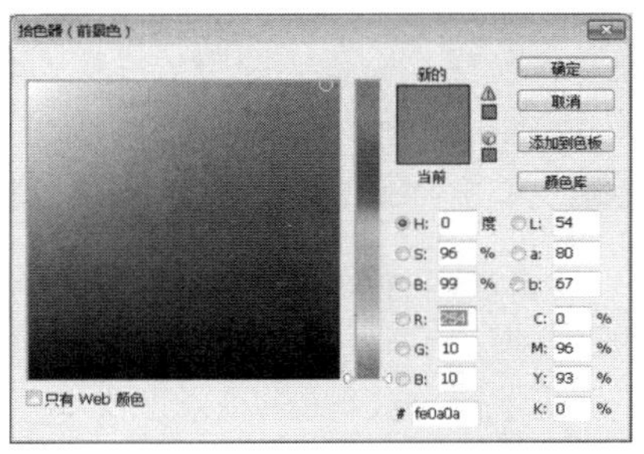

图 2-41　“拾色器（前景色）”对话框

05 单击“确定”按钮，按【Alt+Delete】组合键填充前景色，并按【Ctr1+D】组合键取消选区，效果如图 2-42 所示。

06 选择工具箱中的“魔棒工具”，在文字素材图像编辑窗口中的白色区域单击创建选区，并选择“选择 / 反向”选项，反选选区，如图 2-43 所示。

图 2-42　填充颜色

图 2-43　再次反选选区

07 选择“编辑 / 描边”选项，打开“描边”对话框，在“描边”选择组中设置“宽度”为 4 像素，如图 2-44 所示。

08 单击“颜色”右侧的色块，打开“选取描边颜色”对话框，设置描边颜色 R 为 250、G 为 240、B 为 20，如图 2-45 所示。

09 单击“确定”按钮，返回“描边”对话框，在“位置”选项组中选中“居外”单选按钮，如图 2-46 所示。

10 单击“确定”按钮，描边选区，并按【Ctrl+D】组合键取消选区，效果如图 2-47 所示。

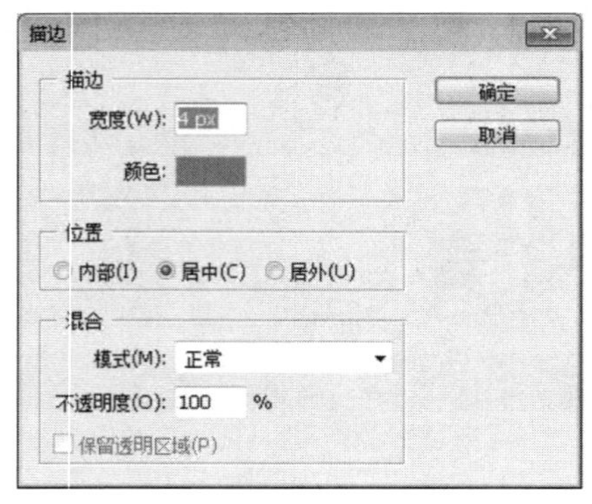

图 2-44　“描边”对话框

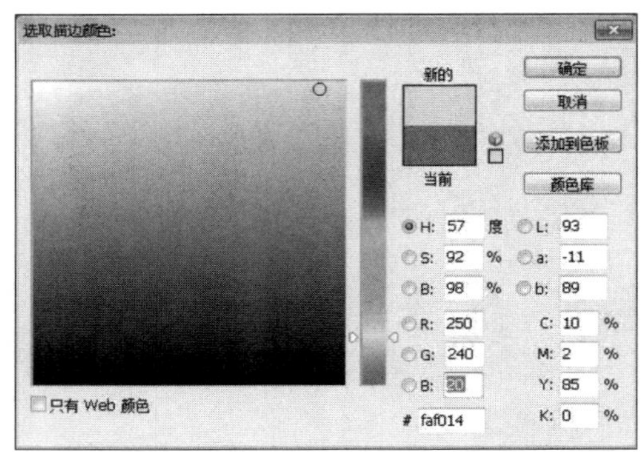

图 2-45　“选取描边颜色”对话框

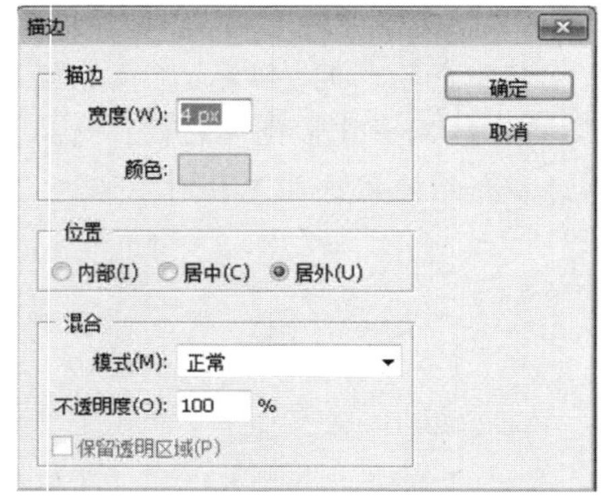

图 2-46　选中“居外”单选按钮

图 2-47　最终效果

知识窗

当在图像中建立区域范围时，可以为其填充颜色、图案，使画面生动活泼。

1. 颜色的填充

1）使用快捷方式填充：若要填充前景色，则按【Alt+Delete】组合键；若要填充背景色，则按【Ctrl+Delete】组合键。

2）使用“油漆桶工具”填充：直接在选区范围上单击即可填充，填充的颜色为所设置的前景色。

3）选择“编辑 / 填充”选项，打开“填充”对话框，单击“使用”下拉按钮，在弹出的下拉列表中选择“颜色”选项，打开“选取一种颜色”对话框，选取自己想要的颜色即可填充选区。

2. 图案的填充

建立选区后，若要填充系统自带的图案，则选择“编辑 / 填充”选项，打开“填充”对话框，在“使用”下拉列表中选择“图案”选项，在“自定图案”下拉列表中选取所需要的图案，并且可以通过单击向右的小箭头追加所需要的纹理图案。

3

单元

绘图和填充工具

>>>>

◎ 单元导读

Photoshop 软件的绘画和填充功能是十分出色的，其中包括画笔、铅笔、颜色替换、橡皮擦、形状和渐变工具。正确合理地运用各种工具，可以绘制出非常优秀的插画作品，还可以绘制出比较商业的作品。本单元将通过实例详细介绍使用这些工具对图像进行绘制和编辑的方法。

◎ 学习目标

- 认识常用绘画工具和填充工具。
- 掌握对图像进行编辑和填充操作的方法和技巧。

画笔工具应用——七夕情人节

案例文件： 资源包 \ 源文件 \ 素材 \ 单元 3\ 七夕情人节 .jpg

案例效果： 资源包 \ 源文件 \ 效果 \ 单元 3\ 七夕情人节 .psd

技术点睛： “画笔工具”

操作难度： ★★

案例目标： 通过实践操作，掌握画笔工具的应用方法和操作技巧

操作步骤

01 打开“资源包 \ 源文件 \ 素材 \ 单元 3\ 七夕情人节”素材，如图 3-2 所示。

02 选择工具箱中的“画笔工具”，在工具属性栏中单击“点按可打开‘画笔预设’选取器”下拉按钮，在弹出的下拉列表中选择“散布枫叶”选项，如图 3-3 所示，并设置“大小”为 20 像素。

知识窗

使用“画笔工具”可绘制出边缘柔软的画笔效果。“画笔工具”的属性栏如图 3-1 所示。

图 3-1　“画笔工具”的属性栏

1）“画笔预设选取器”按钮 和“切换画笔面板”按钮 ：可设置画笔的样式和画笔的粗细。单击“切换画笔面板”按钮，弹出“画笔”面板，可设置画笔的样式。

2）“模式”下拉列表：设置画笔的混合模式。

3）“不透明度”文本框：设置画笔在绘制图像时颜色的透明程度。

4）“流量”文本框：设置画笔在绘制图像时笔墨扩散的量。

5）“启用喷枪模式”按钮 ：单击该按钮时，在绘制过程中如有停顿，画笔中的颜料会不停地喷射出来，停顿时间越长，点的颜色越深，所占的面积越大。按住【Shift】键，使用“画笔工具”在窗口中拖动，即可画出直线。

03 设置前景色为白色，拖动鼠标至编辑窗口中，鼠标指针呈枫叶形状，如图 3-4 所示。

04 在图像编辑窗口中的适当位置按住鼠标左键，并拖动鼠标至适当位置，绘制心形的散布枫叶效果，如图 3-5 所示。

图 3-2 七夕情人节素材

图 3-3 创建矩形选区

图 3-4 画笔形状

图 3-5 最终效果

案例 3.2

铅笔工具应用——童年

案例文件：资源包\源文件\素材\单元 3\童年 .jpg

案例效果：资源包\源文件\效果\单元 3\童年 .psd

技术点睛：“铅笔工具”、“画笔”画板

操作难度：★★

案例目标：通过实践操作，掌握“铅笔工具”在图像处理中的应用方法

操作步骤

01 打开“资源包\源文件\素材\单元 3\童年”素材，如图 3-6 所示。

图 3-6 童年素材

02 选择工具箱中的“铅笔工具”，选择“窗口 / 画笔”选项，弹出“画笔”画板，在“画笔”面板中选择“画笔笔尖形状”选项，在右侧列表框中选择画笔笔尖选项，并设置其“大小”为 150 像素、“间距”为 60%，如图 3-7 所示。

知识窗

使用“铅笔工具”时，可以调整铅笔的选项来设置铅笔的形状、颜色等。单击“切换画笔面板”按钮或按【F5】键，在弹出的“画笔”面板中可以设置画笔笔尖的形状，如形状动态、散布、纹理、双重画笔、颜色动态、传递、画笔笔势、杂色、平滑、保护纹理等。

03 选中“形状动态”复选框，设置“大小抖动”为4%、“最小直径”为3%、“角度抖动”为2%、“圆度抖动”为19%、“最小圆度”为23%，如图3-8所示。

04 选中“散布”复选框，设置“散布”为55 %、“数量抖动”为18%，如图3-9所示。

05 选中“颜色动态”复选框，设置“前景/背景抖动”为25%，如图3-10所示。

图3-7　设置画笔笔尖形状

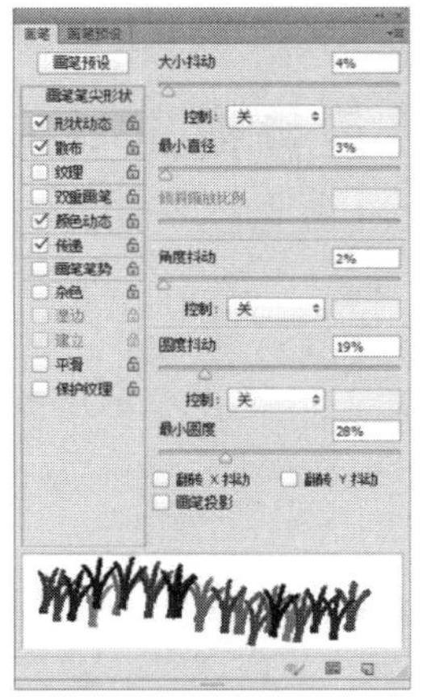

图3-8　设置形状动态

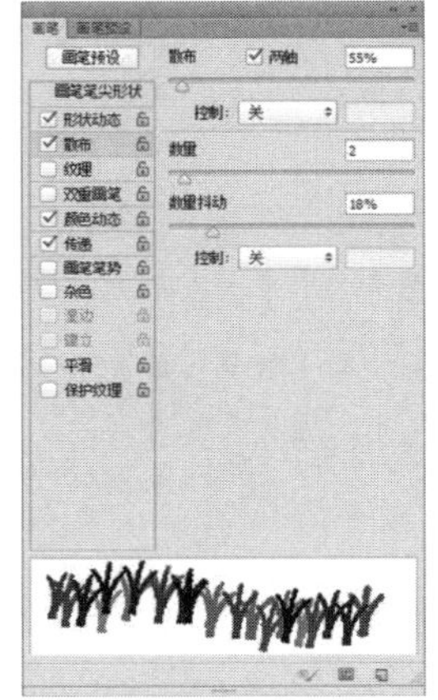

图3-9　设置散布

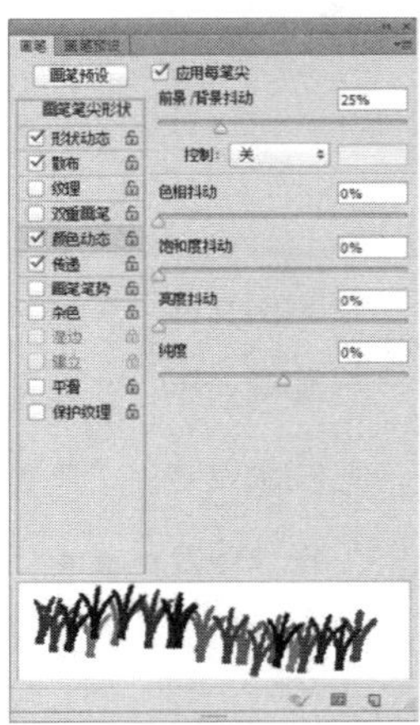

图3-10　设置颜色动态

06 单击工具箱下方的“设置前/背景色”色块，打开“拾色器（前/背景色）”对话框，设置前景色R为136、G为213、B为35，背景色R为26、G为53、B为3，如图3-11所示。

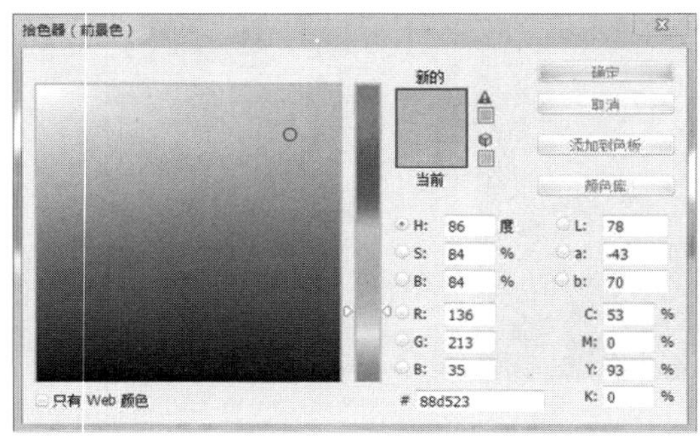

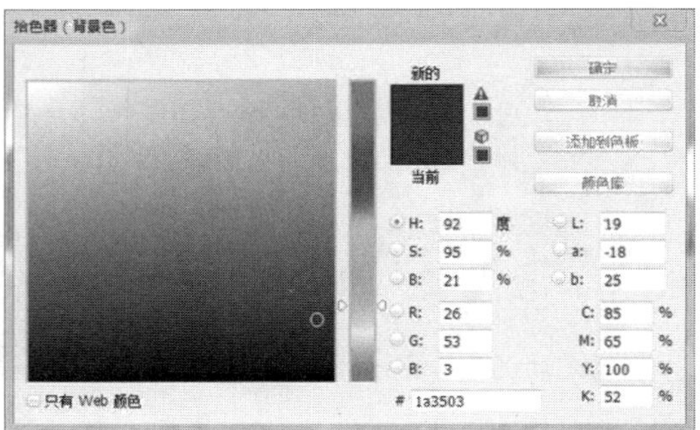

图3-11　“拾色器（前/背景色）”对话框

07 移动鼠标指针至编辑窗口的适合位置，多次单击并拖动鼠标，绘制铅笔效果，效果如图 3-12 所示。

图 3-12　最终效果

案例 3.3

颜色替换工具应用——闹钟

案例文件： 资源包 \ 源文件 \ 素材 \ 单元 3\ 闹钟 .jpg

案例效果： 资源包 \ 源文件 \ 效果 \ 单元 3\ 闹钟 .psd

技术点睛： “颜色替换工具”

操作难度： ★★

案例目标： 通过本案例的学习，掌握用选择的颜色替换选定区域内颜色的操作方法

操作步骤

01 打开“资源包 \ 源文件 \ 素材 \ 单元 3\ 闹钟”素材，如图 3-13 所示。

02 单击工具箱下方的“设置前景色”色块，打开“拾色器（前景色）”对话框，设置前景色 R 为 0、G 为 182、B 为 249，如图 3-14 所示。

图 3-13　闹钟素材

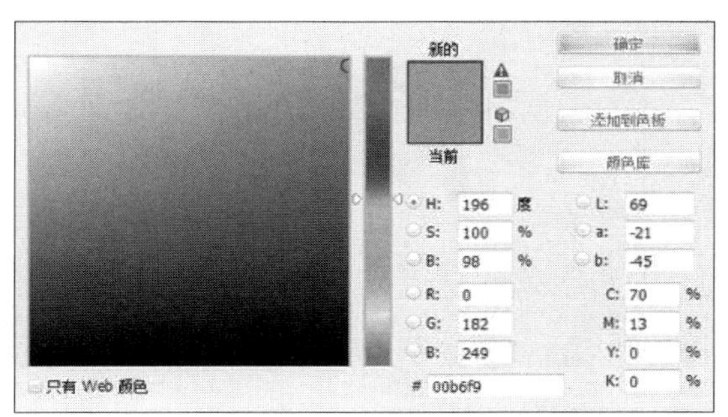

图 3-14　颜色设置 1

03 单击“确定”按钮，选择工具箱中的“颜色替换工具”，设置画笔“大小”为 30 像素，在图像编辑窗口中的闹钟顶上两角上按住鼠标左键并拖动鼠标，涂抹对象，如图 3-15 所示。

04 用同样的方法，设置前景色 R 为 255、G 为 6、B 为 0，如图 3-16 所示。在图像编辑窗口继续涂抹左边的图像，替换颜色后效果如图 3-17 所示。

图 3-15 颜色设置 2

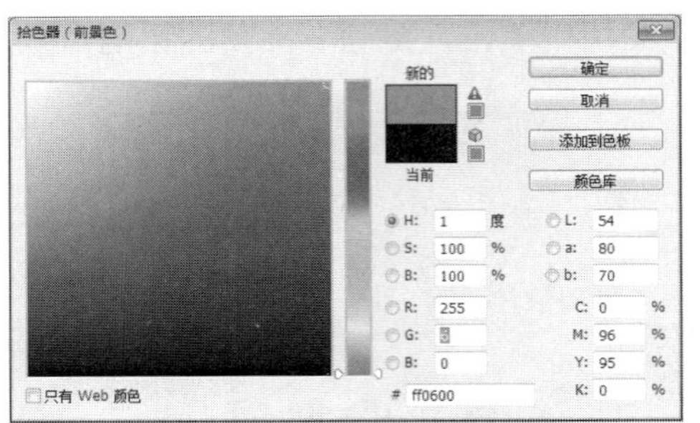

图 3-16 颜色设置 3

图 3-17 替换颜色后效果

知识窗

“颜色替换工具”属性栏主要选项的含义如下。

1）“模式”下拉列表：用于设置不同的模式，从而使图像产生不同的效果，通常情况下选择“颜色”选项。

2）“取样：连续”按钮：用于在拖动鼠标时连续对颜色进行取样。

3）“取样：一次”按钮：用于替换用户第一次单击时对颜色区域进行的取样。

4）“取样：背景色板”按钮：同于替换图像中所有包含背景色的区域。

案例 3.4

橡皮擦工具应用——彩色铅笔

案例文件： 资源包\源文件\素材\单元 3\彩色铅笔 .jpg

案例效果： 资源包\源文件\效果\单元 3\彩色铅笔 .psd

技术点睛： “橡皮擦工具”

操作难度： ★★

案例目标： 通过制作“彩色铅笔”，掌握将图像中不需的图像内容进行擦除的操作方法

操作步骤

01 打开“资源包 \ 源文件 \ 素材 \ 单元 3\ 彩色铅笔”素材，如图 3-18 所示。

02 选择工具箱中的“橡皮擦工具”，在工具属性栏中单击“点按可打开‘画笔预设’选取器”下拉按钮，在弹出的下拉列表中选择“硬边圆”选项，并设置“大小”为 30 像素，如图 3-19 所示。

03 移动鼠标指针至图像中单击，擦除右上角的铅笔，效果如图 3-20 所示。

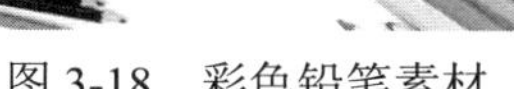
图 3-18　彩色铅笔素材

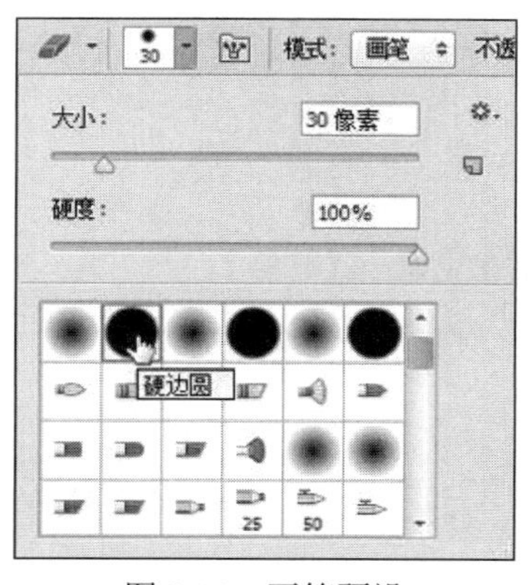

图 3-19　画笔预设

图 3-20　最终效果

知识窗

“橡皮擦工具”属性栏各主要选项的含义如下。

1）“模式”下拉列表：在该下拉列表中可以选择的橡皮擦类型有“画笔”、“铅笔”和“块”。当选择不同的橡皮擦类型时，工具属性栏中的选项也不同。选择“画笔”“铅笔”选项时，与画笔工具和铅笔工具的用法相似，只是绘画和擦除的区别；选择“块”选项时，鼠标指针呈一个方形的橡皮擦。

2）“不透明度”文本框：在其中输入数值或拖动滑块，可以设置橡皮擦的不透明度。

3）“启用喷枪模式”按钮：单击此按钮，将以喷枪工具的模式进行擦除。

4）“抹到历史记录”复选框：选中该复选框后，将橡皮擦工具移动到图像上时会变成图案，可将图像恢复到历史面板中任何一个状态或图像的任何一个“快照”。

运用“橡皮擦工具”擦除图像颜色后的效果会因所在的图层不同而有所不同。当在背景图层或被锁定透明像素的图层中擦除时，被擦除的部分将会更改为工具箱中显示的背景色；当在普通图层中擦除时，被擦除的部分将会显示为透明色。

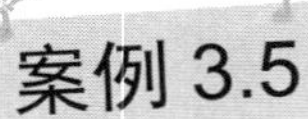

案例 3.5

背景橡皮擦工具应用——圣诞快乐

案例文件：资源包 \ 源文件 \ 素材 \ 单元 3\ 圣诞快乐 1.jpg、圣诞快乐 2.jpg

案例效果：资源包 \ 源文件 \ 效果 \ 单元 3\ 圣诞快乐 .psd

技术点睛：“背景橡皮擦工具”

操作难度：★★

案例目标：通过实践操作，掌握“背景橡皮擦工具”在图像处理中的应用方法

操作步骤

01 打开“资源包 \ 源文件 \ 素材 \ 单元 3\ 圣诞快乐 1”和“圣诞快乐 2”素材，如图 3-21 和图 3-22 所示。

02 选择工具箱中的“背景橡皮擦工具”，在工具属性栏中设置画笔“大小”为 40 像素，移动鼠标指针至图像编辑窗口的白色背景区单击，擦除白色背景图像，如图 3-23 所示。

图 3-21　圣诞快乐 1 素材

图 3-22　圣诞快乐 2 素材

图 3-23　擦除背景

知识窗

“背景橡皮擦工具”属性栏中各主要选项的含义如下。

1）“限制”下拉列表：用于设置擦除颜色的限制方式，在此下拉列表中选择“不连续”选项时，可以删除所有的取样颜色；选择“连续”选项时，只有与取样颜色相关联的区域才会被擦除；选择“查找边缘”选项时，将擦除取样点及和取样点相连的颜色，但能较好地保留与擦除位置颜色反差较大的边缘轮廓。

2）“容差”文本框：用来控制擦除颜色的范围，数值越大，则每次擦除的颜色范围越大。如果数值比较小，则只会擦除与取样颜色相近的颜色。

03 用同样的方法擦除其他背景，如图 3-24 所示。

04 使用“移动工具”将“圣诞快乐 1”素材拖动到“圣诞快乐 2”素材图像编辑窗口中的合适位置，选择“编辑 / 变换 / 缩放”选项，调整图像大小和位置，效果如图 3-25 所示。

图 3-24　擦除背景图像

图 3-25　最终效果

案例 3.6　魔术橡皮擦工具应用——法拉利

案例文件： 资源包 \ 源文件 \ 素材 \ 单元 3\ 法拉利 1.jpg、法拉利 2.jpg

案例效果： 资源包 \ 源文件 \ 效果 \ 单元 3\ 法拉利 .psd

技术点睛： “魔术橡皮擦工具”

操作难度： ★★

案例目标： 通过制作“法拉利”，掌握魔术橡皮擦工具的操作与使用方法

操作步骤

01 打开“资源包 \ 源文件 \ 素材 \ 单元 3\ 法拉利 1”和“法拉利 2”素材，如图 3-26 和图 3-27 所示。

图 3-26　法拉利 1 素材

图 3-27　法拉利 2 素材

02 选择工具箱中的“魔术橡皮擦工具”，在法拉利 1 素材图像编辑窗口中的背景区域内单击，擦除背景，如图 3-28 所示。用同样的方法，擦除图像中的其他背景，如图 3-29 所示。

图 3-28　擦除背景

图 3-29　擦除背景图像

03 使用“移动工具”将法拉利 1 素材拖动至法拉利 2 素材图像编辑窗口中，选择“编辑 / 变换 / 缩放”选项，调整图像大小和位置，效果如图 3-30 所示。

图 3-30　最终效果

知识窗

“魔术橡皮擦工具”属性栏中各主要选项的含义如下。

1）“容差”文本框：用于控制擦除颜色的区域，数值越大，擦除的颜色范围越大。

2）“消除锯齿”复选框：选中该复选框，可以擦除不同颜色区域边缘处的杂色，这样将操作后的图像放在另一种颜色的背景上就不会出现杂色边缘效果了。

3）“连续”复选框：选中该复选框，只能一次性擦除颜色值在“容差”范围内的相邻像素；取消选中该复选框，则能一次性地擦除颜色值在“容差”范围内的所有像素。

4）“不透明度”文本框：可以指定擦除的强度。

运用“魔术橡皮擦工具”可以擦除图像中所有与指针单击处的颜色相近的像素。在被锁定透明像素的普通图层中擦除图像时，被擦除的图像将更改为背景色；当在背景图层或普通图层中擦除图像时，被擦除的图像将显示为透明色。

案例 3.7

吸管工具应用——油漆桶

案例文件： 资源包 \ 源文件 \ 素材 \ 单元 3\ 油漆桶 .jpg

案例效果： 资源包 \ 源文件 \ 效果 \ 单元 3\ 油漆桶 .psd

技术点睛： “吸管工具”

操作难度： ★★

案例目标： 通过本案例的学习，掌握将选取的色彩填充到选区的操作方法

操作步骤

01 打开“资源包\源文件\素材\单元 3\油漆桶”素材，如图 3-31 所示。

02 选择工具箱中的“魔棒工具”，在素材图像编辑窗口中的绿色色块区域重复单击，创建选区，如图 3-32 所示。

图 3-31 油漆桶素材

图 3-32 选取选区

03 选择工具箱中的“吸管工具”，移动鼠标指针至图像编辑窗口中的蓝色区域处，单击吸取颜色，如图 3-33 所示。

04 执行操作后，设置前景色为蓝色，按【Alt+Delete】组合键，即可在选区内填充前景色，按【Ctrl+D】组合键取消选区，效果如图 3-34 所示。

图 3-33 选取颜色

图 3-34 最终效果

案例 3.8

渐变工具应用——美食海报

案例文件： 资源包\源文件\素材\单元 3\美食海报 .jpg

案例效果： 资源包\源文件\效果\单元 3\美食海报 .psd

技术点睛： “渐变工具”

操作难度： ★★

案例目标： 通过本案例的学习，掌握在选区内填充渐变色的操作方法

操作步骤

01 打开“资源包 \ 源文件 \ 素材 \ 单元 3\ 美食海报”素材，如图 3-35 所示。

02 选择工具箱中的“魔棒工具”，在素材图像编辑窗口中的树干黑色区域单击，创建选区，如图 3-36 所示。

图 3-35　美食海报素材

图 3-36　创建选区

03 选择工具箱中的“渐变工具”，在工具属性栏中单击“点按可编辑渐变”按钮，打开“渐变编辑器”对话框，如图 3-37 所示，在“预设”列表框中选择“前景色到透明渐变”色块，单击渐变色矩形控制条左侧的色标，再单击“颜色”色块。

04 打开“拾色器（色标颜色）”对话框，设置色标颜色 R 为 6、G 为 73、B 为 156，如图 3-38 所示。

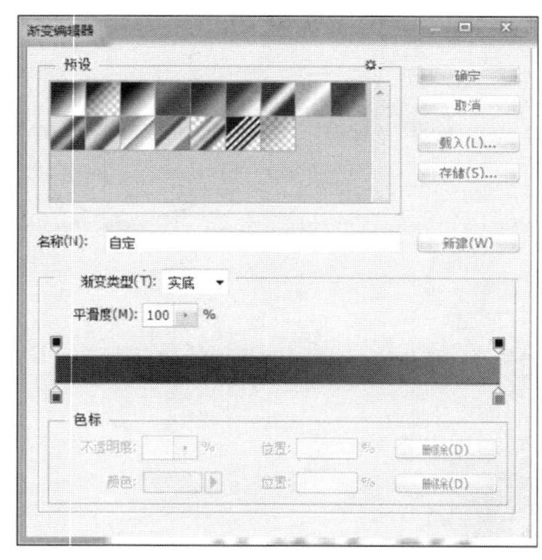

图 3-37　“渐变编辑器”对话框

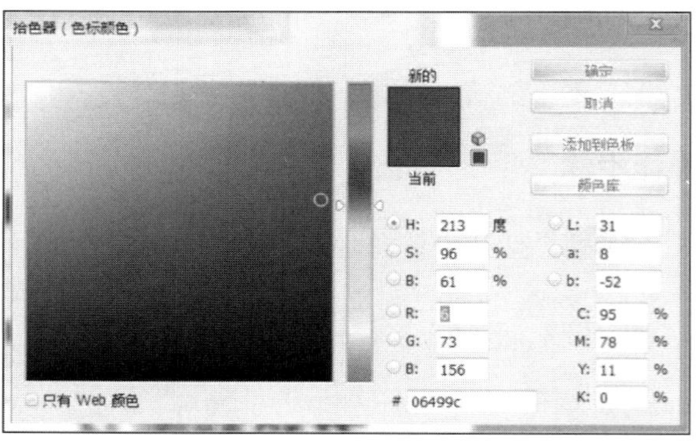

图 3-38　设置色标颜色

05 单击“确定”按钮，返回“渐变编辑器”对话框，单击渐变色矩形控制条右侧的色标，再单击“颜色”色块。打开“拾色器（色标颜色）”对话框，设置色标颜色为红色（RGB 的参数值分别为 255、0、0，如图 3-39 所示），单击“确定”按钮，返回“渐变编辑器”对话框。

06 单击“确定”按钮，设置渐变色，移动鼠标指针至选区的左下角处单击，并从下往上拖动鼠标绘制一条渐变线，如图 3-40 所示。

07 释放鼠标左键后即可填充渐变色，按【Ctrl+D】组合键取消选区，效果如图 3-41 所示。

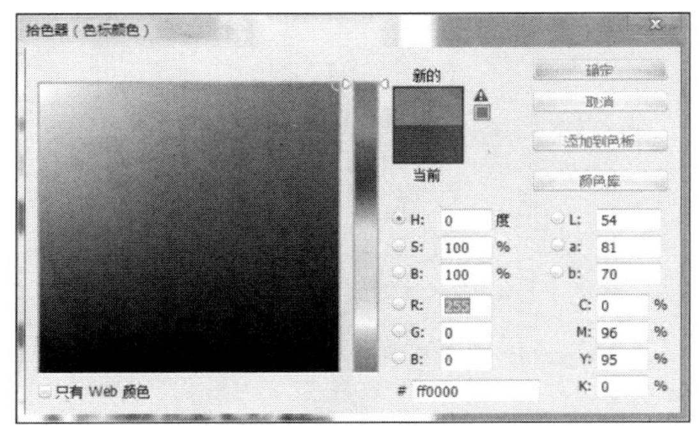

图 3-39　设置色标颜色为红色

图 3-40　绘制渐变线

图 3-41　最终效果

案例 3.9

油漆桶工具应用——文具海报

案例文件： 资源包 \ 源文件 \ 素材 \ 单元 3\ 文具海报 .jpg

案例效果： 资源包 \ 源文件 \ 效果 \ 单元 3\ 文具海报 .psd

技术点睛： “油漆桶工具”“吸管工具”

操作难度： ★★

案例目标： 通过本案例的学习，掌握在图像中吸取需要的颜色并将颜色，填充到相应色块区域的操作方法

操作步骤

01 打开“资源包 \ 源文件 \ 素材 \ 单元 3\ 文具海报”素材，如图 3-42 所示。

图 3-42　文具海报素材

02 选择工具箱中的“吸管工具”，在素材图像编辑窗口中的调色盘区域单击，吸取颜色为橙色，如图3-43所示。

图3-43　选取颜色

03 选择工具箱中的“油漆桶工具”，移动鼠标指针至图像编辑窗口中白色的背景区域单击，填充颜色，效果如图3-44所示。

图3-44　最终效果

4 单元 修饰和调色操作

>>>>

◎ 单元导读

Photoshop 是一款专业的图像处理软件，其修饰和调色功能十分强大，不但提供了各式各样的修饰工具和调色工具，而且每种工具都有其独特之处，正确合理地运用各种工具，将会制作出美观的实用效果。本单元将介绍运用各种修复工具和调色工具来修复图片和调整图片色彩的操作方法，以使图片更美观。

◎ 学习目标

- 了解各种修饰工具和调色工具的特点。
- 掌握利用修饰工具和调色工具对图像进行编辑、调整的操作方法方法和技巧。

案例 4.1

污点修复画笔工具应用——靓丽肌肤

案例文件：资源包 \ 源文件 \ 素材 \ 单元 4\ 靓丽肌肤 .jpg

案例效果：资源包 \ 源文件 \ 效果 \ 单元 4\ 靓丽肌肤 .psd

技术点睛：“污点修复画笔工具”

操作难度：★★

案例目标：通过实践操作，掌握“污点修复画笔工具”在图像修复中的应用方法

操作步骤

01 打开“资源包 \ 源文件 \ 素材 \ 单元 4\ 靓丽肌肤”素材，如图 4-1 所示。

02 选择工具箱中的“污点修复画笔工具”，在工具属性栏中单击“单击以打开‘画笔’选取器”下拉按钮，在弹出的“画笔”面板中设置“大小”为 50 像素，如图 4-2 所示。

03 移动鼠标指针至图像编辑窗口中的花朵纹身位置，按住鼠标左键并拖动鼠标，释放鼠标左键修复污点，如图 4-3 所示。

04 继续在纹身位置按住鼠标左键并拖动鼠标，释放鼠标左键，即可修复污点，效果如图 4-4 所示。

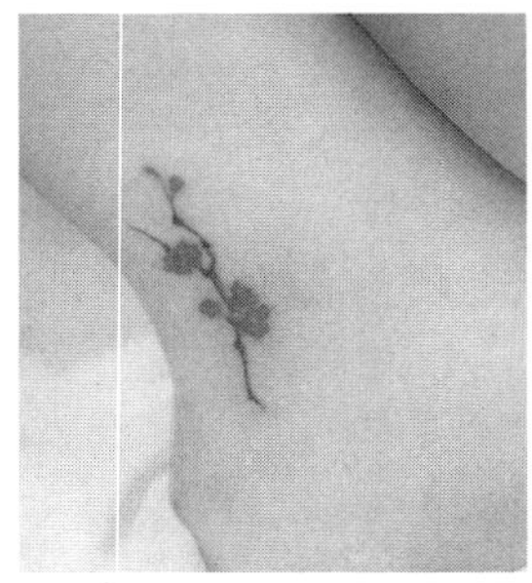

图 4-1　靓丽肌肤素材

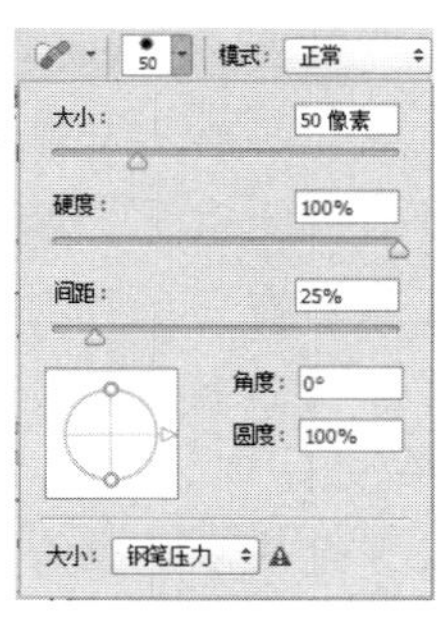

图 4-2　“画笔”画板

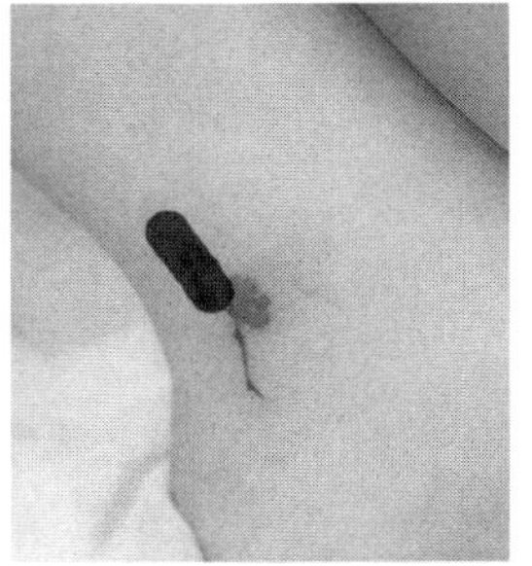

图 4-3　修复污点

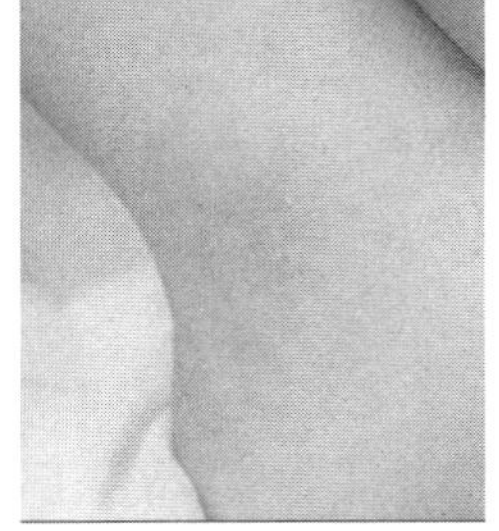

图 4-4　完成修复污点

知识窗

“污点修复画笔工具”最大的优点就是不需要定义原点，只要确定好要修补图像的位置，Photoshop 就会从所修补区域的周围取样进行自动匹配。也就是说，只要在需要修补的位置画上一笔然后释放鼠标，就完成了修补。“污点修复画笔工具”能够自动分析单击处及周围图像的颜色和质感等，从而进行采样和修复操作。

案例 4.2

修复画笔工具应用——花季少女

案例文件： 资源包 \ 源文件 \ 素材 \ 单元 4\ 花季少女 .jpg

案例效果： 资源包 \ 源文件 \ 效果 \ 单元 4\ 花季少女 .psd

技术点睛： “修复画笔工具”

操作难度： ★★

案例目标： 通过本案例的学习，掌握在图像中取样并根据取样修复图像的操作方法

操作步骤

01 打开“资源包 \ 源文件 \ 素材 \ 单元 4\ 花季少女”素材，如图 4-5 所示。

02 选择工具箱中的“修复画笔工具”，移动鼠标指针至图像编辑窗口，按住【Alt】键的同时，在人物脸部需要修复的位置附近单击进行取样，释放【Alt】键，确认取样，如图 4-6 所示。

03 在人物脸部需要修复的位置按住鼠标左键并拖动鼠标，修复图像，如图 4-7 所示。

04 使用与上面同样的方法进行取样，修复其他位置，修复后的效果如图 4-8 所示。

知识窗

选择“修复画笔工具”后，就要找目标位置，如脸上的黑点，然后观察它周围的颜色，找相近的颜色，根据黑点大小，在相近颜色上取色。取色方法如下：首先按住【Alt】键，此时鼠标指针的形状变成十字形；然后在污点附件相近颜色上单击取色；最后在黑点上单击，黑点由刚才取的颜色及黑点周围颜色融合在一起所替代。

“修复画笔工具”属性栏中各主要选项的含义如下。

1）“模式”下拉列表：用于设置图像在修复过程中的混合模式。

2）“图案”单选按钮：用于设置修复图像时以图案还是自定义图案对图像进行填充。

3）“对齐”复选框：用于设置在修复图像时将复制的图案对齐。

4）“源”选项组：用于设置“修复画笔工具”复制图像的来源。

运用“修复画笔工具”修复图像时，先将图像放大，再进行修复，可以更加精确地完成图像的修复，使效果更加自然。

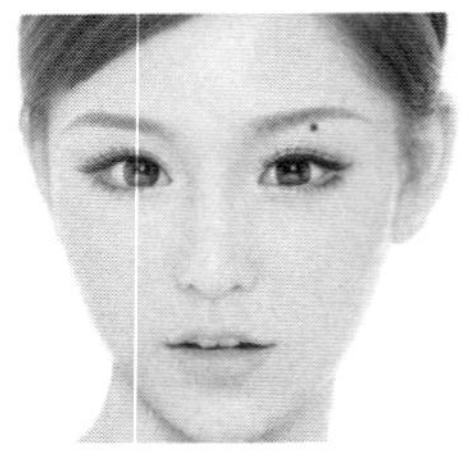
图 4-5　花季少女素材

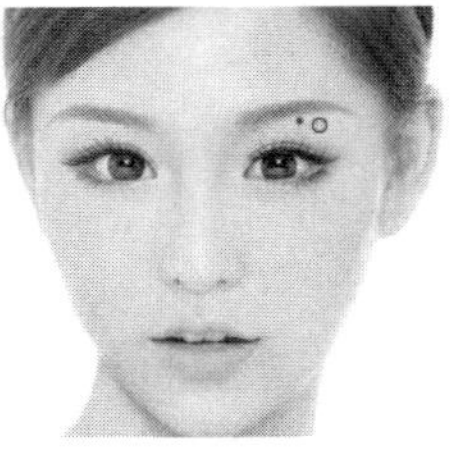
图 4-6　确认取样

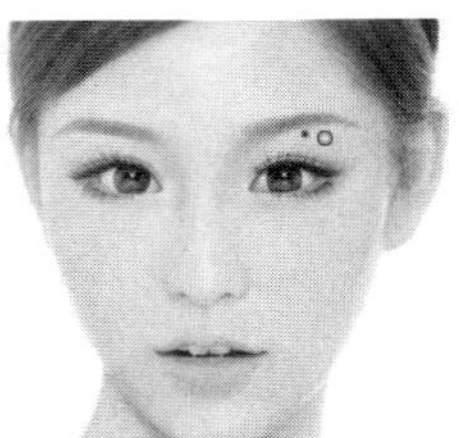
图 4-7　修复图像

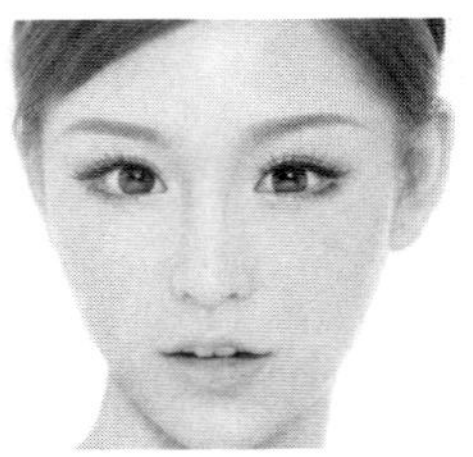
图 4-8　修复后的效果

案例 4.3　修补工具应用——粉色玫瑰

案例文件：资源包 \ 源文件 \ 素材 \ 单元 4\ 粉色玫瑰 .jpg

案例效果：资源包 \ 源文件 \ 效果 \ 单元 4\ 粉色玫瑰 .psd

技术点睛：“修补工具”

操作难度：★★

案例目标：通过本案例的学习，掌握用其他区域或图案来修补选中区域的操作方法

操作步骤

01 打开“资源包 \ 源文件 \ 素材 \ 单元 4\ 粉色玫瑰”素材，如图 4-9 所示。

02 选择工具箱中的“修补工具”，移动鼠标指针至图像编辑窗口中，在需要修补的位置单击，创建一个选区，如图 4-10 所示。

03 按住鼠标左键并拖动选区至图像颜色相近的位置，如图 4-11 所示。

04 释放鼠标左键，多次进行修补。按【Ctrl+D】组合键取消选区，修补后的效果如图 4-12 所示。

知识窗

应用“修补工具”，可以用其他区域或图案来修补选中的区域。与“修复画笔工具”相同，“修补工具”会将样本像素的纹理、光照和阴影的像素进行匹配，还可以使用“修补工具”来仿制图像的隔离区域。

选择状态为“源”时，拖动污点选区到完好区域可实现修补；选择状态为“目标”时，选取足够盖住污点区域的选区，并拖动到污点区域盖住污点可实现修补。

图 4-9　粉色玫瑰素材

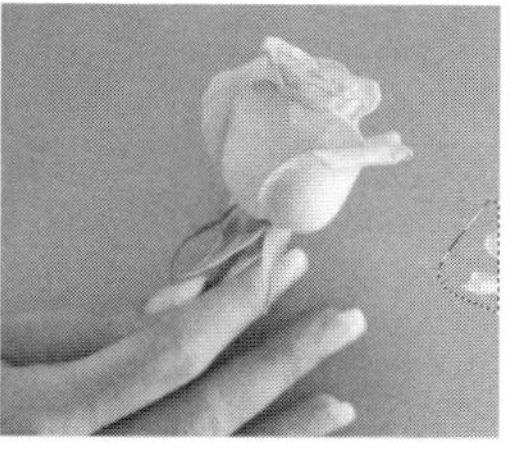
图 4-10　创建选区

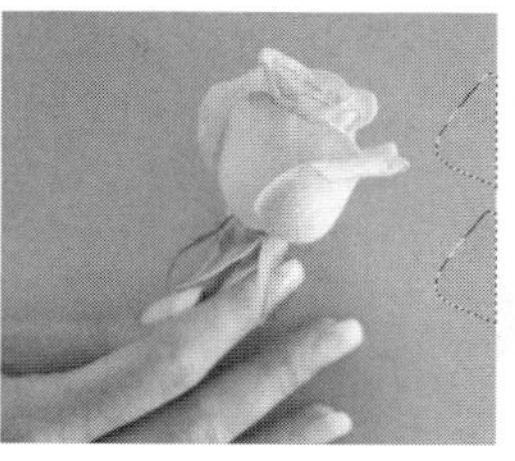
图 4-11　拖动选区

图 4-12　修补后的效果

案例 4.4

红眼工具应用——青春魅力

案例文件： 资源包 \ 源文件 \ 素材 \ 单元 4\ 青春魅力 .jpg

案例效果： 资源包 \ 源文件 \ 效果 \ 单元 4\ 青春魅力 .psd

技术点睛： “红眼工具”

操作难度： ★★

案例目标： 通过本案例的学习，掌握对指定图像中的红眼进行修复的操作方法

操作步骤

01 打开“资源包 \ 源文件 \ 素材 \ 单元 4\ 青春魅力”素材，如图 4-13 所示。

02 选择工具箱中的“红眼工具”，在工具栏中设置“瞳孔大小”为 50%、“变暗量”为 5%，移动鼠标指针至图像编辑窗口中人物的右眼位置单击，如图 4-14 所示。

03 释放鼠标左键，即可修复红眼，如图 4-15 所示。

04 用同样的方法修复另一只红眼，修复后的效果如图 4-16 所示。

知识窗

“红眼工具”可移去用闪光灯拍摄的人物照片中的红眼，也可以移去用闪光灯拍摄的动物照片中的白色、绿色反光。

选择“红眼工具”，在红眼位置单击即可。如果对结果不满意，则可还原修正，在工具栏中设置以下选项，再次单击红眼。

①“瞳孔大小”文本框：设置瞳孔（眼睛暗色的中心）的大小。

②“变暗量”文本框：设置瞳孔的暗度。

图 4-13　青春魅力素材

图 4-14　去除红眼

图 4-15　修复红眼

图 4-16　修复后的效果

案例 4.5

仿制图章工具应用——纸上幽兰

案例文件： 资源包 \ 源文件 \ 素材 \ 单元 4\ 纸上幽兰 .jpg

案例效果： 资源包 \ 源文件 \ 效果 \ 单元 4\ 纸上幽兰 .psd

技术点睛： “仿制图章工具”

操作难度： ★★

案例目标： 通过实践操作，掌握“仿制图章工具”在图像处理中的应用方法

操作步骤

01 打开“资源包 \ 源文件 \ 素材 \ 单元 4\ 纸上幽兰”素材，如图 4-17 所示。

02 选择工具箱中的“仿制图章工具”，移动鼠标指针至图像编辑窗口中，按住【Alt】键的同时单击，进行取样，如图 4-18 所示。

图 4-17　纸上幽兰素材

图 4-18　进行取样

03 释放【Alt】键，移动鼠标指针至图像编辑窗口左侧合适位置，单击并拖动鼠标进行涂抹，将取样点的图像复制到涂抹的位置上，如图 4-19 所示。

04 继续拖动鼠标进行涂抹，效果如图 4-20 所示。

图 4-19　涂抹图像

图 4-20　涂抹完成后的效果

05 运用“矩形选框工具”框选复制的图像，如图 4-21 所示。

06 选择“编辑 / 变换 / 水平翻转”选项，即可将选区的图像水平翻转，按【Ctrl+D】组合键取消选区，效果如图 4-22 所示。

图 4-21　框选复制的图像

图 4-22　最终效果

知识窗

在工具箱中选择“仿制图章工具”，然后把鼠标指针放到被复制图像的窗口中，这时鼠标指针将和工具箱中的图章形状一样。按住【Alt】键，单击进行定点选样，复制的图像即可被保存到剪贴板中。将鼠标指针移到要复制图像的窗口中，选择一个点，然后按住鼠标左键拖动鼠标即可逐渐出现复制的图像。

选择“仿章图案工具”后，用户可以在工具属性栏中对“仿章图案工具”的属性，如画笔大小、模式、不透明度和流量进行相应的设置。经过相关属性的设置后，使用“仿制图章工具”得到的效果会有所不同。

案例 4.6

图案图章工具应用——蓝天白云

案例文件：资源包 \ 源文件 \ 素材 \ 单元 4\ 蓝天白云 jpg、热气球 .psd

案例效果：资源包 \ 源文件 \ 效果 \ 单元 4\ 蓝天白云 .psd

技术点睛：“图案图章工具 ”

操作难度：★★

案例目标：通过实践操作，掌握“图案图章工具”的应用方法

操作步骤

01 打开“资源包 \ 源文件 \ 素材 \ 单元 4\ 蓝天白云”和“热气球”素材，如图 4-23 和图 4-24 所示。

图 4-23　蓝天白云素材

图 4-24　热气球素材

02 确认“热气球”为当前工作窗口，选择“编辑 / 定义图案”选项，打开“图案名称”对话框，设置“名称”为热气球，如图 4-25 所示，单击“确认”按钮。

03 按【Ctrl+Tab】组合键，切换至“蓝天白云”图像编辑窗口，选择工具箱中的“图案图章工具”，在工具属性栏中设置“画笔”为硬边圆、50 像素，“图案”为热气球，如图 4-26 所示。

图 4-25　“图案名称”对话框

图 4-26　工具属性栏

知识窗

“图案图章工具”属性栏与“仿制图章工具”属性栏所不同的是，“图案图章工具”只对当前图层起作用，如果选中“印象派效果”复选框，则使用“图案图章工具”将复制出模糊、边缘柔和的图案。

在工具栏中选中“对齐”复选框，会对像素连续取样，而不会丢失当前的取样点，即使松开鼠标按键时也是如此。如果取消选中“对齐”复选框，则会在每次停止并重新开始绘画时使用初始取样点中的样本像素。

04 移动鼠标指针至图像编辑窗口中的合适位置，按住鼠标左键并拖动鼠标，复制图案，如图 4-27 所示。

05 用相同的方法继续复制图案，效果如图 4-28 所示。

图 4-27　复制图案

图 4-28　最终效果

案例 4.7

模糊工具应用——香浓咖啡

案例文件：资源包 \ 源文件 \ 素材 \ 单元 4\ 香浓咖啡 .jpg

案例效果：资源包 \ 源文件 \ 效果 \ 单元 4\ 香浓咖啡 .psd

技术点睛：“模糊工具”

操作难度：★★

案例目标：通过实践操作，掌握“模糊工具”在图像模糊处理中的应用方法

操作步骤

01 打开“资源包 \ 源文件 \ 素材 \ 单元 4\ 香浓咖啡”素材，如图 4-29 所示。

02 选择工具箱中的“模糊工具”，在工具属性栏中设置“强度”为 100%，“画笔”为柔边圆、200 像素，如图 4-30 所示。

图 4-29　香浓咖啡素材

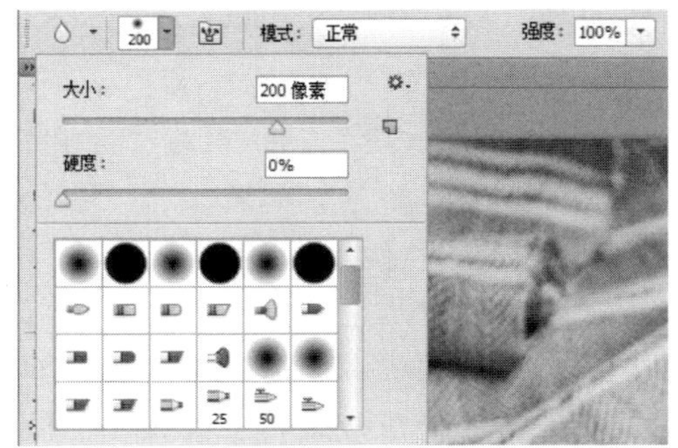

图 4-30　工具属性栏

知识窗

“模糊工具”可以将突出的色彩打散，使僵硬的图像边界变得柔和，颜色过渡变得平缓，起到一种模糊图像的效果。模糊有时候是一种表现手法，将画面中其余部分作模糊处理，就可以凸显主体。

“模糊工具”属性栏中的“模式”选项用于设定模式；“强度”选项用于设定强度的大小；“对所有图层取样”选项用于确定模糊工具是否对所有可见图层起作用。

03 移动鼠标指针至图像编辑窗口中右上角的咖啡杯处，按住鼠标左键并拖动鼠标，模糊图像，如图 4-31 所示。

04 用相同的方法继续拖动鼠标模糊图像，效果如图 4-32 所示。

图 4-31　模糊图像

图 4-32　最终效果

案例 4.8

锐化工具应用——发光宝石

案例文件：资源包 \ 源文件 \ 素材 \ 单元 4\ 发光宝石 .jpg

案例效果：资源包 \ 源文件 \ 效果 \ 单元 4\ 发光宝石 .psd

技术点睛：“锐化工具”

操作难度：★★

案例目标：通过实践操作，掌握“锐化工具”在图像锐化处理中的应用方法

知识窗

“锐化工具”用来增加像素间的对比度。在对图像进行锐化处理时，应尽量选择较小的画笔及设置较低的强度百分比，过高的设置会使图像出现类似划痕一样的色斑像素。锐化值高，边缘相对会清晰，画面中模糊的部分将变得清晰。“锐化工具”在使用中不带有类似喷枪的可持续作用性，在一个地方停留并不会加大锐化程度。一般锐化程度不能太大，否则会失去良好的效果。

操作步骤

01 打开“资源包 \ 源文件 \ 素材 \ 单元 4\ 发光宝石”素材，如图 4-33 所示。

02 选择工具箱中的“锐化工具”，在工具属性栏中设置“强度”为 50%，“画笔”为柔边圆、100 像素，如图 4-34 所示。

03 移动鼠标指针至图像编辑窗口中的宝石处，按住鼠标左键并拖动鼠标，如图 4-35 所示。

04 用相同的方法继续拖动鼠标，锐化图像，效果如图 4-36 所示。

图 4-33　发光宝石素材

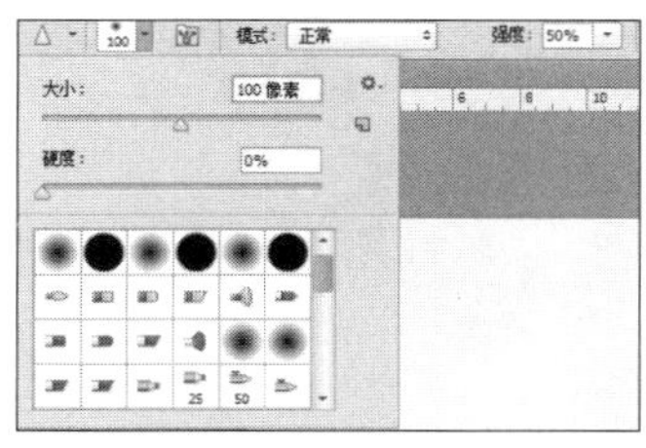

图 4-34　工具属性栏

图 4-35　锐化图像

图 4-36　最终效果

案例 4.9

涂抹工具应用——爱心云彩

案例文件：资源包 \ 源文件 \ 素材 \ 单元 4\ 爱心云彩 .jpg

案例效果：资源包 \ 源文件 \ 效果 \ 单元 4\ 爱心云彩 .psd

技术点睛：“涂抹工具”

操作难度：★★

案例目标：通过制作“爱心云彩”效果，掌握“涂抹工具”的应用技巧

操作步骤

01 打开“资源包 \ 源文件 \ 素材 \ 单元 4\ 爱心云彩 .jpg”素材，如图 4-37 所示。

02 选择工具箱中的“涂抹工具”，在工具属性栏中设置“强度”为 80%，“画笔”为柔边圆、80 像素，如图 4-38 所示。

图 4-37　爱心云彩素材

知识窗

应用“涂抹工具”，类似于用手指在一幅未干的油画上“划拉”一样，会出现把油画的色彩混合扩展的效果。

“涂抹工具”属性栏中各主要选项的含义如下。

1）“强度”文本框：用来控制“涂抹工具”作用在画面上的工作方法。数值越大，手指拖出的线条越长，反之则越短。

2）“手指绘画”复选框：选中该复选框，每次拖动鼠标绘制的开始就会使用工具箱中的前景色；选中“对所有图层取样”复选框，则涂抹工具的操作对所有的图层都起作用。

03 移动鼠标指针至图像编辑窗口中的适当位置处，按住鼠标左键并拖动鼠标，涂抹图像，如图 4-39 所示。

04 用相同的方法继续在适当位置拖动鼠标，涂抹图像，效果如果 4-40 所示。

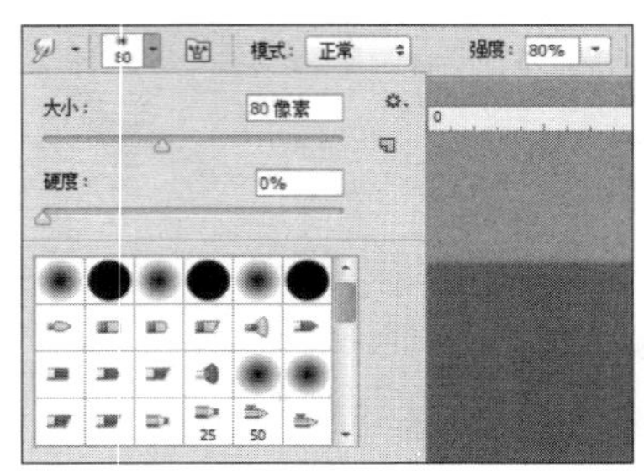

图 4-38　工具属性栏

图 4-39　涂抹图像

图 4-40　最终效果

案例 4.10

减淡工具和加深工具应用——超级跑车

案例文件： 资源包 \ 源文件 \ 素材 \ 单元 4\ 超级跑车 .jpg

案例效果： 资源包 \ 源文件 \ 效果 \ 单元 4\ 超级跑车 .psd

技术点睛： “减淡工具”“加深工具”

操作难度： ★★

案例目标： 通过本案例的学习，掌握应用“减淡工具”和“加深工具”对确定区域进行减淡和加深处理的操作方法

操作步骤

01 打开“资源包 \ 源文件 \ 素材 \ 单元 4\ 超级跑车”素材，如图 4-41 所示。

02 选择工具箱中的“减淡工具”，在工具属性栏中设置“曝光度”为 50%，“画笔”为柔边圆、120 像素，如图 4-42 所示。

图 4-41　超级跑车素材

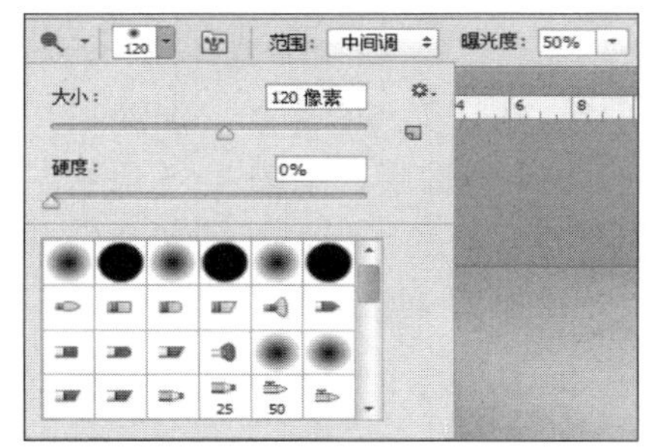

图 4-42　工具属性栏

03 移动鼠标指针至图像编辑窗口中的车身位置处，按住鼠标左键并拖动，减淡图像，如图 4-43 所示。

04 用相同的方法继续在车身和地平线处拖动鼠标，减淡图像，效果如图 4-44 所示。

图 4-43　减淡图像

图 4-44　减淡后的效果

知识窗

"减淡工具"属性栏中各主要选项的含义如下。

1）"范围"下拉列表:此下拉列表中包含"阴影"、"中间调"和"高光"3 个选项，分别选择相应的选项，可以处理图像中处于 3 个不同色调的区域。

2）"曝光度"文本框：在该文本框中输入数值或拖动滑块，可以定义操作时的亮化程度，曝光度的值越高，减淡工具的使用效果就越明显。

3）"喷枪"按钮：单击该按钮，此时减淡工具有喷枪的效果。

4）"保护色调"复选框：如果希望操作后图像的色调不发生变化，选中"保护色调"复制框即可。

"加深工具"和"减淡工具"可以很容易地改变图像的曝光度，从而使图像变亮或变暗。这两种工具属性栏中的选项是相同的，其中"范围"下拉列表中的各选项的含义如下。

1）"阴影"选项：选择该选项，表示对图像暗部区域的像素加深或减淡。

2）"中间调"选项：选择该选项，表示对图像中间色调区域的像素加深或减淡。

3）"高光"选项：选择该选项，表示对图像亮度区域的像素加深或减淡。

"减淡工具"与"加深工具"配合使用可以使图像添加立体感，是绘制各种写实及卡通风格图像时常用的工具，经常应用于绘制人物皮肤、头发及服装等深浅的变化。

05 选择工具箱中的"加深工具"，在工具属性栏中设置"曝光度"为 10%，"画笔"为柔边圆、120 像素，如图 4-45 所示。

06 移动鼠标指针至图像编辑窗口中车的倒影位置处，按住鼠标左键并拖动，加深图像，效果如图 4-46 所示。

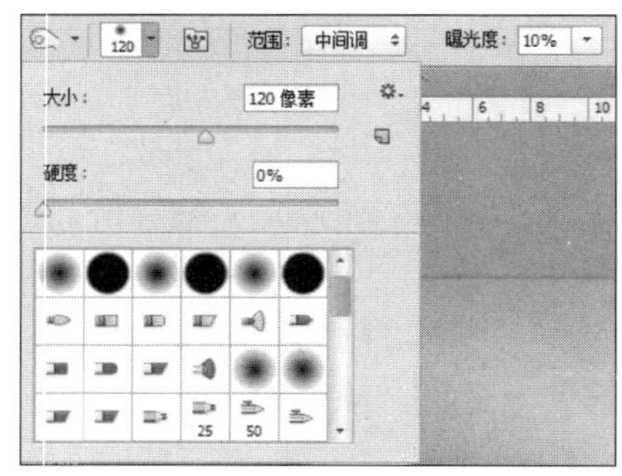

图 4-45　设置画笔和曝光度

图 4-46　加深后的效果

案例 4.11

海绵工具应用——清香茶语

案例文件： 资源包 \ 源文件 \ 素材 \ 单元 4\ 清香茶语 .jpg

案例效果： 资源包 \ 源文件 \ 效果 \ 单元 4\ 清香茶语 .psd

技术点睛： “海绵工具”

操作难度： ★★

案例目标： 通过实践操作，掌握“海绵工具”在图像修饰中的应用技巧

操作步骤

01 打开“资源包 \ 源文件 \ 素材 \ 单元 4\ 清香茶语”素材，如图 4-47 所示。

02 选择工具箱中的“海绵工具”，在工具属性栏中设置“模式”为饱和，“画笔”为柔边圆、200 像素，如图 4-48 所示。

图 4-47　清香茶语素材

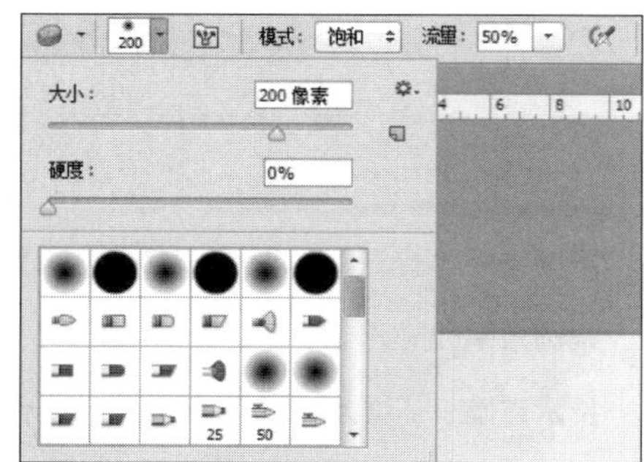

图 4-48　工具属性栏

知识窗

1）“海绵工具”属性栏中各主要选项的含义如下。

①“画笔”下拉列表：在该下拉列表中可以选择一种画笔，以定义操作时的笔刷大小。

②“模式”下拉列表：在该下拉列表中包括“饱和”和“降低饱和度”两个选项，选择“饱和”选项，可以增加图像中某部分的饱和度；选择“降低饱和度”选项，可以减少图像中某部分的饱和度。

③“流量”文本框：在该文本框中输入数值或拖动滑块，可以增加或降低饱和的程度。定义的数值越大，效果越明显。

2）与“海绵工具”相关的快捷键如下：按【O】键可以选取当前色调工具；按【Shift+O】组合键可以在“减淡工具”“加深工具”“海绵工具”之间进行切换。

03 移动鼠标指针至图像编辑窗口中的适当位置处，按住鼠标左键并拖动，加色图像，如图 4-49 所示。

04 用相同的方法继续在图像其他位置拖动鼠标，加色图像，效果如图 4-50 所示。

图 4-49　加色图像

图 4-50　最终效果

案例 4.12 自动调色命令应用——美丽山丘

案例文件： 资源包\源文件\素材\单元 4\美丽山丘 .jpg

案例效果： 资源包\源文件\效果\单元 4\美丽山丘 .psd

技术点睛： “自动色调”命令、“自动对比度”命令、“自动颜色”命令

操作难度： ★★

案例目标： 通过本案例的学习，掌握应用“自动色调”命令、“自动对比度”命令和“自动颜色”命令自动调整图像的操作方法

操作步骤

图 4-51　美丽山丘素材

01 打开“资源包 \ 源文件 \ 素材 \ 单元 4\ 美丽山丘”素材，如图 4-51 所示。

02 选择“图像 / 自动色调”选项，即可自动调整色调，效果如图 4-52 所示。

03 选择“图像 / 自动对比度”选项，即可自动调整对比度，效果如图 4-53 所示。

04 选择“图像 / 自动颜色”选项，即可自动调整图像颜色，效果如图 4-54 所示。

图 4-52　自动调整色调

图 4-53　自动调整对比度

图 4-54　最终效果

知识窗

“自动色调”命令对每个颜色通道进行调整，将每个颜色通道中最亮和最暗的像素调整为纯白和纯黑，中间像素值按比例重新分布。因为“自动色调”命令单独调整每个通道，所以可能会移去颜色或引入色偏。

很多读者对于软件提供的自动功能非常依赖，认为使用其调整出来的效果是非常准确的，也是非常贴近现实的。但需要注意的是，在不同的情况下，所需要的图像色彩、对比度并不相同，所以使用自动功能处理得到的效果并不一定就能满足需要，甚至有些图像经过自动功能处理后，反而在色彩、对比度等方面不合理。

案例 4.13

色阶命令应用——可园美景

案例文件： 资源包 \ 源文件 \ 素材 \ 单元 4\ 可园美景 .jpg

案例效果： 资源包 \ 源文件 \ 效果 \ 单元 4\ 可园美景 .psd

技术点睛： “色阶”命令

操作难度： ★★

案例目标： 通过实践操作，掌握通过“色阶”对话框调整图像的操作方法

操作步骤

01 打开“资源包\源文件\素材\单元 4\可园美景”素材，如图 4-55 所示。

02 选择“图像 / 调整 / 色阶”选项，如图 4-56 所示。

图 4-55　可园美景素材

图 4-56　选择“色阶”选项

03 打开“色阶”对话框，在“输入色阶”中设置各参数值分别为 0、0.8、220，如图 4-57 所示。

04 单击“确定”按钮，即可使用“色阶”命令调整图像，效果如图 4-58 所示。

知识窗

色阶指亮度，和颜色无关，但最亮的只有白色，最不亮的只有黑色。图像的色彩丰满度和精细度是由色阶决定的。

“色阶”对话框中各主要选项的含义如下。

1）“通道”下拉列表：在该下拉列表中可以选择要进行色调调整的颜色通道。

2）“输入色阶”文本框：可以通过在该文本框中输入所需的数值或拖动直方图下的滑块来分别设置图像的阴影、中间调和高光。

3）“输出色阶”文本框：可以通过在该文本框中输入数值或拖动“输出色阶”中暗部和亮部滑块来定义暗调和高光值。

“自动色阶”命令与“色阶”对话框中的“自动”按钮功能完全相同。该命令通过将每个通道中最亮和最暗的像素定义为白色和黑色，然后按比例重新分配中间像素来自动调整图像的色调。

图 4-57　“色阶”对话框

图 4-58　调整后的效果

案例 4.14

曲线命令应用——老街风光

案例文件：资源包 \ 源文件 \ 素材 \ 单元 4\ 老街风光 .jpg

案例效果：资源包 \ 源文件 \ 效果 \ 单元 4\ 老街风光 .psd

技术点睛：“曲线”命令

操作难度：★★

案例目标：通过实践操作，掌握通过“曲线”对话框调整图像色调的操作方法

操作步骤

01　打开“资源包 \ 源文件 \ 素材 \ 单元 4\ 老街风光”素材，如图 4-59 所示。

02　选择“图像 / 调整 / 曲线”选项，如图 4-60 所示。

图 4-59　老街风光素材

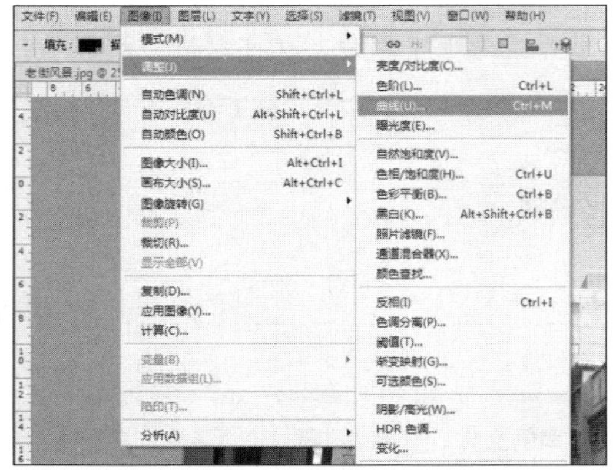

图 4-60　选择“曲线”选项

03 打开“曲线”对话框，单击对话框中的曲线，设置“输出”为 170、“输入”为 117，如图 4-61 所示。

04 单击“确定”按钮，即可调整图像色调，效果如图 4-62 所示。

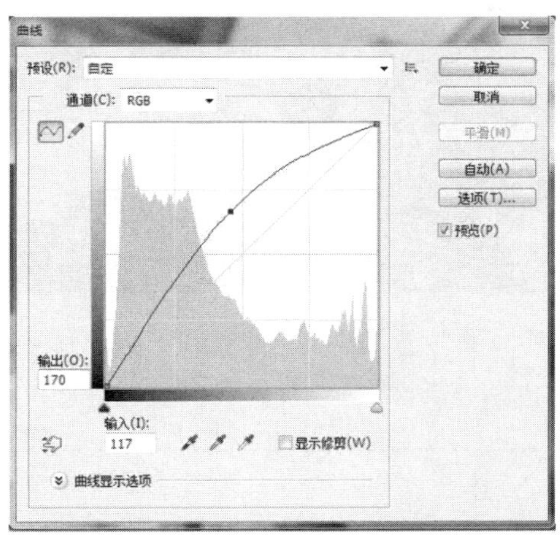

图 4-61 “曲线”对话框

图 4-62 调整后的效果

知识窗

“曲线”工具是 Photoshop 中最常用、最强大的调节色彩和光线的工具，熟练掌握这个工具的快捷键操作，将在图像调整中起到事半功倍的效果。

如果要使曲线网格显示得更精细，可以按住【Alt】键的同时单击网格，默认的 4×4 网格将变为 10×10 的网格，在该网格上，再次按住【Alt】键的同时单击，即可恢复至默认的状态。

“曲线”对话框中各主要选项的含义如下。

1）“通道”下拉列表：与“色阶”命令相同，在不同的颜色模式下，该下拉列表将显示不同的选项。

2）“曲线调整框”：用于显示当前对曲线所进行的修改。

3）“调节线”：在该直线上可以添加最多不超过 14 个节点，当鼠标指针置于节点上并变为十字形时，就可以拖动该节点对图像进行调整。

案例 4.15

色彩平衡命令应用——魅力佳人

案例文件：资源包 \ 源文件 \ 素材 \ 单元 4\ 魅力佳人 .jpg

案例效果：资源包 \ 源文件 \ 效果 \ 单元 4\ 魅力佳人 .psd

技术点睛：“色彩平衡”命令

操作难度：★★

案例目标：通过实践操作，掌握通过“色彩平衡”对话框调整图像色调的操作方法

操作步骤

01 打开“资源包 \ 源文件 \ 素材 \ 单元 4\ 魅力佳人”素材，如图 4-63 所示。

02 选择“图像 / 调整 / 色彩平衡”选项，如图 4-64 所示。

图 4-63　魅力佳人素材

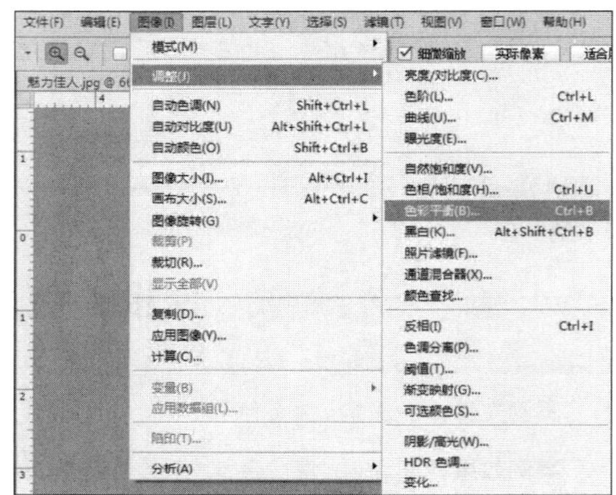

图 4-64　选择“色彩平衡”选项

03 打开“色彩平衡”对话框，设置“色阶”为 7、50、45，如图 4-65 所示。

04 单击“确定”按钮，即可使用“色彩平衡”命令调整图像，效果如图 4-66 所示。

知识窗

色彩平衡处理可以校正图像色偏、过饱和或饱和度不足的情况，也可以根据自己的喜好和制作需要，调制需要的色彩。色彩平衡对于黑（R=0、G=0、B=0）和白（R=255、G=255、B=255）不起作用，也就是说对于通道里的 0 和 255 不起作用。

“色彩平衡”对话框中各主要选项的含义如下。

1）“色彩平衡”选项组：在该区域中，分别显示了青色和红色、黄色和蓝色、洋红色和绿色这 3 对互补的颜色。每对颜色中间的滑块，用于控制各主要色彩的增减。

2）“色调平衡”选项组：分别选中该区域中的 3 个单选按钮，可以调整图像颜色的最暗处、中间度和最亮度。

3）“保持明度”复选框：选中该复选框，图像像素的亮度值不变，即只有颜色值发生变化。

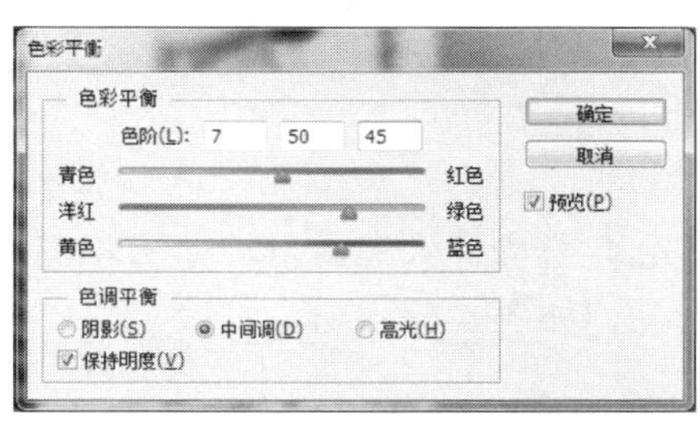

图 4-65　“色彩平衡”对话框

图 4-66　调整后的效果

案例 4.16

色相 / 饱和度命令应用——时尚海报

案例文件：资源包 \ 源文件 \ 素材 \ 单元 4\ 时尚海报 .jpg

案例效果：资源包 \ 源文件 \ 效果 \ 单元 4\ 时尚海报 .psd

技术点睛：“色相 / 饱和度”命令

操作难度：★★

案例目标：通过实践操作，掌握色相、饱和度等参数的设置技巧

操作步骤

01 打开“资源包 \ 源文件 \ 素材 \ 单元 4\ 时尚海报”素材，如图 4-67 所示。

02 选择“图像 / 调整 / 色相 / 饱和度”选项，如图 4-68 所示。

图 4-67　时尚海报素材

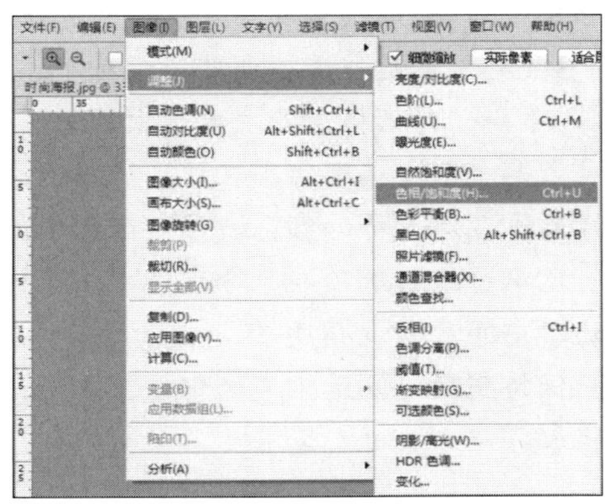

图 4-68　选择“色相 / 饱和度”选项

03 打开“色相 / 饱和度”对话框，设置“色相”为 −9、“饱和度”为 30、“明度”为 7，如图 4-69 所示。

04 单击“确定”按钮，即可使用“色相 / 饱和度”命令调整图像，效果如图 4-70 所示。

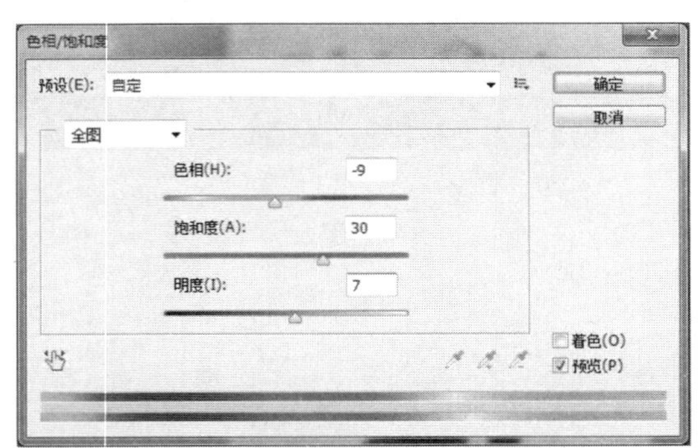

图 4-69　“色相 / 饱和度”对话框

图 4-70　调整后的效果

知识窗

使用“色相 / 饱和度”命令可以调整整幅图像或单个颜色分量的色相、饱和度及亮度，或者同时调整图像中的所有颜色。在 Photoshop CS6 中，此命令尤其适用微调 CMYK 图像的颜色，以便颜色值处在输出设备的色域内。

“色相 / 饱和度”对话框中各主要选项的含义如下。

1）“色相”滑块：使用该滑块可以调节图像的色调。无论向左还是向右拖动滑块，都可以得到一个新色相。

2）“饱和度”滑块：使用该滑块可以调节图像的饱和度，向右拖动滑块可以增加饱和度，向左拖动滑块可以减少饱和度。

3）“明度”滑块：使用该滑块可以调节像素的亮度，向右拖动滑块可以增加亮度，向左拖动滑块可以减少亮度。

4）“着色”复选框：该选项用于将当前图像转换成某一种色调的单色调图像。

5 单元 文字、路径和形状工具

>>>>

◎ 单元导读

Photoshop 在编辑和处理位图图像方面具有强大的功能，同时为了应用的需要，也包含了一定的矢量图形处理功能。在 Photoshop CS6 中，矢量工具包括文字工具、钢笔工具、路径选择工具、形状工具等，利用这些工具可以绘制并编辑各种矢量图形。本单元将通过实例介绍这几种工具的使用方法。

◎ 学习目标

- 掌握创建、变形文字的操作方法。
- 掌握添加、删除、平滑及尖突锚点的操作方法。
- 掌握填充与描边路径的操作方法。

案例 5.1

文字工具应用——远离喧嚣

案例文件：资源包 \ 源文件 \ 素材 \ 单元 5\ 远离喧嚣 .jpg

案例效果：资源包 \ 源文件 \ 效果 \ 单元 5\ 远离喧嚣 .psd

技术点睛：“横排文字工具”“直排文字工具”

操作难度：★★

案例目标：通过实践操作，掌握文字工具的应用技巧

操作步骤

01 打开“资源包 \ 源文件 \ 素材 \ 单元 5\ 远离喧嚣”素材，选择工具箱中的“横排文字工具”，在素材图像左上角适当位置单击，确定文字的插入点，如图 5-1 所示。

02 在工具属性栏的“设计字体系列”下拉列表中选择“方正粗黑繁体”选项，在“设置字体大小”下拉列表中选择“30 点”选项，如图 5-2 所示。

图 5-1　远离喧嚣素材

图 5-2　工具属性栏

03 设置前景色为黑色（RGB 的参数值均为 0），选择一种输入法，输入文字“远离喧嚣 隐逸生活”，如图 5-3 所示。

04 按【Ctrl+Enter】组合键，即可创建横排文字，效果如图 5-4 所示。

知识窗

在 Photoshop CS6 中，“横排文字工具”是较为常见的一种文字输入工具。在输入文字之前，可以对文字进行粗略的格式设置。该操作可以在工具属性栏中完成，也可以在“字符”面板中完成。

“直排文字工具”是另外一种常用的文字输入工具，其设置与横排文字工具差不多，呈现的效果是由上到下的纵向排列。

图 5-3　输入文字

图 5-4　创建横排文字后的效果

05 用相同的方法设置“字体”为 Arial、“字体大小”为 15 点，设置前景为黑色，在适当位置输入相应的文字，如图 5-5 所示。

06 选择工具箱的“直排文字工具”，设置“字体”为楷体、“字体大小”为 5 点，设置前景色为黑色，在适当位置输入相应的文字，如图 5-6 所示。

图 5-5　创建其他横排文字

图 5-6　输入直排文字

07 在工具属性栏中单击“切换字符和段落面板”按钮，弹出“字符”面板，如图 5-7 所示，在“设置行距”下拉列表中选择“7 点”选项。

08 关闭“字符”面板，按【Ctrl+Enter】组合键，即可创建直排文字，使用“移动工具”将文字移至合适位置，效果如图 5-8 所示。

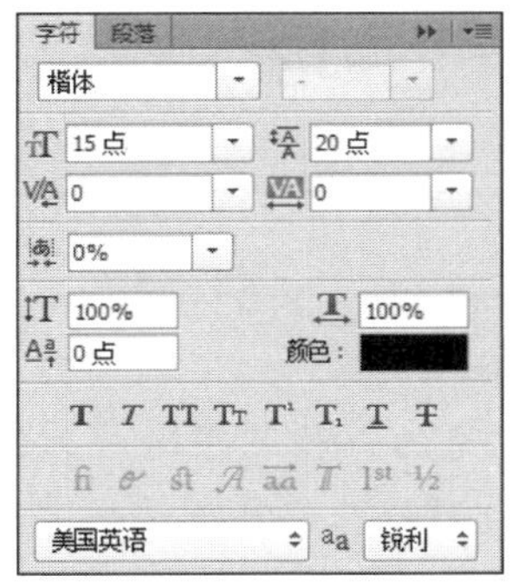

图 5-7　“字符”面板

图 5-8　最终效果

案例 5.2

文字的输入与编辑——变形文字地球

案例文件：资源包 \ 源文件 \ 素材 \ 单元 5\ 地球 .jpg

案例效果：资源包 \ 源文件 \ 效果 \ 单元 5\ 地球 .psd

技术点睛：“横排文字工具”、“创建文字变形”按钮、“变形文字”对话框

操作难度：★★

案例目标：通过制作“变形文字地球”，掌握文字工具的使用方法及变形文字效果的处理方法

操作步骤

01 打开“资源包 \ 源文件 \ 素材 \ 单元 5\ 地球”素材，如图 5-9 所示。

02 选择工具箱中的“横排文字工具”，在素材图像左上角的适当位置单击，确定文字的插入点，设置“字体”为华文琥珀、“字体大小”为 60 点，设置前景色为白色（RGB 的参数值均为 255），输入相应的文字，如图 5-10 所示。

03 在工具属性栏中单击“创建文字变形”按钮，打开“变形文字”对话框，设置“样式”为扇形、“弯曲”为 42%，如图 5-11 所示。

图 5-9　地球素材

图 5-10　输入横排文字

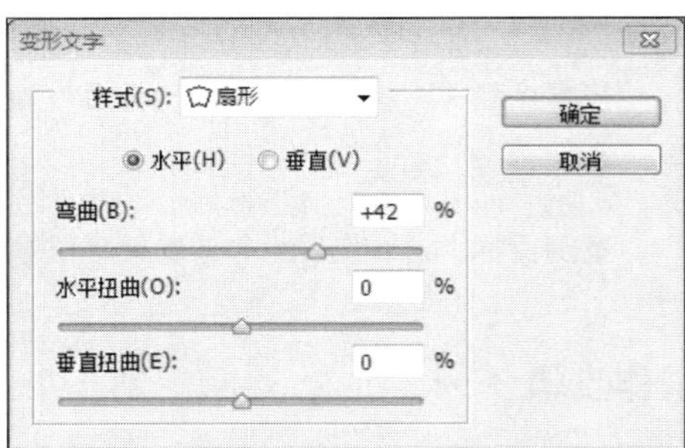

图 5-11　“变形文字”对话框

知识窗

Photoshop 软件中的变形文字可以针对文字的形状进行各种各样的扭曲处理，从而制作出特殊的文字效果。这种操作主要是通过“变形文字”对话框来实现的。“变形文字”对话框中提供了多种变形样式，选择不同的样式，文字的变形效果也不同。

04 单击“确定”按钮，设置扇形文字，按【Ctrl+Enter】组合键确认输入，使用“移动工具”将文字移至合适的位置，效果如图 5-12 所示。

05 选择工具箱中的“横排文字工具”，在文字对象上单击，使文字呈可编辑状态，在工具属性栏中单击“创建文字变形”按钮，打开“变形文字”对话框，设置“样式”为凸起、“弯曲”为 50%，如图 5-13 所示。

06 单击“确定”按钮，设置凸起变形文字，按【Ctrl+Enter】组合键确认输入，使用“移动工具”将文字移至合适的位置，效果如图 5-14 所示。

图 5-12 扇形变形文字

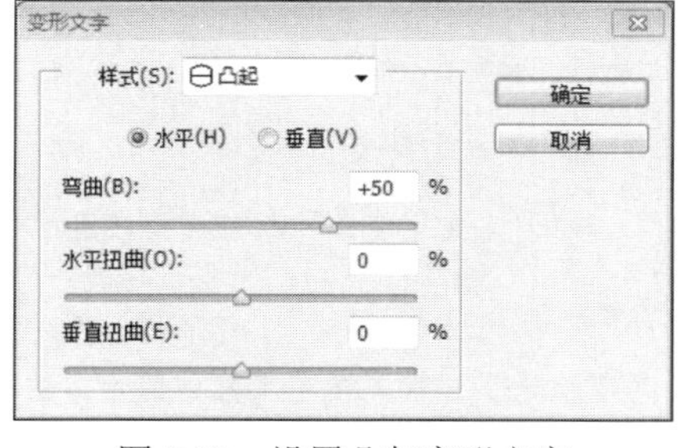

图 5-13 设置凸起变形文字

图 5-14 最终效果

案例 5.3

钢笔工具应用——春暖花开

案例文件： 资源包\源文件\素材\单元 5\春暖花开 .jpg、景色 1.jpg、景色 2.jpg、景色 3.jpg

案例效果： 资源包\源文件\效果\单元 5\春暖花开 .psd

技术点睛： “钢笔工具”、“路径”命令、“自由变换”命令

操作难度： ★★

案例目标： 通过实践操作，掌握路径创建以及将路径转换为选区的操作方法

操作步骤

01 打开“资源包\源文件\素材\单元 5\春暖花开”素材，如图 5-15 所示。

图 5-15 春暖花开素材

02 选择工具箱中的“钢笔工具”，移动鼠标指针至图像编辑窗口左上方的白色矩形区域，在适当的位置单击，确定起始点，向下拖动鼠标，在适当位置再次单击，绘制路径，如图 5-16 所示。

03 依次移动并单击，当绘制结束时，移动鼠标指针至起始点处单击，制作一个封闭路径，如图 5-17 所示。

04 选择“窗口 / 路径”选项，弹出“路径”面板，在该面板下方单击“将路径作为选区载入”按钮，如图 5-18 所示。

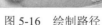

图 5-16　绘制路径

图 5-17　绘制封闭路径

图 5-18　“路径”面板

05 执行操作后，即可将路径转换为选区，如图 5-19 所示。

06 选择“文件 / 打开”选项，打开“资源包 \ 源文件 \ 素材 \ 单元 5\ 景色 1”素材，如图 5-20 所示。

07 选择“选择 / 全部”选项，全选图像，选择“编辑 / 拷贝”选项，复制图像，按【Ctrl+Tab】组合键，切换至春暖花开图像编辑窗口，选择“编辑 / 选择性粘贴 / 贴入”选项，将复制的图像贴入选区内，如图 5-21 所示。

图 5-19　将路径转换为选区

图 5-20　景色 1 素材

图 5-21　贴入景色 1

08 选择“编辑 / 自由变换”选项，调出变换控制框，调整图像的大小和位置，效果如图 5-22 所示。

09 打开“资源包 \ 源文件 \ 素材 \ 单元 5\ 景色 2”和“景色 3”素材，如图 5-23 和图 5-24 所示。

图 5-22　变换图像

图 5-23　景色 2 素材

图 5-24　景色 3 素材

10 用相同的方法使用“钢笔工具”绘制相应的路径，并将路径转换为选区，将打开的素材依次贴入相应的选区内，并调整其大小和位置，效果如图 5-25 和图 5-26 所示。

图 5-25　贴入景色 2

图 5-26　最终效果

知识窗

“钢笔工具”是绘制路径的基本工具，使用该工具可以绘制光滑而复杂的路径。在绘制路径时，按住【Shift】键的同时，可以沿水平、垂直或45°方向绘制。

“路径”面板中的“将路径作为选区载入”命令是本案例重点使用的命令，可以通过“路径”面板来实现，也可以用【Ctrl+Enter】组合键来载入选区。

“编辑”菜单中“自由变换”命令的功能非常强大，且“变换”命令子菜单中包含“缩放”“旋转”等多个子命令，熟悉并掌握它们的用法会给操作图像变形带来很大的方便。

案例 5.4

自由钢笔工具应用——红色药箱子

案例文件： 资源包 \ 源文件 \ 素材 \ 单元 5\ 红色药箱子 .jpg

案例效果： 资源包 \ 源文件 \ 效果 \ 单元 5\ 红色药箱子 .psd

技术点睛： “色相 / 饱和度”命令、“自由钢笔工具”

操作难度： ★★

案例目标： 通过实践操作，掌握自由钢笔工具的应用方法

操作步骤

01 打开“资源包 \ 源文件 \ 素材 \ 单元 5\ 红色药箱子”素材，如图 5-27 所示。

02 使用工具箱中的“自由钢笔工具”，在工具属性栏中选中“磁性的”复选框，移动鼠标指针至图像编辑窗口中的心形边缘，单击并沿边缘拖动，如图 5-28 所示。

03 依次在边缘处拖动鼠标，将鼠标指针移至起始点上，此时鼠标指针下方出现一个小圆圈，路径封闭，如图 5-29 所示。

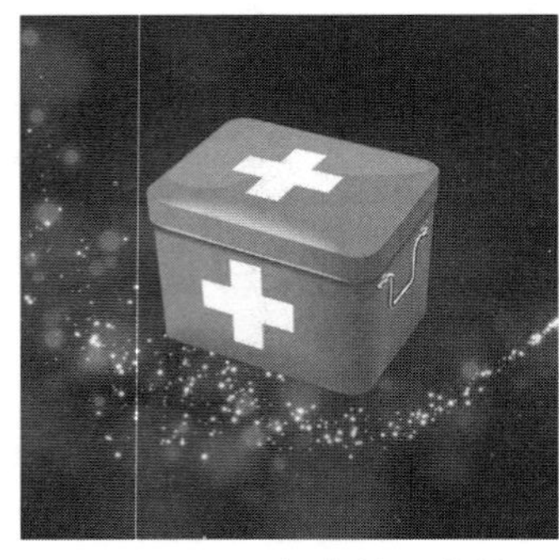

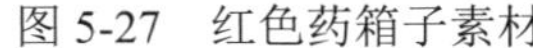
图 5-27　红色药箱子素材

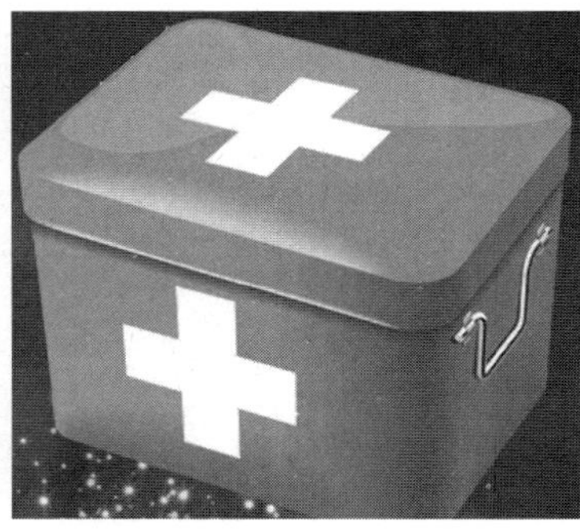
图 5-28　绘制自由路径

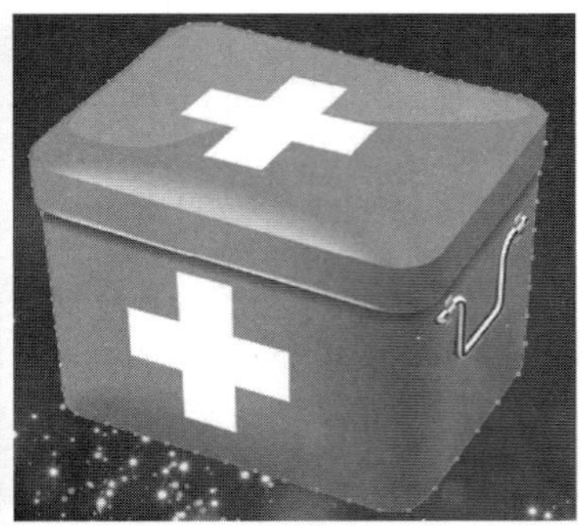
图 5-29　路径封闭

04 单击，绘制路径，选择“窗口 / 路径”选项，弹出“路径”面板，在该面板下方单击“将路径作为选区载入”按钮，将路径转换为选区，如图 5-30 所示。

05 选择“图像 / 调整 / 色相 / 饱和度”选项，打开“色相 / 饱和度”对话框，设置“色相”为 −40、“饱和度”为 7，如图 5-31 所示。

06 单击“确定”按钮，调整选区内的颜色，按【Ctrl+D】组合键取消选区，效果如图 5-32 所示。

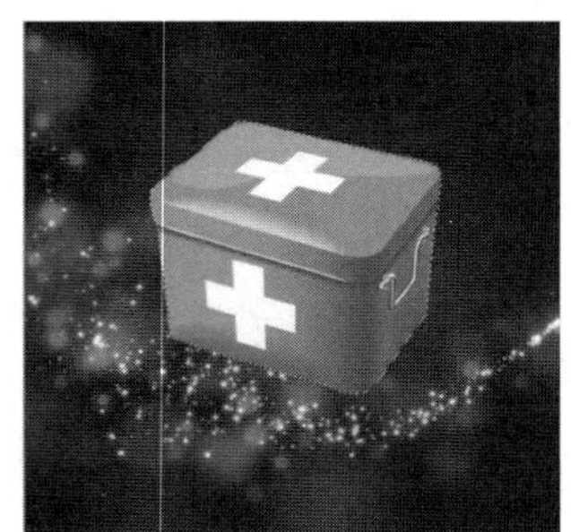
图 5-30　将路径转换为选区

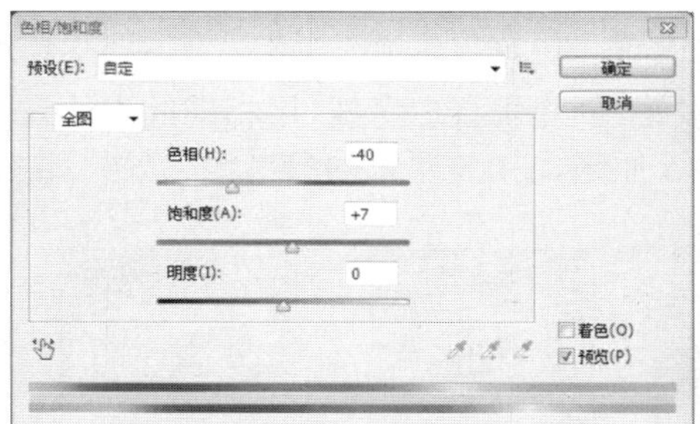

图 5-31　“色相 / 饱和度”对话框

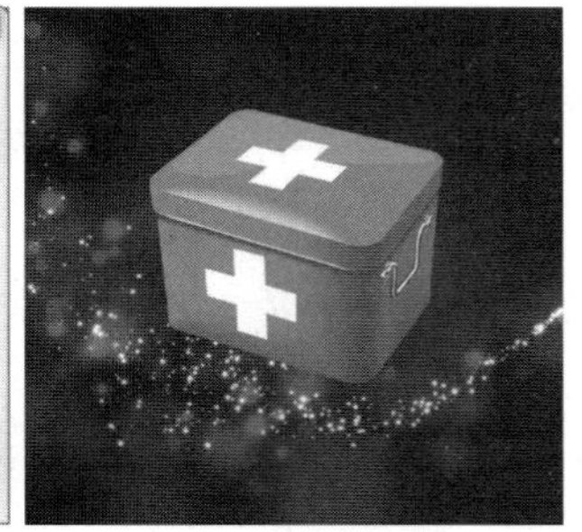
图 5-32　最终效果

知识窗

使用 Photoshop 中的“自由钢笔工具”可随意绘图，就像用铅笔在纸上绘图一样，绘图时将自由添加锚点，绘制路径时无须确定锚点位置。“自由钢笔工具”可用于绘制不规则的路径，其工作原理与“磁性套索工具”相同，它们的区别在于前者是建立选区，后者则是建立路径。

使用 Photoshop 中的“色相 / 饱和度”命令，可以调整整个图像或图像中单个颜色成分的色相、饱和度和亮度。

矢量形状工具应用——美好大自然

案例文件：资源包 \ 源文件 \ 素材 \ 单元 5\ 美好大自然 .psd

案例效果：资源包 \ 源文件 \ 效果 \ 单元 5\ 美好大自然 .psd

技术点睛：“新建参考线”命令、“圆角矩形工具”

操作难度：★★

案例目标：通过实践操作，掌握参考线的操作方法和使用技巧

操作步骤

01 打开“资源包 \ 源文件 \ 素材 \ 单元 5\ 美好大自然”素材，如图 5-33 所示。

02 选择图层 0，并选择“视图 / 新建参考线”选项，打开“新建参考线”对话框，选中“垂直”单选按钮，设置“位置”为 0.5 厘米，如图 5-34 所示。

03 单击“确定”按钮，创建垂直参考线，用相同的方法设置“位置”分别为 6.5 厘米、12.5 厘米、18.5 厘米、24.5 厘米、30.5 厘米的参考线，效果如图 5-35 所示。

图 5-33 美好大自然素材

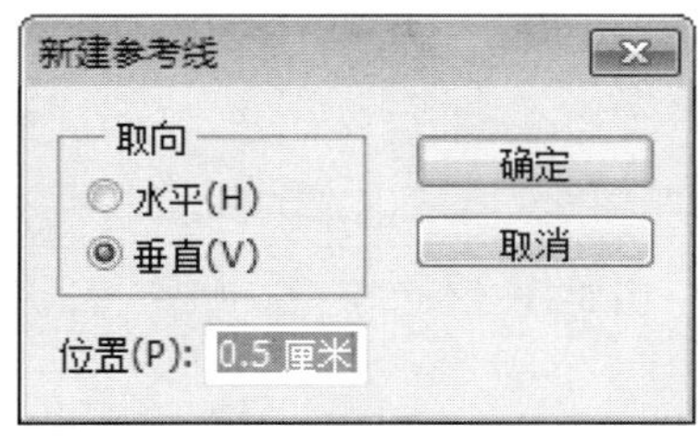

图 5-34 “新建参考线”对话框

图 5-35 创建垂直参考线

04 选择“视图 / 新建参考线”选项，打开“新建参考线”对话框，选中“水平”单选按钮，设置“位置”为 1 厘米，如图 5-36 所示。

05 单击“确定”按钮，创建水平参考线，用相同的方法设置“位置”分别为 6 厘米、11 厘米、16 厘米的参考线，效果如图 5-37 所示。

06 选择工具箱中的“圆角矩形工具”，在工具属性栏中单击“几何选项”下拉按钮，在弹出的下拉列表中，选中“固定大小”单选按钮，设置“W”为 4 厘米、“H”为 4 厘米，如图 5-38 所示。

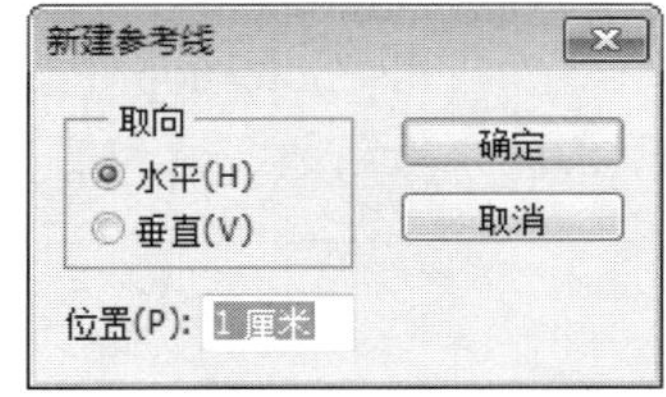

图 5-36 设置水平位置

图 5-37　创建水平参考线

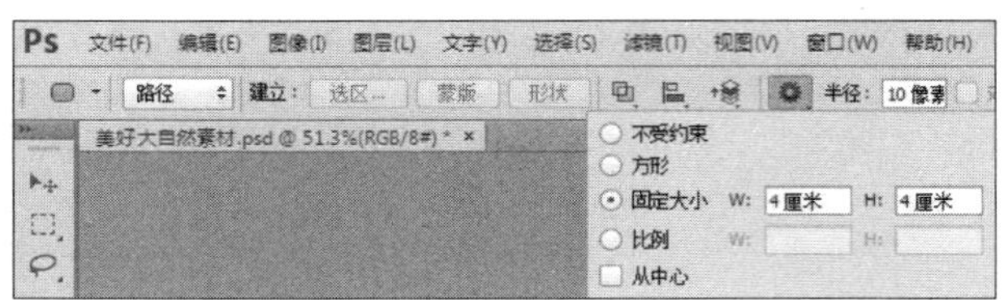

图 5-38　“几何选项”下拉列表

知识窗

本案例使用了“圆角矩形工具”来绘制固定大小的圆角矩形路径，在需要多个大小一样的路径时，固定大小命令的选择很关键。

07 单击工具属性栏中的“路径”按钮，移动鼠标指针至图像编辑窗口中，根据参考线依次单击，创建圆角矩形路径，如图 5-39 所示。

08 按【Ctrl+Enter】组合键，将路径转换为选区，按【Delete】键删除选区内的图像，然后按【Ctrl+D】组合键取消选区，并清除参考线，效果如图 5-40 所示。

图 5-39　创建圆角矩形路径

图 5-40　最终效果

案例 5.6

自定形状工具应用——新信息

案例文件： 资源包 \ 源文件 \ 素材 \ 单元 5\ 新信息 .jpg

案例效果： 资源包 \ 源文件 \ 效果 \ 单元 5\ 新信息 .psd

技术点睛： “自定形状工具”

操作难度： ★★

案例目标： 通过实践操作，掌握自定形状的创建方法

操作步骤

01 打开“资源包 \ 源文件 \ 素材 \ 单元 5\ 新信息”素材，如图 5-41 所示。

图 5-41　新信息素材

02 选择工具箱中的“自定形状工具”，在工具属性栏中单击“点按可打开‘自定形状’拾色器”按钮，弹出“自定形状”面板，单击面板右上角的黑色下拉按钮，在弹出的下拉列表中选择“全部”选项，如图 5-42 所示。

03 执行操作后，弹出信息提示框，如图 5-43 所示。

04 单击“追加”按钮，加载形状，并在面板中选择“信封 1”选项，如图 5-44 所示。

图 5-42　选择“全部”选项

图 5-43　信息提示框

图 5-44　选择“信封 1”选项

05 单击工具属性栏中的“形状图层”按钮，设置前景色为白色，移动鼠标指针至图像编辑窗口中的适当位置，按住鼠标左键并拖动，绘制信封标志，如图 5-45 所示。

06 在工具属性栏中单击“点按可打开‘样式’拾色器”按钮，弹出“样式”面板，单击面板右上角的黑色下拉按钮，在弹出的下拉列表中选择“Web 样式”选项，如图 5-46 所示。

图 5-45　创建信封形状

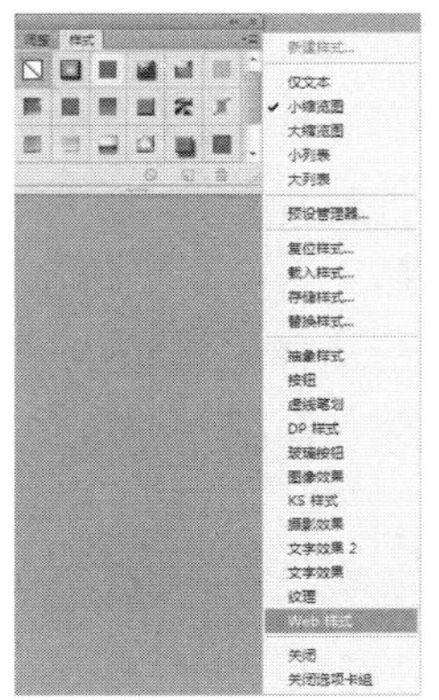
图 5-46　选择“Web 样式”选项

07 执行操作后，弹出信息提示框，单击“追加”按钮，加载样式，并在面板中选择“条纹布”选项，如图 5-47 所示。

08 执行操作后，在图像编辑窗口中显示最终效果，如图 5-48 所示。

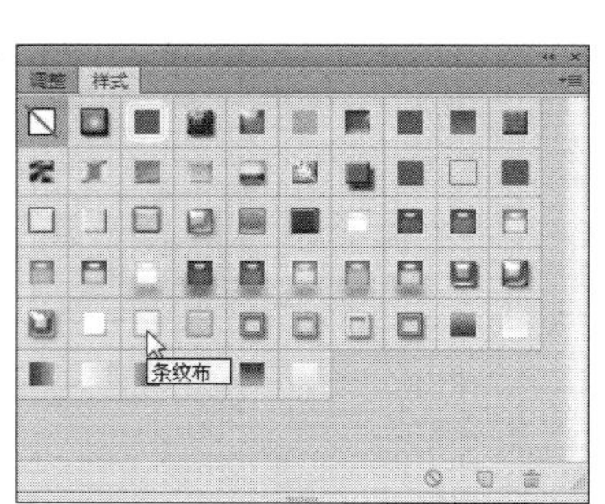

图 5-47　选择“条纹布”选项

图 5-48　最终效果

案例 5.7

平滑与尖突锚点——图形变形

案例文件： 资源包 \ 源文件 \ 素材 \ 单元 5\ 三叶草 .psd、梅花 .psd

案例效果： 资源包 \ 源文件 \ 效果 \ 单元 5\ 三叶草 .psd、梅花 .psd

技术点睛： “转换点工具”

操作难度： ★★

案例目标： 通过实践操作，掌握转换点操作的方法，以及在节点上拖动鼠标以平滑节点和尖突节点的操作方法

操作步骤

01 选择“文件 / 新建”选项，新建一个空白文件，选择工具箱中的“自定形状工具”，在工具属性栏中单击“点按可打开‘自定形状’拾色器”按钮，弹出“自定形状”面板，在其中选择“三叶草”选项，创建三叶草形状，如图 5-49 所示。

02 选择工具箱中的“转换点工具”，移动鼠标指针至三叶草图形中的节点上，按住鼠标左键并拖动，即可平滑节点，如图 5-50 所示。

03 按住【Ctrl】键的同时按住鼠标左键并拖动，即可移动节点，如图 5-51 所示。

04 用相同的方法继续平滑并移动其他节点，即可改变路径，效果如图 5-52 所示。

图 5-49 创建三叶草形状

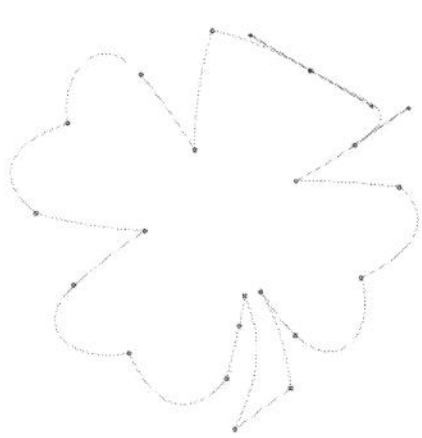

图 5-50 平滑节点

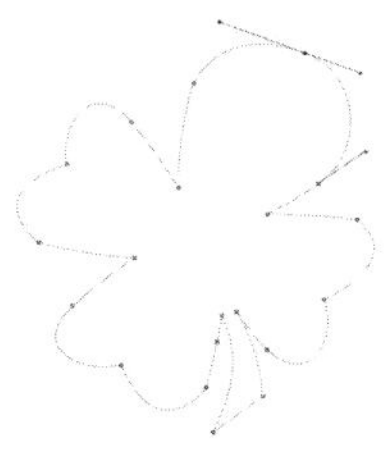

图 5-51 移动节点

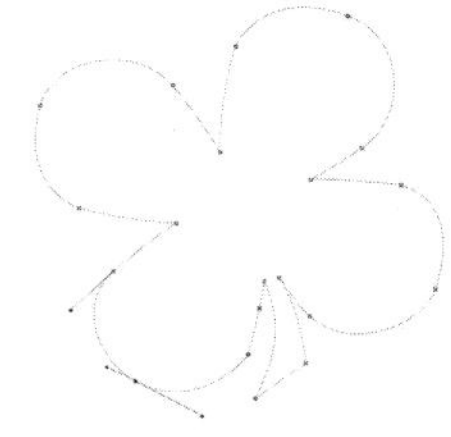

图 5-52 平滑节点后的效果

05 选择“文件 / 新建”选项，新建一个空白文件，选择工具箱中的“自定形状工具”，在工具属性栏中单击“点按可打开‘自定形状’拾色器”按钮，弹出“自定形状”面板，在其中选择“梅花”选项，创建一个梅花形状，如图 5-53 所示。

06 选择工具箱中的“转换点工具”，移动鼠标指针至梅花图形中的节点上，在形状上单击显示节点，按住【Alt】键的同时，在最上方的点上按住鼠标左键并向下拖动，移动控制柄，尖突节点，如图 5-54 所示。

07 用相同的方法尖突其他节点，效果如图 5-55 所示。

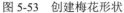

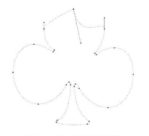

图 5-53 创建梅花形状

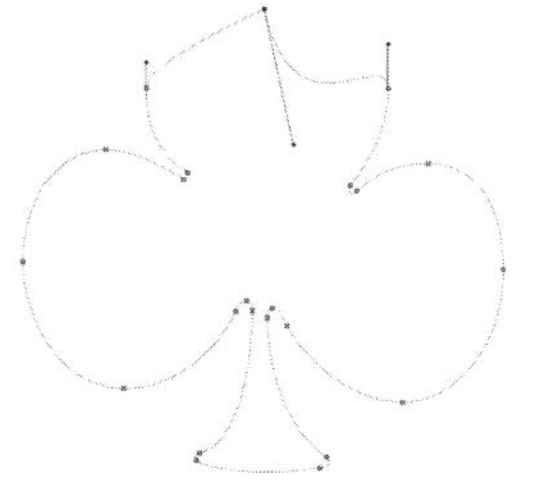

图 5-54 尖突节点

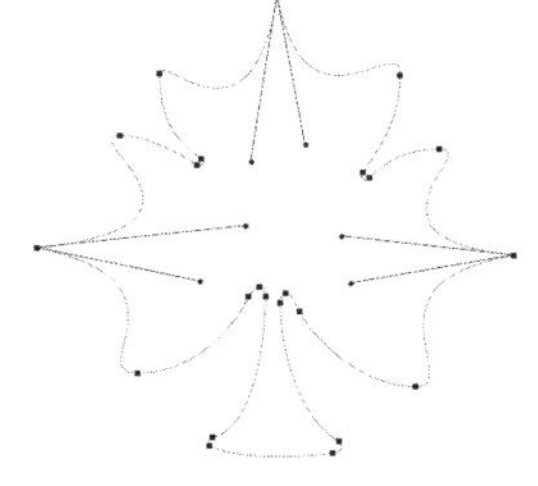

图 5-55 尖突节点后的效果

知识窗

使用 Photoshop 中的“转换点工具”来转换锚点类型，可以使锚点在平滑点和角点之间转换，也可以使路径在曲线和直线之间转换。

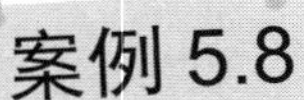

案例 5.8 添加与删除锚点——小小蜗牛

案例文件： 资源包 \ 源文件 \ 素材 \ 单元 5\ 小小蜗牛 .psd

案例效果： 资源包 \ 源文件 \ 效果 \ 单元 5\ 小小蜗牛 .psd

操作难度： ★★

技术点睛： “添加锚点工具” “删除点工具”

案例目标： 通过实践操作，掌握添加锚点和删除锚点的操作方法

操作步骤

01 选择“文件 / 新建”选项，新建一个空白文件，选择工具箱中的“自定形状工具”，在工具属性栏中单击“点按可打开‘自定形状’拾色器”按钮，弹出“自定形状”面板，在其中选择“蜗牛”选项，创建一个蜗牛形状，如图 5-56 所示。

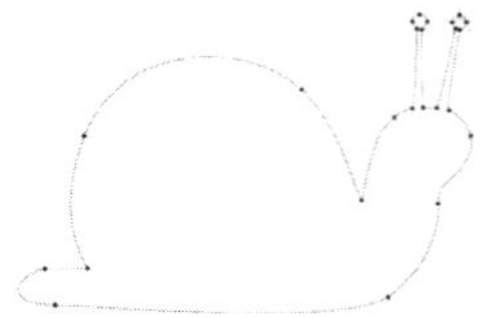

图 5-56　创建蜗牛形状

02 选择工具箱中的“添加锚点工具”，移动鼠标指针至合适的位置处单击，即可添加锚点，如图 5-57 所示。

03 拖动鼠标指针至添加的节点上，按住鼠标左键并拖动，改变路径形状，按住【Ctrl】键的同时单击，移动节点至适合位置，如图 5-58 所示。

04 选择工具箱中的“删除锚点工具”，移动鼠标指针至蜗牛尾端位置的节点处单击，即可删除锚点，效果如图 5-59 所示。

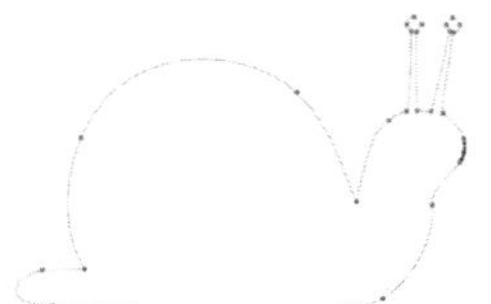

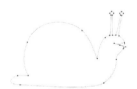

图 5-57　添加锚点

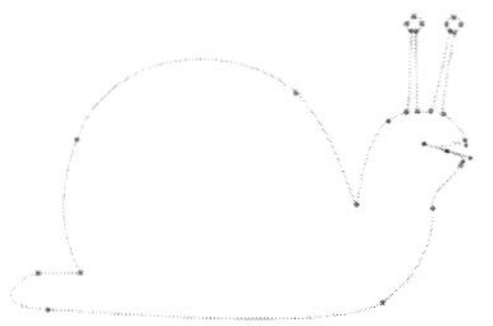

图 5-58　移动节点

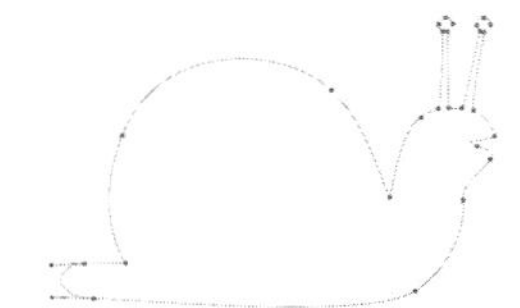

图 5-59　删除锚点后的效果

知识窗

Photoshop CS6 中的“添加锚点工具”用于在路径上添加新的锚点。该工具可以在已建立的路径上根据需要添加新的锚点，以便更精确地设置图形的轮廓。

使用“钢笔工具”时，在其属性栏中选中“自动添加 / 删除”复选框后，“钢笔工具”也可以为选中的路径添加或删除锚点。

案例 5.9

填充与描边路径——可爱宝贝

案例文件： 资源包 \ 源文件 \ 素材 \ 单元 5\ 可爱宝贝 .jpg

案例效果： 资源包 \ 源文件 \ 效果 \ 单元 5\ 可爱宝贝 .psd

技术点睛： “自定形状工具”、“路径”命令、“画笔工具”

操作难度： ★★

案例目标： 通过应用“自定形状工具”和“路径”命令，掌握创建自定义路径，并对路径进行填充的操作方法

操作步骤

01 打开“资源包 \ 源文件 \ 素材 \ 单元 5\ 可爱宝贝”素材，如图 5-60 所示。

02 选择工具箱中的“自定形状工具”，在工具属性栏中单击“路径”按钮，并单击“点按可打开‘自定形状’拾色器”按钮，弹出“自定形状”面板，选择“红心形卡”选项，在图像编辑窗口中，创建多个心形路径，如图 5-61 所示。

03 设置前景色为粉红色（RGB 的参数分别为 249、149、189），选择“窗口 / 路径”选项，弹出“路径”面板，在“工作路径”图层上右击，在弹出的快捷菜单中选择“填充路径”选项，如图 5-62 所示。

图 5-60 可爱宝贝素材

图 5-61 创建心形路径

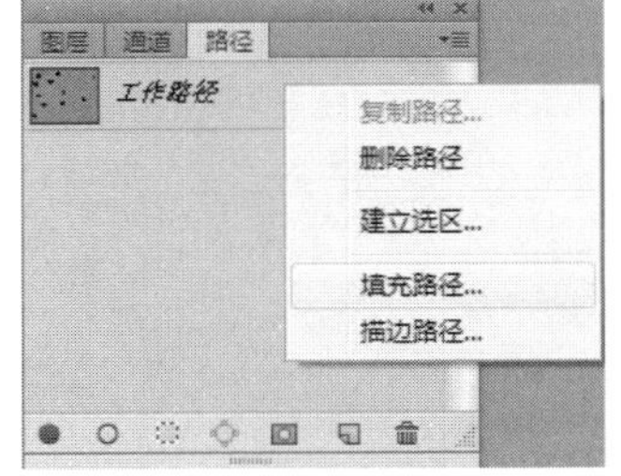

图 5-62 选择“填充路径”选项

04 打开“填充路径”对话框，保持默认设置，如图 5-63 所示。

05 单击“确定”按钮，即可填充路径，在“路径”面板的灰色空白处单击，隐藏路径，效果如图 5-64 所示。

06 选择工具箱中的“画笔工具”，选择“窗口 / 画笔”选项，弹出“画笔”面板，设置“画笔笔尖形状”为 Scattered Maple Leaves、“间距”为 220%，如图 5-65 所示。

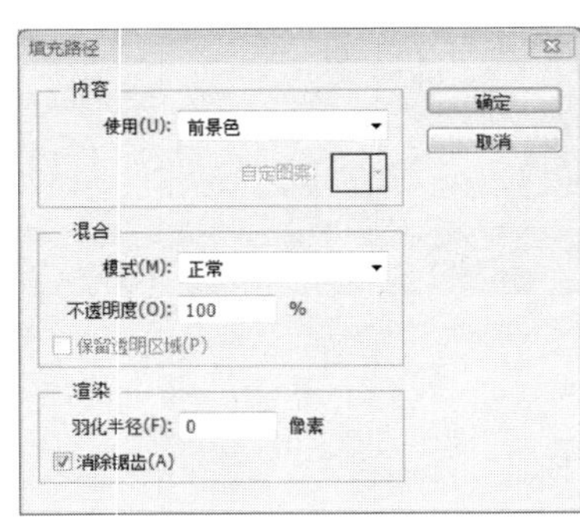

图 5-63　“填充路径”对话框

图 5-64　填充路径

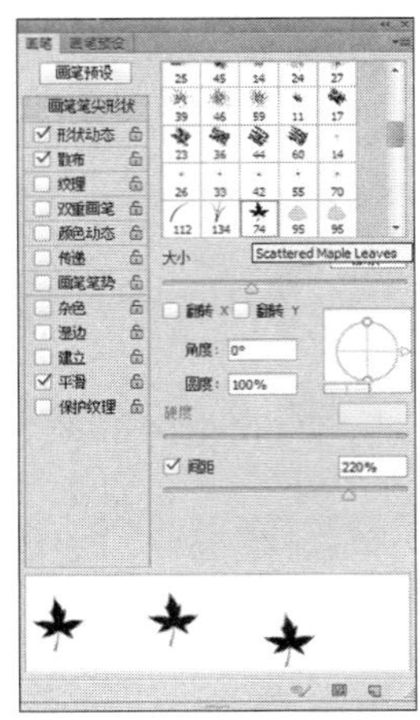

图 5-65　“画笔”面板

07 选择“窗口 / 路径”选项，弹出“路径”面板，单击面板底部的“用画笔描边路径”按钮，如图 5-66 所示。

08 执行操作后，即可描边路径，在“路径”面板的灰白空白处单击，隐藏路径，效果如图 5-67 所示。

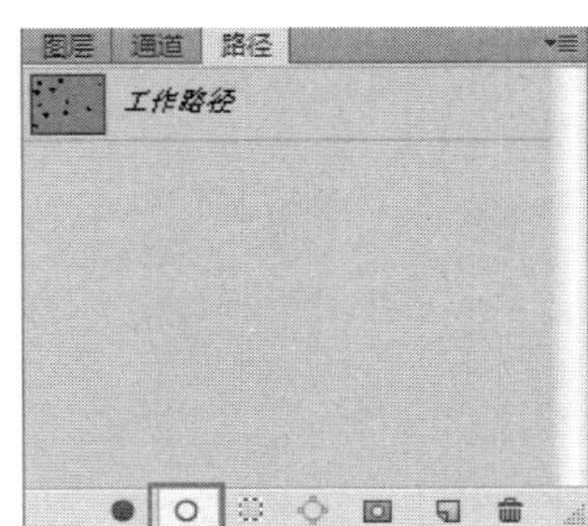

图 5-66　单击“用画笔描边路径”按钮

图 5-67　描边路径

知识窗

应用“自定形状工具”，可以根据需要载入 Photoshop 自带的一些形状。“路径”面板中的“将路径作为选区载入”命令是本案例重点使用的命令，可以通过“路径”面板来实现，也可以用【Ctrl+Enter】组合键来载入选区。

本案例的“画笔工具”应用的主要是“用画笔描边路径”命令。

6 单元 图层管理

◎ 单元导读

图层是 Photoshop 软件重要的组成部分，每一幅优秀作品的设计绘制都离不开设计者对图层的灵活运用。例如，用于创建图层特殊效果的不透明度和混合模式等。本单元将通过实例详细讲解图层的相关知识和技能。

◎ 学习目标

- 掌握新建、隐藏、显示、对齐、合并图层的操作方法。
- 了解图层样式的特点，掌握设置图层样式的操作方法。

案例 6.1

创建图层——八仙花

案例文件：资源包\源文件\素材\单元 6\八仙花 .jpg

案例效果：资源包\源文件\效果\单元 6\八仙花 .psd

技术点睛：“图层”命令

操作难度：★★

案例目标：通过本案例的学习，掌握新建图层的操作方法

操作步骤

01 打开“资源包\源文件\素材\单元 6\八仙花”素材，如图 6-1 所示。

02 选择“图层\新建\图层”选项，打开“新建图层”对话框，使用默认设置，如图 6-2 所示。

03 单击“确定”按钮，即可在“图层”面板中新建“图层 1”图层，如图 6-3 所示。

04 单击工具箱下方的“设置前景色”色块，打开“拾色器（前景色）”对话框，设置前景色 R 为 95、G 为 123、B 为 23，如图 6-4 所示。

05 单击“确定”按钮，按【Alt+Delete】组合键填充前景色，在“图层”面板中，设置“不透明度”为 11%，如图 6-5 所示。

06 执行操作后，图像编辑窗口的效果如图 6-6 所示。

图 6-1 八仙花素材

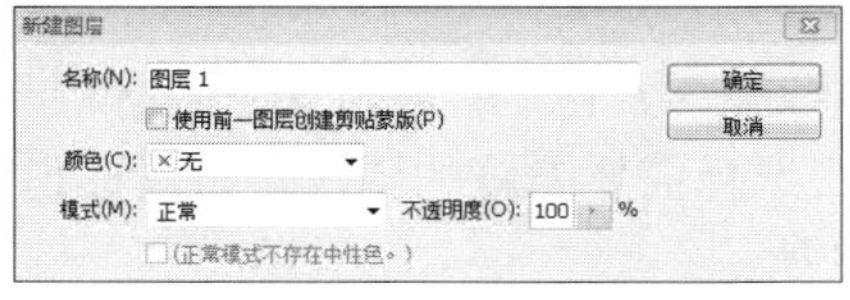

图 6-2 “新建图层”对话框

图 6-3 新建“图层 1”图层

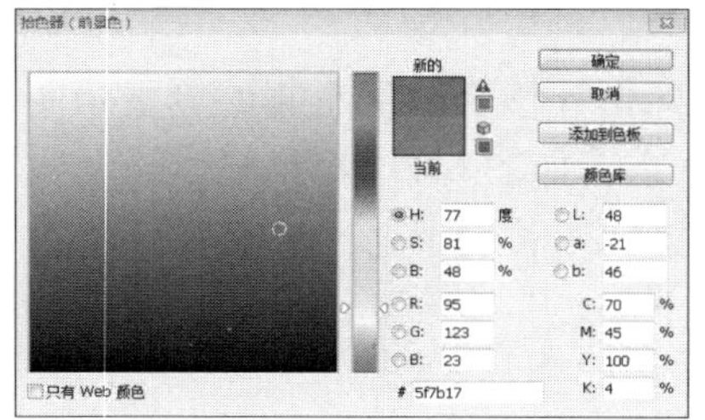

图 6-4 “拾色器（前景色）”对话框

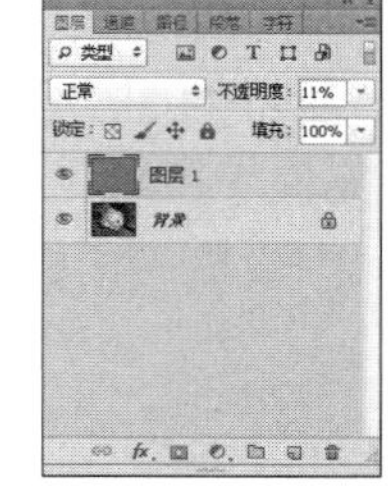

图 6-5 设置不透明度

图 6-6 最终效果

知识窗

在 Photoshop CS6 中打开 JPG 文件时,“图层”面板中将会出现一个“背景”图层,该图层是一个不透明图层,以工具箱中设置的背景色为底色,图层右侧有一个锁的图标,表示该图层被锁定。

选择图层的方法有以下 3 种。

1)如果要选择单个图层,在“图层”面板中单击目标图层即可,处于选择状态的图层以蓝色显示。

2)如果要选择连续的多个图层,在选择一个图层后,按住【Shift】键的同时在“图层”面板中单击另一个图层的名称,则两个图层间的所有图层都被选中。

3)如果要选择不连续的多个图层,在选择一个图层后,按住【Ctrl】键,在“图层”面板中单击其他图层的名称即可。

案例 6.2 隐藏与显示图层——毕业设计展海报

案例文件: 资源包\源文件\素材\单元 6\毕业设计展 .psd

案例效果: 资源包\源文件\效果\单元 6\毕业设计展 .psd

技术点睛: “指示图层可见性”图标

操作难度: ★★

案例目标: 通过本案例的学习,掌握隐藏图层和显示图层的操作方法

操作步骤

01 打开“资源包\源文件\素材\单元 6\毕业设计展”素材,如图 6-7 所示。

02 在“图层”面板中选择需要隐藏的图像,将鼠标指针移至图层左侧的“指示图层可见性”图标上,如图 6-8 所示。

03 单击“指示图层可见性”图标,则选择的图层将呈隐藏状态,如图 6-9 所示。

04 执行操作后,隐藏图层,图像编辑窗口的效果如图 6-10 所示。

05 在“图层”面板中选择要显示的图层,将鼠标指针移至图层左侧的“指示图层可见性”图标处单击,“指示图层可见性”图标呈显示状态,如图 6-11 所示。

06 执行操作后,显示图层,图像编辑窗口的效果如图 6-12 所示。

图 6-7 毕业设计展素材

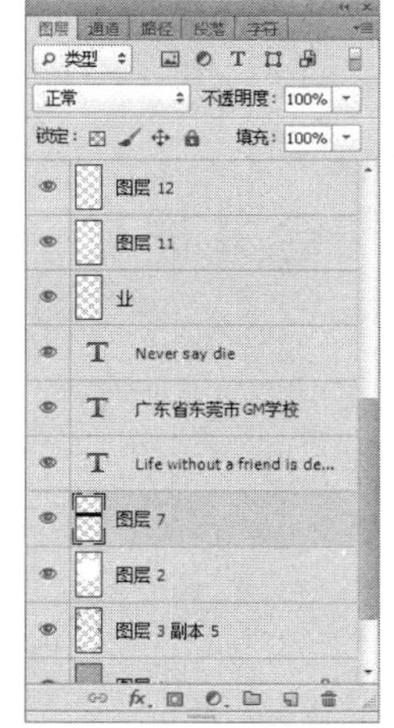

图 6-8 “指示图层可见性”图标

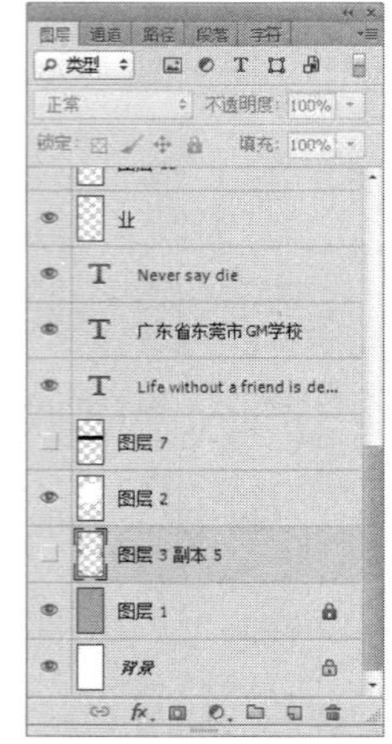

图 6-9 隐藏“指示图层可见性”图标

图 6-10 隐藏图层

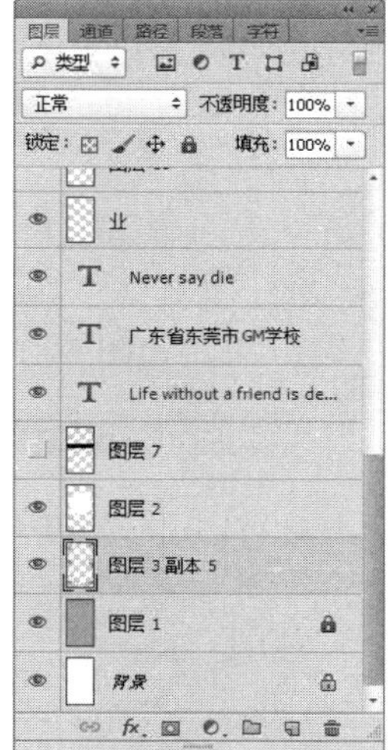

图 6-11 显示“指示图层可见性”图标

图 6-12 显示图层

知识窗

在“图层”面板中单击图层左侧的“指示图层可见性”图标，即可隐藏该图层，再次单击此图标即可重新显示该图层。

按住【Alt】键，单击图层左侧的“指示图层可见性”图标，则只显示该图层而隐藏其他图层，再次按住【Alt】键，单击该图层左侧的“指示图层可见性”图标，即可恢复之前的图层显示状态。

案例 6.3

对齐与合并图层——彩色茶壶

案例文件： 资源包 \ 源文件 \ 素材 \ 单元 6\ 彩色茶壶 .psd

案例效果： 资源包 \ 源文件 \ 效果 \ 单元 6\ 彩色茶壶 .psd

技术点睛： “对齐”命令、“合并图层”命令

操作难度： ★★

案例目标： 通过本案例的学习，掌握对齐和合并指定图层的操作方法

操作步骤

01 打开“资源包 \ 源文件 \ 素材 \ 单元 6\ 彩色茶壶”素材，如图 6-13 所示。

02 按住【Ctrl】键，在“图层”面板中选择需要对齐分布的图层，如图 6-14 所示。

03 选择“图层 / 对齐 / 垂直居中”选项，图像编辑窗口中的图层将进行底端对齐，效果如图 6-15 所示。

04 选择“图层 / 合并图层”选项，即可将选中的图层合并，如图 6-16 所示。

图 6-13 彩色茶壶素材

图 6-14 选择图层

图 6-15 垂直居中对齐

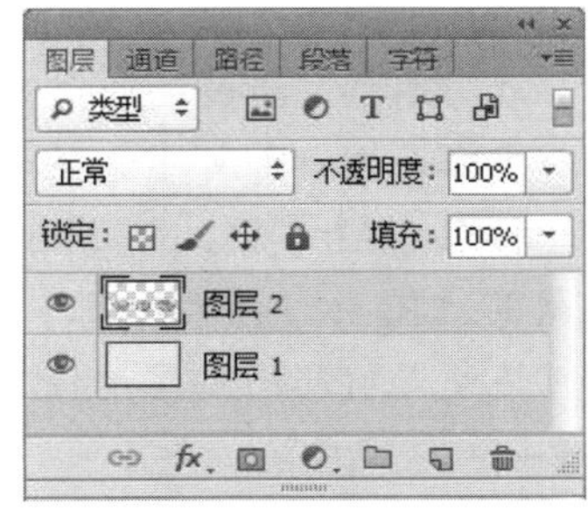

图 6-16 合并图层

知识窗

1. 对齐图层

在对齐多个图层或组时，首先在“图层”面板中选择多个图层或选择一个组，然后执行“图层 / 对齐”子菜单中的命令或使用移动工具并在其属性栏上单击对应的按钮（即顶边对齐、垂直居中对齐、底边对齐、左边对齐、水平居中对齐、右边对齐按钮）即可。

2. 合并图层

当确定已经完成对全部图层的处理操作后，可以将各个图层合并起来以节省系统资源，合并图层的方法有以下几种。

1）合并任意多个图层：在“图层”面板上选择需要合并的图层，按【Ctrl+E】组合键，即可合并图层。

2）合并所有图层：选择“图层 / 拼合图像”选项，可以将所有可见图层合并到背景图层中。

3）合并可见图层：若要合并所有可见的图层，可选择“图层 / 合并可见图层”选项，也可以按【Ctrl+Shift+E】组合键。

案例 6.4

设置不透明度和填充——玻璃花

案例文件：资源包 \ 源文件 \ 素材 \ 单元 6\ 玻璃花 .psd

案例效果：资源包 \ 源文件 \ 效果 \ 单元 6\ 玻璃花 .psd

技术点睛：“不透明度”命令、“填充”命令

操作难度：★★

案例目标：通过本案例的学习，掌握图层的不透明度和填充度的设置方法

操作步骤

01 打开“资源包 \ 源文件 \ 素材 \ 单元 6\ 玻璃花”素材，如图 6-17 所示。

图 6-17　玻璃花素材

02 在“图层”面板中选择“图层 3”，设置“不透明度”为 70%，如图 6-18 所示。

03 执行操作后，图像编辑窗口显示效果如图 6-19 所示。

04 在“图层”面板的“图层 3”上，设置“填充”为 78%，图像编辑窗口显示效果如图 6-20 所示。

图 6-18　设置“不透明度”

图 6-19　设置不透明度后的效果

图 6-20　设置填充后的效果

知识窗

图层的“填充”与图层的“不透明度”不同，填充仅改变在当前图层上使用绘图工具绘制得到的图像的不透明度，不会影响图层样式的透明效果；而图层的透明度改变的是整个图层中的图像，包括图层样式的透明效果。

案例 6.5

设置“斜面和浮雕”样式——公益广告

案例文件： 资源包 \ 源文件 \ 素材 \ 单元 6\ 公益广告 .jpg

案例效果： 资源包 \ 源文件 \ 效果 \ 单元 6\ 公益广告 .psd

技术点睛： “斜面和浮雕”命令、“图层样式”对话框

操作难度： ★★

案例目标： 通过实践操作，掌握“斜面和浮雕”样式的设置和应用方法

操作步骤

01 打开“资源包 \ 源文件 \ 素材 \ 单元 6\ 公益广告”素材，如图 6-21 所示。

02 选择“图层 1”，然后选择“图层 / 图层样式 / 斜面和浮雕”选项，如图 6-22 所示。

03 打开“图层样式”对话框，如图 6-23 所示，设置“样式”为枕状浮雕、“深度”为 800%、“大小”为 10、“软化”为 7。

04 单击“确定”按钮，即可设置斜面和浮雕样式，效果如图 6-24 所示。

图 6-21　公益广告素材

图 6-22　选择“斜面和浮雕”选项

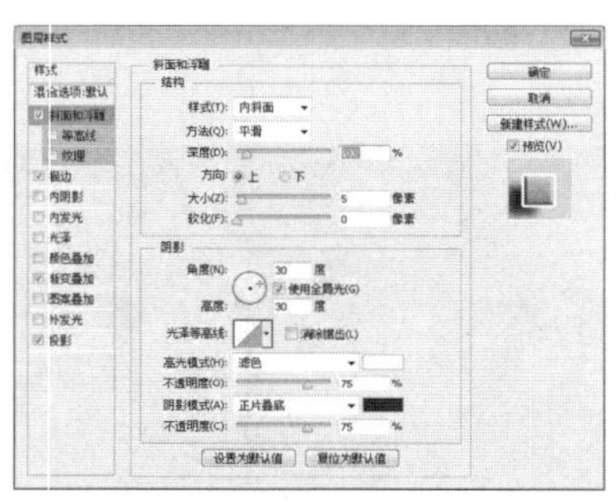
图 6-23　“图层样式”对话框

图 6-24　斜面和浮雕效果

知识窗

应用“斜面和浮雕”样式，可对图层添加高光与投影的各种组合。“斜面和浮雕”样式是一个非常重要的图层样式，其功能也非常强大。

“斜面和浮雕”选项组中各主要选项的含义如下。

1）“样式”选项：用于设置斜面和浮雕的样式。

2）“方法”选项：用于设置斜面和浮雕的平滑效果。

3）“深度”选项：用于设置斜面和浮雕的深度，其数值越大，浮雕效果越明显。

4）“方向”选项：用于设置斜面和浮雕的方向。

5）“软化”选项：用于设置斜面和浮雕效果的柔和度。

6）“光泽等高线”选项：用于设置图像产生类似金属光泽的效果。

7）“高光模式”选项：用于设置斜面和浮雕高亮部分的模式。

8）“角度”选项：用于设置斜面和浮雕的角度，即亮部和暗部的方向。

9）“高度”选项：用于设置亮部和暗部的高度。

案例 6.6

设置“外发光”样式——书籍封面设计

案例文件：资源包 \ 源文件 \ 素材 \ 单元 6\ 书籍封面 .psd

案例效果：资源包 \ 源文件 \ 效果 \ 单元 6\ 书籍封面 .psd

技术点睛：“外发光”命令、“图层样式”对话框

操作难度：★★

案例目标：通过实践操作，掌握“外发光”样式的设置与应用方法

操作步骤

01 打开“资源包 \ 源文件 \ 素材 \ 单元 6\ 书籍封面”素材，如图 6-25 所示。

02 选择“图层 1”，然后选择“图层 / 图层样式 / 外发光”选项，如图 6-26 所示。

03 打开“图层样式”对话框，如图 6-27 所示，设置“不透明度”为 75%、“扩展”为 15%、“大小”为 16。

图 6-25　书籍封面素材

图 6-26　选择“外发光”选项

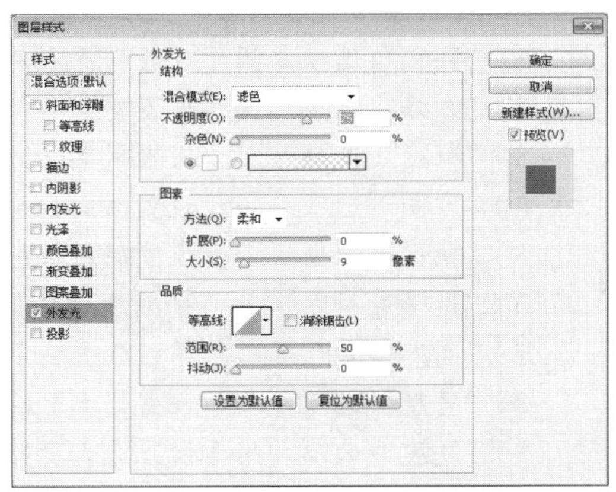

图 6-27　“外发光”选项组

04 单击“确定”按钮，即可设置外发光样式，效果如图所示 6-28 所示。

图 6-28 外发光效果

知识窗

应用“外发光”图层样式，可以为所选图层中的图像外边缘添加发光效果。“外发光”选项组中各选项的含义如下。

1）“方法”选项：用于设置光线的发散效果。

2）“扩展和大小”选项：用于设置外发光的模糊程度。

3）“范围”选项：用于设置颜色不透明度的过渡范围。

4）“抖动”选项：用于设置光照的随机倾斜度。

案例 6.7

设置“描边”样式——圣诞快乐

案例文件： 资源包\源文件\素材\单元 6\圣诞快乐.psd

案例效果： 资源包\源文件\效果\单元 6\圣诞快乐.psd

技术点睛： “描边”命令

操作难度： ★★

案例目标： 通过实践操作，掌握“描边”样式的设置与应用方法

操作步骤

01 打开“资源包\源文件\素材\单元 6\圣诞快乐”素材，如图 6-29 所示。

02 选择“图层 1”，然后选择“图层/图层样式/描边”选项，如图 6-30 所示。

03 打开“图层样式”对话框，设置“大小”为 6、“颜色”为墨绿色（RGB 的参数值分别为 16、45、5），如图 6-31 所示。

04 单击“确定”按钮，即可设置描边样式，效果如图 6-32 所示。

图 6-29　圣诞快乐素材

图 6-30　选择“描边”选项

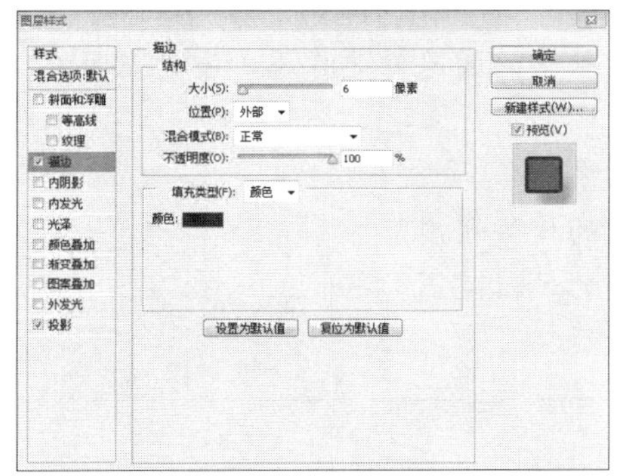

图 6-31　“描边”选项组

图 6-32　描边效果

知识窗

“描边”样式可以在当前图层的周围绘制边缘效果，边缘可以使用一种颜色或一种简便色，也可以使用一种图案。

“描边”选项组中各选项的含义如下。

1）“大小”选项：用于设置描边的大小。

2）“位置”选项：单击左侧的下拉按钮，在弹出的下拉列表中可以选择描边的位置。

3）“填充类型”选项：用于设置图像描边的类型。

4）“颜色”选项：单击该色块，可在打开的对话框中设置描边的颜色。

案例 6.8　设置图层混合模式——邀请函

案例文件：资源包 \ 源文件 \ 素材 \ 单元 6\ 邀请函 .jpg、背景 .psd、背景 1.psd、文字 .jpg

案例效果：资源包 \ 源文件 \ 效果 \ 单元 6\ 邀请函 .psd

技术点睛：“设置图层混合模式”按钮、“移动工具”

操作难度：★★

案例目标：通过制作“邀请函”，掌握图层混合模式的设置与应用方法

操作步骤

01 打开“资源包\源文件\素材\单元6\邀请函”和“背景”素材，如图6-33和图6-34所示。

图6-33　邀请函素材

图6-34　背景素材

02 使用“移动工具”将背景素材移至邀请函素材图像编辑窗口，在“图层”面板中将显示该素材图层，如图6-35所示，并调整位置和大小。

03 在“图层”面板中单击“设置图层混合模式”下拉按钮，在弹出的下拉列表中选择“线性加深”选项，图像效果如图6-36所示。

04 打开“资源包\源文件\素材\单元6\背景1”素材，如图6-37所示。

图6-35　置入图像

图6-36　颜色线性加深模式效果

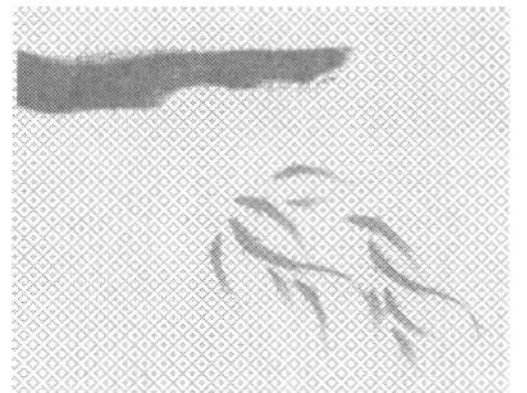

图6-37　背景1素材

05 使用“移动工具”将背景1素材移至邀请函素材图像编辑窗口，并调整其大小和位置，效果如图6-38所示。

06 在“图层”面板中单击“设置图层混合模式”下拉按钮，在弹出的下拉列表中选择“变暗”选项，图像效果如图6-39所示。

07 打开“资源包\源文件\素材\单元6\文字”素材，如图6-40所示。

图6-38　置入背景/素材后的图像

图6-39　变暗混合模式的效果

图6-40　文字素材

08 使用“移动工具”将文字素材移至邀请函素材图像编辑窗口，并调整其大小、位置和图层顺序，效果如图 6-41 所示。

09 选择“图层 / 图层样式 / 外发光”选项，打开“图层样式”对话框，设置“大小”为 6、“颜色”为淡黄色（RGB 的参数值分别为 255、255、190），如图 6-42 所示，单击“确定”按钮，最终效果如图 6-43 所示。

图 6-41 置入文字

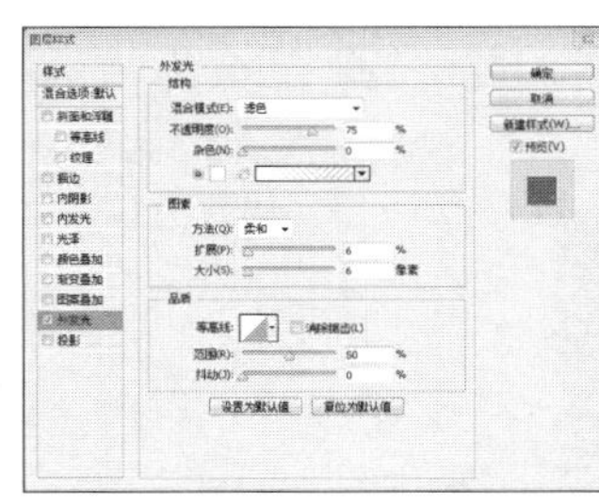

图 6-42 “外发光”选项组

图 6-43 最终效果

知识窗

Photoshop CS6 中提供了多种可以直接应用于图层的混合模式，不同的颜色混合将产生不同的效果，适当地使用混合模式会使图像呈现出意想不到的效果。

其他常用混合模式的含义如下。

1）“变暗”模式：选择此模式，将以上方图层中较暗像素代替下方图层中与之相对应的较亮像素，且下方图层中的较暗区域代替上方图层中的较亮区域，因此叠加后整体图像呈暗色调。

2）“正片叠加”模式：选择此模式，整体效果显示由上方图层及下方图层的像素值中较暗的像素合成的图像效果。

3）“颜色加深”模式：此模式通常用于创建非常暗的投影效果。

4）“叠加”模式：选择此模式，图像最终的效果取决于下方图层，但是上方图层的明暗对比效果也将直接影响到整体效果，叠加后下方图层的明度区与投影区仍被保留。

5）“颜色”模式：选择此模式，最终图像的像素值由下方图层的“明度”及上方图层的“色相”和“饱和度”值构成。

6）“滤色”模式：该模式与“正片叠加”模式相反，它是上方图层像素的互补色与底色相乘后所得的效果，比原有颜色更浅，具有漂白的效果。

7）“明度”模式：选择此模式，最终图像的像素值由下方图层的“色相”和“饱和度”值及上方图层的“明度”构成。

8）“变亮”模式：该模式与“变暗”模式相反，混合结果为图层较亮的颜色。

7 单元 通道和蒙版的应用

>>>>

◎ 单元导读

Photoshop 专家们常说："通道是核心，蒙版是灵魂。"显然，通道和蒙版在Photoshop中占有极其重要的地位。通道的主要功能是保存图像的颜色信息，也可以存放图像中的选区，通过通道可合成具有特殊效果的图像，而图层蒙版可以很好地控制图层区域的显示或隐藏，可以反复编辑图像，直到得到所需要的效果。本单元将通过实例详细讲解通道和蒙版的应用技巧。

◎ 学习目标

- 认识蒙版，掌握蒙版的特点及创建方法。
- 掌握应用图层蒙版和快速蒙版编辑图像的方法与技巧。
- 掌握各种通道的创建方法。

案例 7.1

创建专色通道——人物倩影

案例文件： 资源包 \ 源文件 \ 素材 \ 单元 7\ 人物倩影 .jpg

案例效果： 资源包 \ 源文件 \ 效果 \ 单元 7\ 人物倩影 .psd

技术点睛： “魔棒工具”、“新建专色通道”命令、“新建专色通道”对话框

操作难度： ★★

案例目标： 通过实践操作，掌握专色通道的创建方法

操作步骤

01 打开“资源包 \ 源文件 \ 素材 \ 单元 7\ 人物倩影”素材，如图 7-1 所示。

02 选择工具箱中的“魔棒工具”，在素材图像编辑窗口的蓝色区域上重复单击，依次选择所有蓝色区域，创建蓝色选区，如图 7-2 所示。

图 7-1　人物倩影素材

图 7-2　创建选区

03 选择“窗口 / 通道”选项，弹出“通道”面板，单击面板右上角的下拉按钮，在弹出的下拉列表中选择“新建专色通道”选项，如图 7-3 所示。

04 打开“新建专色通道”对话框，单击“颜色”色块，打开“拾色器（专色）”对话框，设置专色 R 为 255、G 为 190、B 为 213，如图 7-4 所示。

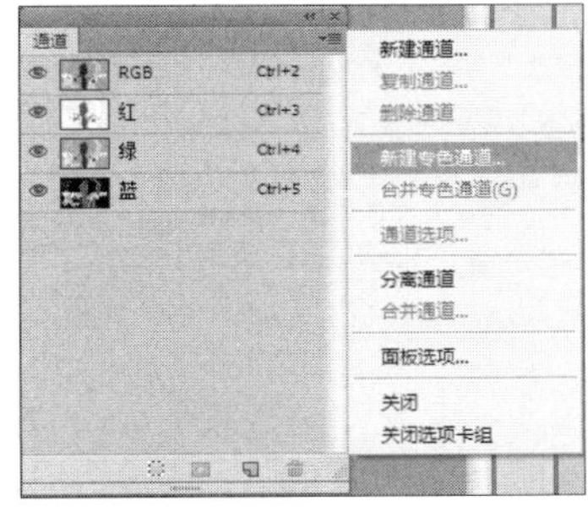

图 7-3　选择新建专色通道

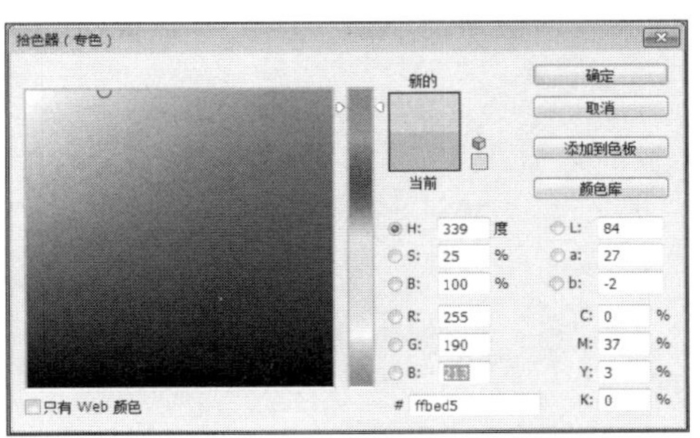

图 7-4　“拾色器（专色）”对话框

05 单击“确定”按钮，返回“新建专色通道”对话框，设置“名称”为人物剪影、“密度”为 70%，如图 7-5 所示。

06 单击“确定”按钮，即可创建专色通道，展开“通道”面板，在其中将自动生成一个专色通道，此时图像编辑窗口的效果如图 7-6 所示。

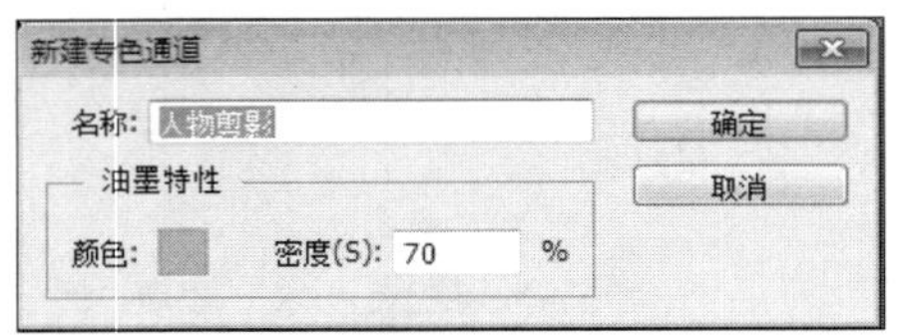

图 7-5　“新建专色通道”对话框

图 7-6　创建专色通道后的效果

知识窗

专色通道可以保存专色信息。它具有 Alpha 通道的特点，也具有保存选区等作用。每个专色通道只可以存储一种专色信息，而且是以灰度形式来存储的。

专色的准确性非常高且色域很宽，它可以用来替代或补充印刷色，如烫金色、荧光色等。专色中的大部分颜色是 CMYK 无法呈现的。

除了位图模式以外，其余所有的色彩模式下都可以建立专色通道。也就是说，即使是灰度模式的图片，也可以使之呈现出彩色图像效果——只要给它加上专色。

案例 7.2

创建复合通道——偏色花朵

案例文件：资源包\源文件\素材\单元 7\偏色花朵 .jpg

案例效果：资源包\源文件\效果\单元 7\偏色花朵 .psd

技术点睛：“指示通道可见性”图标、“通道”面板

操作难度：★★

案例目标：通过本案例的学习，掌握复合通道的应用方法

操作步骤

01 打开“资源包\源文件\素材\单元 7\偏色花朵”素材，如图 7-7 所示。

02 展开“通道”面板，单击“绿”通道左侧的“指示通道可见性”图标，隐藏“绿”

通道，如图 7-8 所示。

图 7-7　偏色花朵素材

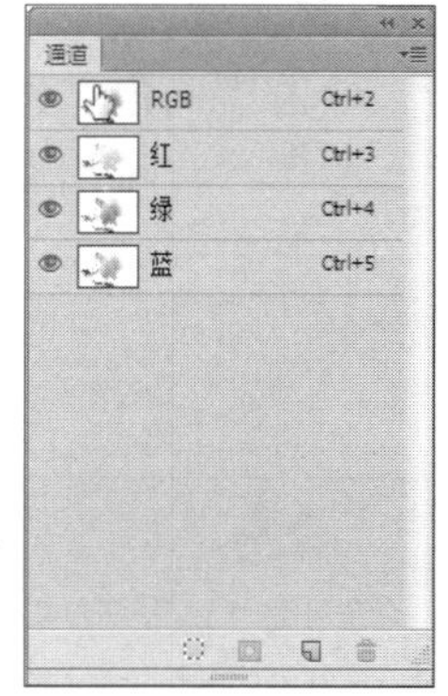

图 7-8　隐藏“绿”通道

03 执行操作后，在图像编辑窗口中显示复合通道效果，如图 7-9 所示。

04 再次单击“绿”通道左侧的“指示通道可见性”图标，显示“绿”通道。单击“蓝”通道左侧的“指示通道可见性”图标，隐藏“蓝”通道，图像编辑窗口中显示复合通道效果，如图 7-10 所示。

图 7-9　复合通道效果 1

图 7-10　复合通道效果 2

知识窗

通道是存储不同类型信息的灰度图像。“指示通道可见性”图标与“图层”面板中的图标相同，多次单击可以使通道在显示和隐藏之间进行切换。

案例 7.3

创建单色通道——向日葵

案例文件： 资源包 \ 源文件 \ 素材 \ 单元 7\ 向日葵 .jpg

案例效果： 资源包 \ 源文件 \ 效果 \ 单元 7\ 向日葵 .psd

技术点睛： “删除通道” 命令

操作难度：★★

案例目标：通过本案例的学习，掌握单色通道的创建方法

操作步骤

01 打开“资源包 \ 源文件 \ 素材 \ 单元 7\ 向日葵”素材，如图 7-11 所示。

02 展开“通道”面板，在“红”通道上右击，在弹出的快捷菜单中选择“删除通道”选项，如图 7-12 所示。

图 7-11　向日葵素材

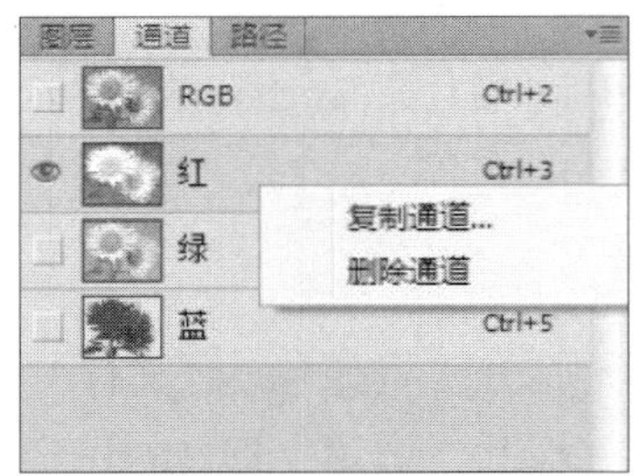

图 7-12　选择“删除通道”选项

03 执行操作后，“通道”面板中显示的通道如图 7-13 所示。此时，图像编辑窗口中显示的效果如图 7-14 所示。

知识窗

RGB、CMYK、LAB 中的任何一个通道都可以删除，但删除后会影响图片的效果。在这些通道之外新建的 Alpha 通道是储存选区的，可以任意删除而不影响图片的效果。

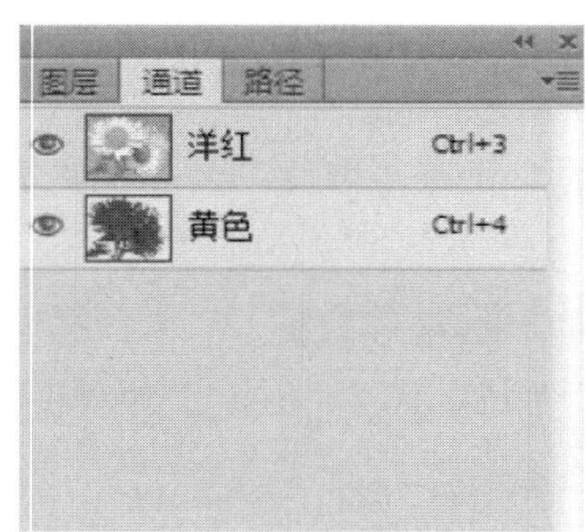

图 7-13　删除通道后

图 7-14　创建单色通道的效果

案例 7.4

创建 Alpha 通道——彩色铅笔

案例文件：资源包 \ 源文件 \ 素材 \ 单元 7\ 彩色铅笔 .jpg

案例效果：资源包 \ 源文件 \ 效果 \ 单元 7\ 彩色铅笔 .psd

技术点睛：“新建通道”命令、“新建通道”对话框

操作难度：★★

案例目标：通过实践操作，掌握 Alpha 通道的创建方法

操作步骤

01 打开“资源包 \ 源文件 \ 素材 \ 单元 7\ 彩色铅笔”素材，如图 7-15 所示。

02 展开“通道”面板，单击面板右上角的下拉按钮，在弹出的下拉列表中选择“新建通道”选项，如图 7-16 所示。

图 7-15 彩色铅笔素材

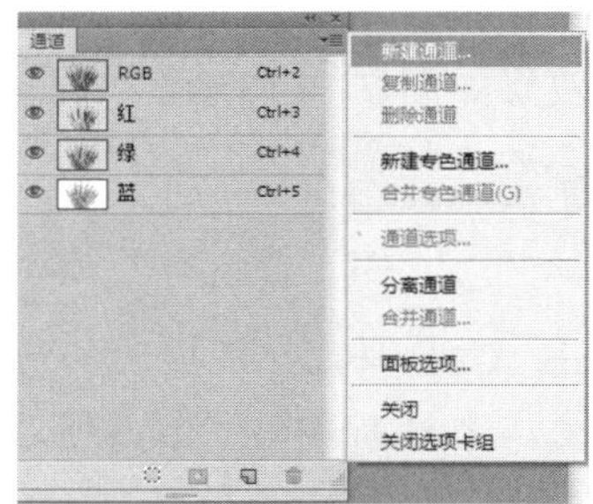

图 7-16 选择“新建通道”选项

03 打开“新建通道”对话框，单击“颜色”图块，打开“拾色器（通道颜色）”对话框，设置通道颜色为 R 为 88、G 为 96、B 为 252，如图 7-17 所示。

04 单击“确定”按钮，返回“新建通道”对话框，设置“名称”为彩色铅笔、“不透明度”为 30%，如图 7-18 所示。

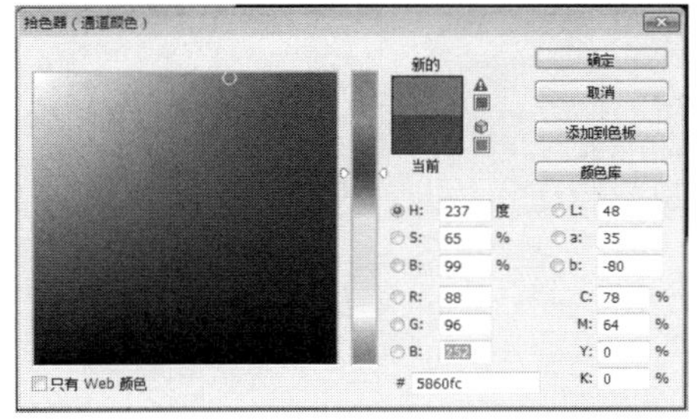

图 7-17 “拾色器（通道颜色）”对话框

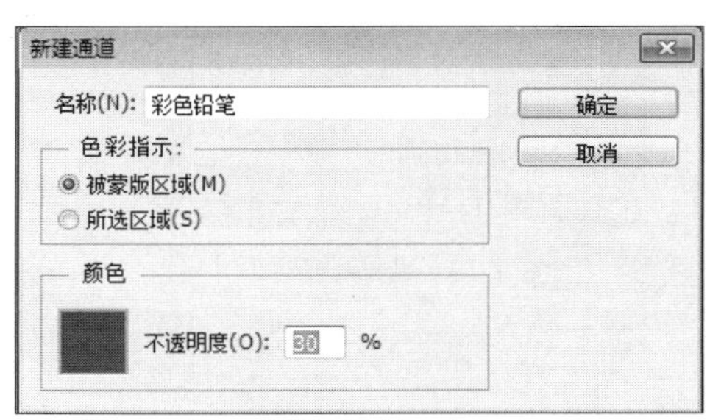

图 7-18 “新建通道”对话框

05 创建一个新的 Alpha 通道，在“通道”面板中单击“彩色铅笔”通道左侧的“指示通道可见性”图标，如图 7-19 所示，即可显示“彩色铅笔”通道，图像编辑窗口中的图像效果如图 7-20 所示。

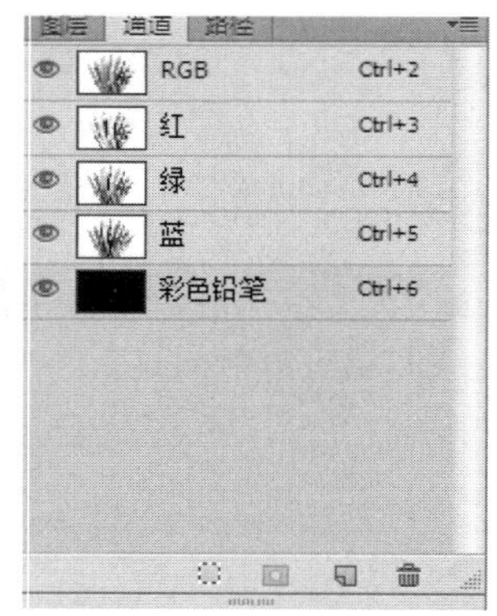

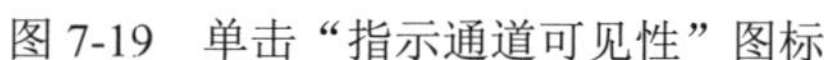

图 7-19　单击“指示通道可见性”图标

图 7-20　显示“彩色铅笔”通道

知识窗

Alpha 通道是计算机图形学中的术语，指的是特别的通道。有时，它特指透明信息，但通常的意思是“非彩色”通道。Alpha 通道是为保存选择区域而专门设计的。

案例 7.5

计算命令应用——魔幻记忆

案例文件：资源包 \ 源文件 \ 素材 \ 单元 7\ 背景 .jpg、主体 .jpg

案例效果：资源包 \ 源文件 \ 效果 \ 单元 7\ 魔幻记忆 .psd

技术点睛：“计算”命令、“计算”对话框

操作难度：★★

案例目标：通过实践操作，掌握计算命令的应用方法

操作步骤

01 打开“资源包 \ 源文件 \ 素材 \ 单元 7\ 背景”和“主体”素材，如图 7-21 和图 7-22 所示。

图 7-21 背景素材

图 7-22 主体素材

02 选择“图像 / 计算”选项，打开“计算”对话框，设置“源 1”为背景 .jpg、“源 2”为主体 .jpg、“混合”为正片叠底，如图 7-23 所示。

03 单击“确定”按钮，即可合成图像，效果如图 7-24 所示。

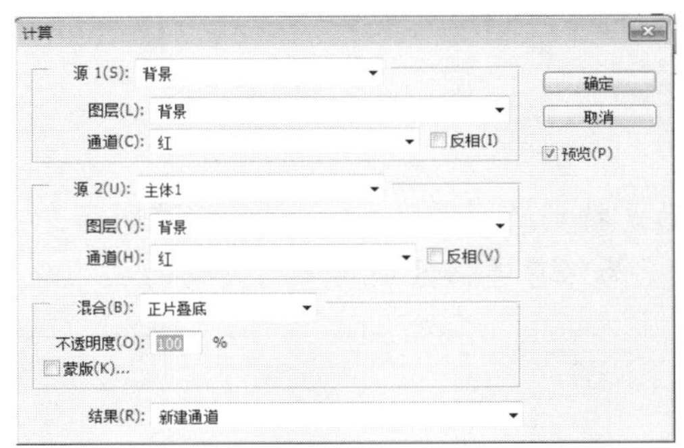

图 7-23 “计算”对话框

图 7-24 合成后的图像效果

知识窗

“计算”命令通过对不同通道进行混合以得到新的通道，在灰度图像转换、照片调色、复杂图片抠图、特殊艺术效果等工作领域具有非常重要的作用。“计算”命令所使用的混合模式与图层之间的混合模式一致。通过使用“计算”命令可以实现许多常规操作无法得到的效果。

“计算”对话框中各主要选项的含义如下。

1）“源 1”选项：选择要参与计算的第一幅图像，系统默认为当前编辑的图像。

2）“通道”选项：选择第一幅图像中要进行计算的通道名称。

3）“源 2”选项：选择要参与计算的第二幅图像。

4）“混合”选项：选择图像合成的模式。

案例 7.6

应用图像命令——雪夜麋鹿

案例文件：资源包 \ 源文件 \ 素材 \ 单元 7\ 背景 1.jpg、主体 1.jpg

案例效果：资源包 \ 源文件 \ 效果 \ 单元 7\ 雪夜麋鹿 .psd

技术点睛：“应用图像”命令

操作难度：★★

案例目标：通过本案例的学习，掌握“应用图像”在进行图像混合操作中的使用方法

操作步骤

01 打开“资源包 \ 素材 \ 单元 7\ 背景 1”和“主体 1”，如图 7-25 和图 7-26 所示。

图 7-25　背景 1 素材

图 7-26　主体 1 素材

02 选择“图像 / 应用图像”选项，打开“应用图像”对话框，设置“源”为主体 1，“混合”为正片叠底、“不透明度”为 55%，如图 7-27 所示。

03 单击“确定”按钮即可合成图像，如图 7-28 所示。

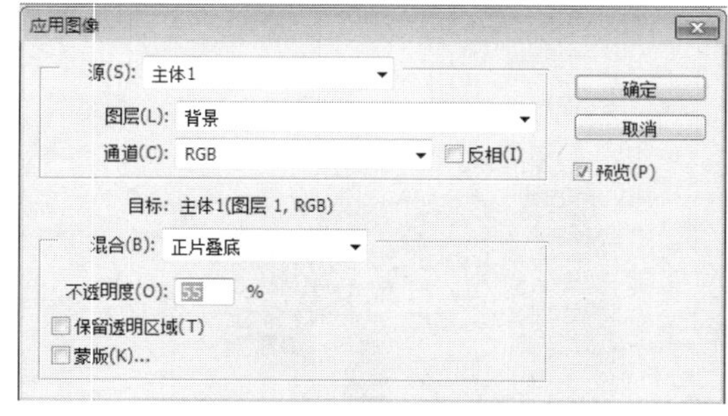

图 7-27　“应用图像”对话框

图 7-28　合成后的图像效果

案例 7.7

创建剪贴蒙版——花朵丽人

案例文件：资源包 \ 源文件 \ 素材 \ 单元 7 \ 花朵丽人 .psd、背景 .psd

案例效果：资源包 \ 源文件 \ 效果 \ 单元 7 \ 花朵丽人 .psd

技术点睛：“图层”面板、“创建剪贴蒙版”命令

操作难度：★★

案例目标：通过本案例的学习，掌握剪贴蒙版的创建与应用方法

操作步骤

01 打开“资源包 \ 源文件 \ 素材 \ 单元 7\ 花朵丽人”和“背景”素材，如图 7-29 和图 7-30 所示。

图 7-29　花朵丽人素材

图 7-30　背景素材

02 展开“图层”面板，选择“图层 1”右击，在弹出的快捷菜单中选择“创建剪贴蒙版”选项，如图 7-31 所示。

03 执行操作后，“图层”面板中的“图层 1”将显示。此时，图像编辑窗口中显示效果如图 7-32 所示。

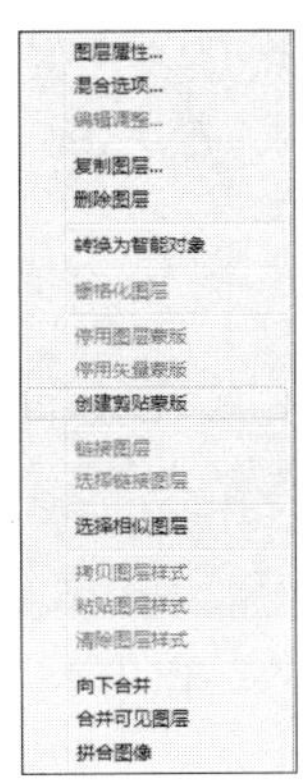

图 7-31　选择“创建剪贴蒙版”选项

图 7-32　创建剪贴蒙版后的效果

知识窗

剪切蒙版是利用图层与图层之间相互覆盖而产生的一种蒙版，产生剪切蒙版的两个图层必须相邻，位于下方的图层起蒙版的作用，位于上方的图层以下方的图层为蒙版，在视觉上显示为下方图层的形状和上方的图层的内容。

创建快速蒙版——酷炫彩发

案例文件： 资源包 \ 源文件 \ 素材 \ 单元 7\ 酷炫彩发 .jpg

案例效果： 资源包 \ 源文件 \ 效果 \ 单元 7\ 酷炫彩发 .jpg

技术点睛： “以快速蒙版模式编辑”按钮、“以标准模式编辑”按钮、“色相 / 饱和度”对话框

操作难度： ★★

案例目标： 通过实践操作，掌握快速蒙版的创建与应用方法

操作步骤

01 打开“资源包 \ 源文件 \ 素材 \ 单元 7\ 酷炫彩发”素材，如图 7-33 所示。

02 单击工具箱底部的“以快速蒙版模式编辑”按钮，选择工具箱中的“画笔工具”，在工具属性栏中设置“画笔”为柔边圆、50 像素，如图 7-34 所示。

图 7-33　酷炫彩发素材

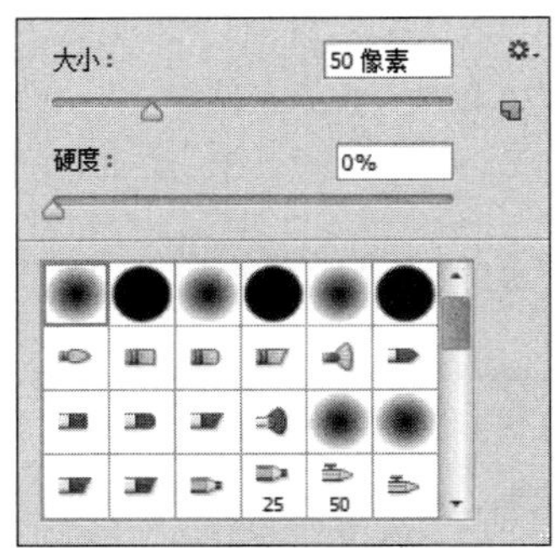

图 7-34　设置画笔

03 移动鼠标指针至图像编辑窗口的人物皮肤上进行涂抹，如图 7-35 所示。

04 单击工具箱底部的“以标准模式编辑”按钮，即可将涂抹区域转换为选区，效果如图 7-36 所示。

图 7-35　涂抹图像

图 7-36　创建选区

05 按【Ctrl+U】组合键，打开“色相 / 饱和度”对话框，设置“色相”为 -30、“明度”为 10，如图 7-37 所示。

06 单击“确定”按钮，按【Ctrl+D】组合键取消选区，即可利用快速蒙版调整图像，效果如图 7-38 所示。

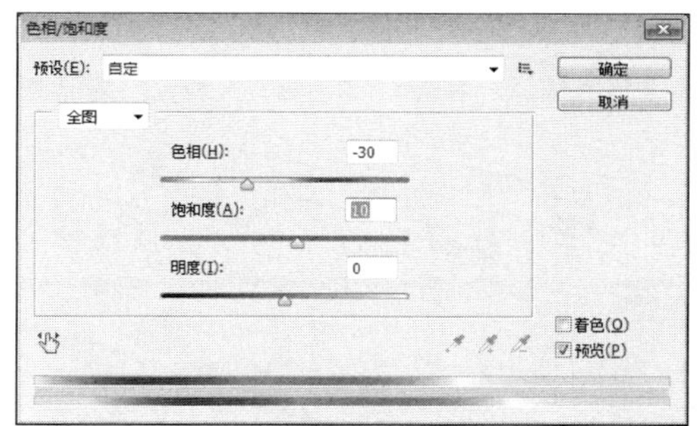

图 7-37　“色相 \ 饱和度”对话框

图 7-38　调整后的图像效果

案例 7.9

创建矢量蒙版——九宫格摄影

案例文件： 资源包 \ 源文件 \ 素材 \ 单元 7\ 九宫格摄影 .psd

案例效果： 资源包 \ 源文件 \ 效果 \ 单元 7\ 九宫格摄影 .psd

技术点睛： “自定形状工具”“当前路径”命令

操作难度： ★★

案例目标： 通过实践操作，掌握矢量蒙版的创建方法

操作步骤

01 打开“资源包 \ 源文件 \ 素材 \ 单元 7\ 九宫格摄影”素材，如图 7-39 所示。

02 选择工具箱中的“自定形状工具”,在工具属性栏中单击“路径”按钮,并单击“点按可打开‘自定形状’拾色器”按钮，打开“自定形状”面板，选择“网格”选项，如图 7-40 所示。

03 在图像编辑窗口中的合适位置，拖动鼠标绘制一个网格路径，如图 7-41 所示。

图 7-39　九宫格摄影素材

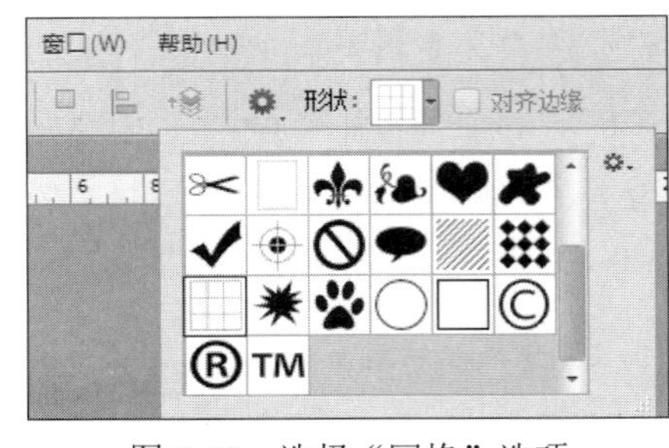

图 7-40　选择“网格”选项

图 7-41　创建网格边框路径

04 选择“图层 / 矢量蒙版 / 当前路径”选项，如图 7-42 所示。

05 执行操作后，“图层”面板中会显示创建的矢量蒙版，如图 7-43 所示。图像编辑窗口中，图像的显示效果如图 7-44 所示。

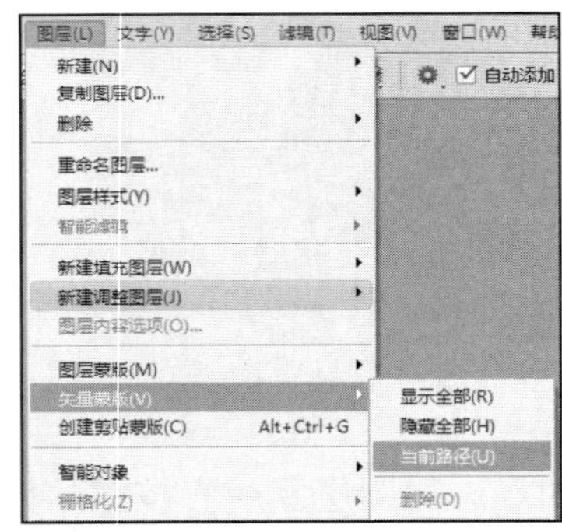

图 7-42　选择“当前路径”选项

图 7-43　矢量蒙版

图 7-44　创建矢量蒙版后的效果

知识窗

Photoshop 通过选区建立的蒙版是图层蒙版，通过路径建立的蒙版是矢量蒙版。在同时有图层蒙版和矢量蒙版存在的情况下，在“图层”面板中矢量蒙版的图标排在图层蒙版的图标之后。图层蒙版被蒙住的地方是全黑的，矢量蒙版被蒙住的地方是灰色的。矢量蒙版的特点是可以用路径工具对其进行精细调整，即外形的精确调整，但没有灰度（透明度）。

案例 7.10

创建图层蒙版——梦幻蕾丝

案例文件：资源包 \ 源文件 \ 素材 \ 单元 7\ 梦幻蕾丝 .psd

案例效果：资源包 \ 源文件 \ 效果 \ 单元 7\ 梦幻蕾丝 .psd

技术点睛：“添加图层蒙版”按钮、“画笔工具”命令

操作难度：★★

案例目标：通过实践操作，掌握图层蒙版的创建方法

操作步骤

01 打开“资源包 \ 源文件 \ 素材 \ 单元 7\ 梦幻蕾丝”素材，如图 7-45 所示。

图 7-45　梦幻蕾丝素材

02 展开“图层”面板，选择“图层 1”，单击下方的“添加图层蒙版”按钮，如图 7-46 所示。

03 设置前景色为黑色，选择工具箱中的“画笔工具”，在工具属性栏中设置“画笔”为柔边圆、80 像素，如图 7-47 所示。

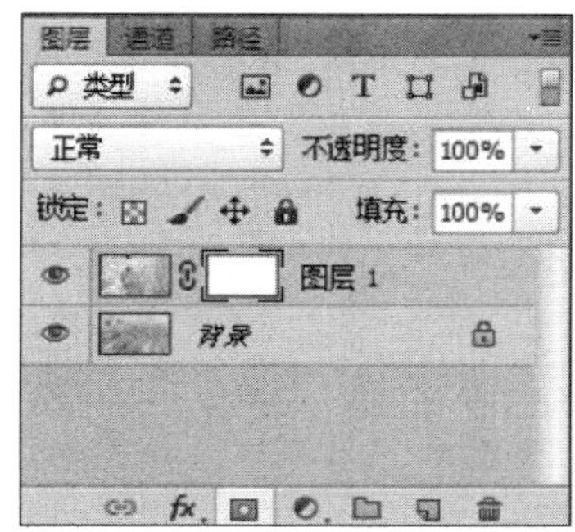

图 7-46　单击“添加图层蒙版”按钮

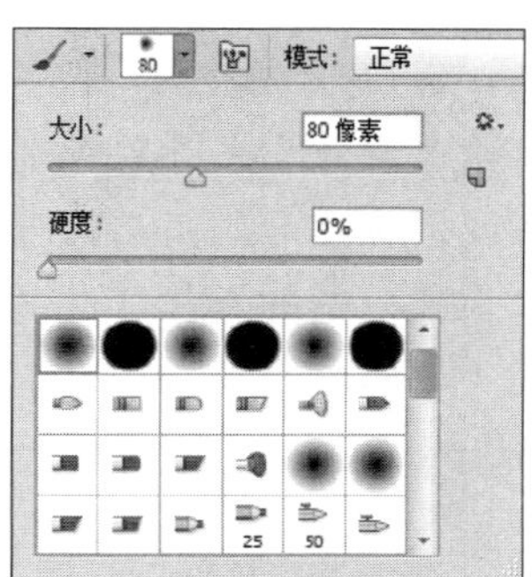

图 7-47　设置画笔

04 拖动鼠标，在图像编辑窗口中进行涂抹，效果如图 7-48 所示。

图 7-48 在图像编辑窗口中涂抹后的效果

知识窗

图层蒙版可以理解为在当前图层上面覆盖一层玻璃片，这种玻璃片有透明的、半透明的、完全不透明的。然后用各种绘图工具在蒙版上（即玻璃片上）涂色（只能涂黑色、白色、灰色），涂黑色则使涂色部分变为不透明的，看不见当前图层的图像；涂白色则使涂色部分变为透明的，可看到当前图层上的图像；涂灰色则使涂色部分变为半透明的，透明的程度由涂色的灰度深浅决定。图层蒙版是 Photoshop 中一项十分重要的功能。

8 单元

滤镜的应用

◎ 单元导读

滤镜是一种插件模板，使用滤镜能够对图像中的像素进行操作，也可以模拟一些特殊的效果或带有装饰性的纹理效果。Photoshop 提供了各种各样的滤镜，使用这些滤镜，读者不需要耗费大量的时间和精力就可以快速制作出模糊、素描、马赛克及各种扭曲的效果。本单元将介绍滤镜在图像处理中的应用。

◎ 学习目标

- 熟悉常用滤镜的特点及功能。
- 掌握常用滤镜的操作技巧。

案例 8.1

镜头校正应用——校正建筑

案例文件：资源包 \ 源文件 \ 素材 \ 单元 8\ 校正建筑 .jpg

案例效果：资源包 \ 源文件 \ 效果 \ 单元 8\ 校正建筑 .psd

技术点睛：“镜头校正”命令、“镜头校正”对话框、“移去扭曲工具”按钮

操作难度：★★

案例目标：通过本案例的学习，掌握校正图像的操作方法

操作步骤

01 打开“资源包 \ 源文件 \ 素材 \ 单元 8\ 校正建筑”素材，如图 8-1 所示。

02 选择“滤镜 / 镜头校正”选项，如图 8-2 所示。

03 打开“镜头校正”对话框，单击左上角的“移去扭曲工具”按钮，如图 8-3 所示。

图 8-1　校正建筑素材

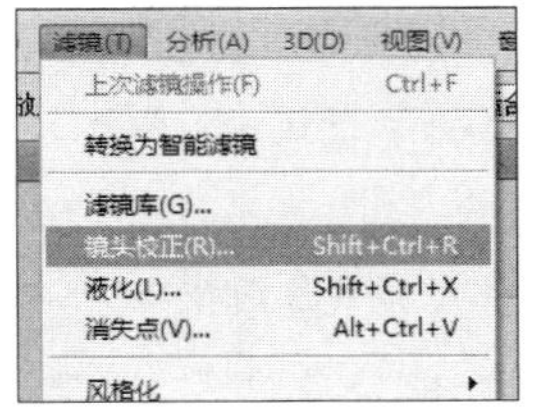

图 8-2　选择“镜头校正”选项

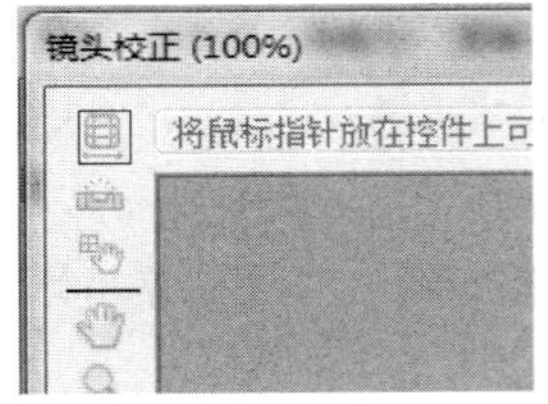

图 8-3　单击“移去扭曲工具”按钮

知识窗

在“镜头校正”对话框中，主要选项含义如下。

1）“移去扭曲工具”按钮：使用该工具在图层中拖动可以校正图像的凸起或凹陷状态。

2）“拉直工具”按钮：使用该工具在图像中拖动可以校正图像的旋转角度。

3）“移动网格工具”按钮：使用该工具可以拖动图像编辑区中的网格，使其与图像对齐。

4）“抓手工具”按钮：使用该工具在图像中拖动可以查看未完全显示出来的图像。

5）“缩放工具”按钮：使用该工具在图像中单击可以放大图像的显示比例，按住【Alt】键在图像中单击该按钮，即可缩小图像的显示比例。

04 在“镜头校正”对话框的缩略图右下角处，按住鼠标左键并向中间拖动，校正图像，如图 8-4 所示。

05 单击“确定”按钮，即可校正扭曲图像。按【Ctrl+F】组合键，重复镜头校正，效果如图 8-5 所示。

图 8-4　校正图像

图 8-5　校正后的效果

案例 8.2

液化滤镜应用——窈窕淑女

案例文件：资源包 \ 源文件 \ 素材 \ 单元 8\ 窈窕淑女 .jpg

案例效果：资源包 \ 源文件 \ 效果 \ 单元 8\ 窈窕淑女 .psd

技术点睛：“液化”命令、“向前变形工具”按钮、“褶皱工具”按钮

操作难度：★★

案例目标：通过本案例的学习，掌握液化滤镜的应用技巧

操作步骤

01 打开“资源包 \ 源文件 \ 素材 \ 单元 8\ 窈窕淑女”素材，如图 8-6 所示。

02 选择“滤镜 / 液化”选项，如图 8-7 所示。

图 8-6　窈窕淑女素材

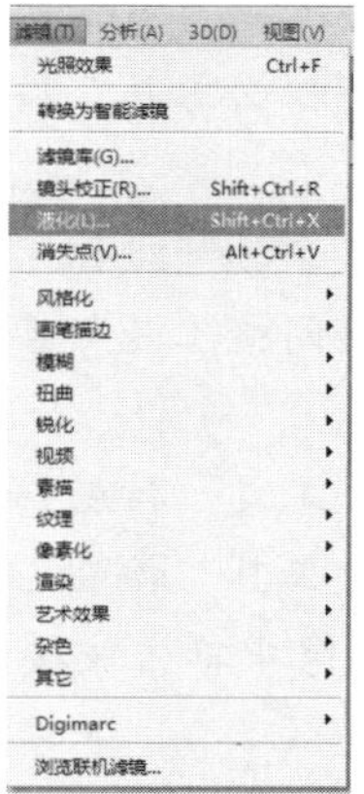

图 8-7　选择“液化”选项

知识窗

使用“液化”滤镜可以逼真地模拟液体流动的效果，可以非常方便地制作图像变化、按钮、膨胀和堆成等效果。但是需要注意的是，该命令不能在位图和多通道色彩模式的图像中使用。“液化”对话框中各主要选项的含义如下。

1）“向前变形工具”按钮：使用该工具在图像上拖动，可以使图像的像素随着涂抹产生变形。

2）“褶皱工具”按钮：使用该工具可以使图像向操作中心点收缩，从而产生挤压效果。

03 打开“液化”对话框，单击左上角的“向前变形工具”按钮，如图 8-8 所示。

04 在“液化”对话框人物缩略图的左侧腰部按住鼠标左键并向内拖动，如图 8-9 所示。

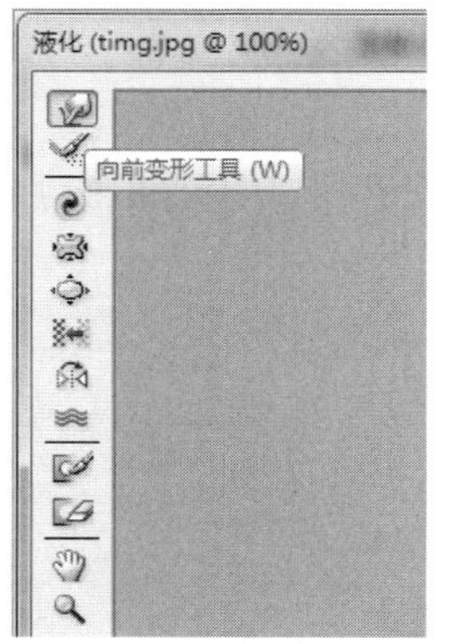

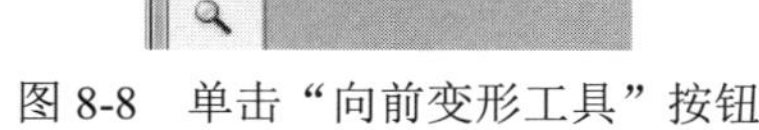

图 8-8　单击“向前变形工具”按钮

图 8-9　液化工具的运用

05 重复上述操作，在人物缩略图右侧腰部按住鼠标左键并向内拖动，变形液化图像，并在“液化”对话框中单击左上角的“褶皱工具”按钮即可，如图 8-10 所示。最终效果如图 8-11 所示。

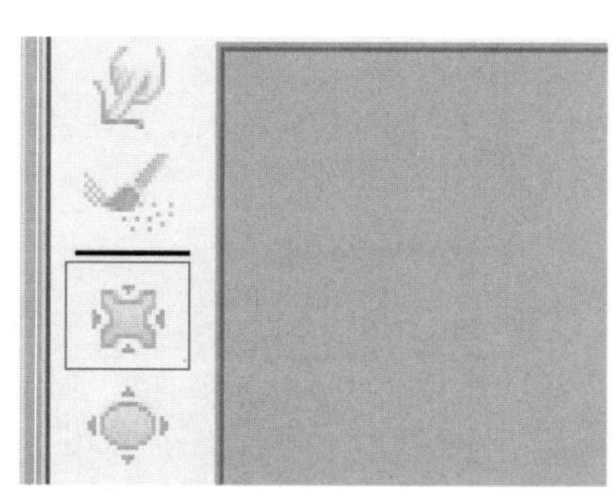

图 8-10　单击“褶皱工具”按钮

图 8-11　最终效果

案例 8.3 消失点滤镜应用——消失透视

案例文件： 资源包 \ 源文件 \ 素材 \ 单元 8\ 消失透视 .jpg

案例效果： 资源包 \ 源文件 \ 效果 \ 单元 8\ 消失透视 .psd

技术点睛： “消失点”命令、“创建平面工具”按钮、“选框工具”按钮

操作难度： ★★

案例目标： 通过本案例的学习，掌握消失点滤镜在图像修复中的应用方法

操作步骤

01 打开“资源包 \ 源文件 \ 素材 \ 单元 8\ 消失透视”素材，如图 8-12 所示。

02 选择“滤镜 / 消失点”选项，如图 8-13 所示。

图 8-12　消失透视素材

图 8-13　“消失点”选项

03 打开“消失点”对话框，单击左上角的“创建平面工具”按钮，如图 8-14 所示。

04 在“消失点”对话框的适当位置创建一个透视矩形框，并适当地调整透视矩形框，如图 8-15 所示。

05 单击“变换工具”按钮，移动鼠标指针至上方中间的控制柄上，按住鼠标左键并向下拖动，适当调整，如图 8-16 所示。

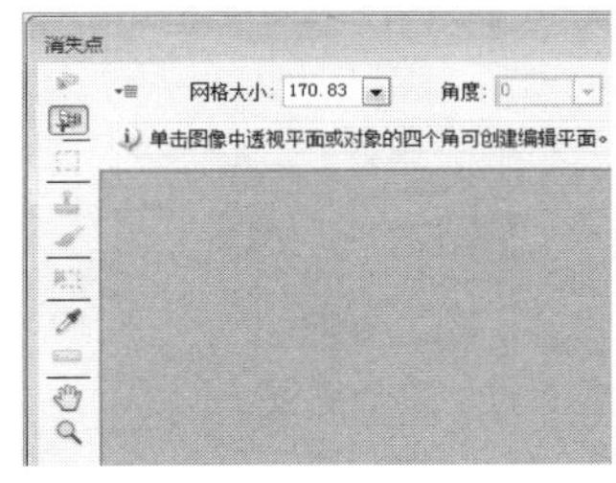

图 8-14　单击“创建平面工具”按钮

图 8-15　选框工具

图 8-16　移动矩形框

知识窗

“消失点”对话框中各主要选项的含义如下。

1）“创建平面工具”按钮：使用该工具可以选择和移动透视网格，在工具选项框选项区中选择“网格大小”选项，会显示出透视网格及选区的边缘。

2）“选框工具”按钮：使用该工具可以在透视网格内绘制选区，以选中要复制的图像，而且绘制的选区与透视网格的透视角度是相同的。

3）“图章工具”按钮：使用该工具，在按住【Alt】键的同时可以在透视网格内定义一个原图像，然后在需要的地方进行涂抹。

06 单击“吸管工具”按钮，吸取路线中的黄色，如图 8-17 所示。

07 选择工具箱中的“画笔工具”，并设置适当的画笔修复图像，效果如图 8-18 所示。

图 8-17　吸管工具

图 8-18　修复后的效果

案例 8.4

扭曲滤镜应用——旋涡制作

案例文件： 资源包 \ 源文件 \ 素材 \ 单元 8\ 旋涡制作 .jpg

案例效果： 资源包 \ 源文件 \ 效果 \ 单元 8\ 旋涡制作 .psd

技术点睛： “水波”命令、“旋转扭曲”命令

操作难度： ★★

案例目标： 通过本案例的学习，掌握水波滤镜和旋转扭曲滤镜的应用方法

操作步骤

01 打开“资源包\源文件\素材\单元 8\旋涡制作”素材，如图 8-19 所示。

图 8-19 旋涡制作素材

02 选择“滤镜 / 扭曲 / 水波”选项，打开“水波”对话框。设置“数量”为 54、“起伏”为 14、“样式”为从中心向外，单击“确定”按钮，即可设置水波扭曲，如图 8-20 和图 8-21 所示。

03 选择“滤镜 / 扭曲 / 旋转扭曲”选项，打开“旋转扭曲”对话框，如图 8-22 所示。

知识窗

1）“水波”滤镜可以对图像进行水波扭曲，其中可以设置的样式包括“围绕中心”“从中心向外”“水池波纹”3 种。

2）“旋转扭曲”滤镜可以对图像进行旋转扭曲操作，其中设置的“角度”值越大，其旋转扭曲幅度越大；设置的“角度”值越小，其旋转扭曲幅度越小。

扭曲滤镜有多种方式，读者可以根据具体的需要进行相应的选择和设置，其中较常用的包括“水波”“切变”“极坐标”“球面化”等。

04 单击“确定”按钮，即可有旋转扭曲效果，按【Ctrl+F】组合键，可重复执行“旋转扭曲”命令，设置旋转扭曲，效果如图 8-23 所示。

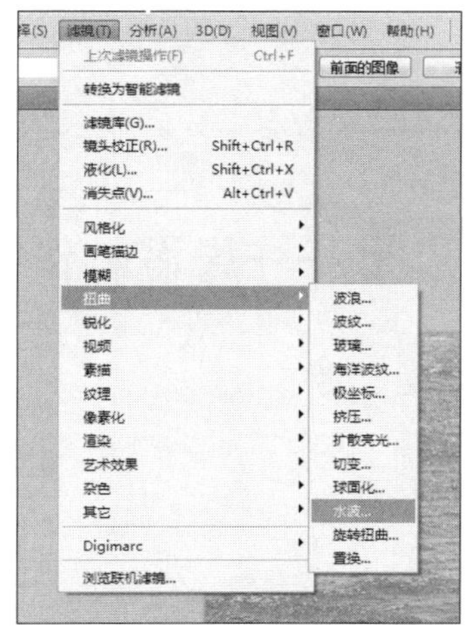

图 8-20 选择“水波”选项

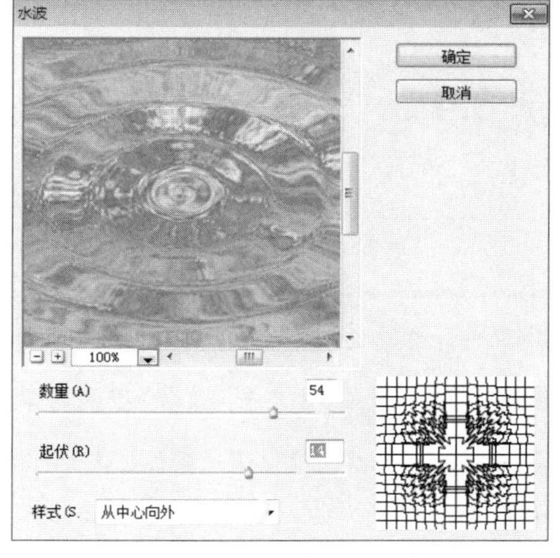

图 8-21 “水波”对话框

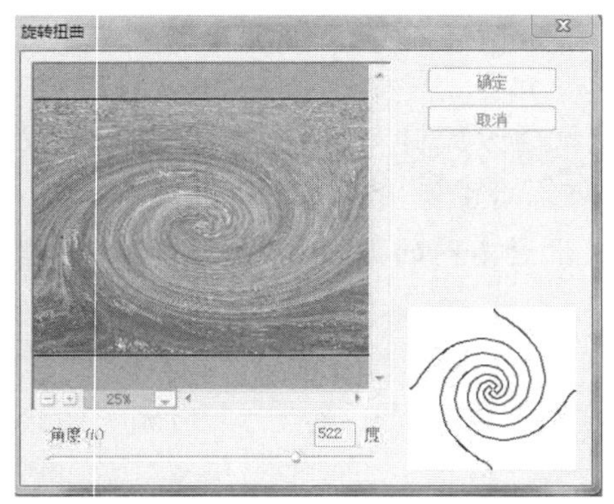

图 8-22　“旋转扭曲”对话框

图 8-23　旋转扭曲效果

案例 8.5

杂色滤镜应用——美白肌肤

案例文件：资源包 \ 源文件 \ 素材 \ 单元 8\ 美白肌肤 .jpg

案例效果：资源包 \ 源文件 \ 效果 \ 单元 8\ 美白肌肤 .psd

技术点睛：“添加杂色”命令、“减少杂色”命令

操作难度：★★

案例目标：通过实践操作，掌握杂色滤镜的应用技巧

操作步骤

01 打开“资源包 \ 源文件 \ 素材 \ 单元 8\ 美白肌肤”素材，如图 8-24 所示。

02 选择“滤镜 / 杂色 / 添加杂色”选项，在打开的“添加杂色”对话框中设置“数量”为 2.5%，如图 8-25 所示。

03 单击“确定”按钮，即可为图像添加杂色效果，如图 8-26 所示。

图 8-24　美白肌肤素材

图 8-25　“添加杂色”对话框

图 8-26　添加杂色效果

知识窗

“添加杂色”滤镜可以将一定数量的杂点以随机的方式引入图像中，并可以使混合时产生的色泽有漫散的效果。“减少杂色”滤镜可以对图像中的杂色进行减少处理，以得到较清晰的图像。在“减少杂色”对话框中，设置不同的数值参数，所得到的结果不同。

“添加杂色”对话框中各主要选项的含义如下。

1）“数量”文本框：该值决定图像中所产生杂色的数量。数值越大，所添加的杂色数量越多。

2）“分布”选项组：该选项组中包括“平均分布”和“高斯分布”两个单选按钮，当选择不同的分布选项时，所添加杂色的方式将会不同。

3）“单色”复选框：选中该复选框，添加的色彩将会是单色。

04 选择“滤镜 / 杂色 / 减少杂色”选项，在打开的“减少杂色”对话框中设置“强度”为 8、“保留细节”为 0、“减少杂色”为 100%、“锐化细节”为 40%，如图 8-27 所示。

05 单击“确定”按钮即可设置减少杂色，效果如图 8-28 所示。

06 按【Ctrl+F】组合键，重复执行“减少杂色”命令，效果如图 8-29 所示。

图 8-27 “减少杂色”对话框

图 8-28 减少杂色效果

图 8-29 多次减少杂色效果

案例 8.6

模糊滤镜应用——飞越时代

案例文件：资源包 \ 源文件 \ 素材 \ 单元 8\ 飞越时代 .jpg

案例效果：资源包 \ 源文件 \ 效果 \ 单元 8\ 飞越时代 .psd

技术点睛：“动感模糊”命令、“魔棒工具”

操作难度：★★

案例目标：通过本案例的学习，掌握对图像进行动感模糊处理的操作方法

操作步骤

01 打开“资源包 \ 源文件 \ 素材 \ 单元 8\ 飞越时代”素材，如图 8-30 所示。

02 选择工具箱中的“魔棒工具”，在素材图像编辑窗口的白色区域上重复单击，依次选择所有的背景颜色创建白色选区，如图 8-31 所示。

图 8-30　飞越时代素材

图 8-31　创建选区

03 选择“滤镜 / 模糊 / 动感模糊”选项，如图 8-32 所示。在打开的“动感模糊”对话框中设置“角度”为 10、“距离”为 10，如图 8-33 所示。

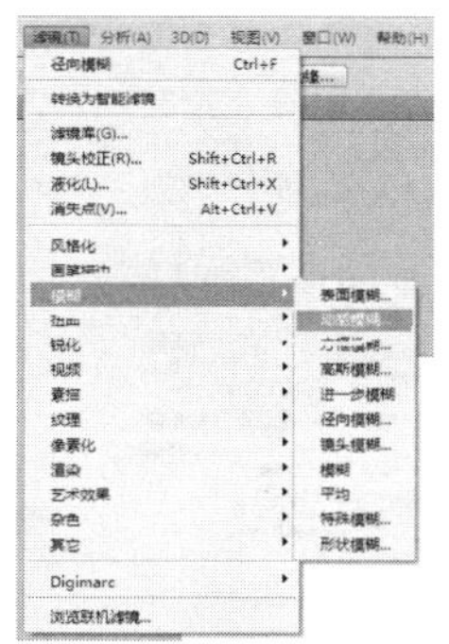

图 8-32　“动感模糊”选项

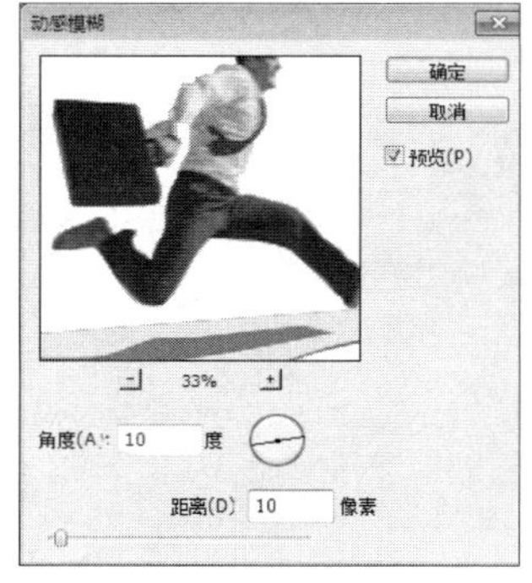

图 8-33　设置角度、距离

04 按【Ctrl+F】组合键，重复执行“动感模糊”命令，最终效果如图 8-34 所示。

图 8-34　最终效果

案例 8.7

素描滤镜应用——绿水青山

案例文件：资源包 \ 源文件 \ 素材 \ 单元 8\ 绿水青山 .jpg

案例效果：资源包 \ 源文件 \ 效果 \ 单元 8\ 绿水青山 .psd

技术点睛：“水彩画纸”命令、“影印”命令

操作难度：★★

案例目标：通过实践操作，掌握素描滤镜的应用方法

操作步骤

01 打开“资源包 \ 源文件 \ 素材 \ 单元 8\ 绿水青山”素材，如图 8-35 所示。

02 选择“滤镜 / 素描 / 水彩画纸”选项，打开“水彩画纸”对话框，设置“纤维长度”为 10、“亮度”为 60、“对比度”为 60，如图 8-36 所示。

图 8-35　绿水青山素材

图 8-36　“水彩画纸”对话框

03 单击“确定”按钮，即可设置水彩画纸效果，效果如图 8-37 所示。

04 按【Ctrl+F】组合键，重复执行“水彩画纸”命令，此时，图像编辑窗口显示的效果如图 8-38 所示。

图 8-37　水彩画纸效果

图 8-38　多次执行“水彩画纸”命令后的效果

05 选择“滤镜 / 素描 / 影印”选项，打开“影印”对话框，设置“细节”为 18、“暗度”为 15，如图 8-39 所示。

06 单击“确定”按钮，即可设置影印效果，如图 8-40 所示。

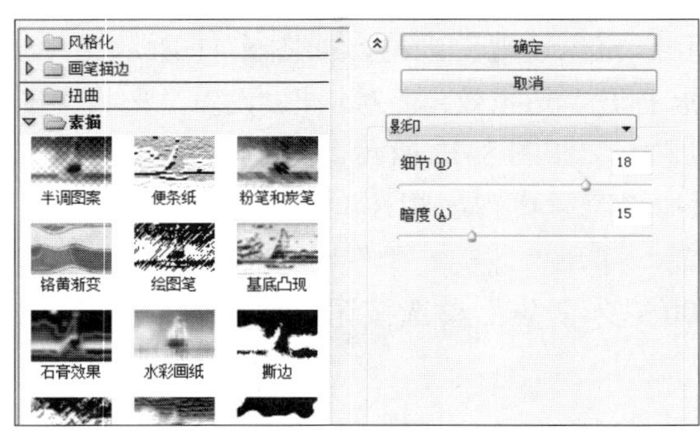

图 8-39　“影印”对话框

图 8-40　影印效果

知识窗

“滤镜 / 素描”子菜单中的命令可以通过为图像添加纹理或使用其他方式重绘图像，最终获得手绘图像的效果。其中，“素描”菜单中除了“水彩画纸”滤镜是以图像的色彩为标准外，其他滤镜都是用黑、白、灰来替换图像中的色彩，从而产生多种绘图效果。

1）“水彩画纸”对话框中各主要选项的含义如下。

①“纤维长度”文本框：该数值决定图像的扩散程度，数值越大，扩散越大。

②“亮度”文本框：该数值决定图像的亮度。

③“对比度”文本框：该数值决定图像的对比效果。

2）“影印”对话框中各主要选项的含义如下。

①“细节”文本框：用来设置图像细节的保留程度。

②“暗度”文本框：用来设置图像暗部区域的强度。

案例 8.8

渲染滤镜应用——玫瑰余香

案例文件： 资源包 \ 源文件 \ 素材 \ 单元 8\ 粉色玫瑰 .jpg

案例效果： 资源包 \ 源文件 \ 效果 \ 单元 8\ 粉色玫瑰 .psd

技术点睛： “光照效果”命令、“镜头光晕”命令

操作难度： ★★

案例目标：通过实践操作，掌握渲染滤镜的应用技巧

操作步骤

01 打开“资源包 \ 源文件 \ 素材 \ 单元 8\ 粉色玫瑰”素材，如图 8-41 所示。

02 选择“滤镜 / 渲染 / 光照效果”选项，打开“光照效果”对话框，设置“光照类型”为全光源，并在效果预览区域调整光源位置和大小，如图 8-42 所示。

03 单击“确定”按钮，即可为图像添加光照效果，如图 8-43 所示。

04 选择“滤镜 / 渲染 / 镜头光晕”选项，打开“镜头光晕”对话框，设置“亮度”为 120，在“镜头类型”选项组中选中“50-300 毫米变焦”单选按钮，并在效果预览区域中调整镜头位置，效果如图 8-44 所示。

知识窗

“渲染”滤镜可以在图像中产生照明效果，常用于创建 3D 形状、云彩图案和折射图案等，还可以模拟光的效果，同时产生不同的光源效果和夜景模式等。

1）“光照效果”滤镜是一个设置复杂、功能极强的滤镜，它有 17 种不同的光照风格、3 种光照类型和 4 种光照属性。该滤镜的主要作用是产生光照效果，通过对光源、光色、聚焦和物体反射特性等属性的设置实现三维画面的效果，其对话框中主要选项的含义如下。

①“样式”下拉列表：用于设置灯光在图像中的焦点特性。

②“属性”选项组：用于设置灯光属性，以控制光线照射在物体上的效果，表现物体的反光特性。

③“纹理通道”下拉列表：用于在图像中加入纹理，使之产生一种浮雕效果。

2）“镜头光晕”对话框中主要选项的含义如下。

①“亮度”文本框：用于设置光晕的亮度。

②“镜头类型”选项组：用于设置镜头光晕的类型，不同的镜头类型将产生不同的效果。

图 8-41　粉色玫瑰素材

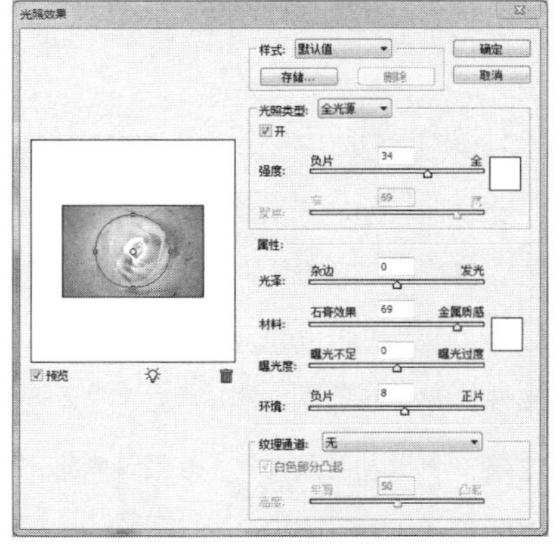

图 8-42　调整光源

图 8-43　添加光照效果

图 8-44　“镜头光晕”对话框

05 单击“确定”按钮，即可为图像添加镜头光晕效果。按【Ctrl+F】组合键，重复执行“镜头光晕”命令，效果如图 8-45 所示。

图 8-45　镜头光晕效果

案例 8.9　风格化滤镜应用——万象初春

案例文件： 资源包 \ 源文件 \ 素材 \ 单元 8\ 万象初春 .jpg

案例效果： 资源包 \ 源文件 \ 效果 \ 单元 8\ 万象初春 .psd

技术点睛： “扩散”命令、“风”命令、“拼贴”命令

操作难度： ★★

案例目标： 通过本案例的学习，掌握对图像进行风格化处理的操作方法

操作步骤

01 打开“资源包\源文件\素材\单元 8\万象初春”素材，如图 8-46 所示。

02 选择“滤镜 / 风格化 / 扩散”选项，打开“扩散”对话框，在“模式”选项组中选中“变亮优先”单选按钮，如图 8-47 所示。

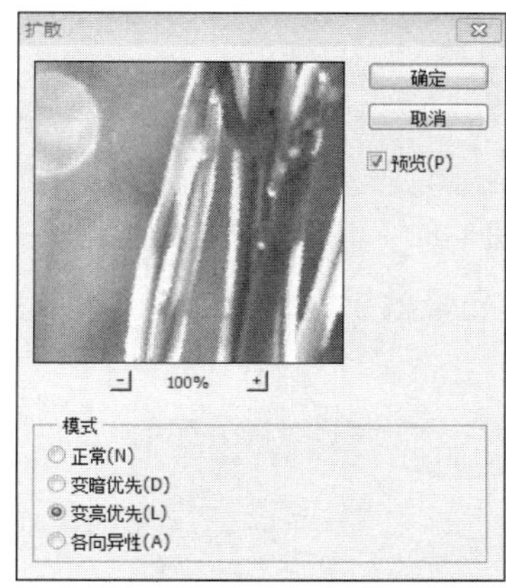

图 8-47 “扩散”对话框

图 8-46 万象初春素材

03 单击“确定”按钮，即可设置扩散效果，如图 8-48 所示。

04 选择“滤镜 / 分格化 / 风”选项，打开“风”对话框，在“方法”选项组中选中“风”单选按钮，在“方向”选项组中选中“从右”单选按钮，如图 8-49 所示。

05 单击“确定”按钮，即可设置风效果，如图 8-50 所示。

图 8-48 扩散效果

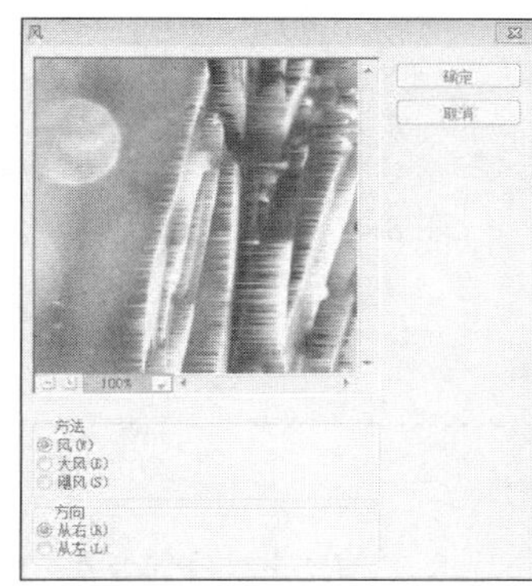

图 8-49 “风”对话框

图 8-50 风效果

06 设置前景色为白色，选择“滤镜 / 风格化 / 拼贴”选项，打开“拼贴”对话框，设置“拼贴数”为 20、“最大位移”为 30%，并在“填充空白区域用”选项组中选中“前景颜色”单选按钮，如图 8-51 所示。

07 单击“确定”按钮，即可设置拼贴效果，如图 8-52 所示。

08 按【Ctrl+F】组合键，重复执行“拼贴”命令，效果如图 8-53 所示。

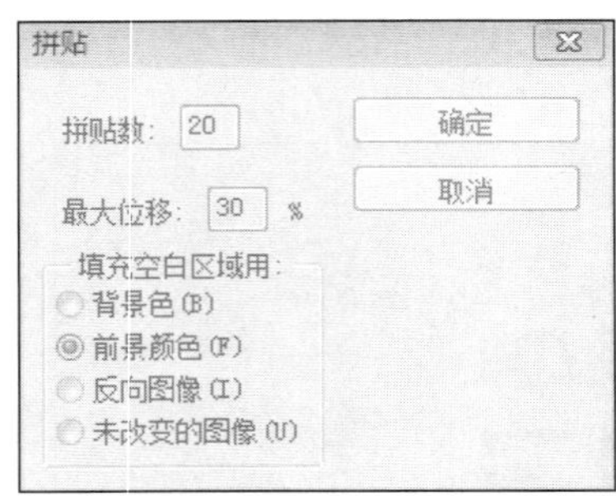

图 8-51　“拼贴”对话框

图 8-52　拼贴效果

图 8-53　重复执行后的拼贴效果

知识窗

“风格化”滤镜的作用是通过移动选区内图像的像素，提高图像的对比度，从而产生印象派或其他风格作品的效果。

1)“风”对话框中各主要选项的含义如下。

①“方法”选项组：在该选项组中有“风”“大风”“飓风”3 种方式，不同的方式所产生的效果不同。

②“方向”选项组：在该选项组中可以设置风的方向。

2)“拼贴”对话框中主要选项的含义如下。

①“拼贴数”文本框：用于设置图像拼贴的数量。

②“最大位移”文本框：用于设置拼贴块的间隙。

案例 8.10

艺术效果滤镜应用——大海的遐想

案例文件： 资源包 \ 源文件 \ 素材 \ 单元 8\ 大海的遐想 .jpg

案例效果： 资源包 \ 源文件 \ 效果 \ 单元 8\ 大海的遐想 .psd

技术点睛： “干画笔”命令、“绘画涂抹”命令、“粗糙蜡笔”命令

操作难度： ★★

案例目标： 通过本案例的学习，掌握对图像进行艺术效果处理的操作方法

操作步骤

01 打开“资源包 \ 源文件 \ 素材 \ 单元 8\ 大海的遐想”素材，如图 8-54 所示。

02 选择“滤镜 / 艺术效果 / 干画笔”选项，打开“干画笔”对话框，设置“画笔大小”为 5、“画笔细节”为 8、“纹理”为 2，如图 8-55 所示。

图 8-54　大海的遐想素材

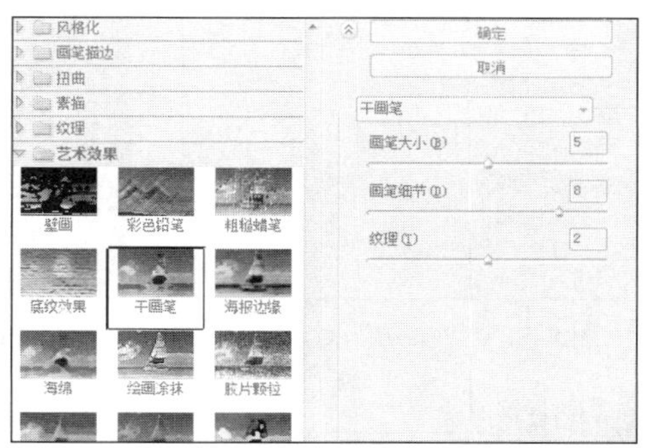

图 8-55　“干笔画”对话框

03 单击“确定”按钮，即可设置干画效果，如图 8-56 所示。

04 选择“滤镜 / 艺术效果 / 绘画涂抹”选项，打开“绘画涂抹”对话框，设置“画笔大小”为 7、“锐化程度”为 5，如图 8-57 所示。

图 8-56　干画效果

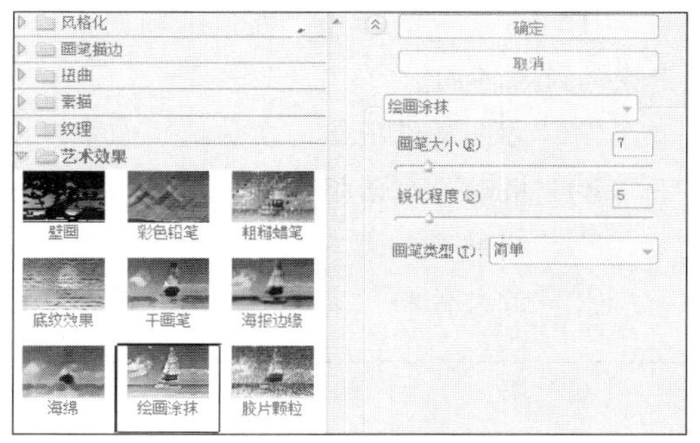

图 8-57　“绘画涂抹”对话框

05 单击“确定”按钮，即可设置绘画涂抹效果，如图 8-58 所示。

06 选择“滤镜 / 艺术效果 / 粗糙蜡笔”选项，打开“粗糙蜡笔”对话框，设置“描边长度”为 12、“描边细节”为 6，如图 8-59 所示。

图 8-58　绘画涂抹效果

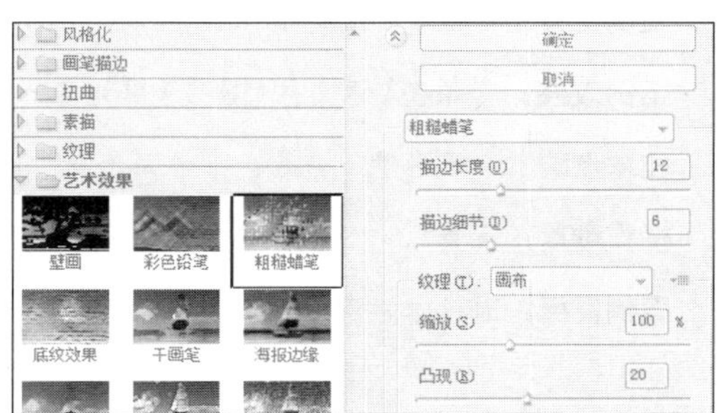

图 8-59　“粗糙蜡笔”对话框

07 单击“确定”按钮，即可设置粗糙蜡笔效果，按【Ctrl+F】组合键，重复执行“粗糙蜡笔”命令，效果如图 8-60 所示。

图 8-60　重复执行效果

知识窗

1）“干画笔”滤镜技术常用于绘制图像的边缘，它通过将图像的颜色范围减少为常用的颜色区来取代图像的操作。

2）应用“绘画涂抹”滤镜，可以使图产生涂抹的模糊效果。

3）应用“粗糙蜡笔”滤镜，可以在图像上添加预设的或其他的纹理效果，使图像看上去就像使用蜡笔在纹理纸或画布上绘制一样。在较浅的两色区域蜡笔效果浓重，几乎看不到纹理，深色区域则显示较清晰的纹理。

9 单元

3D 和动作功能的应用

>>>>

◎ 单元导读

Photoshop CS6 添加了用于创建和编辑 3D 图像及基于动画内容的工具，并预设了几类 3D 模型。利用这些工具，读者可以直接创建 3D 图像，也可以从外部导入，还可以将 3D 图像转换为 2D 图像。此外，在处理图像时，有时需要对多个图像进行相同的效果处理，重复操作会浪费大量时间，为了提高工作效率，读者可以运用 Photoshop CS6 提供的自动化功能，将编辑图像的多个步骤简化为一个动作。本单元将通过实例介绍 3D 和动作功能的简单应用。

◎ 学习目标

- 掌握 2D 图像转换为 3D 图像的操作方法。
- 掌握编辑 3D 贴图的操作方法。
- 掌握录制、播放动作的操作方法。

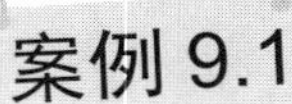

案例 9.1

2D 图像转换为 3D 图像——主题晚会

案例文件：资源包 \ 源文件 \ 素材 \ 单元 9\ 主题晚会 .jpg

案例效果：资源包 \ 源文件 \ 效果 \ 单元 9\ 主题晚会 .psd

技术点睛：“横排文字工具”命令、“文本图层”命令

操作难度：★★

案例目标：通过制作“主题晚会”图像效果，掌握将 2D 图像转换为 3D 图像的操作方法

操作步骤

01 打开“资源包 \ 源文件 \ 素材 \ 单元 9\ 主题晚会”素材，如图 9-1 所示。

02 选择工具箱中的“横排文字工具”，在图像编辑窗口中输入相应文字，如图 9-2 所示。

图 9-1　主题晚会素材

图 9-2　输入相应文字

知识窗

选择“横排文字工具”后，在图形区单击，系统自动添加文本图层。

03 选择“3D/ 凸纹 / 文本图层”选项，在弹出的“属性”面板中设置“凸出深度”为 1.74 厘米，如图 9-3 所示。

04 执行完成后，文字即可产生立体效果，如图 9-4 所示。

图 9-3 “属性”面板

图 9-4 图像效果

案例 9.2

编辑 3D 贴图——幻彩圆环

案例文件： 资源包 \ 源文件 \ 素材 \ 单元 9\ 纹理素材 .jpg

案例效果： 资源包 \ 源文件 \ 效果 \ 单元 9\ 幻彩圆环 .psd

技术点睛： “环形”命令、“3D”面板、“替换纹理”命令

操作难度： ★★

案例目标： 通过制作“幻彩圆环”，掌握 3D 形状的创建与编辑技巧

操作步骤

01 选择“文件 / 新建”选项，打开“新建”对话框，如图 9-5 所示，保持默认设置，单击“确定”按钮，新建空白文件。

02 选择“3D/ 从图层新建网格 / 网格预设 / 环形”选项，执行操作后，即可新建 3D 形状，效果如图 9-6 所示。

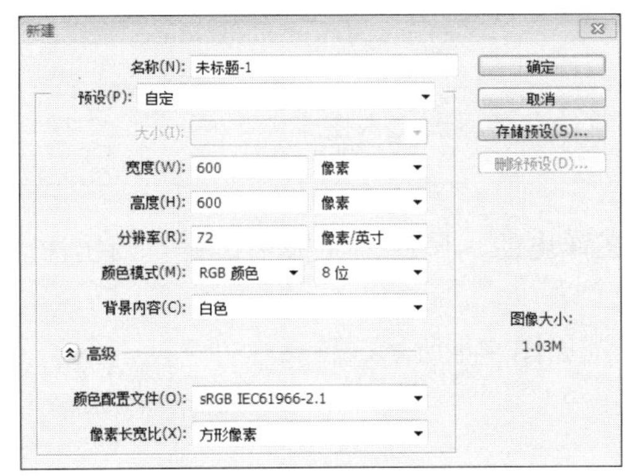

图 9-5 “新建”对话框

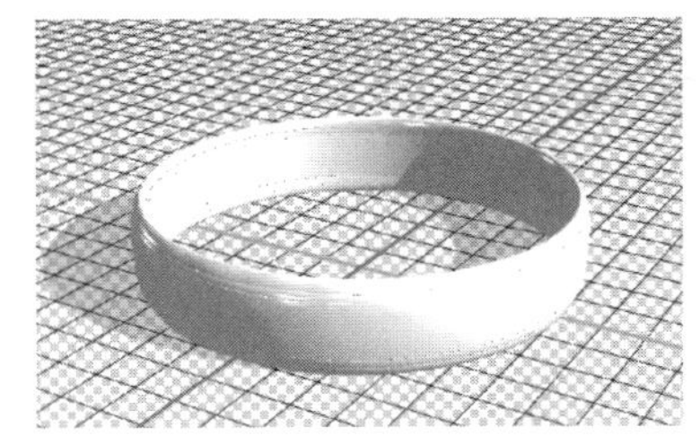

图 9-6 新建 3D 环形

03 在“3D”面板中选择“环形材质”选项，如图 9-7 所示。

04 单击“编辑漫射纹理”下拉按钮，在弹出的下拉列表中选择“替换纹理”选项，如图 9-8 所示。

05 在打开的“打开”对话框中选择需要打开的文件，如图 9-9 所示。

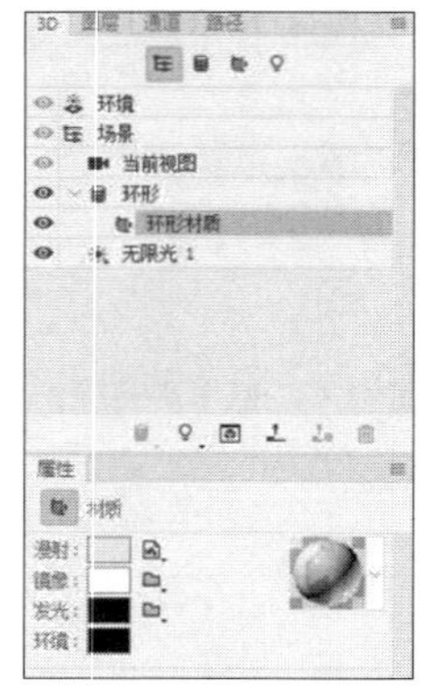

图 9-7　选择“环形材质”选项

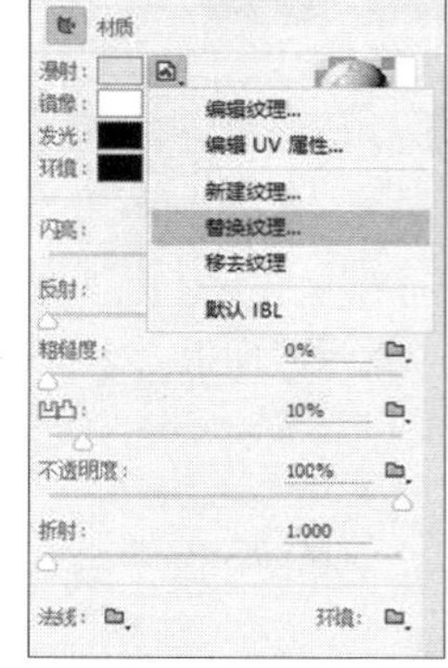

图 9-8　选择“替换纹理”选项

图 9-9　“打开”对话框

知识窗

“3D”面板中各主要选项的含义如下。

1）“漫射”选项：用于定义材质的颜色，可以使用实色或任意的 2D 内容。

2）“不透明度”选项：用于定义材质的不透明度，数值越大，3D 模型的透明度越高。

3）“凹凸”选项：通过灰度图像在材质表面创建凹凸效果，而并不实际修改网格。

4）“反射”选项：设置反射率，当两种反射率不同的介质相交时，光线方向发生改变，即产生反射。

5）“反光”选项：定义不依赖于光照即可显示的颜色，可以创建从内部照亮 3D 对象的效果。

6）“光泽”选项：定义来自灯光的光线经表面反射，折回到人眼中的光线数量。

7）“闪亮”选项：定义“光泽”设置所产生的反射光的三色。

8）“镜像”选项：定义镜面属性显示的颜色。

9）“环境”选项：模拟当前 3D 模型放在一个有贴图效果的球体内，3D 模型的反射区域中能够反映出环境映射贴图的效果。

10）“折射”选项：设置折射率。

06 执行操作后，即可替换纹理，此时图像编辑窗口中的图像显示效果如图 9-10 所示。将鼠标指针移动至“图层”面板上，即可显示贴图缩略图，如图 9-11 所示。

07 单击“纹理”图层左侧的“指示图层可见性”图标，即可隐藏贴图，如图 9-12 所示。再次单击“指示图层可见性”图标，即可显示贴图。

图 9-10　替换纹理

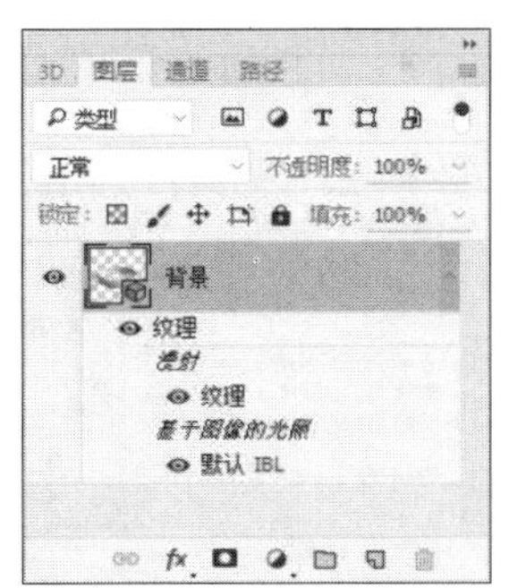

图 9-11　“图层”面板

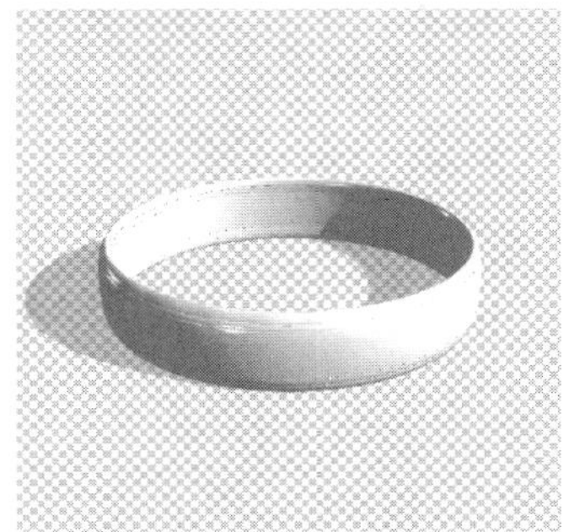
图 9-12　隐藏贴图

案例 9.3

录制动作——清凉一夏

案例文件：资源包\源文件\素材\单元 9\清凉一夏 .jpg

案例效果：资源包\源文件\效果\单元 9\清凉一夏 .psd

技术点睛：“创建新动作”按钮、“停止播放 / 记录”按钮

操作难度：★★

案例目标：通过制作本案例，掌握动作与录制的操作方法

操作步骤

图 9-13　清凉一夏素材

01 打开“资源包\源文件\素材\单元 9\清凉一夏”素材，如图 9-13 所示。

02 选择“窗口 / 动作”选项，弹出“动作”面板，单击面板底部的“创建新动作”按钮，如图 9-14 所示。

03 在打开的“新建动作”对话框中设置“名称”为清凉一夏，如图 9-15 所示。

04 单击“记录”按钮，即可创建动作，如图 9-16 所示。

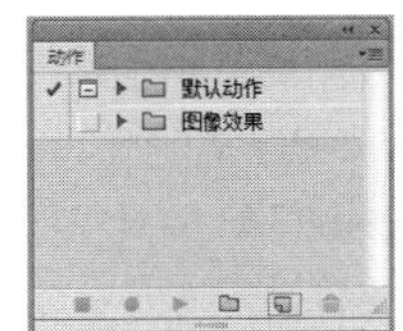

图 9-14　“动作”面板

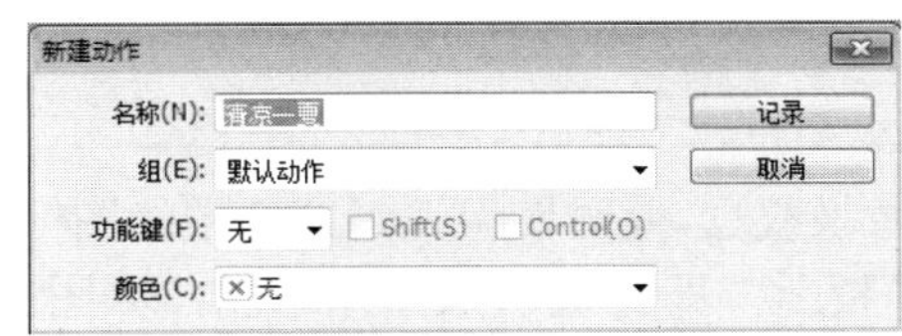

图 9-15　“新建动作”对话框

图 9-16　创建动作

知识窗

1）“动作”面板中各个按钮的含义如下。

①“停止播放 / 记录”按钮：停止录制动作。

②“开始记录”按钮：开始录制动作。

③“播放选定的动作”按钮：应用当前选择的动作。

④“创建新组”按钮：创建一个新动作组。

⑤“创建新动作”按钮：创建一个新动作。

⑥“删除”按钮：删除当前选择的动作。

2）“新建动作”对话框中各主要选项的含义如下。

①“名称”文本框：用于设置新建动作的名称。

②“组”下拉列表：用于选择一个动作组，使新动作包含在该组中。

③“功能键”下拉列表：用于选择一个功能键，播放动作时，可以直接按功能键播放该动作。

④“颜色”下拉列表：用于选择一种颜色，作为在命令按钮显示模式下新动作的颜色。

05 展开“图层”面板，单击面板底部的“创建新图层”按钮，新建“图层 1”图层，选择工具箱中的“矩形选框工具”，在素材图像左上角的适当位置按住鼠标左键，并拖动至合适位置释放鼠标左键，创建一个矩形选区，如图 9-17 所示。

06 在创建的选区上右击，在弹出的快捷菜单中选择“选择反向”选项，反选图像，设置前景色为粉色（RGB 的参数值分别为 255、217、217），按【Alt+Delete】组合键填充选区，如图 9-18 所示。

07 选择“图层 / 图层样式 / 混合选项”选项，打开“图层样式”对话框，选中“投影”复选框，并在“投影”选项组中设置“不透明度”为 30%，如图 9-19 所示。

图 9-17 创建选区

图 9-18 填充选区

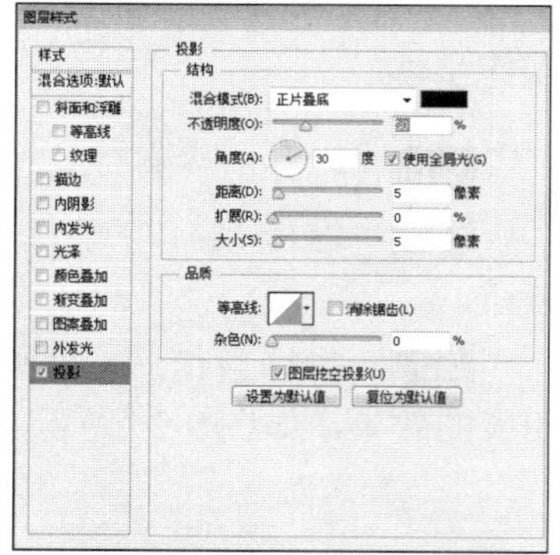

图 9-19 “图层样式”对话框 1

08 依次选中“斜面和浮雕”、“纹理”复选框，并在“纹理”选项组中设置“图案”为树叶图案纸（128×128 像素，RGB 模式）、“缩放”和“深度”均为 50%，如图 9-20 所示。

09 单击“确定”按钮，即可将图层样式应用在图像上，按【Ctrl+D】组合键取消选区，效果如图 9-21 所示。

10 展开“动作”面板，单击面板底部的“停止播放 / 记录”按钮，如图 9-22 所示，即可完成录制动作。

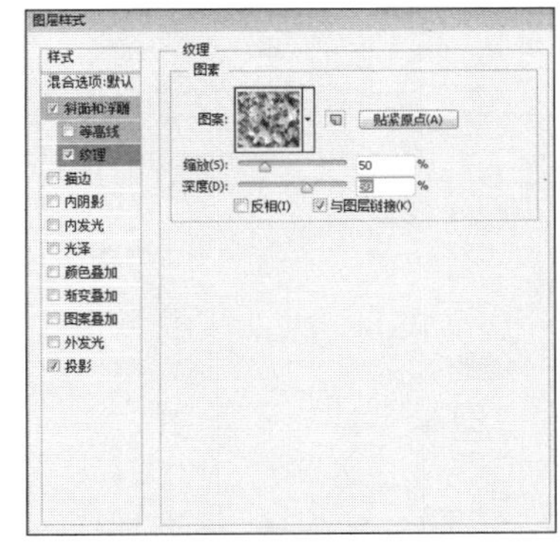

图 9-20 “图层样式”对话框 2

图 9-21 应用图层样式

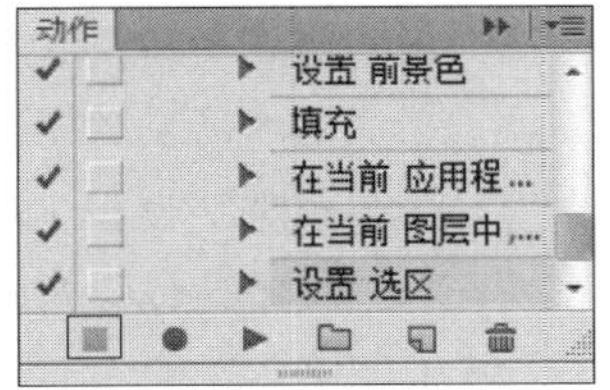

图 9-22 单击“停止播放 / 记录”按钮

案例 9.4 播放动作——秀美黄旗山

案例文件： 资源包 \ 源文件 \ 素材 \ 单元 9\ 秀美黄旗山 .jpg

案例效果： 资源包 \ 源文件 \ 效果 \ 单元 9\ 秀美黄旗山 .psd

技术点睛： “播放选定的动作”按钮、“图层”面板

操作难度： ★★

案例目标： 通过学习本案例，掌握将创建的动作应用于图像的操作方法

操作步骤

01 打开“资源包 \ 源文件 \ 素材 \ 单元 9\ 秀美黄旗山”素材，如图 9-23 所示。

02 选择“窗口 / 动作”选项，弹出“动作”面板，单击面板底部的“播放选定的动作”按钮。

03 执行操作后，即可将案例 9.3 中创建的动作应用于图像，“图层”面板将显示相应的效果，如图 9-24 所示。此时，图像编辑窗口中的显示效果如图 9-25 所示。

图 9-23 秀美黄旗山素材

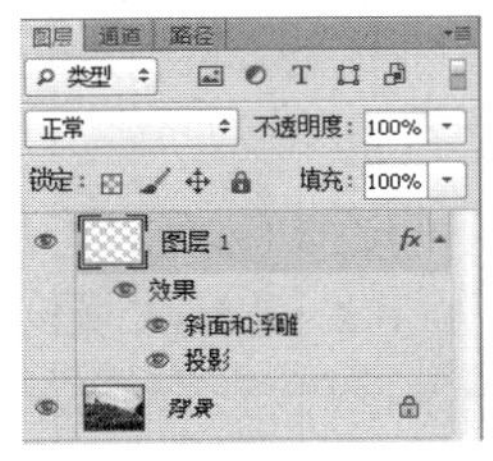

图 9-24 “图层”面板

图 9-25 播放动作后的效果

知识窗

与播放动作有关的快捷键如下。

1）按住【Ctrl】键的同时单击动作的相应名称，可以选择多个不连续的动作。

2）按住【Shift】键的同时单击两个不相连的动作，可以选择两个动作之间的全部动作。

案例9.5

动作库应用——油菜花田

案例文件： 资源包\源文件\素材\单元9\油菜花田.jpg

案例效果： 资源包\源文件\效果\单元9\油菜花田.psd

技术点睛： “暴风雪”命令、“播放选定的动作”按钮

操作难度： ★★

案例目标： 通过制作“油菜花田”效果，掌握对图像进行快速修饰的操作方法

操作步骤

01 打开“资源包\源文件\素材\单元9\油菜花田”素材，如图9-26所示。

图9-26 油菜花田素材

02 展开“动作”面板，单击“动作”面板右上角的下拉按钮，在弹出的下拉列表中选择“图像效果”选项，如图9-27所示。

03 新增“图像效果”动作组，在其中选择“暴风雪”选项，单击面板底部的“播放选定的动作”按钮，如图9-28所示，即可设置运用暴风雪动作后的效果，如图9-29所示。

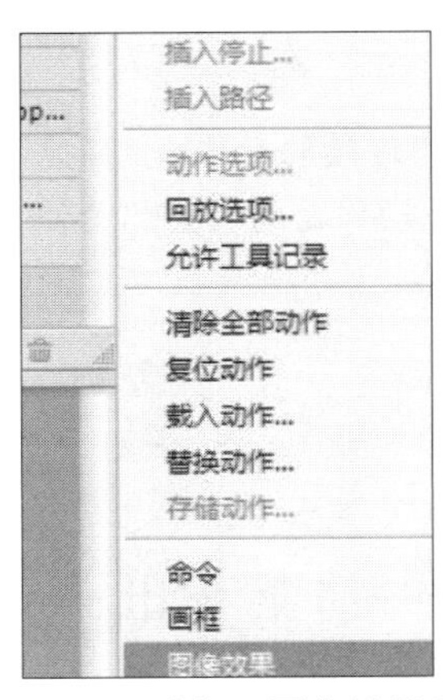

图 9-27　选择“图像效果”选项

图 9-28　“暴风雪”选项

图 9-29　运用暴风雪动作的效果

知识窗

Photoshop 中提供了若干动作资源，如画框、图像效果、纹理、照片效果等。读者可以根据自身的需要调动动作库中的动作。此外，在互联网上也有大量的动作文件可以下载使用。

10 单元 照片特效处理

>>>>

◎ 单元导读

在生活和工作中越来越多的人喜欢自拍，但拍出来的照片常常显得平淡，缺少亮点和活力。这时可以用 Photoshop 软件对照片进行修饰调整。本单元将介绍运用各种修饰工具对单调的照片进行特效处理的操作方法。

◎ 学习目标

- 掌握“羽化”命令、“画笔工具”等的使用方法。
- 掌握照片特效处理方法和技巧。

案例 10.1

唇彩变幻特效处理——唇情律动

案例文件： 资源包 \ 源文件 \ 素材 \ 单元 10\ 唇情律动 .jpg

案例效果： 资源包 \ 源文件 \ 效果 \ 单元 10\ 唇情律动 .psd

技术点睛： “钢笔工具”、“羽化”命令、“画笔工具”

操作难度： ★★★★

案例目标： 通过实践操作，掌握唇彩变幻特效的处理技巧

操作步骤

01 打开“资源包 \ 源文件 \ 素材 \ 单元 10\ 唇情律动”素材，如图 10-1 所示，复制“背景”图层得到“背景 副本”图层。

02 选择工具箱中的“钢笔工具”，沿着人物的嘴唇轮廓创建一个闭合路径，如图 10-2 所示。

03 单击“路径”面板下方的“将路径作为选区载入”按钮，即可将路径转换为选区，效果如图 10-3 所示。

图 10-1　唇情律动素材

图 10-2　绘制闭合路径

图 10-3　将路径转换为选区

知识窗

1）“钢笔工具”可以勾画平滑的曲线，无论缩放还是变形都能保持平滑的效果。

2）“钢笔工具”画出来的图形通常称为路径，路径可以是开放的或是封闭的。

3）羽化是针对选区的一项编辑，羽化原理是令选区内外衔接的部分虚化，起到渐变的作用，从而达到自然衔接的效果。羽化值越大，虚化范围越宽，颜色递变越柔和。读者可根据实际情况进行调节。把羽化值设置小一点并反复羽化是羽化的一个技巧。

04 选择“选择 / 修改 / 羽化”选项，打开“羽化选区”对话框，设置“羽化半径”为 8，单击“确定”按钮，即可羽化选区，效果如图 10-4 所示。

05 设置前景色的 RGB 参数值为 229、26、50，新建“图层 1”图层，按【Alt+Delete】组合键为选区填充前景色，效果如图 10-5 所示。

06 按【Ctrl+D】组合键取消选区，设置“图层 1”图层的混合模式为柔光，效果如图 10-6 所示。

图 10-4 羽化选区

图 10-5 填充前景颜色

图 10-6 设置图层混合模式

07 为“图层 1”图层添加蒙版，选择“画笔工具”，利用“不透明度”为 100% 的黑色画笔在人物嘴唇边缘进行适当的涂抹，效果如图 10-7 所示。

08 按住【Ctrl】键的同时，单击“图层 1”图层上的缩略图，调出嘴唇的选区，新建“自然饱和度 1”调整图层，展开调整面板，设置“自然饱和度”为 100、“饱和度”为 0，提高嘴唇的饱和度，最终的效果如图 10-8 所示。

图 10-7 涂抹嘴唇边缘

图 10-8 图像的最终效果

案例 10.2

化妆美图特效处理——彩妆美颜

案例文件： 资源包 \ 源文件 \ 素材 \ 单元 10\ 彩妆美颜 .jpg

案例效果： 资源包 \ 源文件 \ 效果 \ 单元 10\ 彩妆美颜 .psd

技术点睛： “蒙尘与划痕”命令、图层蒙版、“羽化”命令等

操作难度： ★★★★

案例目标： 通过实践操作，掌握人物皮肤修饰及对人物进行上妆的操作方法

操作步骤

01 打开“资源包\源文件\素材\单元10\彩妆美颜”素材，如图10-9所示。复制“背景”图层得到“背景 副本”图层。

02 选择“滤镜/杂色/蒙尘与划痕”选项，打开“蒙尘与划痕”对话框，设置“半径”为5、“阈值”为0，单击“确定”按钮，即可应用“蒙尘与划痕”滤镜，效果如图10-10所示。

03 为“背景 副本”图层添加图层蒙版，使用不同透明程度的黑色画笔工具在图像上进行适当涂抹，使图像部分区域显示清晰，效果如图10-11所示。

图10-9 彩妆美颜素材

图10-10 应用滤镜

图10-11 涂抹图像1

知识窗

“蒙尘与划痕”滤镜在影楼后期制作中使用得频率比较高，一般用来对照片的一些瑕疵、脏点进行处理。“蒙尘与划痕”滤镜基于半径基础模糊污点，用阈值定义像素的差异，阈值越高，去除杂点的效果就越弱，从而有利于保留图像的细节，以在去杂点和细节保留之间取得平衡。

04 新建“自然饱和度1”调整图层，展开调整面板，设置“自然饱和度”为100、“饱和度”为10，调整图像饱和度，效果如图10-12所示。

05 新建“色阶1”调整图层，展开调整面板，依次设置各颜色的RGB参数值分别为14、1.35、227，提高图像整体亮度，效果如图10-13所示。

06 选中“色阶1”调整图层上的图层蒙版缩略图，运用黑色画笔工具在人物的头发区域进行涂抹，效果如图10-14所示。

图10-12 调整图像饱和度

图10-13 提高图像亮度1

图10-14 涂抹头发区域

07 新建“曲线1”调整图层，展开调整面板，在调节线上添加两个节点，分别设置“输

出”为 81、63，“输入”为 189、191，提高图像的整体亮度，效果如图 10-15 所示。

08　选中“曲线 1”调整图层上的图层蒙版缩略图，运用黑色画笔工具在人物的头发区域进行涂抹，效果如图 10-16 所示。

09　使用“钢笔工具”沿着人物右眼创建闭合路径，如图 10-17 所示。

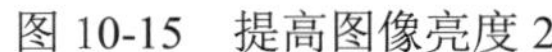

图 10-15　提高图像亮度 2

图 10-16　涂抹图像 2

图 10-17　绘制闭合路径

10　按【Ctrl+Enter】组合键将路径转换为选区，选择“选择 / 修改 / 羽化”选项，在打开的“羽化选区”对话框中设置“羽化半径”为 6，单击“确定”按钮羽化选区，效果如图 10-18 所示。

11　新建“图层 1”图层，使用“渐变工具”为选区填充 RGB 的参数值分别为 183、32、99，255、29、154，255、252、253 的线性渐变色，效果如图 10-19 所示。

12　按【Ctrl+D】组合键取消选区，设置“图层 1”图层的混合模式为柔光，效果如图 10-20 所示。

图 10-18　羽化选区 1

图 10-19　填充渐变色

图 10-20　设置图层混合模式 1

13　复制“图层 1”得到“图层 1 副本”图层，将图像的位置适当地向上调整，并设置其“不透明度”为 52%，效果如图 10-21 所示。

14　选中“图层 1”图层并为其添加图层蒙版，再利用黑色画笔工具对图像进行适当的涂抹，将图像修饰得更加自然，效果如图 10-22 所示。

15　使用“钢笔工具”沿着人物左眼绘制闭合路径，按【Ctrl+Enter】组合键，将路径转化为选区，选择“选择 / 修改 / 羽化”选项，打开“羽化选区”对话框，设置“羽化半径”为 6，单击“确定”按钮羽化选区，效果如图 10-23 所示。

图 10-21　设置不透明度 1

图 10-22　涂抹图像 3

图 10-23　羽化选区 2

16 新建“图层 2”图层，使用“渐变工具”为选区填充与右眼相同的线性渐变色，按【Ctrl+D】组合键取消选区，并设置“图层 2”图层的混合模式为柔光，效果如图 10-24 所示。

17 复制“图层 2”图层得到“图层 2 副本”图层，对图像大小和位置进行调整，并设置“不透明度”为 15%，效果如图 10-25 所示。

18 选中“图层 2”图层并为其添加图层蒙版，再利用黑色画笔工具对图像适当地进行涂抹，使眼影效果更加自然，效果如图 10-26 所示。

图 10-24　设置图层混合模式 2

图 10-25　设置不透明度 2

图 10-26　涂抹图像 4

19 使用“钢笔工具”沿着人物嘴唇创建一个闭合路径，如图 10-27 所示。

20 选择“选择 / 修改 / 羽化”选项，打开“羽化选区”对话框，设置“羽化半径”为 6，单击“确认”按钮羽化选区，效果如图 10-28 所示。

21 新建“图层 3”图层，为选区添加 RGB 参数值为 255、27、113 的前景色，再按【Ctrl+D】组合键取消选区，效果如图 10-29 所示。

图 10-27　创建闭合路径

图 10-28　羽化选区 3

图 10-29　填充颜色

22 设置“图层 3”图层颜色的“不透明度”为 60%，效果如图 10-30 所示。

23 使用“钢笔工具”沿着人物嘴唇创建一个闭合路径，按【Shift+F6】组合键，打开“羽化选区”对话框，设置“羽化半径”为 6，单击“确认”按钮羽化选区，效果如图 10-31 所示。

24 新建“图层 4”图层，为图层创建 RGB 参数值为 255、27、113 的前景色，再按【Ctrl+D】组合键取消选区，设置图层的混合模式为“叠加、不透明度”为 30%，如图 10-32 所示。

图 10-30　设置不透明度 3

图 10-31　羽化选区 4

图 10-32　填充前景色

25 新建“图层 5”图层，设置前景色的 RGB 参数值为 255、110、140，选择“画笔工具”，在工具属性栏中设置“画笔大小”为 80 像素、“硬度”为 0%、“不透明度”为 100%，在人物髋骨上进行涂抹，绘制图像，如图 10-33 所示。

26 设置“图层 5”图层的混合模式为叠加，制作出腮红效果，如图 10-34 所示。

27 使用“钢笔工具”沿着人物右眉毛创建一个闭合路径，按【Shift+F6】组合键，打开“羽化选区”对话框，设置“羽化半径”为 5，单击“确定”按钮，羽化选区，如图 10-35 所示。

图 10-33　绘制图像

图 10-34　设置图层混合模式 3

图 10-35　羽化选区 5

28 新建“图层 6”图层，按【D】键恢复系统默认设置，按【Alt+Delete】组合键为选区填充黑色前景色，按【Ctrl+D】组合键取消选区，设置该图层的混合模式为柔光、“不透明度”为 60%，改变图像效果，如图 10-36 所示。

29 使用“钢笔工具”沿着人物左眉毛创建一个闭合路径，按【Shift+F6】组合键，打开“羽化“选区”对话框，设置“羽化半径”为 5，单击“确定”按钮羽化选区，如图 10-37 所示。

30 新建“图层 7”图层，按【Alt+Delete】组合键为选区填充黑色前景色，按【Ctrl+D】组合键取消选区，设置该图层的混合模式为柔光、“不透明度”为 60%，改变图像效果，如图 10-38 所示。

图 10-36　改变图像效果

图 10-37　羽化选区 6

图 10-38　填充黑色前景色

31 按【Alt+Ctrl+Shift+E】组合键，盖印图层，新建“色阶 2”调整图层，展开调整面板，依次设置色阶的参数值为 18、1.1、255，调整图像色调，效果如图 10-39 所示。

32 新建“自然饱和度 2”调整图层，展开调整面板，设置“自然饱和度”为 50、“饱和度”为 0，提高图像饱和度，效果如图 10-40 所示。

33 选中“自然饱和度 2”调整图层上的图层蒙版缩略图，利用黑色画笔工具在人物嘴唇上进行涂抹，修饰图像，效果如图 10-41 所示。

34 新建“色彩平衡 1”调整图层，展开调整面板，依次设置各颜色的参数值为 6、13、22，调整图层颜色，如图 10-42 所示。

图 10-39　调整图像色调

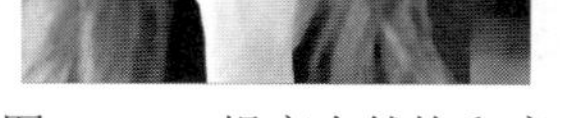
图 10-40　提高自然饱和度

图 10-41　修饰图像

图 10-42　调整图像颜色

案例 10.3

色彩平衡——白纱风情

案例文件： 资源包 \ 源文件 \ 素材 \ 单元 10\ 白纱风情 .jpg

案例效果： 资源包 \ 源文件 \ 效果 \ 单元 10\ 白纱风情 .psd

技术点睛： “色彩平衡”调整图层、“照片滤镜”调整图层、应用图层蒙版等

操作难度： ★★

案例目标：通过实践操作，掌握图像色彩平衡的调整技巧

操作步骤

01 打开“资源包 \ 源文件 \ 素材 \ 单元 10\ 白纱风情”素材，如图 10-43 所示。

02 新建“色彩平衡 1”调整图层，展开调整面板，选择色调为“中间调”并选中“保留明度”复选框，再依次设置各颜色的参数值为 31、−37、57，如图 10-44 所示。

03 设置完毕后，图像调整色彩效果随之改变，效果如图 10-45 所示。

04 选中“色彩平衡 1”调整图层上的图层蒙版缩略图，利用黑色画笔工具在人物头发、肌肤上进行适当的涂抹，将人物图像区域修饰得更加自然，效果如图 10-46 所示。

图 10-43　白纱风情素材

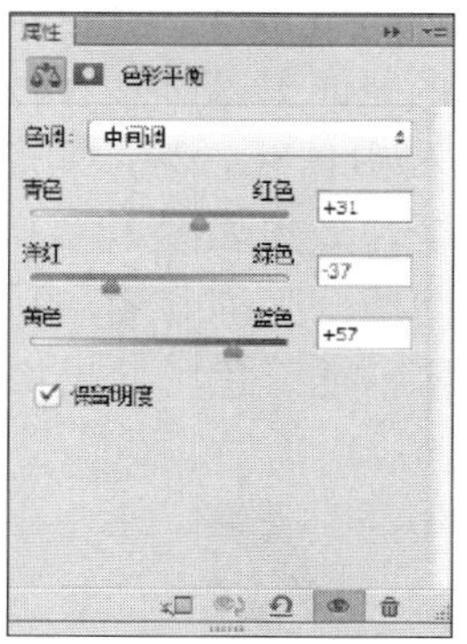

图 10-44　调整面板 1

图 10-45　改变图像色彩

图 10-46　修饰图像

知识窗

色彩平衡把图片分成高光、阴影、中间调 3 个部分。可以分别调整这 3 个部分的偏色。

05 新建“可选颜色 1”调整图层，展开调整面板，设置“颜色”为红色，选中“相对”单选按钮，再依次设置各颜色的参数值为 78、33、14、57，如图 10-47 所示。

06 设置“颜色”为绿色，选中“相对”单选按钮，再依次设置各颜色的参数值为 29、100、100、100，如图 10-48 所示。

07 设置“颜色”为青色，选中“相对”单选按钮，再依次设置各颜色的参数值为 0、100、100、100 如图 10-49 所示。

08 设置完毕后，图像的部分色彩效果随之改变，如图 10-50 所示。

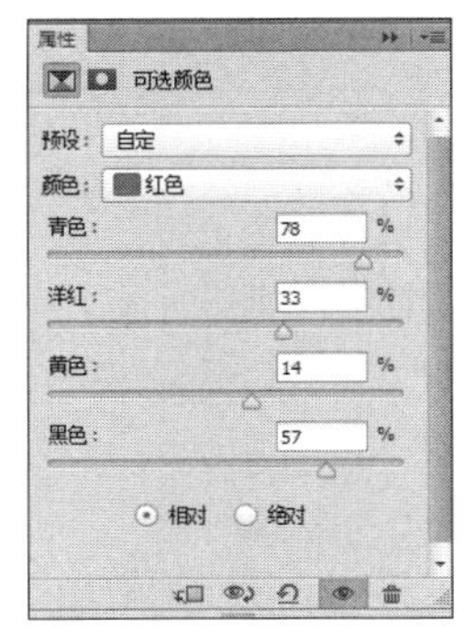

图 10-47 设置“红色”

图 10-48 设置“绿色”

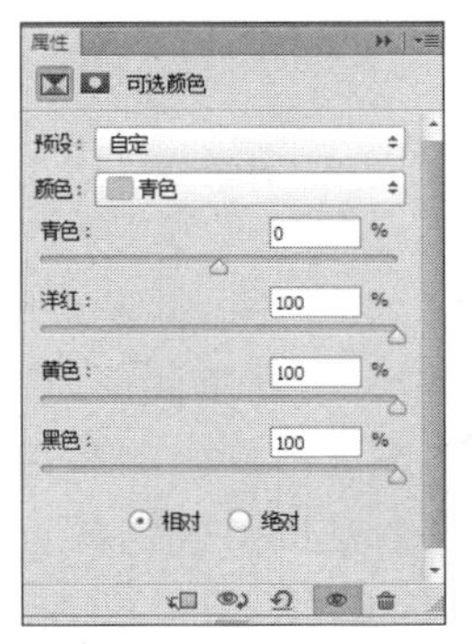

图 10-49 设置“青色”

图 10-50 改变图像色彩

09 选中“可选颜色 1”调整图层上的图层蒙版缩略图，利用黑色画笔工具在肌肤等图像区域上进行适当的涂抹，还原其调整色彩前的颜色，效果如图 10-51 所示。

10 新建“色彩平衡 2”调整图层，展开调整面板，选择色调为“中间调”并选中“保留明度”复选框，再依次设置各颜色的参数值为 61、86、24，如图 10-52 所示。

11 设置完毕后，图像整体色彩随之改变，效果如图 10-53 所示。

12 选中“色彩平衡 2”调整图层上的图层蒙版缩略图，利用黑色画笔工具在人物头发、皮肤上进行适当的涂抹，还原其调整色彩前的颜色，效果如图 10-54 所示。

图 10-51 涂抹图像 1

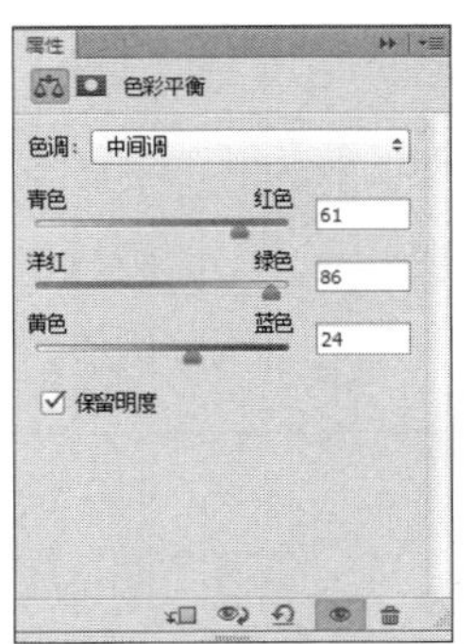

图 10-52 调整面板 2

图 10-53 调整图像色彩

图 10-54 涂抹图像 2

13 新建“照片滤镜 1”调整图层，展开调整面板，选中“滤镜”单选按钮，取消选中“保留明度”复选框，再设置“滤镜”为黄、“浓度”为 25%，如图 10-55 所示。

14 设置完毕后，即可应用照片滤镜，图像整体色感偏黄，效果如图 10-56 所示。

15 选中“照片滤镜 1”调整图层上的图层蒙版缩略图，利用黑色画笔工具在整体人物图像上进行适当的涂抹，隐藏黄色调，显示白色，效果如图 10-57 所示。

16 新建“可选颜色 2”调整图层，展开调整面板，设置“颜色”为黄色，再依次设置各颜色的参数值为 0、100、10、64，如图 10-58 所示。

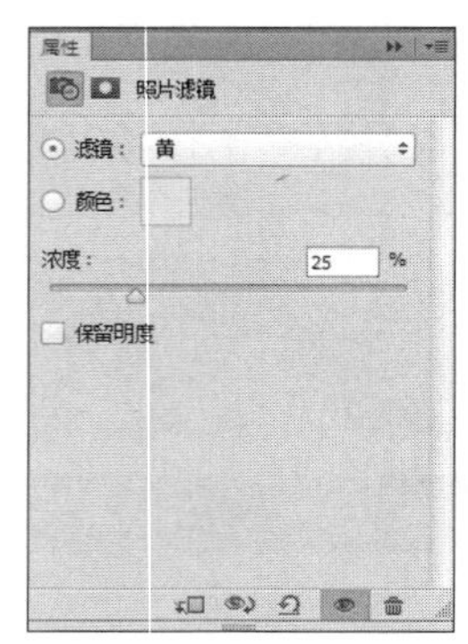

图 10-55 调整面板 3

图 10-56 图像色感偏黄

图 10-57 隐藏黄色调图像

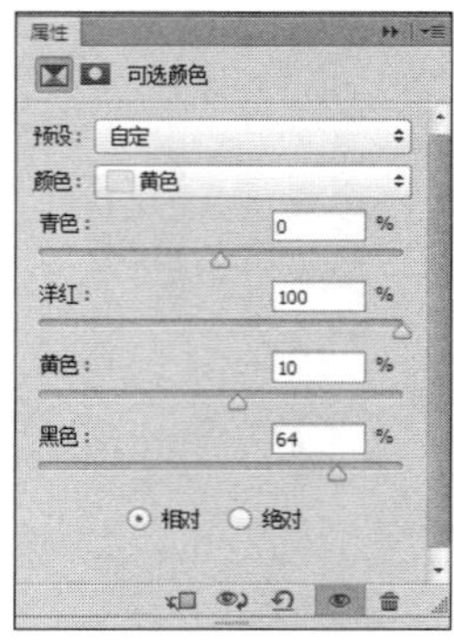

图 10-58 调整面板 4

17 设置“颜色”为中性色，再依次设置各颜色的参数值为 17、6、15、18，如图 10-59 所示。

18 设置完毕后，调整图像色彩，选中“可选颜色 2”调整图层上的图层蒙版缩略图，利用黑色画笔工具在整体皮肤和花束图像上进行适当的涂抹，显示调整颜色之前的色彩，效果如图 10-60 所示。

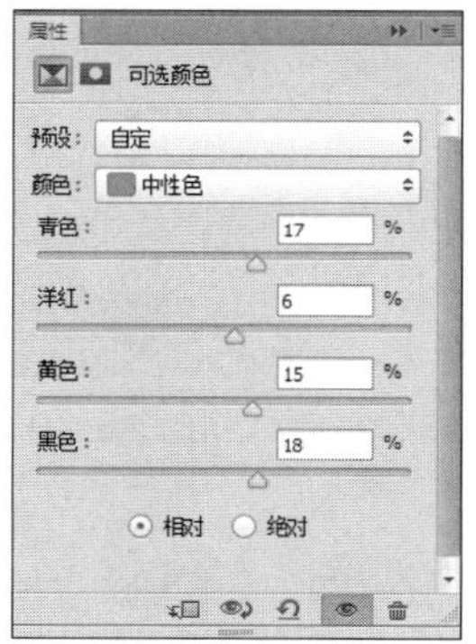

图 10-59 调整面板 5

图 10-60 最终效果

11 单元 图像特效制作

>>>>

◎ 单元导读

人们对平面作品的欣赏已经不再局限于图像的清晰度，图像特效也是视觉欣赏需求之一。在图像上制作炫丽、个性化的特效，可以让整体的视觉效果表现更加出色。本单元将讲解制作玻璃特效、光晕特效和星光特效的操作方法和技巧。

◎ 学习目标

- 掌握图像特效制作工具的使用方法。
- 掌握图像特效的制作方法和技巧。

案例 11.1

玻璃特效制作——枫之迷恋

案例文件： 资源包 \ 源文件 \ 素材 \ 单元 11\ 枫之迷恋 .jpg

案例效果： 资源包 \ 源文件 \ 效果 \ 单元 11\ 枫之迷恋 .psd

技术点睛： “纹理化”滤镜、“玻璃”滤镜

操作难度： ★★★★

案例目标： 通过实践操作，掌握“纹理化”滤镜、“玻璃”滤镜的应用技巧

操作步骤

01 打开“资源包 \ 源文件 \ 素材 \ 单元 11\ 枫之迷恋”素材，如图 11-1 所示，复制“背景”图层得到“背景 副本”图层。

02 选择“滤镜 / 纹理 / 纹理化”选项，打开“纹理化”对话框，设置“纹理”为画布，再设置其他参数，如图 11-2 所示。

图 11-1　枫之迷恋素材

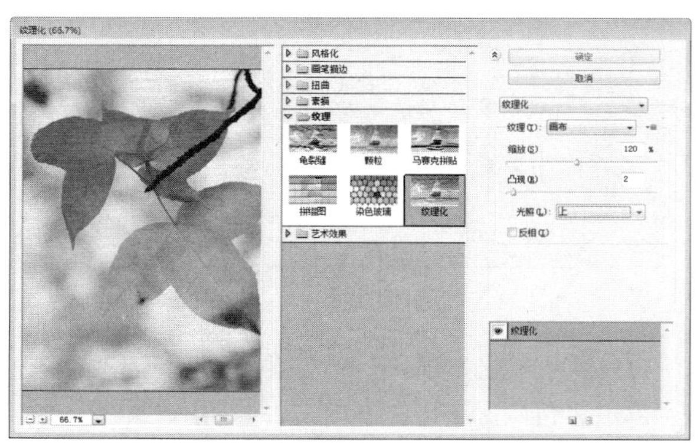

图 11-2　“纹理化”对话框

知识窗

使用“纹理化”滤镜可以生成各种纹理，在图像中添加纹理质感。“纹理化”滤镜可以使用预设的纹理或自定义载入的纹理样式，在图像中生成指定的纹理效果。

使用“玻璃”滤镜，可以使图像变成好像透过不同玻璃观看的效果，应用此滤镜可以创建玻璃表面。

图层蒙版是一个可擦除、可还原的橡皮擦工具，即用黑色擦去，用白色还原。通过蒙版可以只改变想改变颜色的地方。

03 单击“确定”按钮，即可运用纹理化滤镜，效果如图 11-3 所示。

04 为“背景 副本”图层上添加图层蒙版，选择“画笔工具”，利用“不透明度”为 50% 的黑色画笔在图像区域进行适当的涂抹，显示部分图像，效果如图 11-4 所示。

图 11-3　应用纹理化滤镜

图 11-4　涂抹图像的效果

05 按【Ctrl+Shift+Alt+E】组合键盖印图层，得到“图层 1”，如图 11-5 所示。

06 选择“滤镜 / 扭曲 / 玻璃”选项，打开“玻璃”对话框，设置“纹理”为磨砂，再设置其他参数，如图 11-6 所示。

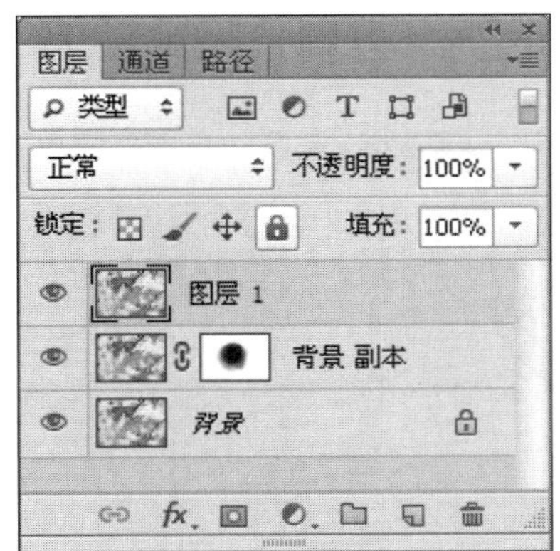

图 11-5　盖印图层

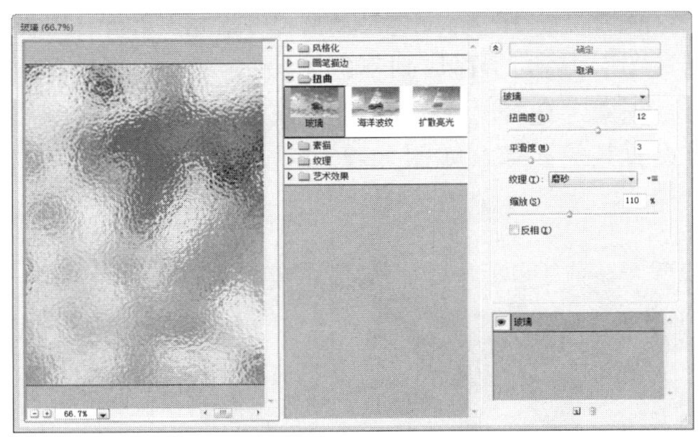

图 11-6　“玻璃”对话框

07 单击“确定”按钮，应用玻璃滤镜，设置“图层 1”的“不透明度”为 90%，效果如图 11-7 所示。

08 为“图层 1”添加图层蒙版，选择“画笔工具”，利用黑色画笔工具在红色枫叶图像上进行适当的涂抹，显示部分图像，最终的效果如图 11-8 所示。

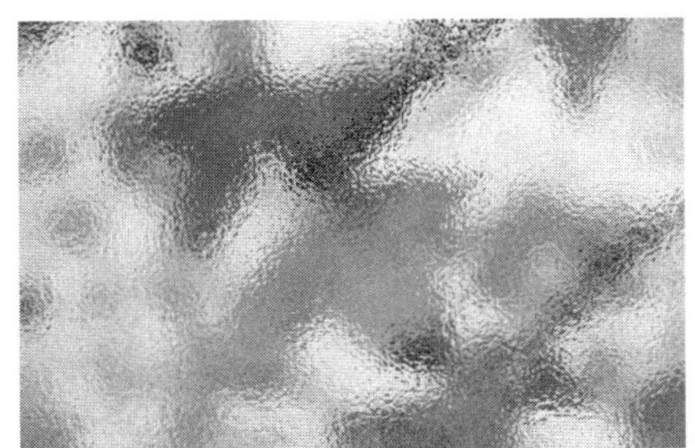

图 11-7　应用玻璃滤镜的效果

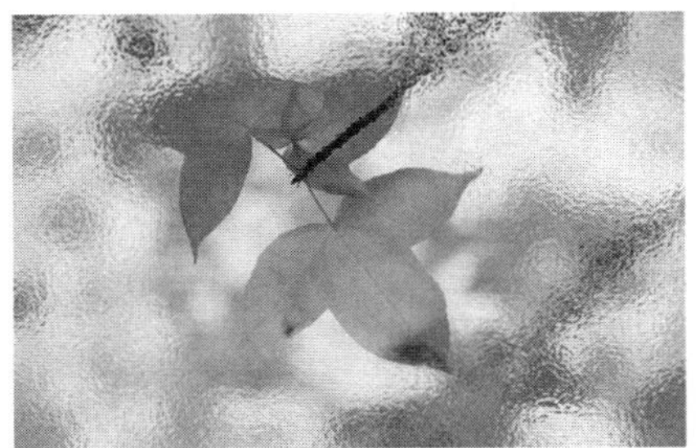

图 11-8　最终效果

案例 11.2

光晕特效制作——翩翩起舞

案例文件：资源包 \ 源文件 \ 素材 \ 单元 11\ 舞者 .psd

案例效果：资源包 \ 源文件 \ 效果 \ 单元 11\ 翩翩起舞 .psd

技术点睛：“镜头光晕”滤镜、图层蒙版

操作难度：★★

案例目标：通过应用“镜头光晕”滤镜，制作“翩翩起舞”光晕特效

操作步骤

01 打开“资源包 \ 源文件 \ 素材 \ 单元 11\ 舞者”素材，如图 11-9 所示。

02 展开“图层”面板，选中“组 1”，按【Ctrl+Shift+Atl+E】组合键，盖印图层，得到“图层 11”，如图 11-10 所示。

03 选择“滤镜 / 渲染 / 镜头光晕”选项，打开“镜头光晕”对话框，在预览框中调整光晕的位置，再设置各参数，如图 11-11 所示。

图 11-9　舞者素材

图 11-10　盖印图层

图 11-11　“镜头光晕”对话框

知识窗

使用“镜头光晕”滤镜可以模拟亮光照射到相机镜头所产生的折射，常用来表现玻璃、金属等反射的反射光，或用来增强日光和灯光效果。

04 单击“确定”按钮，为图像添加光晕效果，如图 11-12 所示。

05 复制“图层 7”得到“图层 7 副本”，选择“滤镜 / 渲染 / 镜头光晕”选项，打开“镜头光晕”对话框，在预览框中调整光晕的位置，再设置各参数，如图 11-13 所示。

06 单击“确定”按钮，添加相应的光晕特效，效果如图 11-14 所示。

图 11-12　添加光晕 1

图 11-13　调整光晕位置

图 11-14　添加光晕 2

07 选择“图层 / 图层蒙版 / 显示全部”选项，为“图层 7 副本”添加图层蒙版，如图 11-15 所示。

08 选择“画笔工具”，在工具属性栏上设置“硬度”为 0%，确认前景色为黑色，再在图像上进行适当的涂抹，隐藏部分图像。最终效果如 11-16 所示。

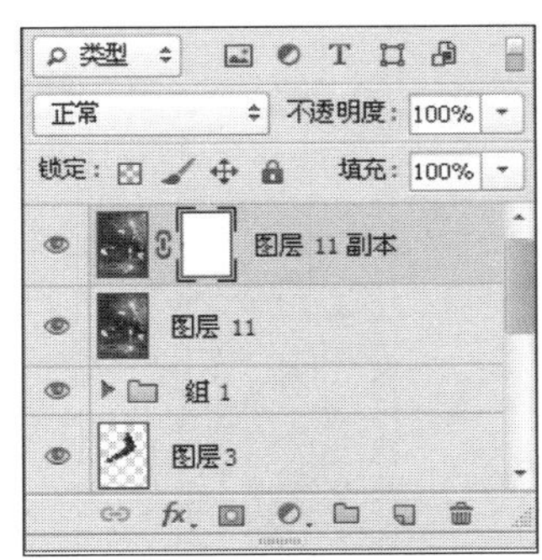

图 11-15　添加图层蒙版

图 11-16　最终效果

案例 11.3

星光特效制作——琵琶女孩

案例文件：资源包 \ 源文件 \ 素材 \ 单元 11\ 琵琶女孩 .jpg

案例效果：资源包 \ 源文件 \ 素材 \ 单元 11\ 琵琶女孩 .psd

技术点睛：“光照效果”滤镜、应用调整图层、“画笔工具”

操作难度：★★

案例目标：通过应用“光照效果”滤镜，制作“琵琶女孩”星光特效

操作步骤

01 打开“资源包\源文件\素材\单元 11\琵琶女孩”素材，如图 11-17 所示，复制“背景”图层得到“背景 副本”图层。

02 选择“图层/新建调整图层/色彩平衡”选项，打开“新建图层”对话框，保持默认设置，单击“确定”按钮。在弹出的“色彩平衡”调整面板中选择色调为“中间调”并选中“保留明度”复选框，再依次设置各颜色的参数值为 −34、34、−33，如图 11-18 所示。

03 设置完毕后图像色彩随之改变，选中调整图层上的图层蒙版缩略图，再利用“不透明度”为 20% 的黑色画笔工具对人物图像进行适当的涂抹，效果如图 11-19 所示。

图 11-17　琵琶女孩素材

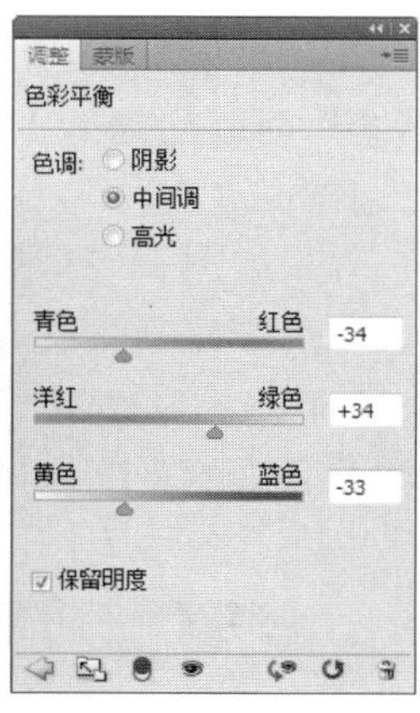

图 11-18　“色彩平衡”调整面板

图 11-19　涂抹后的图像

04 合并“背景 副本”图层和“色彩平衡 1”调整图层，并重命名为“图层 1”。选择“滤镜/渲染/光照效果”选项，打开“光照效果”对话框，在“光照类型”选项区中单击“颜色”色块，在打开的“选择光照颜色”对话框中设置 RGB 的参数值为 162、209、126，如图 11-20 所示。

05 单击“确定”按钮，返回“光照效果”对话框，再设置各参数，如图 11-21 所示。

06 单击“确定”按钮，即可应用“光照效果”滤镜，效果如图 11-22 所示。

知识窗

“光照效果”滤镜是一个强大的灯光效果制作滤镜，光照效果包括 17 种光照样式、3 种光照类型和 4 套光照属性，可以在 Photoshop CS6 RGB 图像上产生无数种光照效果，还可以使用灰度文件的纹理（称为凹凸图）产生类似 3D 图像的效果。

调整图层是一类比较特殊的图层，它将图像调整命令以图层的方式作用于图像中。调整图层中只包含某个调整图层命令，而没有实际的像素内容。通过调整图层可以快速、方便地对图像进行各种调整操作。

画笔工具在此案例中的最大特点是结合调整图层和图层蒙版一起使用，涂抹调整图层和图层蒙版上一些需要选取的图像区域，起到选取图像区域的作用。

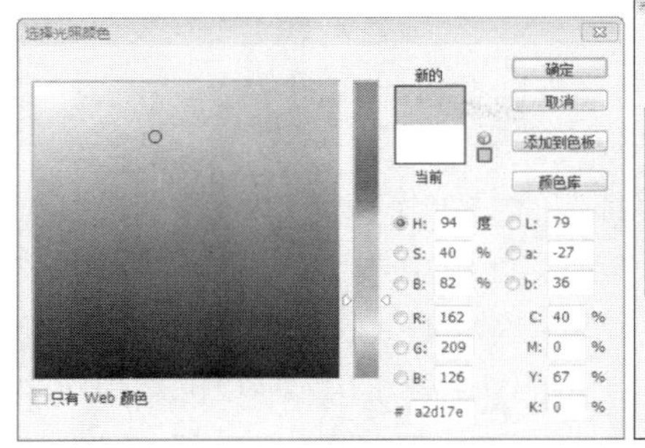

图 11-20 “选择光照颜色”对话框

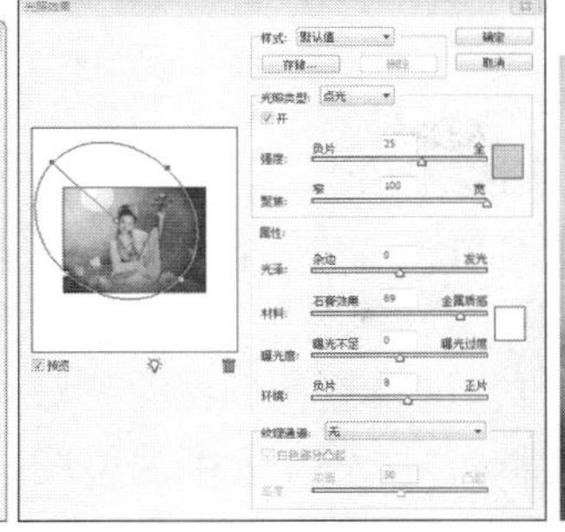

图 11-21 “光照效果”对话框

图 11-22 应用光照效果滤镜后的效果

07 选中“图层 1”，单击“图层”面板底部的“添加矢量蒙版”按钮为“图层 1”添加图层蒙版，再利用“硬度”为 0%、“不透明度”为 20% 的黑色画笔工具对人物图像进行适当的涂抹，显示部分图像区域，效果如图 11-23 所示。

08 选择“图层 / 新建调整图层 / 色彩平衡”选项，弹出“色彩平衡”调整面板，各选项设置如图 11-24 所示。

09 选中“阴影”单选按钮和“保留明度”复选框，再依次设置各颜色的参数值为 –37、0、0，如图 11-25 所示。

图 11-23 涂抹图像

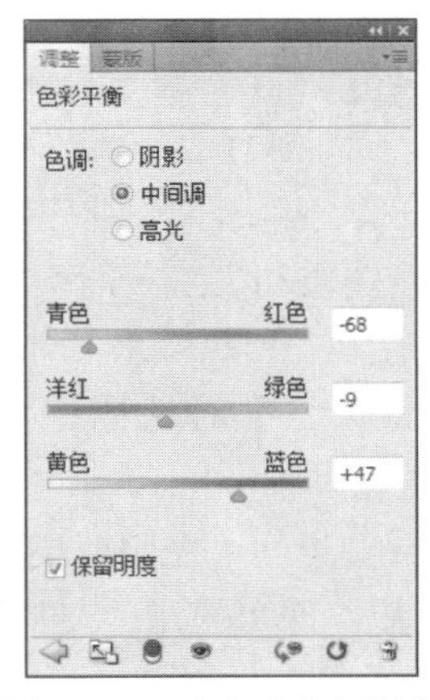

图 11-24 选中“中间调”单选按钮

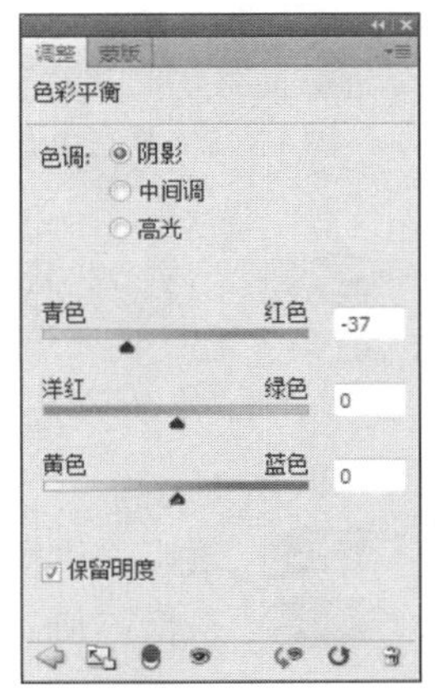

图 11-25 选中“阴影”单选按钮

10 选中“高光”单选按钮和“保留明度”复选框，再依次设置各颜色的参数值为 –87、15、66，如图 11-26 所示。

11 设置完毕后图像的整体色彩随之改变，效果如图 11-27 所示。

12 选中“色彩平衡 1”调整图层上的图层蒙版缩略图，再利用“不透明度”为 20% 的黑色画笔工具对人物图像进行适当的涂抹，显示部分图像，如图 11-28 所示。

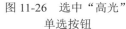

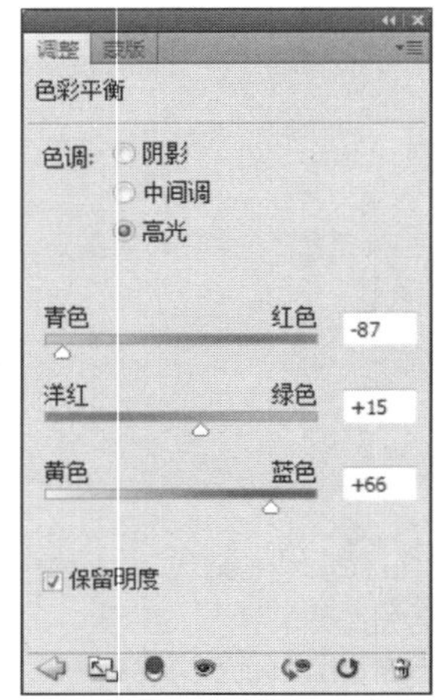

图 11-26　选中“高光”单选按钮

图 11-27　修改色彩

图 11-28　显示部分图像的效果

13 选中“图层 1”，设置图层的混合模式为正片叠底、“不透明度”为 50%，效果如图 11-29 所示。

14 单击“创建新的填充和调整图层”下拉按钮，在弹出的下拉列表中选择“渐变”选项，打开“渐变填充”对话框，设置“渐变”为白色和黑色的双色渐变，再设置各选项，如图 11-30 所示。

15 单击“确定”按钮，即可新建“渐变填充 1”调整图层，图像编辑窗口也被填充相应的渐变色，效果如图 11-31 所示。

图 11-29　改变图层样式

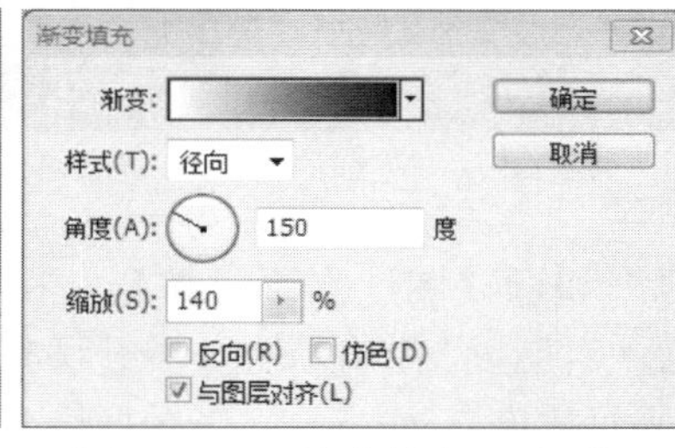

图 11-30　“渐变填充”对话框

图 11-31　设置混合模式

16 选中“渐变填充 1”调整图层上的图层蒙版缩略图，再利用“不透明度”为 30% 的黑色画笔工具对人物图像进行适当的涂抹，显示部分图像，效果如图 11-32 所示。

17 选择工具箱中的“画笔工具”，选择“窗口 / 画笔”选项，弹出“画笔”面板，选择柔角、30 像素的画笔，再设置各参数，如图 11-33 所示。

18 选中“形状动态”复选框，设置“大小抖动”为 100%，如图 11-34 所示。

19 选中“散布”复选框，设置“散布”为 100%，如图 11-35 所示。

20 新建“图层 2”，设置前景色为白色，使用“画笔工具”在图像编辑窗口中进行涂抹，即可绘制出星点图像，效果如图 11-36 所示。

21 用与上面相同的方法，在图像编辑窗口中绘制更多的星点图像，再设置“图层 2”的“不透明度”为 80%，效果如图 11-37 所示。

图 11-32　显示部分图像

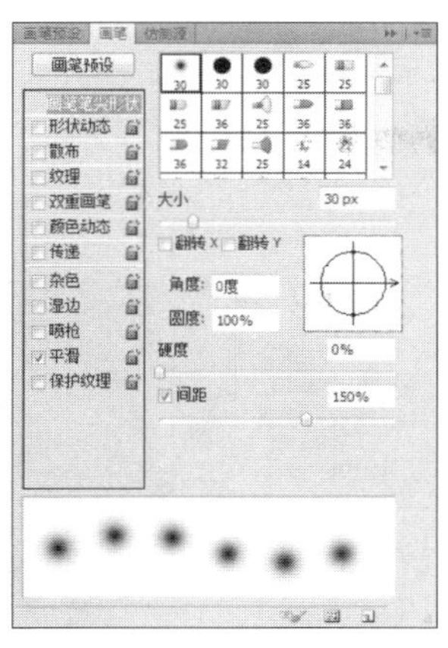

图 11-33　设置各参数

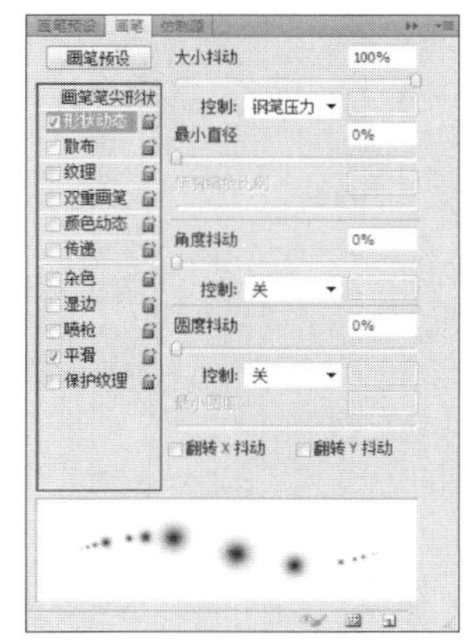

图 11-34　选中“形状动态”复选框

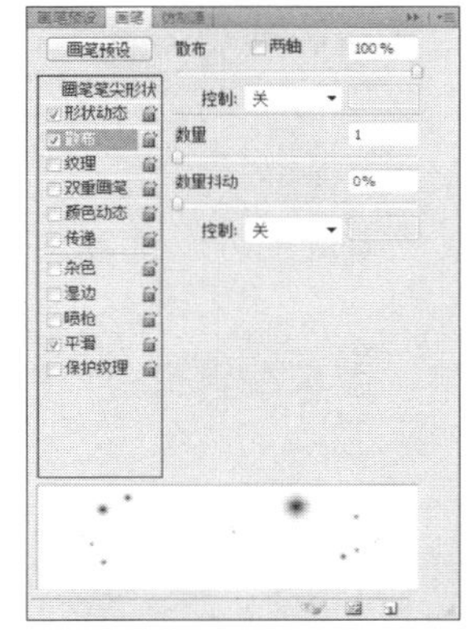

图 11-35　选中“散布”复选框

图 11-36　绘制星点图像

图 11-37　设置不透明度

22 单击“创建新的填充和调整图层”下拉按钮，在弹出的下拉列表中选择“亮度 / 对比度”选项，新建“亮度 / 对比度”调整图层，展开调整面板，取消选中“使用旧版”复选框，设置“亮度”为 27、“对比度”为 11，提高图像亮度，效果如图 11-38 所示。

23 选中“亮度 / 对比度”调整图层上的图层蒙版缩略图，再利用“不透明度”为 30% 的黑色画笔工具对人物图像进行适当涂抹，显示部分图像，如图 11-39 所示。

24 新建“自然饱和度 1”调整图层，展开调整面板，设置“自然饱和度”为 100%、“对比度”为 0，提高图像饱和度，效果如图 11-40 所示。

图 11-38　提高图像亮度

图 11-39　显示部分图像

图 11-40　提高图像饱和度

25 新建“色相\饱和度 1”调整图层，展开调整面板，设置“色相”为 −10、“饱和度”为 10、“明度”为 0，调整图像色相，效果如图 11-41 所示。

26 利用“不透明度”为 30% 的黑色画笔工具对人物头像进行适当的涂抹，使图像颜色趋于自然，效果如图 11-42 所示。

27 新建“色阶 1”调整图层，展开调整面板，依次设置各颜色的参数值为 0、1.2、255，提高图像整体亮度；选中调整图层上的图层蒙版，利用“不透明度”为 30% 的黑色画笔工具对人物图像进行适当的涂抹，适当地降低亮度，效果如图 11-43 所示。

图 11-41　调整图像色相

图 11-42　涂抹图像

图 11-43　降低亮度

28 使用“直排文字工具”在图像编辑窗口中输入文字，在“字符”面板中设置“字体”为迷你简黄草、“字体大小”为 30 点、“字符间距”为 75，并单击“仿粗体”按钮，改变字体属性，效果如图 11-44 所示。

29 双击“文字”图层，打开“图层样式”对话框，选中“投影”复选框，设置阴影颜色的 RGB 参数值为 57、170、153，再设置各参数值，如图 11-45 所示。

图 11-44　输入文字

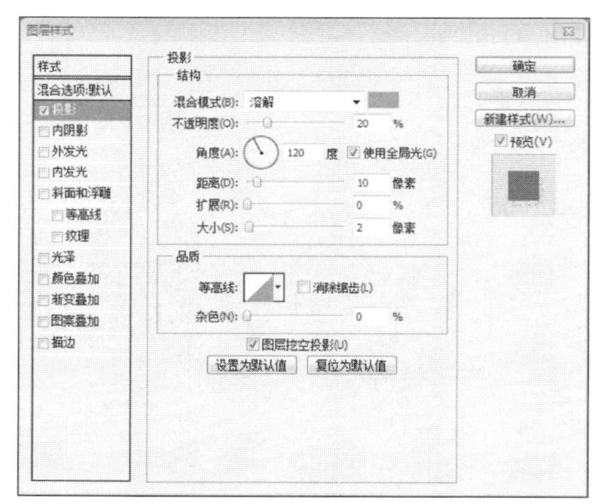

图 11-45　选中“投影”复选框

30 选中“描边”复选框，设置描边“颜色”的 RGB 参数值为 14、153、89，再设置各参数值，如图 11-46 所示。

31 单击“确认”按钮，为文字添加“投影”图层样式和“描边”图层样式。最终效果如图 11-47 所示。

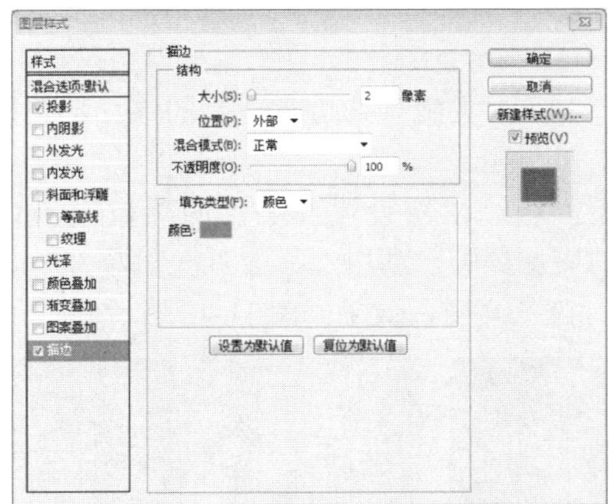

图 11-46　选中“描边”复选框

图 11-47　最终效果

12 单元 文字特效制作

>>>>

◎ 单元导读

随着科技的发展与进步，文字效果变得越来越多样化、个性化，应用也越来越广泛。本单元通过制作不同的文字特效，使读者掌握制作文字特效的操作方法与技巧，并能够举一反三，制作出更多富有创意性的文字效果。

◎ 学习目标

- 认识文字特效。
- 掌握制作文字特效的操作方法与技巧。

案例 12.1

蛇纹字制作——MSN

案例文件：资源包 \ 源文件 \ 素材 \ 单元 12\ 背景 1.jpg

案例效果：资源包 \ 源文件 \ 效果 \ 单元 12\MSN.psd

技术点睛：“横排文字工具”、“颗粒”滤镜、“染色玻璃”滤镜等

操作难度：★★

案例目标：通过实践操作，掌握蛇纹字的制作方法

操作步骤

01 打开“资源包 \ 源文件 \ 素材 \ 单元 12\ 背景 1”素材，如图 12-1 所示。

02 选择“窗口 / 字符”选项，弹出“字符”面板，设置字体的各个属性，如图 12-2 所示。

图 12-1　背景 1 素材

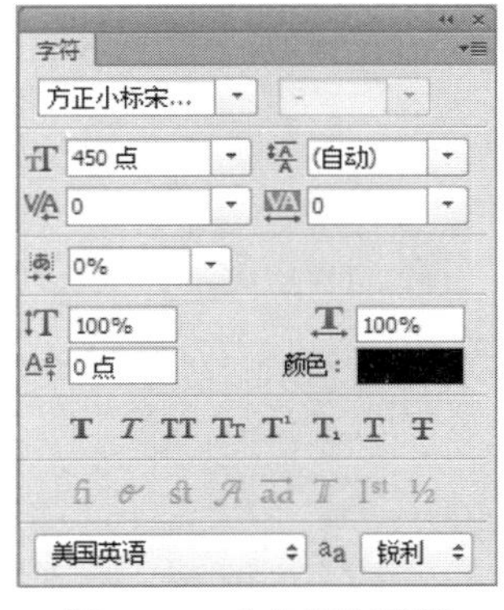

图 12-2　“字符”面板

03 选择工具箱中的“横排文字工具”，在图像编辑窗口中输入英文，并适当地调整文字的位置，如图 12-3 所示。

04 选择“选择 / 载入选区”选项，打开“载入选区”对话框，保持默认设置，如图 12-4 所示。

05 单击“确定”按钮，将英文载入选区，效果如图 12-5 所示。

06 新建“图层 1”图层，设置前景色的 RGB 参数值为 244、152、0，并为选区填充前景色，效果如图 12-6 所示。

图 12-3　输入英文

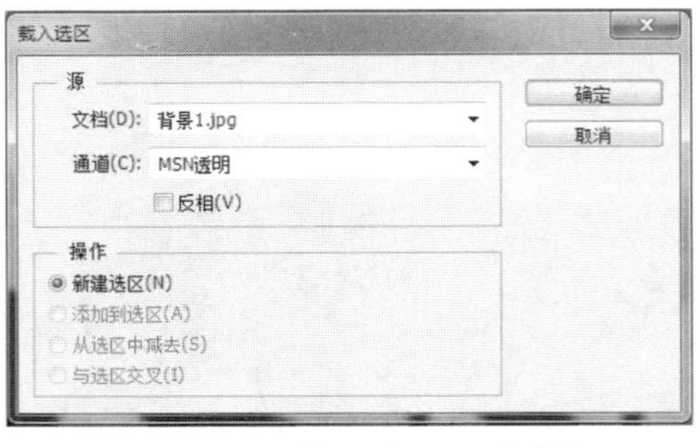

图 12-4　“载入选区”对话框

图 12-5　载入选区

图 12-6　填充前景色

07 选择“滤镜 / 纹理 / 颗粒”选项，打开“颗粒”对话框，设置“强度”为 22、“对比度”为 40、“颗粒类型”为柔和，如图 12-7 所示。

08 单击“确定”按钮，即可应用“颗粒”滤镜，效果如图 12-8 所示。

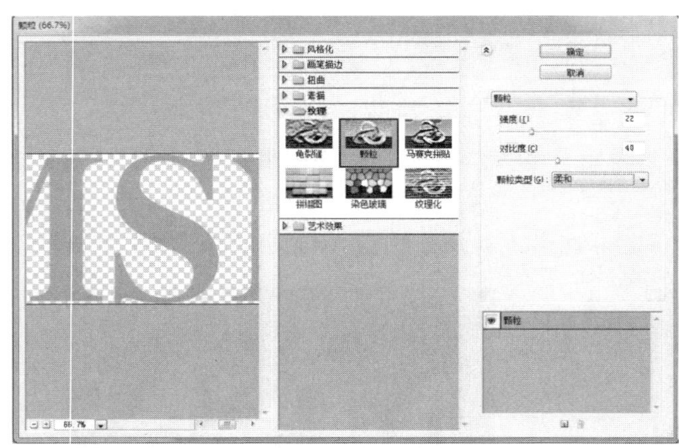

图 12-7　“颗粒”对话框

图 12-8　应用“颗粒”滤镜

09 选择“滤镜 / 艺术效果 / 干画笔”选项，在打开的“干画笔”对话框中设置“画笔大小”为 2、“画笔细节”为 8、“纹理”为 3，单击“确定”按钮，应用“干画笔”滤镜，效果如图 12-9 所示。

10 选择“滤镜 / 扭曲 / 波浪”选项，在打开的“波浪”对话框中设置各项参数，如图 12-10 所示。

图 12-9　应用“干画笔”滤镜

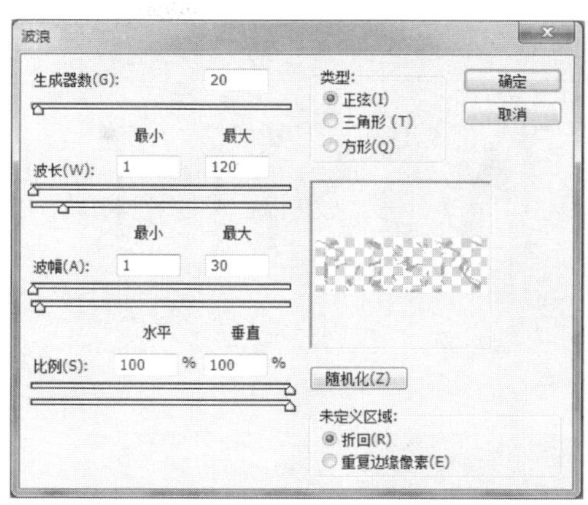

图 12-10　“波浪”对话框

11 单击“确定”按钮，即可应用“波浪”滤镜，效果如图 12-11 所示。

12 选择“滤镜 / 艺术效果 / 水彩”选项，打开“水彩”对话框，如图 12-12 所示。

图 12-11　应用“波浪”滤镜

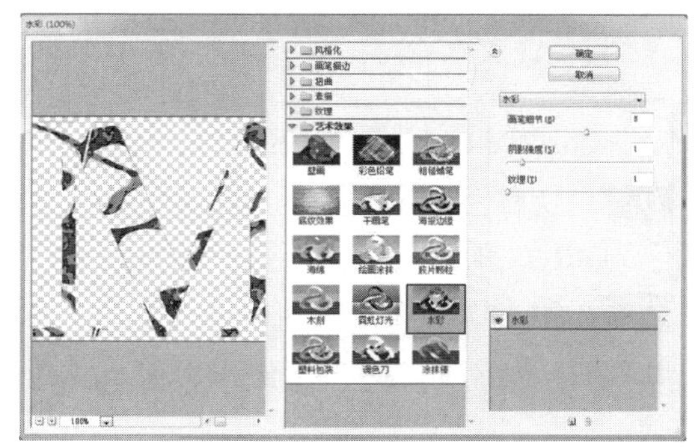

图 12-12　“水彩”对话框

13 设置完各参数后，单击“确定”按钮，即可应用“水彩”滤镜，效果如图 12-13 所示。

14 展开“通道”面板，新建 Alpha 通道，并填充白色，效果如图 12-14 所示。

图 12-13　应用“水彩”滤镜

图 12-14　填充白色

15 选择“滤镜 / 模糊 / 高斯模糊”选项，打开“高斯模糊”对话框，设置“半径”为 12，单击“确定”按钮，应用“高斯模糊”滤镜，效果如图 12-15 所示。

16 重复执行“高斯模糊”命令 3 次，依次设置“半径”为 10、8 和 6，制作相应的图像效果，如图 12-16 所示。

图 12-15　应用“高斯模糊”滤镜

图 12-16　执行 3 次后的“高斯模糊”图像效果

17 按【Ctrl+D】组合键取消选区，选择“滤镜 / 模糊 / 高斯模糊”选项，打开“高斯模糊”对话框，设置“半径”为 2，单击“确定”按钮，模糊图像，效果如图 12-17 所示。

18 回到图层面板，选择“滤镜 / 渲染 / 光照效果”选项，打开“光照效果”对话框，设置各参数，如图 12-18 所示。

19 单击“确定”按钮，应用“光照效果”滤镜，效果如图 12-19 所示。

图 12-17　模糊图像

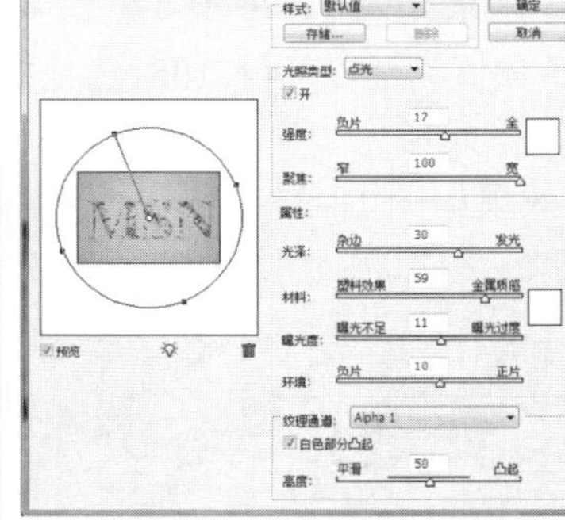

图 12-18　“光照效果”对话框

图 12-19　应用“光照效果”滤镜

20 将“图层 1”载入选区，选择“图层 / 新建调整图层 / 色相 / 饱和度”选项，打开“新建图层”对话框，保持默认设置，如图 12-20 所示。

21 单击“确定”按钮，弹出“色相 / 饱和度”调整面板，选中“着色”复选框，设置“色相”为 40、“饱和度”为 32、“明度”为 12，图像效果如图 12-21 所示。

22 参照步骤 20 的操作方法，将“图层 1”载入选区，新建“色阶 1”调整图层，展开调整面板，设置各颜色的参数值依次为 40、1、89，改变图像效果，如图 12-22 所示。

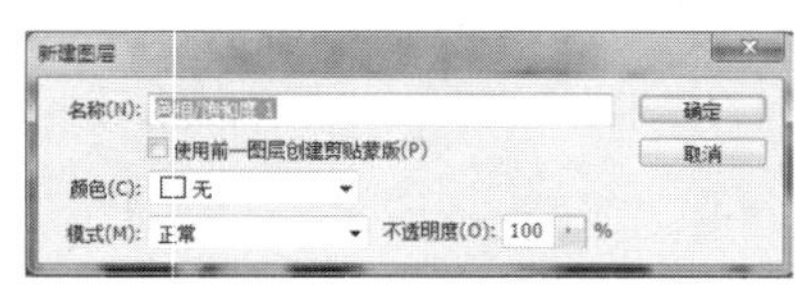

图 12-20　“新建图层”对话框

图 12-21　调整色相和饱和度

图 12-22　调整色阶

23 双击“图层 1”图层，打开“图层样式”对话框，选中“斜面和浮雕”复选框，设置各项参数，如图 12-23 所示。

24 选中“描边”复选框，设置“颜色”的 RGB 参数值为 167、135、88，再设置各项参数，如图 12-24 所示。

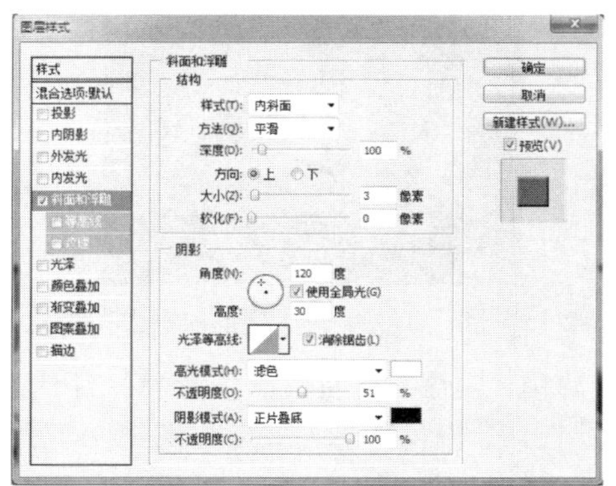

图 12-23 选中“斜面和浮雕”复选框

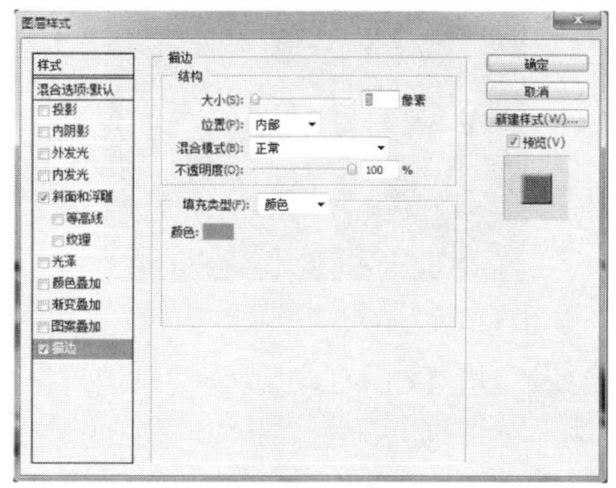

图 12-24 选中“描边”复选框

25 单击“确定”按钮，为图像添加图层样式，效果如图 12-25 所示。

26 将文字图层载入选区，设置背景色为黑色，新建“图层 2”图层，将其调至“图层 1”图层的下方，再填充颜色，效果如图 12-26 所示。

27 设置前景色的 RGB 参数值为 255、144、105，选择“滤镜 / 纹理 / 染色玻璃”选项，打开“染色玻璃”对话框，设置“单元格大小”为 4、“边框粗细”为 2、“光照强度”为 1，单击“确定”按钮，应用滤镜，效果如图 12-27 所示。

图 12-25 应用图层样式

图 12-26 填充颜色

图 12-27 应用“染色玻璃”滤镜

28 新建“图层 3”图层，选择“编辑 / 填充”选项，打开“填充”对话框，设置“使用”为 50% 灰色、“模式”为正常、“不透明度”为 100%，如图 12-28 所示。

29 单击“确定”按钮，为选区填充颜色，按【Ctrl+D】组合键取消选区，效果如图 12-29 所示。

30 双击“图层 3”图层，打开“图层样式”对话框，选中“斜面和浮雕”复选框，设置各项参数，如图 12-30 所示。

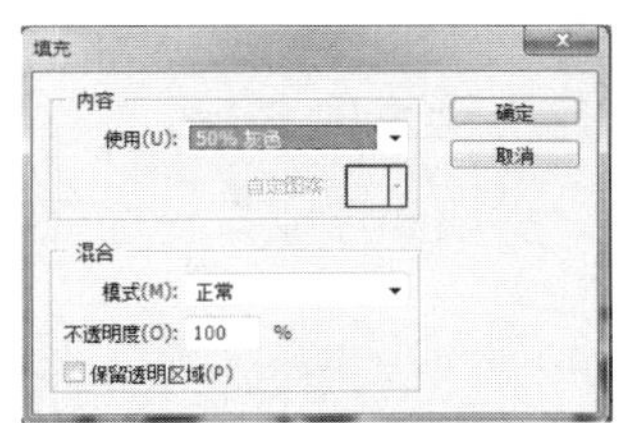

图 12-28 “填充”对话框

图 12-29 填充颜色

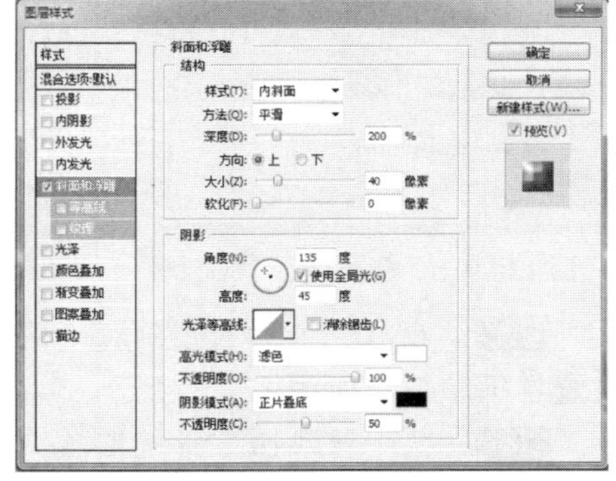

图 12-30 “图层样式”对话框

31 单击“确定”按钮，添加“斜面和浮雕”图层样式，效果如图 12-31 所示。

32 设置“图层 3”的混合模式为柔光，改变图像效果，如图 12-32 所示。

图 12-31　应用“斜面和浮雕”样式

图 12-32　设置图层的混合模式

33 双击“图层 2”图层，打开“图层样式”的对话框，选中“投影”复选框，设置各项参数，如图 12-33 所示。

34 单击“确定”按钮，添加“投影”图层样式，完成该案例的制作，效果如图 12-34 所示。

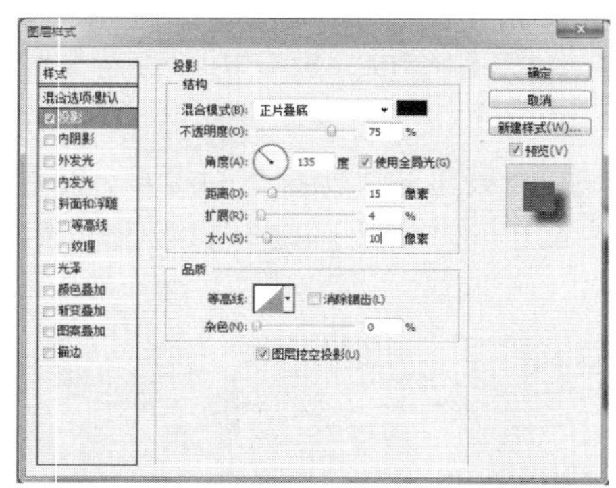

图 12-33　选中“投影”复选框

图 12-34　添加“投影”图层样式

案例 12.2

材质字制作——宝石

案例文件： 资源包 \ 源文件 \ 素材 \ 单元 12\ 背景 2.jpg

案例效果： 资源包 \ 源文件 \ 效果 \ 单元 12\ 宝石 .psd

技术点睛： “云彩”滤镜、“光照效果”滤镜、“渐变叠加”图层样式等

操作难度： ★★★★

案例目标： 通过应用“云彩”“光照效果”滤镜，掌握制作材质字的操作方法

操作步骤

01 打开“资源包 \ 源文件 \ 素材 \ 单元 12\ 背景 2”素材，如图 12-35 所示。

02 使用“横排文字工具”在图像编辑窗口中输入文字，如图 12-36 所示。

03 展开“字符”面板，在其中设置“字体”“字体大小”“字符间距”，如图 12-37 所示。

图 12-35　背景 2 素材

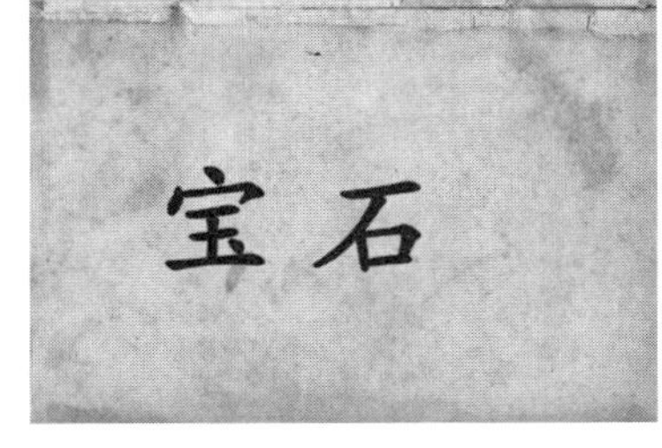

图 12-36　输入文字

图 12-37　“字符”面板

04 设置完毕后，图像编辑窗口中的文字属性随之改变，并适当地调整文字的位置，效果如图 12-38 所示。

05 按【D】键恢复默认的前景色和背景色，新建“图层 1”图层。选择“滤镜 / 渲染 / 云彩”选项，应用“云彩”滤镜，再按【Ctrl+F】组合键，重复执行该命令，制作出云彩效果，如图 12-39 所示。

06 选择“滤镜 / 艺术效果 / 绘画涂抹”选项，打开“绘画涂抹”对话框，设置“画笔大小”为 5、“锐化程度”为 17、“画笔类型”为简单，单击“确定”按钮应用该滤镜，效果如图 12-40 所示。

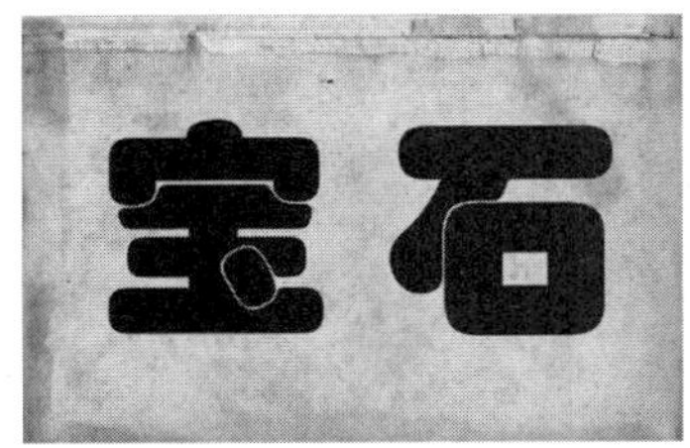

图 12-38　改变文字属性

图 12-39　云彩效果

图 12-40　应用“绘画涂抹”滤镜

07 选择“滤镜 / 渲染 / 光照效果”选项，打开“光照效果”对话框，设置“光照类型”为全光源，并适当地调整光照的大小范围，再设置各参数，如图 12-41 所示。

08 单击“确定”按钮，添加光照效果。按住【Ctrl】键的同时，单击“宝石”文字图层前的缩略图，调出文字选区，选择“图层 / 图层蒙版 / 显示选区”选项，为“图层 1”添加蒙版，并显示选区内的图像，效果如图 12-42 所示。

09 双击“图层 1”图层，打开“图层样式”对话框，选中“投影”复选框，设置阴影颜色的 RGB 参数值为 129、90、22，再依次设置各选项，如图 12-43 所示。

10 选中“内阴影”复选框，设置阴影颜色的 RGB 参数值为 255、186、0，再设置各选项，如图 12-44 所示。

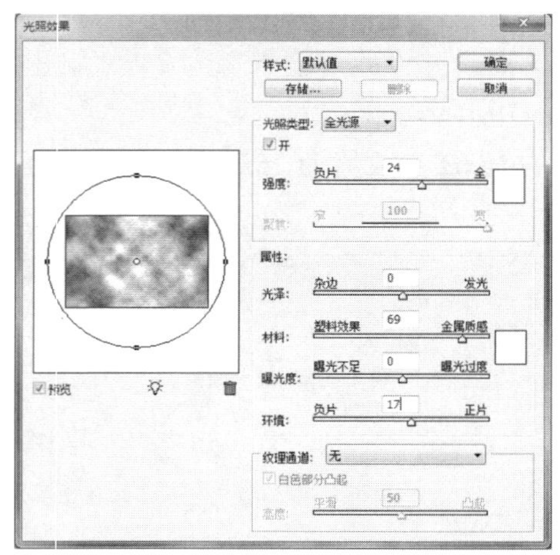

图 12-41　“光照效果”对话框

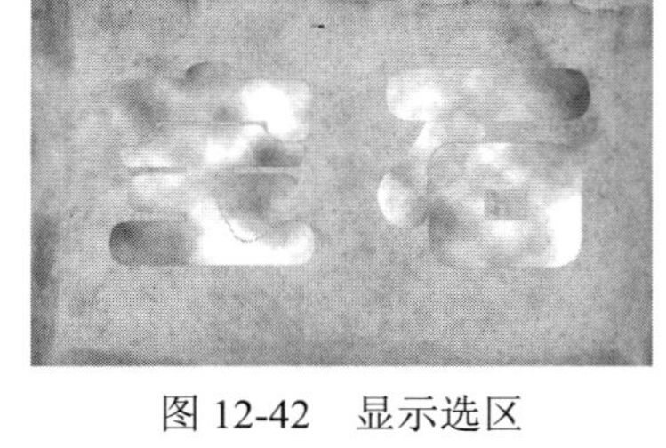

图 12-42　显示选区

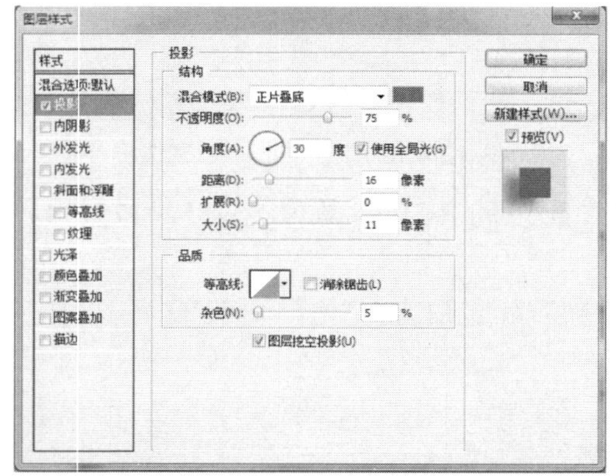

图 12-43　选中“投影”复选框

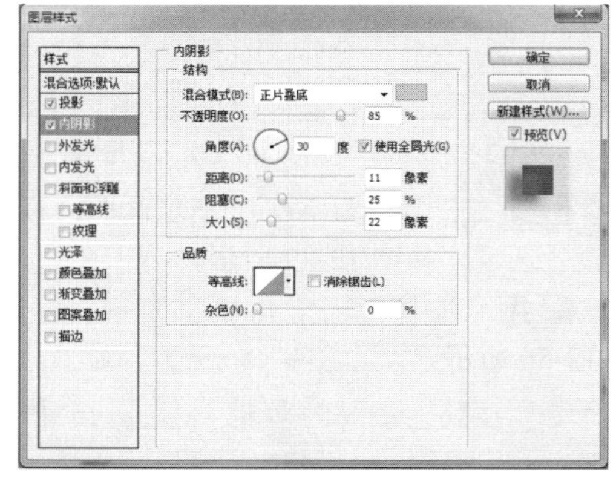

图 12-44　选中“内投影”复选框

11 选中“外发光”复选框，设置发光颜色的 RGB 参数值为 77、194、255，再设置各选项，如图 12-45 所示。

12 选中“内发光”复选框，设置发光颜色的 RGB 参数值为 154、150、49，再设置各选项，如图 12-46 所示。

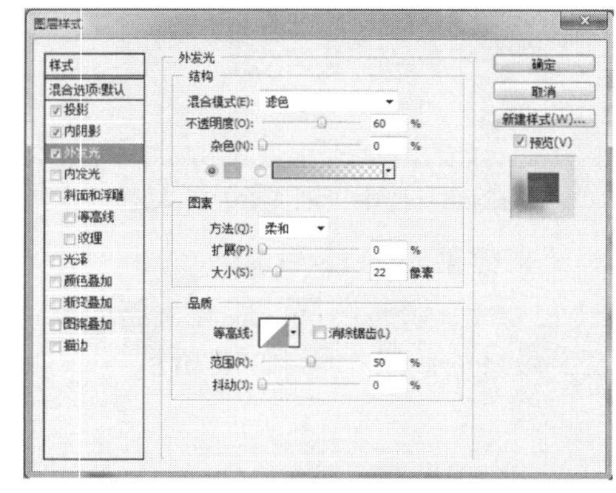

图 12-45　选中“外发光”复选框

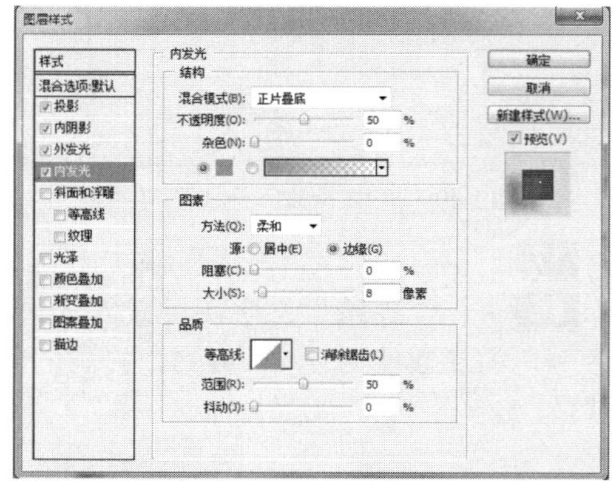

图 12-46　选中“内发光”复选框

13 选中“斜面和浮雕”复选框，单击“光泽等高线”右侧的图标，打开“等高线编辑器”对话框，在“映射”选项组中添加一个节点，并设置“输入”为 75、“输出”为 57，单击“确定”按钮，再设置各选项，如图 12-47 所示。

14 选中“光泽”复选框，设置效果颜色的 RGB 参数值为 255、177、96，再设置各选项，如图 12-48 所示。

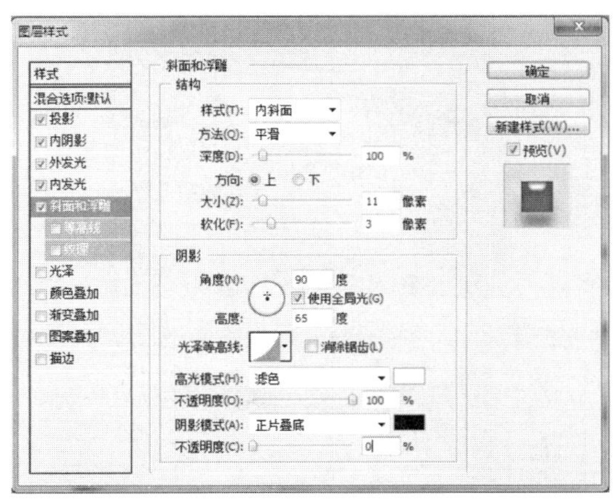

图 12-47　选中“斜面和浮雕”复选框

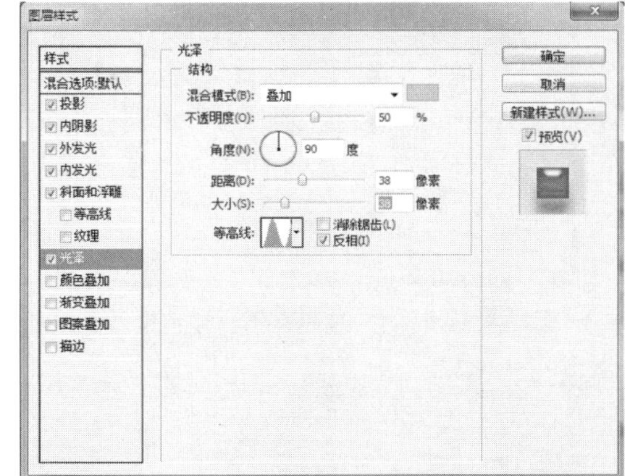

图 12-48　选中“光泽”复选框

15 选中“颜色叠加”复选框，设置叠加颜色的 RGB 参数值为 255、175、4，再设置各选项，如图 12-49 所示。

16 选中“渐变叠加”复选框，设置渐变为黑白渐变色，再设置各选项，如图 12-50 所示。

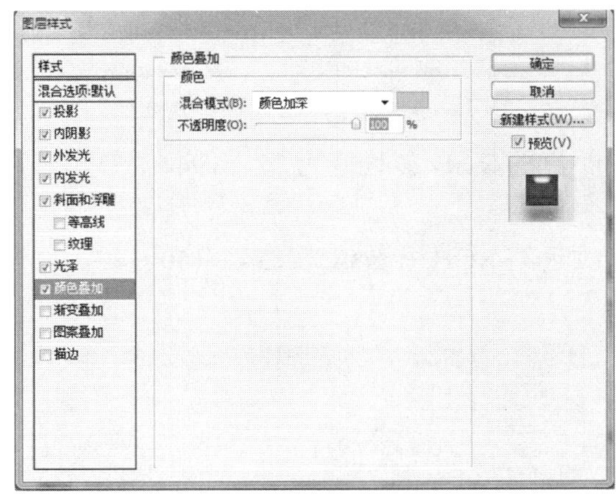

图 12-49　选中“颜色叠加”复选框

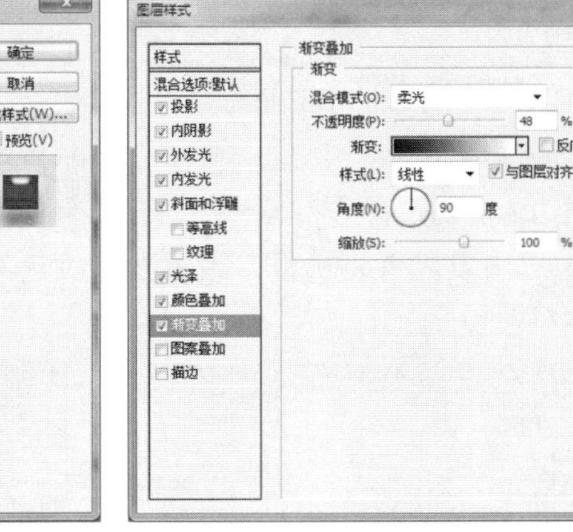

图 12-50　选中“渐变叠加”复选框

17 单击“确定”按钮，添加相应的图层样式，效果如图 12-51 所示。

18 将“琥珀”文字图层载入选区，新建“色阶 1”调整图层，展开调整面板，设置各颜色的参数值为 0、1、235，提高图像的亮度。最终的效果如图 12-52 所示。

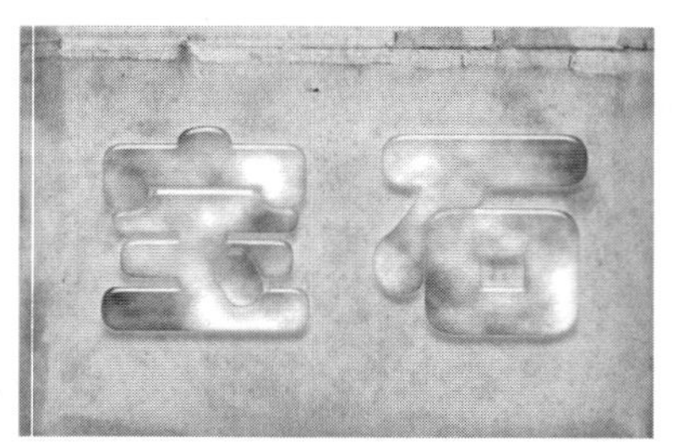
图 12-51 添加图层样式

图 12-52 最终的效果

案例 12.3

立体字制作——立体

案例文件：资源包 \ 源文件 \ 素材 \ 单元 12\ 立体 .jpg

案例效果：资源包 \ 源文件 \ 效果 \ 单元 12\ 立体 .psd

技术点睛：“透视”命令、“文字”命令、“加深工具”等

操作难度：★★

案例目标：通过实践操作，掌握立体字的制作方法

操作步骤

01 新建一个“名称”为 100%、“宽度”为 1024 像素、“高度”为 768、“分辨率”为 150 像素 / 英寸、“颜色模式”为 RGB、“背景内容”为白色的空白文档。使用“渐变工具”为“背景”图层填充白色、草色（RGB 的参数值为 128、193、53）的径向渐变色，如图 12-53 所示。

02 使用“横排文字工具”在图像编辑窗口中输入文字，设置“字体”为 Pump Demi Bold LET，再适当地调整文字的大小和位置，效果如图 12-54 所示。

03 选择“图层 / 栅格化 / 文字”选项，将文字栅格化，按【Ctrl+T】组合键调出变换控制框，效果如图 12-55 所示。

图 12-53 填充径向渐变色

图 12-54 输入文字

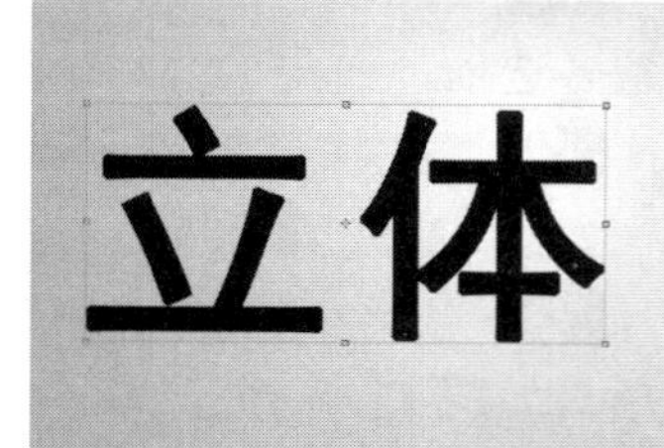

图 12-55 调出变换控制框

04 在控制框内右击，在弹出的快捷菜单中选择“透视”选项，适当地调整图像形

状，再按【Enter】键确认变换，效果如图 12-56 所示。

05 确认 100% 为当前图层，按住【Ctrl】键的同时，单击图层前的缩略图，将 100% 图像载入选区，效果如图 12-57 所示。

06 选择工具箱中的“移动工具”，按住【Alt】键的同时，按【→】方向键多次，制作出立体效果，如图 12-58 所示。

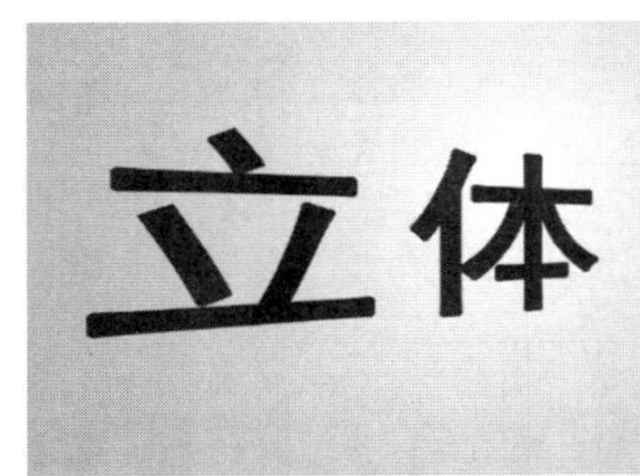

图 12-56 变换图像

图 12-57 载入选区

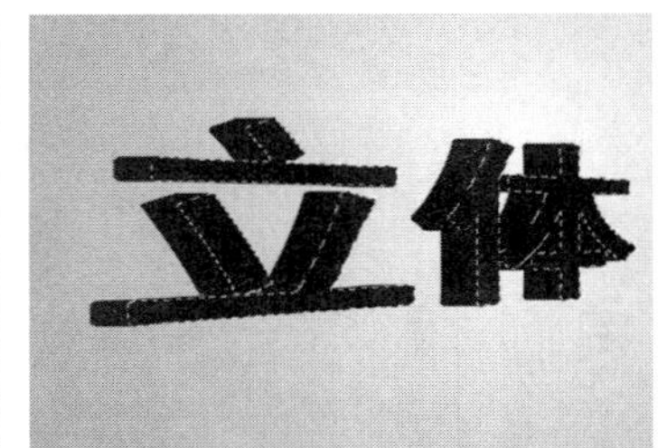

图 12-58 创立立体效果

07 按【Ctrl+J】组合键，复制选区内的图像，得到“图层 1”，且选区自动取消，锁定“图层 1”的透明像素，为图像填充 RGB 参数值为 255、58、58 的前景色，效果如图 12-59 所示。

08 确认“立体”为当前所选图层，并锁定图像的透明像素，再为图像填充 RGB 参数值为 255、13、13 的前景色，效果如图 12-60 所示。

09 选择工具箱中的“加深工具”，在工具属性栏上设置其“硬度”为 0%、“范围”为高光，在图像上进行涂抹，并根据需要适当地调整工具的大小和曝光度，加深图像部分区域的颜色，效果如图 12-61 所示。

图 12-59 填充前景色

图 12-60 为图像填充颜色

图 12-61 加深图像部分区域的颜色

10 双击“图层 1”图层，打开“图层样式”对话框，选中“内阴影”复选框，设置阴影颜色的 RGB 参数值为 13、0、0，再依次设置各选项，如图 12-62 所示。

11 选中“内发光”复选框，设置发光颜色的 RGB 参数值为 255、0、0，再依次设置各选项，如图 12-63 所示。

12 选中“斜面和浮雕”复选框，取消选中“消除锯齿”复选框，再依次设置各选项，如图 12-64 所示。

13 选中“渐变叠加”复选框，设置渐变为白色和黑色的渐变色，再次依次设置各选项，如图 12-65 所示。

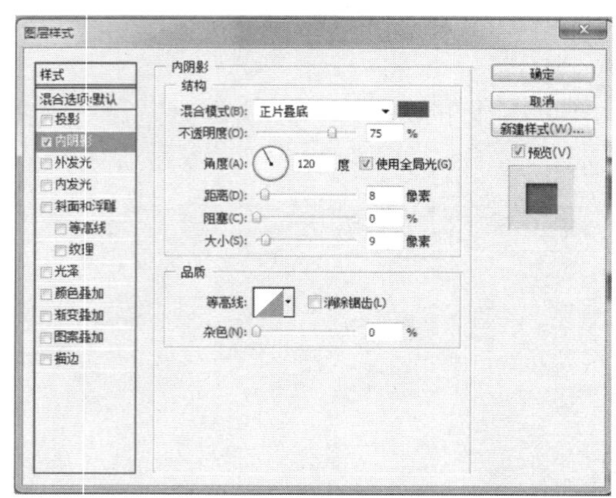

图 12-62　选中“内阴影”复选框

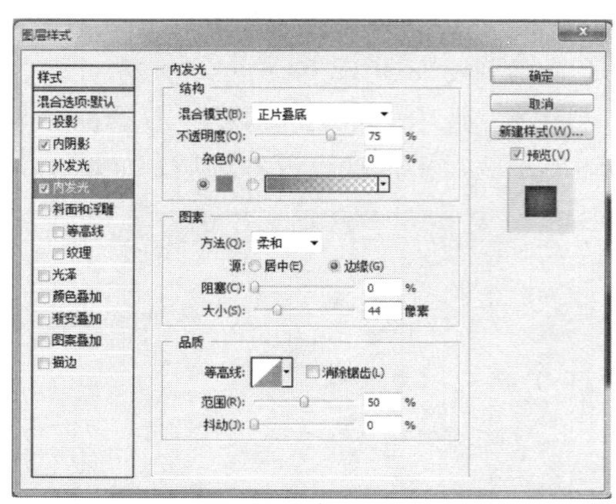

图 12-63　选中“内发光”复选框

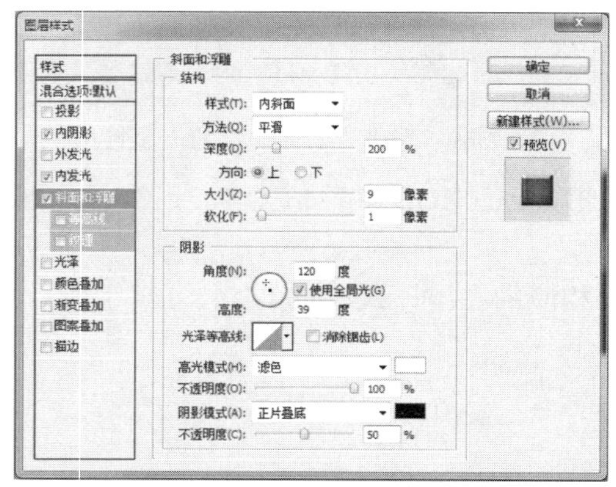

图 12-64　选中“斜面和浮雕”复选框

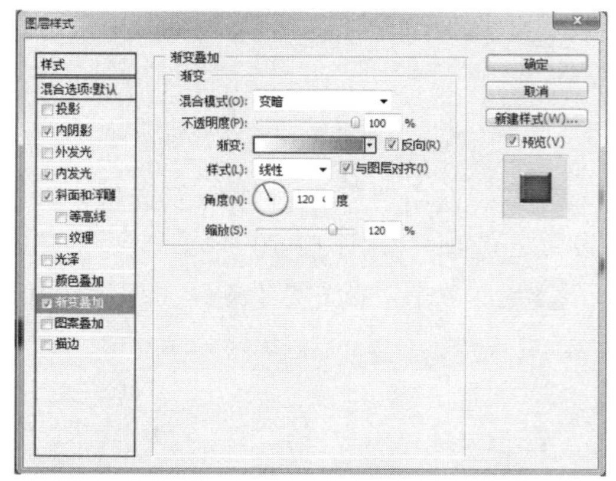

图 12-65　选中“渐变叠加”复选框

14 单击“确定”按钮，即可为图像添加相应的图层样式，效果如图 12-66 所示。

15 双击“立体”图层，打开“图层样式”对话框，选中“投影”复选框，设置阴影颜色为黑色，再依次设置各选项，如图 12-67 所示。

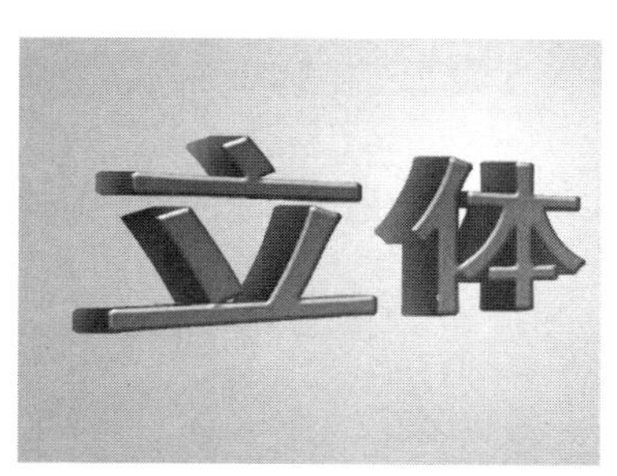

图 12-66　添加图层样式

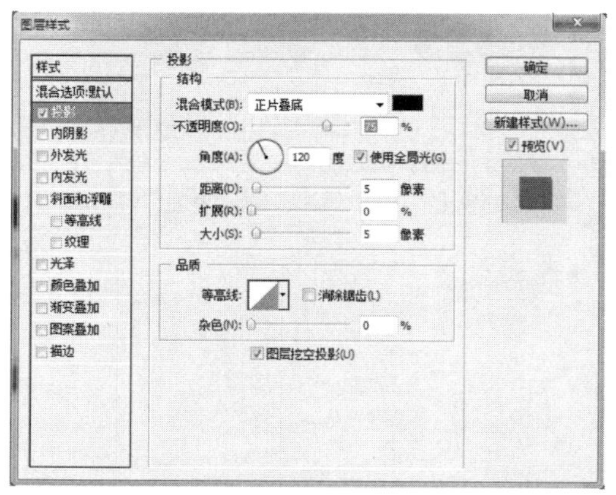

图 12-67　选中“投影”复选框

16 选中“内发光”复选框，设置发光颜色的 RGB 参数值为 175、5、5，再依次设置各选项，如图 12-68 所示。

17 选中“斜面和浮雕”复选框，再选中“等高线”复选框，并设置“光泽等高线”为环形—双，再依次设置各选项，如图 12-69 所示。

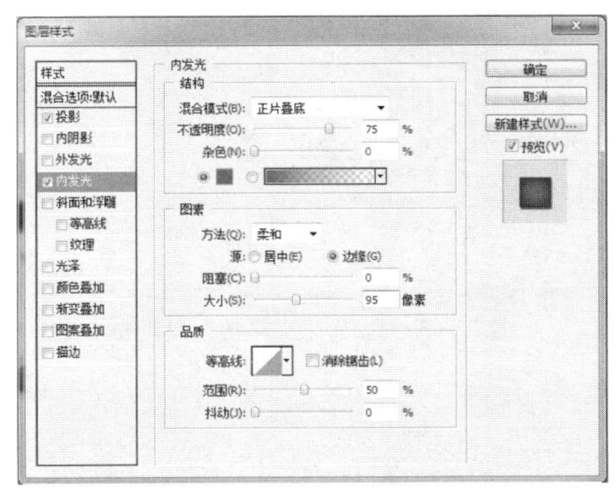

图 12-68 选中“内发光”复选框

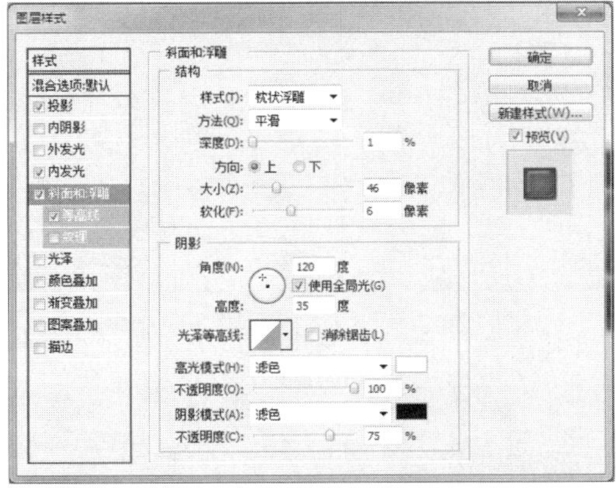

图 12-69 选中“斜面与浮雕”复选框

18 选中“颜色叠加”复选框，设置叠加颜色的 RGB 参数值为 187、0、0，再依次设置各选项，如图 12-70 所示。

19 单击“确定”按钮，即可为图像添加相应的图层样式，效果如图 12-71 所示。

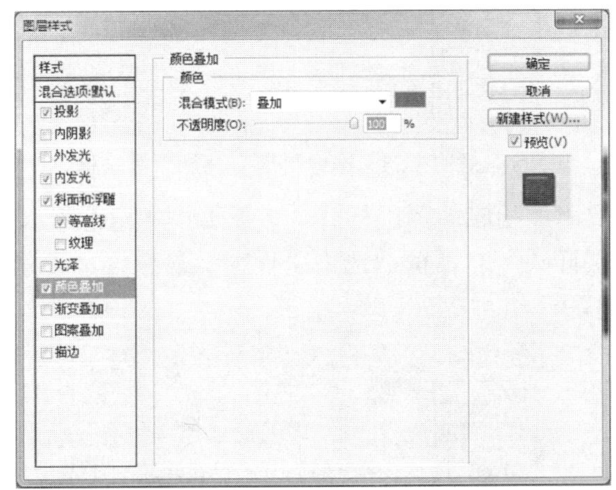

图 12-70 选中“颜色叠加”复选框

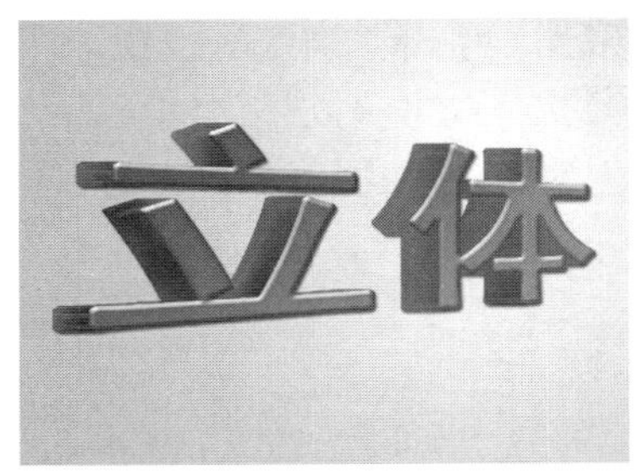

图 12-71 添加图层样式后的效果

13 单元 纹样特效制作

>>>>

◎ 单元导读

本单元将通过制作块状纹样、条形纹样和花纹纹样，使读者了解纹样的特点与制作方法，设计出更多精美的纹样特效。

◎ 学习目标

- 了解不同纹样的特点。
- 掌握纹样的制作方法。

块状纹样制作——蓝色格调

案例效果：资源包 \ 源文件 \ 效果 \ 单元 13\ 蓝色格调 .psd

技术点睛：“矩形选框工具”、“变换选区”命令、“椭圆选框工具”

操作难度：★★★★

案例目标：通过实践操作，掌握制作块状纹样的操作方法

操作步骤

01 选择“文件 / 新建”选项，打开“新建”对话框，在其中设置“名称”、“宽度”、“高度”、“分辨率”、“颜色模式”及“背景内容”等参数，如图 13-1 所示。

02 单击“确定”按钮，新建一个空白文档。按【Ctrl+R】组合键显示标尺，选择“视图 / 新建参考线”选项，打开“新建参考线”对话框，选中“垂直”单选按钮，再设置“位置”为 2 厘米，单击“确定”按钮，即可新建一条指定位置的参考线，效果如图 13-2 所示。

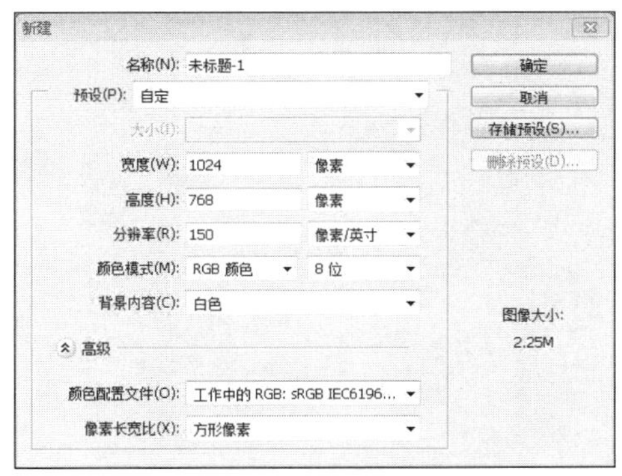

图 13-1 “新建”对话框

图 13-2 新建参考线

03 选择“视图 / 新建参考线”选项，新建多条以 2 为倍数的垂直参考线，效果如图 13-3 所示。

04 参照步骤 2 和步骤 3，再新建多条水平的参考线，效果如图 13-4 所示。

05 使用“矩形选框工具”在参考线的辅助下绘制一个正方形选区，新建“图层 1”图层，并为选区填充 RGB 参数值为 140、201、230 的前景色。双击图层，打开“图层样式”对话框，选中“描边”复选框，设置“位置”为居中、“颜色”为白色，单击“确定”按钮，效果如图 13-5 所示。

06 在工具属性栏上单击“新选区”按钮，将鼠标指针移至选区内时，鼠标指针呈形状，如图 13-6 所示。

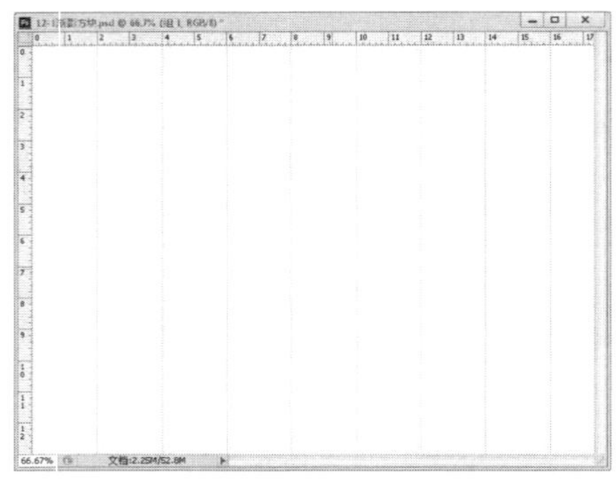

图 13-3　新建垂直参考线

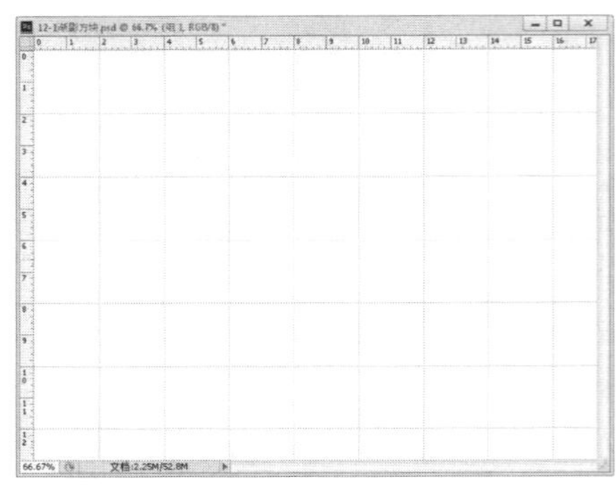

图 13-4　新建水平参考线

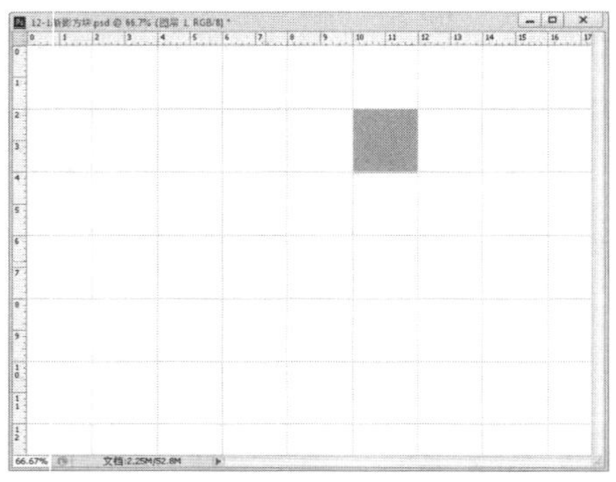

图 13-5　填充前景色

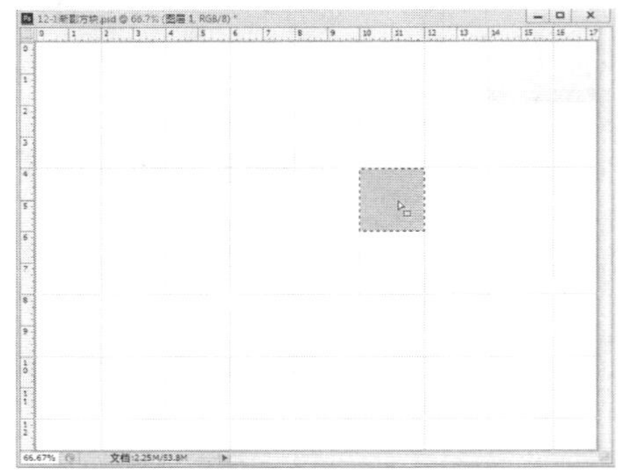

图 13-6　将鼠标指针移至选区内

07 将鼠标指针移至另一个方格上，新建“图层 2”图层，使用“渐变工具”为选区填充 RGB 参数值分别为 97、168、202，140、201、230 的双色线性渐变色，效果如图 13-7 所示，将“图层 1”图层上的图层样式复制并粘贴至“图层 2”图层上。

08 按【Ctrl+D】组合键取消选区，复制“图层 2”图层得到“图层 2 副本”图层，再将图像移至合适的位置，效果如图 13-8 所示。

09 锁定“图层 2 副本”图层的透明像素，使用“渐变工具”为选区填充 RGB 参数值分别为 146、206、234，94、167、200 的双色线性渐变色，效果如图 13-9 所示。

10 参照步骤 8 和步骤 9，复制并调整图像的位置，并为各图像填充不同的颜色或渐变色，效果如图 13-10 所示。

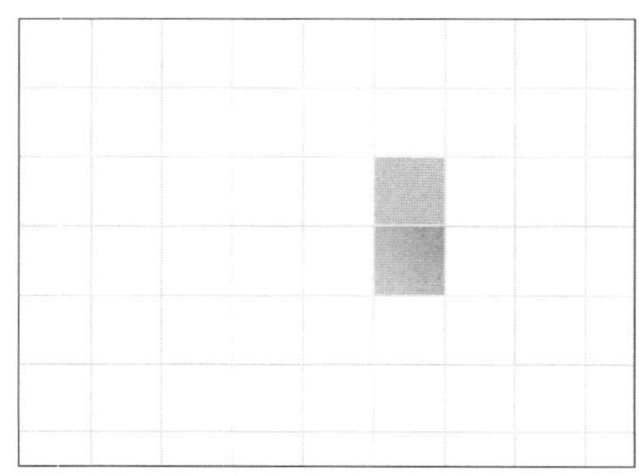

图 13-7　填充双色线性渐变色 1

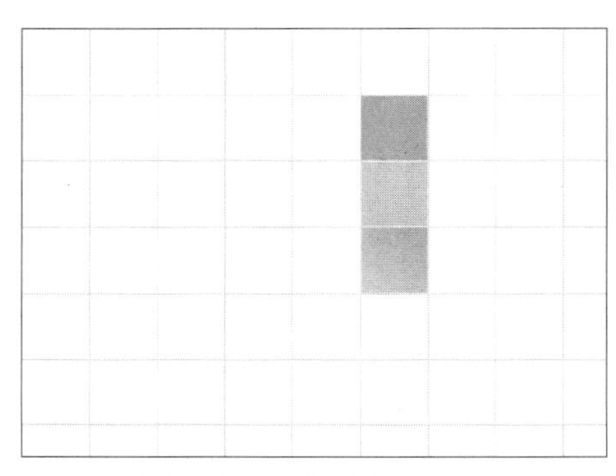

图 13-8　复制并移动图像

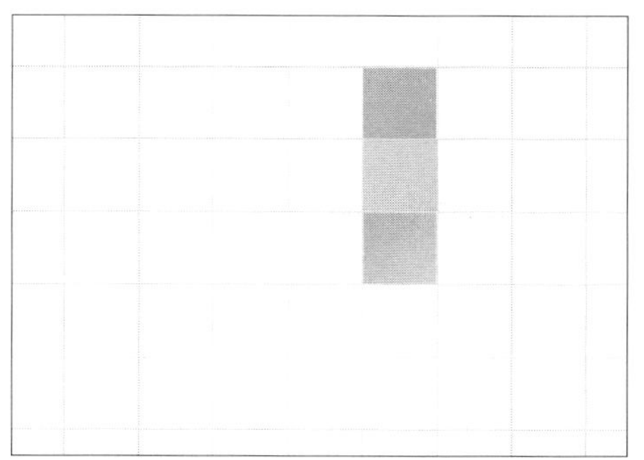

图 13-9　填充双色线性渐变色 2

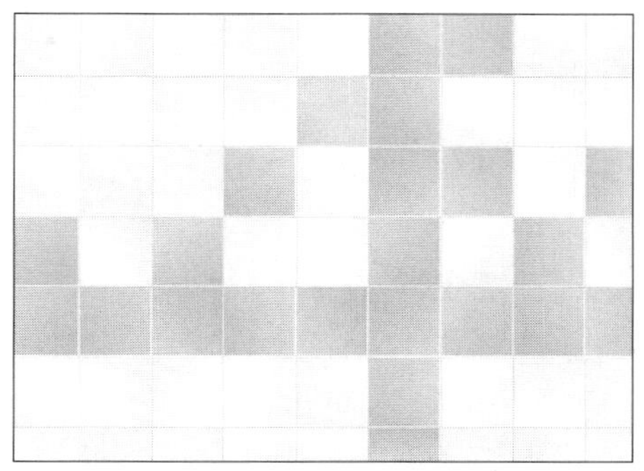

图 13-10　图像效果

11 使用“椭圆选框工具”在图像编辑窗口中创建一个圆形选区，新建“图层 3”图层，并填充为白色，效果如图 13-11 所示。

12 选择“选择 / 变换选区”选项，调出变换控制框，等比例缩小选区，按【Enter】键确认变换，再按【Delete】键删除选区内的图像，效果如图 13-12 所示。

图 13-11　创建圆形图像

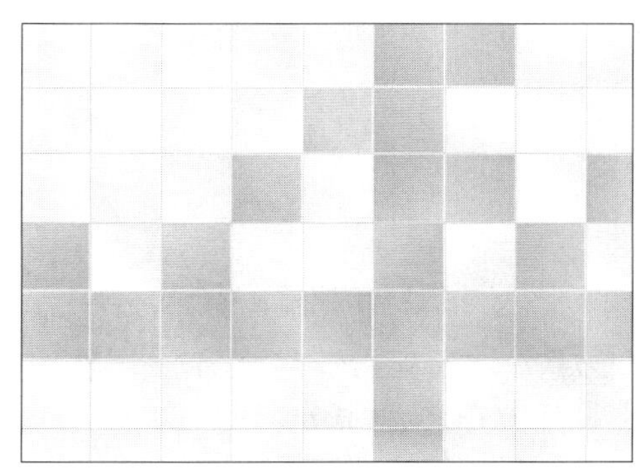

图 13-12　删除图像

13 选择“选择 / 变换选区”选项，调出变换控制框，等比例缩小选区，按【Enter】键确认变换，再将选区填充为白色，效果如图 13-13 所示。

14 参照步骤 12 和步骤 13，制作出相应的圆环图像，再按【Ctrl+D】组合键取消选区，效果如图 13-14 所示。

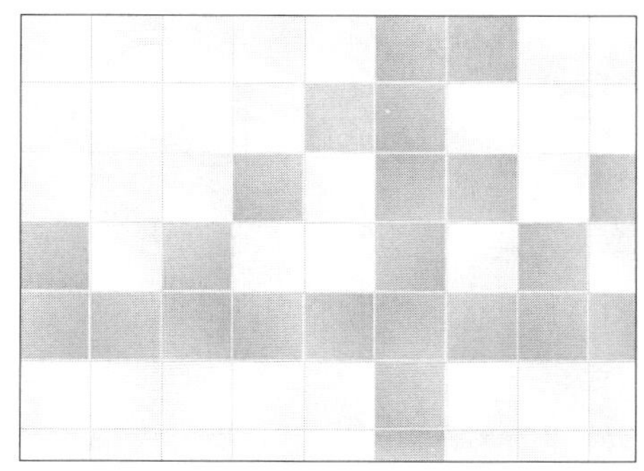

图 13-13　填充颜色

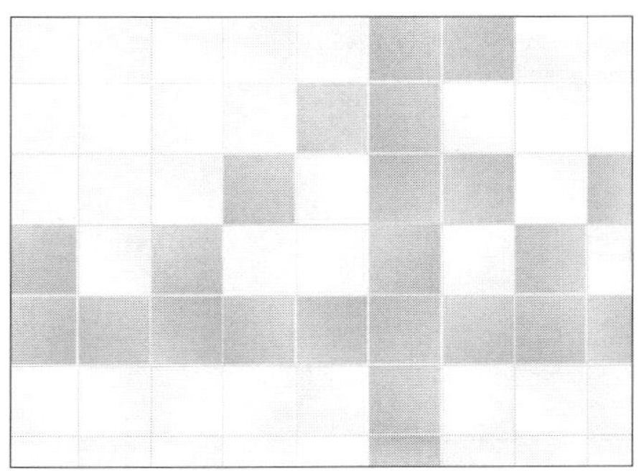

图 13-14　圆环图像

15 复制圆环图像并等比例缩小图像，再将图像调整至合适的位置，效果如图 13-15 所示。

16 用与上面相同的方法，复制并调整图像的大小和位置，并设置该图像的“不透明度”为 60%，效果如图 13-16 所示。

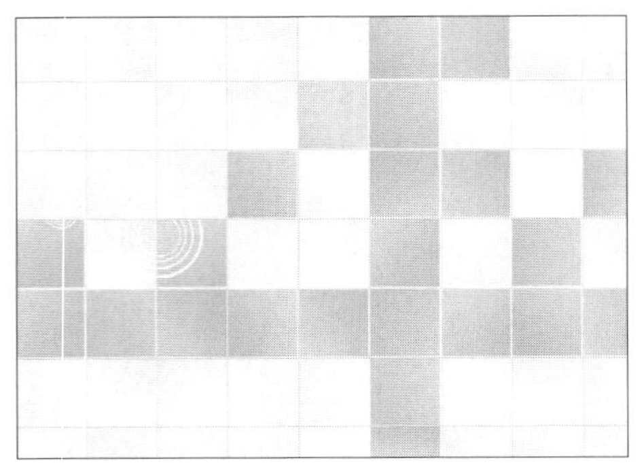

图 13-15 复制图像

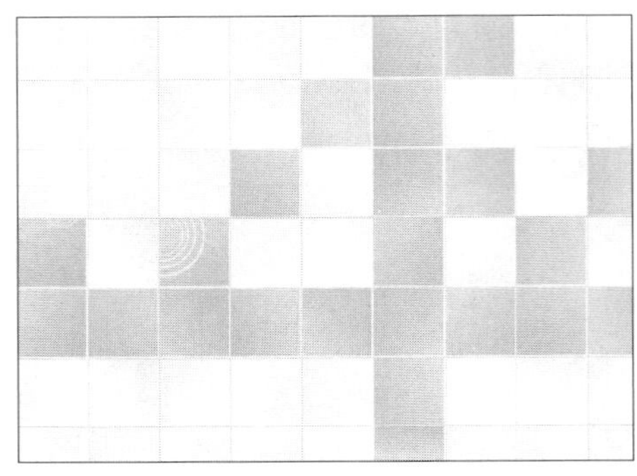

图 13-16 设置不透明度后的效果

17 复制透明圆环多次，并根据需要调整各图像的大小和位置，效果如图 13-17 所示。

18 复制图像编辑窗口左上角的各图像，并将各图像移至图像右下角的合适位置，效果如图 13-18 所示。

图 13-17 复制并调整图像

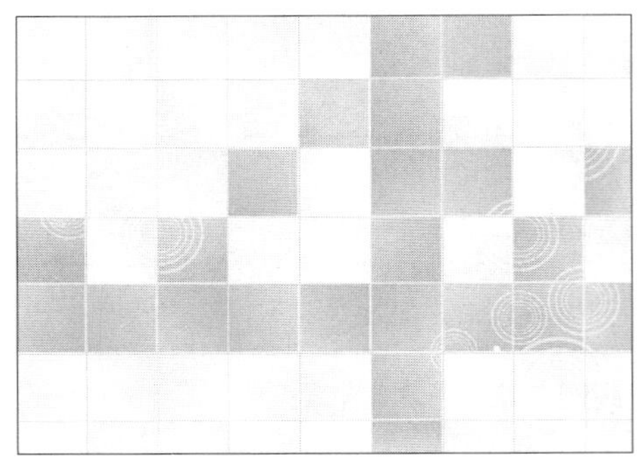

图 13-18 调整图像

19 新建“图层 4”图层，使用“椭圆框选工具”创建一个圆形选区，并填充为白色，再按【Ctrl+D】组合键取消选区，效果如图 13-19 所示。

20 复制白色图形图像多次，并根据需要适合当地调整各图像的大小和位置，效果如图 13-20 所示。

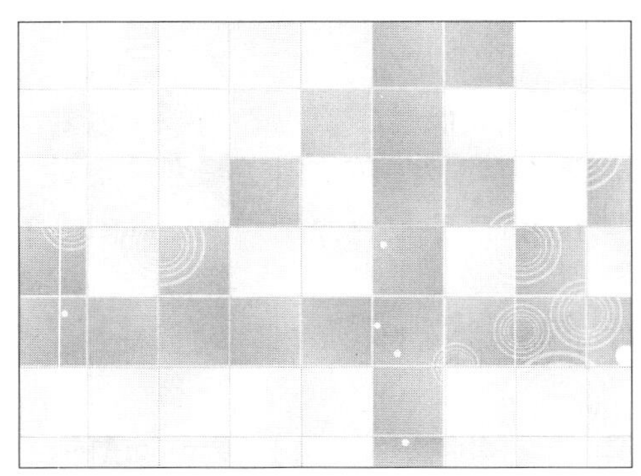

图 13-19 创建圆形选区

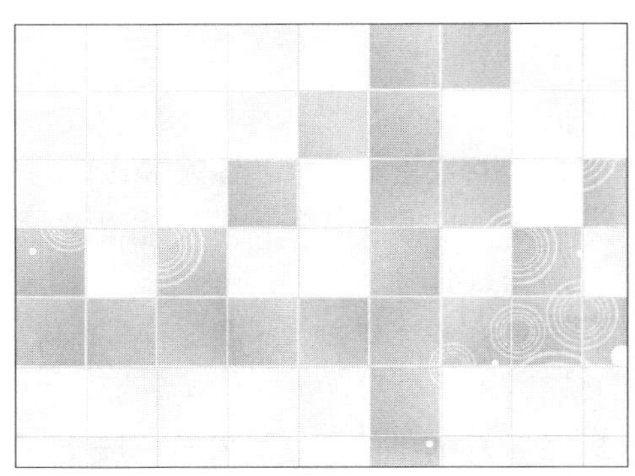

图 13-20 调整图形大小和位置

21 新建“图层 5”图层，使用“椭圆框选工具”创建一个圆形选区，并填充为白色，

再按【Ctrl+D】组合键取消选区，设置“不透明度”为 40%。多次复制圆形图像，并对图像的大小和位置进行适当的调整，效果如图 13-21 所示。

22 新建“图层 6”图层，利用“椭圆框选工具”和“变换选区”命令，制作出环形图像，复制圆环图像多次，并对图像的大小和位置进行适当的调整，效果如图 13-22 所示。

图 13-21　调整半透明的圆形

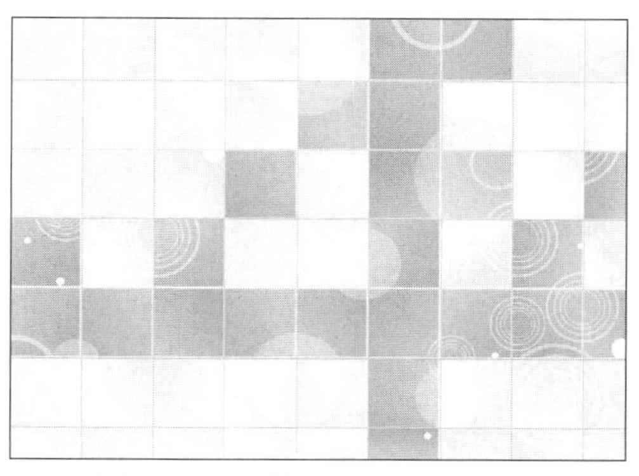

图 13-22　调整圆环的大小和位置

案例 13.2

条形纹样制作——复古花纹

案例文件：资源包\源文件\素材\单元 13\花样 1.psd、花藤 .psd、花藤 2.psd

案例效果：资源包\源文件\效果\单元 13\复古花纹 .psd

技术点睛：“渐变工具”、“水平翻转”命令、“应用图层样式”等

操作难度：★★★★

案例目标：通过实践操作，掌握制作条形纹样的操作方法

操作步骤

01 新建一个“名称”为复古花纹、“宽度”为 1024 像素、“高度”为 768 像素、“分辨率”为 150 像素 / 英寸、“颜色模式”为 RGB、“背景内容”为白色的空白文档。新建“图层 1”图层，使用“渐变工具”为“背景”图层填充 RGB 参数值分别为 90、6、6，136、10、10，79、4、4 的线性渐变色，如图 13-23 所示。

02 打开“资源包\源文件\素材\单元 13\花样 1”素材，将其拖动至复古花纹图像编辑窗口中，效果如图 13-24 所示。

03 复制“图层 2”图层，按【→】方向键水平移动图像，将其移至合适的位置，效果如图 13-25 所示。

图 13-23　填充渐变色

图 13-24　拖入花样 1 素材

图 13-25　水平移动图像

04 用与上面相同的方法，复制花样图像多次，并将各图像移至合适位置，效果如图 13-26 所示。

05 合并花样所属的“图层 2”及其副本图层，并重命名为“图层 2”图层，设置该图层的混合模式为柔光，效果如图 13-27 所示。

06 打开“资源包 \ 源文件 \ 素材 \ 单元 13\ 花藤”素材，将其拖动至复古花纹图像编辑窗口中的左上角，锁定“图层 3”图层的透明像素，并为图像填充白色，效果如图 13-28 所示。

图 13-26　复制并调整

图 13-27　设置图层的混合模式

图 13-28　填充白色

07 双击“图层 3”图层，打开“图层样式”对话框，选中“投影”复选框，各选项设置如图 13-29 所示。

08 选中“渐变叠加”复制框，单击“渐变”右侧的色块，打开“渐变编辑器”对话框，在渐变条上设置洋红色和白色的双色渐变，并适当地调整两个色标的位置，如图 13-30 所示。

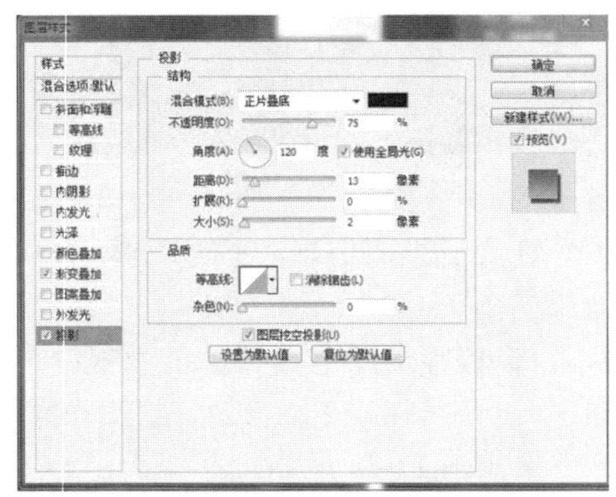
图 13-29　选中“投影”复选框

图 13-30　“渐变编辑器”对话框

知识窗

利用 Photoshop 软件的“图层样式”功能，能够方便地建立许多效果，如内发光、投影、斜面和浮雕等。选择“图层 / 图层样式”子菜单中的选项，或单击“图层”面板下方的“添加图层样式”按钮，在弹出的下拉列表中选择一个选项即可。

“图层样式”的效果有以下几种。

1）投影：在图层内容的后面添加阴影。

2）内阴影：紧靠在图层内容的边缘内添加阴影，使图像具有凹陷外观。

3）外发光和内发光：添加从图层内容的外边缘或内边缘发光的效果。

4）斜面和浮雕：对图层添加高光和阴影的各种组合。

5）光泽：用于创建光滑光泽的内部阴影。

6）颜色叠加、渐变叠加和图案叠加：用颜色、渐变或图案填充图层内容。

7）描边：使用颜色、渐变或图案在当前图层上描画对象的轮廓，它对于硬边形状（如文字）特别有用。

09 单击“确定”按钮，返回“图层样式”对话框，再设置各选项，如图 13-31 所示。

10 单击“确定”按钮，即可为图像添加“投影”图层样式和“渐变叠加”的图像样式，效果如图 13-32 所示。

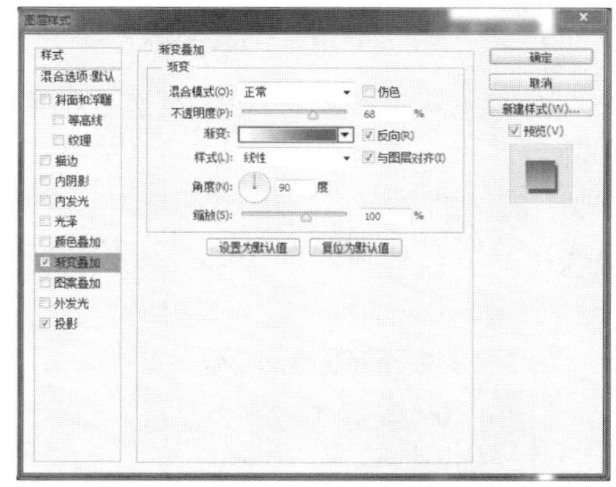

图 13-31 设置图层样式参数

图 13-32 添加图层样式

11 复制“图层 3”图层，得到“图层 3 副本”图层，选择“编辑 / 变换 / 旋转 180 度”选项，旋转图像，再将图像调整至图像右下角，效果如图 13-33 所示。

12 打开“资源包 \ 源文件 \ 素材 \ 单元 13\ 花藤 2”素材，将其拖动至“复古花纹”图像编辑窗口中，选择“编辑 / 变换 / 旋转”选项，调出变换控制框，在工具属性栏上设置“角度”为 150，按【Enter】键确认旋转并变换图像，效果如图 13-34 所示。

13 复制“图层 4”图层得到“图层 4 副本”图层，按【Ctrl+T】组合键调出交换控制框，将中心控制点的位置调整至控制框正下方控制点上，效果如图 13-35 所示。

图 13-33　复制并调整图像

图 13-34　旋转并变换图像

图 13-35　调整控制点位置

14 在控制框内右击，在弹出的快捷键菜单中选择“垂直翻转”选项，按【Enter】键确认，垂直翻转图像，效果如图 13-36 所示。

15 在“图层”面板中选中“图层 4”图层和“图层 4 副本”图层，复制两个图层，选择“编辑 / 自由变换”选项，调出变换控制框，效果如图 13-37 所示。

16 将控制框的中心控制点水平移动至控制框的右侧，效果如图 13-38 所示。

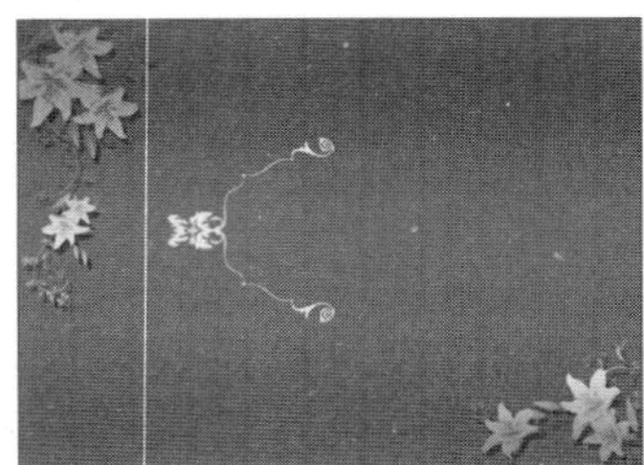

图 13-36　垂直旋转图像

图 13-37　调出交换控制框

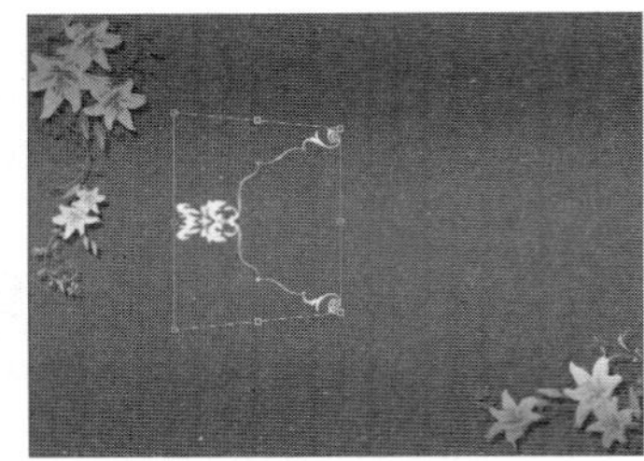

图 13-38　调整控制点位置

17 在控制框内右击，在弹出的快捷键菜单中选择“水平翻转”选项，按【Enter】键确认，水平翻转图像，效果如图 13-39 所示。

18 选择工具箱中的“移动工具”，在“图层”面板中选中“图层 4”图层及其所有的副本图层，按【Enter+G】组合键，将图层进行编组；按住【Ctrl】键的同时选中“垂直居中”单选按钮，使图像与背景对齐，效果如图 13-40 所示。

19 选择工具箱中的“自定形状工具”，在工具属性栏上单击“形状图层”按钮，并设置“形状”为花形装饰 2，如图 13-41 所示。

图 13-39　水平翻转图像

图 13-40　居中对齐

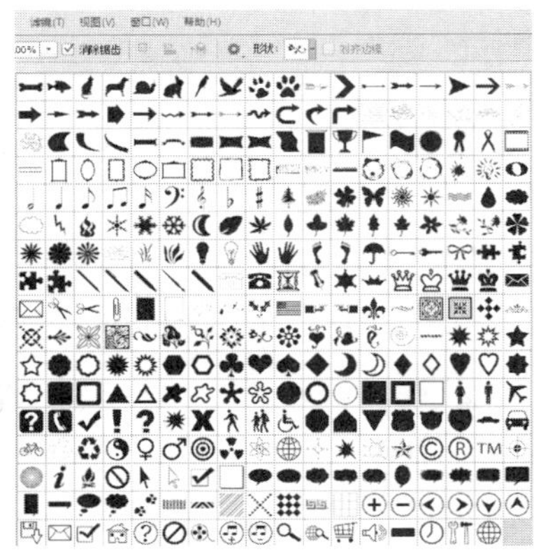

图 13-41　选择形状

20 在图像编辑窗口的右上角绘制一个大小合适的花形形状，并设置“形状 1”图层的“不透明度”为 75%，效果如图 13-42 所示。

21 复制“形状 1”图层多次，并调整个形状的位置，效果如图 13-43 所示，将“形状 4”及其副本图层进行编组，得到“组 2”组。

22 复制“组 2”组得到“组 2 副本”组，选择“编辑 / 变换 / 水平翻转”选项，水平翻转图像，再将图像调整至图像编辑窗口左下角。最终效果如图 13-44 所示。

图 13-42 绘制形状

图 13-43 复制图像

图 13-44 最终效果

案例 13.3

花纹纹样制作——蓝色梦幻

案例文件：资源包 \ 源文件 \ 素材 \ 单元 13\ 底纹 .psd、花样 2.psd、花样 3.psd、花样 4.psd、花样 5.psd

案例效果：资源包 \ 源文件 \ 效果 \ 单元 13\ 蓝色梦幻 .psd

技术点睛：“光泽”图层样式、“渐变叠加”图层样式、“水平翻转”命令

操作难度：★★

案例目标：通过实践操作，掌握制作花纹纹样的操作方法

操作步骤

01 新建一个“名称”为蓝色梦幻、“宽度”为 1024 像素、“高度”为 768 像素、“分辨率”为 150 像素 / 英寸、“颜色模式”为 RGB、“背景内容”为白色的空白文档。新建“图层 1”图层，使用“渐变工具”为图像填充蓝色（RGB 参数值为 35、79、101）、淡蓝色（RGB 参数值为 105、168、202）、蓝色的三色线性渐变色，如图 13-45 所示。

02 打开“资源包 \ 源文件 \ 素材 \ 单元 13\ 底纹”素材，将其拖动至蓝色梦幻图像编辑的窗口中，效果如图 13-46 所示。

图 13-45 填色线性渐变色

图 13-46 底纹素材

03 打开“资源包 \ 源文件 \ 素材 \ 单元 13\ 花样 2”素材，将其拖动至蓝色梦幻图像编辑窗口中，效果如图 13-47 所示。

04 双击“图层 1”图层，打开“图层样式”对话框，选中“光泽”复选框，单击“设置效果颜色”色块，在打开的“拾色器（光泽颜色）”对话框中设置 RGB 的参数值，如图 13-48 所示。

图 13-47 拖入素材

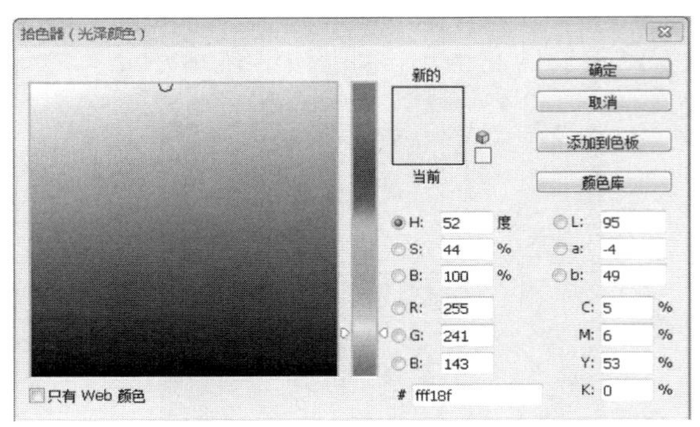

图 13-48 “拾色器（光泽颜色）”对话框

05 单击“确定”按钮，返回“图层样式”对话框，各参数设置如图 13-49 所示。

06 选中“渐变叠加”复选框，单击“渐变”右侧的色块，打开“渐变编辑器”对话框，并设置蓝色（RGB 参数值为 135、65、90）和白色渐变色，如图 13-50 所示。

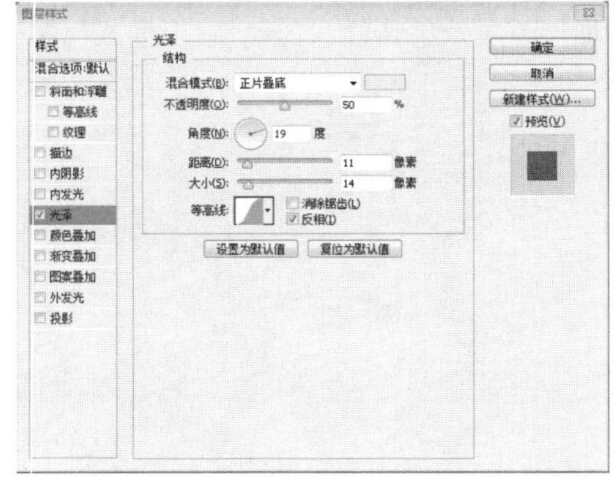

图 13-49 设置“光泽”参数

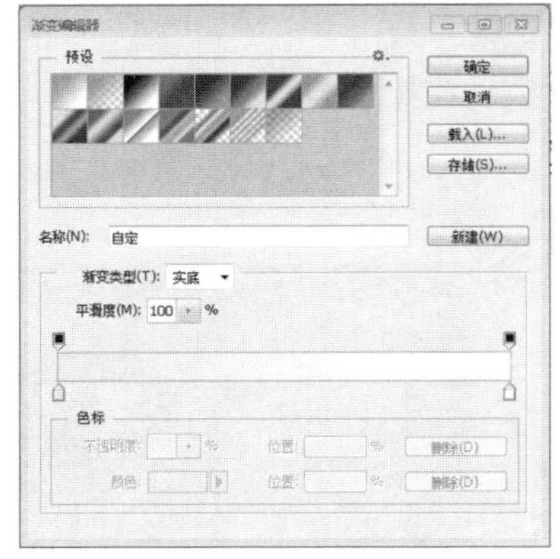

图 13-50 “渐变编辑器”对话框

07 单击“确定”按钮，返回“图层样式”对话框，各参数设置如图 13-51 所示。

08 单击“确定”按钮，即可为图像添加“光泽”图层样式和“渐变叠加”图层样式，效果如图 13-52 所示。

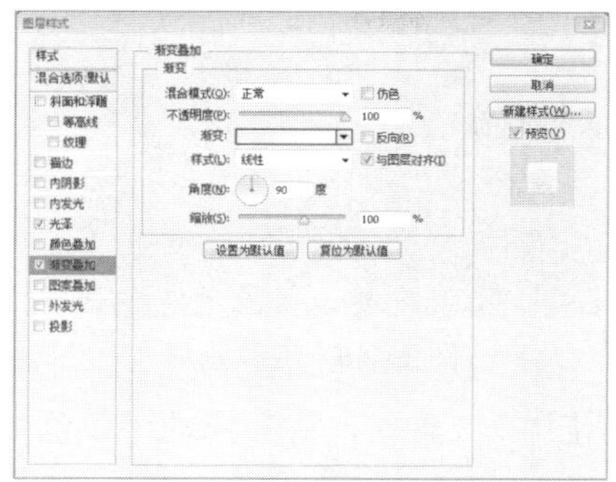

图 13-51　设置“渐变叠加”参数

图 13-52　添加图层样式后的效果

09 复制花样图像，选择“编辑 / 变换 / 水平翻转”选项，水平翻转图像，再将花样图案调整至图像的右上角，如图 13-53 所示。

10 打开“资源包 \ 源文件 \ 素材 \ 单元 13\ 花样 3”素材，将其拖动至蓝色梦幻图像编辑窗口的左下角，如图 13-54 所示。

图 13-53　复制并翻转图像

图 13-54　拖入“花样 3”素材

11 选中“图层 3”图层，选择“图层 / 图层样式 / 拷贝图层样式”选项，选中花样 3 图像所属的“图层 4”图层，再选择“图层 / 图层样式 / 粘贴图层样式”选项，为花样 3 添加图层样式，效果如图 13-55 所示。

12 双击“图层 4”图层上的“渐变叠加”图层效果名称，打开“图层样式”对话框，各参数设置如图 13-56 所示。

图 13-55　添加图层样式

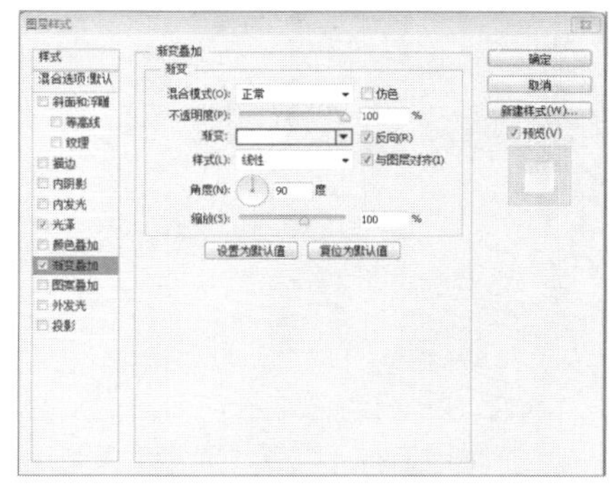

图 13-56　改变参数值

13 单击“确定”按钮，图像的图层样式效果随之改变，如图 13-57 所示。

14 复制“图层 4”图层得到“图层 4 副本”图层，水平翻转图像并将复制的图像调整至图像编辑窗口的右下角，如图 13-58 所示。

15 双击“图层 4”图层上的“渐变叠加”图层效果名称，打开“图层样式”对话框，设置“角度”为 110，单击“确定”按钮，改变图层样式，效果如图 13-59 所示。

图 13-57　改变图层样式后的效果

图 13-58　复制并翻转图像

图 13-59　改变图层样式

16 打开“资源包\源文件\素材\单元 13\花样 4”素材，将其拖动至蓝色梦幻图像编辑窗口的左侧，如图 13-60 所示。

图 13-60　拖入“花样 4”素材

17 复制“图层 4”图层的图层样式，并粘贴于“图层 5”图层上，双击“图层 5”图层上的“渐变叠加”图层效果名称，在打开的对话框中单击“渐变”右侧的色块，在打开的“渐变编辑器”对话框中设置暗红色（RGB 参数值为 135、65、90）、粉红色（RGB 参数值为 178、144、156）渐变色，如图 13-61 所示。

18 单击“确定”按钮，返回“图层样式”对话框，取消选中“光泽”复选框，再设置“渐变叠加”参数，如图 13-62 所示。

图 13-61　设置渐变色

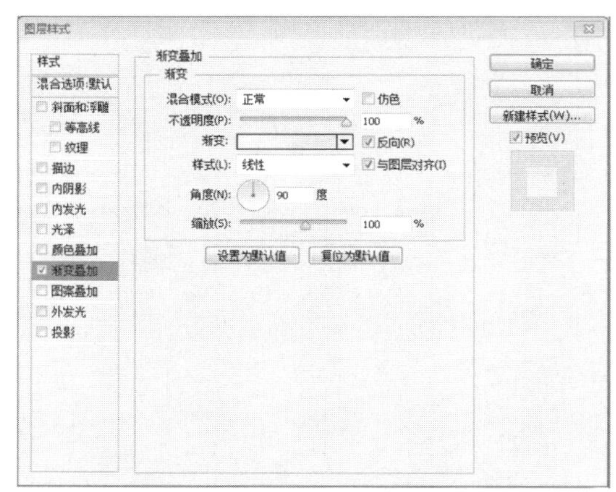

图 13-62　设置“渐变叠加”参数

19 单击“确定”按钮，即可为图像添加相应的图层样式，效果如图 13-63 所示。

20 复制“图层 5”图层得到“图层 5 副本”图层，水平翻转图像并将复制的图像调整至图像编辑窗口的右侧，效果如图 13-64 所示。

图 13-63　添加图层样式

图 13-64　复制并调整图像

21 打开“资源包 \ 源文件 \ 素材 \ 单元 13\ 花样 5”素材，将其拖动至蓝色梦幻图像编辑窗口的正上方，并设置该图像的混合模式为线性光，效果如果 13-65 所示。

22 复制花样 5 图像，将复制的图像进行垂直翻转，再调整至图像编辑窗口的正下方，最终效果如图 13-66 所示。

图 13-65　设置图层的混合模式

图 13-66　最终效果

14 单元 创意合成特效

◎ 单元导读

在生活和工作中，创意都占据着非常重要的地位。平时我们见到的大多数的平面创意特效，是可以通过 Photoshop 软件来实现的。本单元将通过制作趣味创意、夸张创意、景象创意，使读者了解创意特效的制作方法，并学会制作出更多的创意特效。

◎ 学习目标

- 了解不同创意特效的特点。
- 掌握创意特效的制作方法。

案例 14.1

趣味创意制作——学无止境

案例文件：资源包 \ 源文件 \ 素材 \ 单元 14\ 小女孩 .jpg、狗狗 .jpg

案例效果：资源包 \ 源文件 \ 效果 \ 单元 14\ 好学的狗狗 .psd

技术点睛：“椭圆选框工具”、“水平翻转”命令、“钢笔工具”

操作难度：★★★★

案例目标：通过制作“学无止境”创意特效，掌握相关工具和命令的使用

操作步骤

01 打开“资源包 \ 源文件 \ 素材 \ 单元 14\ 小女孩”和“狗狗”素材，如图 14-1 所示。

02 确认狗狗素材图像为当前图像，选择“椭圆选框工具”，选取选区并按【Ctrl+Alt】组合键将狗狗头像拖动到小女孩图像上，效果如图 14-2 所示。

03 移动狗狗图像至合适位置，选择狗狗图层按【Ctrl+T】组合键，在出现的变换控制框内右击，在弹出的快捷菜单中选择“水平翻转”选项，效果如图 14-3 所示。

图 14-1　素材

图 14-2　选取图形

图 14-3　调整图形

04 在“图层”面板中设置“图层 1”图层的“不透明度”为 50%，如图 14-4 所示，以便调整图像。

05 按【Ctrl+T】组合键调出变换控制框，将鼠标指针移至变换控制框内侧，当鼠标指针呈双向弯曲箭头时，按住鼠标左键并拖动，对狗狗的头像进行大小设置，缩放狗狗的头像至适合大小，并移动至人物图像的合适位置，如图 14-5 所示。

06 用与上面相同的方法，使用“橡皮擦除工具”在图像编辑窗口中的其他位置进行涂抹，直到满意为止，效果如图 14-6 所示。

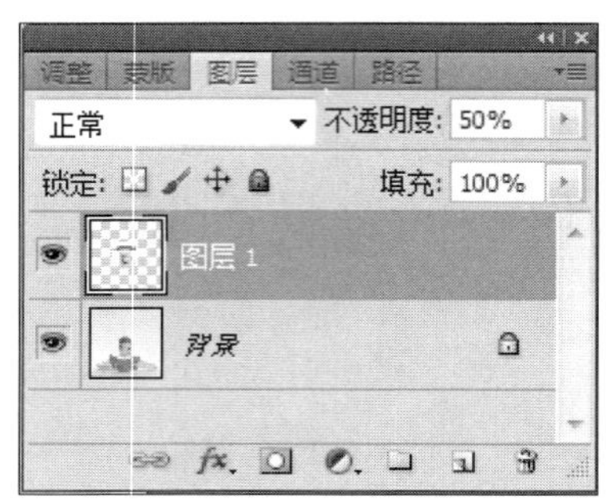

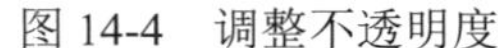
图 14-4　调整不透明度

图 14-5　调整大小

图 14-6　擦除多余部分

07 切换至狗狗素材图像，选择“钢笔工具”，准确地勾画狗狗爪子素材，如图 14-7 所示。

08 在小女孩图像中，选择狗狗爪子图层，并按【Ctrl+T】组合键调出变换控制框，将狗狗爪子调整到适合位置，效果如图 14-8 所示。

09 用与上面相同的方法进行另一只狗狗爪子的操作，再用“涂抹工具”对狗狗爪子边缘进行修复处理，最终效果如图 14-9 所示。

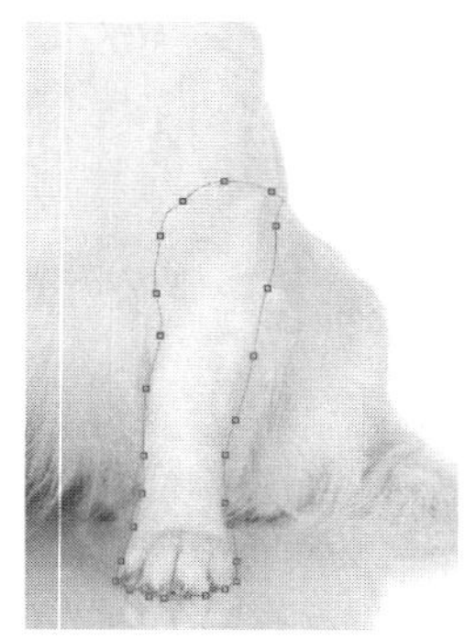
图 14-7　选取图形

图 14-8　调整图形

图 14-9　完成后的效果

知识窗

用户使用“画笔工具”在图层蒙版中进行涂抹时，应注意前景色的设置，如设置为黑色，则将图案隐藏；如设置为白色，则相反；若不满意之前所涂抹的效果，可将前景色设置为白色，然后在图像中进行涂抹，可将图像还原。

在“仿制图章工具”的工具属性栏中选中“对齐”复选框，则进行规则复制，即定义要复制的图像后，几次拖动鼠标，得到的是一个完整的原图图像；取消选中“对齐”复选框，则进行不规则复制，即多次拖动鼠标，每次从鼠标指针落点处开始复制定义的图像，最后得到的是多个图像。

案例 14.2

夸张创意制作——破蛋重生

案例文件：资源包\源文件\素材\单元 14\鸭蛋.jpg、小鸭.jpg

案例效果：资源包\源文件\效果\单元 14\破蛋重生.psd

技术点睛：“魔棒工具”“套索工具”“钢笔工具”等

操作难度：★★

案例目标：通过制作“破蛋重生”特效，掌握不规则形状选取工具的应用

操作步骤

01 选择“文件 / 新建”选项，在打开的“新建”对话框中设置“名称”（破蛋重生）、“宽度”、“高度”、“分辨率”、“颜色模式”和“背景内容”，如图 14-10 所示。

02 打开“资源包\源文件\素材\单元 14\鸭蛋”素材，如图 14-11 所示。按【Ctrl+A】组合键全选图像，按【Ctrl+C】组合键，复制选区的图像。

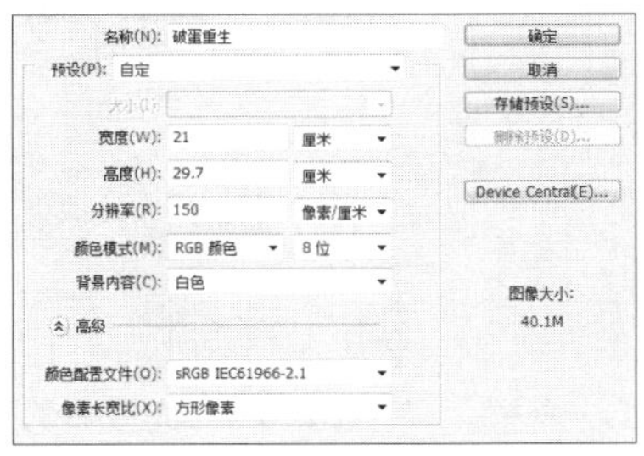

图 14-10　新建图形

图 14-11　鸭蛋素材

03 切换至“破蛋重生”图像，按【Ctrl+V】组合键，粘贴选区内鸭蛋图像，选择“钢笔工具”按图齿状勾画鸭蛋，按【Ctrl+Enter】组合键变成选择状态，如图 14-12 所示。

04 按【Ctrl+T】组合键调出变换控制框，将鼠标指针移至变换控制的右上角，旋转并移至图像到合适的位置，如图 14-13 所示。

05 选择“魔棒工具”并单击鸡蛋中的空白处，然后选择“渐变工具”并设置黑白线性渐变，效果如图 14-14 所示。

图 14-12　勾画齿状图形

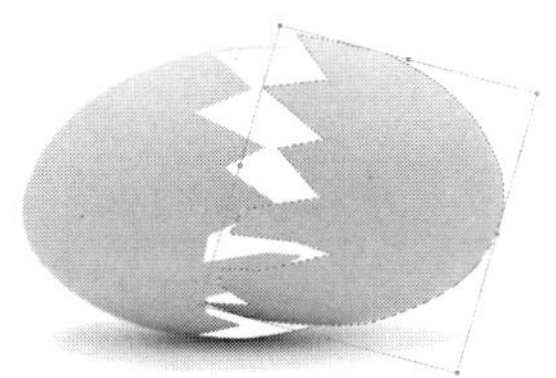

图 14-13　移动图像

图 14-14　填充图形

06 打开“资源包 \ 源文件 \ 素材 \ 单元 14\ 小鸭”素材，如图 14-15 所示。

07 选择“魔棒工具”，在工具属性栏中设置“容差”为 10，在图像编辑窗口中的白色区域单击，选中白色区域，选择“选择 / 反向”选项，对选区进行反向选择，效果如图 14-16 所示。

图 14-15 小鸭素材

图 14-16 反选选区

08 选择“移动工具”，将图像拖动至“破蛋重生”图像编辑窗口中，“图层”面板中将自动生成“图层 2”图层，效果如图 14-17 所示。

09 选按【Ctrl+T】组合键调出变换控制框，并将小鸭移至图像的适合位置，效果如图 14-18 所示。

图 14-17 移动图形

图 14-18 调整大小

10 选择“鸭蛋”图层，选择“魔棒工具”单击“鸭蛋”图层，并按【Ctrl+C】组合键复制此图层选择的区域，并将复制的区域放在顶层即可。

11 单击“鸭蛋”图层，选择“套索工具”复制一小块鸭蛋壳制作成碎片效果，效果如图 14-19 所示。再多次复制鸭蛋壳，制作成碎片散落的效果，如图 14-20 所示。

图 14-19 复制鸭蛋壳

图 14-20 最终效果

知识窗

1）选择“选择 / 全部”选项与按【Ctrl+A】组合键均可对图像进行全选。

2）选择“魔棒工具”后，在工具属性栏上设置的“容差”数值越大，对颜色的选取就越精确。通常，“魔棒工具”适用于颜色区域较大且单一颜色的图像。

3）选择“编辑 / 变换 / 缩放”选项，调出变换控制框，将鼠标指针移至变换控制框的右上角，按【Shift+Alt】组合键的同时，按住鼠标左键并拖动，等比例放大图像，并移至图像的合适位置，按【Enter】键确认变换操作。

案例 14.3

景象创意制作——深海行驶

案例文件：资源包 \ 源文件 \ 素材 \ 单元 14\ 海底 1.jpg、海底 2.jpg、老火车 .jpg

案例效果：资源包 \ 源文件 \ 效果 \ 单元 14\ 深海行驶 .psd

技术点睛：图层蒙版、“水平翻转画布”命令等

操作难度：★★

案例目标：通过制作“深海行驶”特效，掌握图像色彩、大小、位置等的调整方法

操作步骤

01 打开“资源包 \ 源文件 \ 素材 \ 单元 14\ 海底 1”和“海底 2”素材，如图 14-21 和图 14-22 所示。

02 确认“海底 2”为当前图像编辑窗口，选择“移动工具”在图像编辑窗口中按住鼠标左键并拖动，将“海底 1”图像移至“海底 2”图像编辑窗口中，此时，“图层”面板中将自动生成“图层”图层，效果如图 14-23 所示。

图 14-21　海底 1 素材

图 14-22　海底 2 素材

图 14-23　拖动图层

03 按【Ctrl+T】组合键调出变换控制框，将鼠标指针移至变换控制框的左上角，按住【Shift+Alt】组合键的同时，按住鼠标左键并拖动，等比例缩小图像，并移至图像到

合适的位置，效果如图 14-24 所示。

04 为“图层 1”图层添加图层蒙版，按【D】键恢复系统默认色，选择“橡皮擦工具”，在工具属性栏上设置“大小”为 100 像素、“硬度”为 50%、“不透明度”为 100%，再在图像编辑窗口中按住鼠标左键并拖动，涂抹图像，效果如图 14-25 所示。

图 14-24 缩小并移动图像

图 14-25 涂抹后的效果

05 设置前景色为白色，在工具属性栏上设置“不透明度”为 20%，使用“橡皮擦工具”，在珊瑚礁上进行涂抹，显示部分图像，使图像过滤更加自然，效果如图 14-26 所示。

06 打开“资源包 \ 源文件 \ 素材 \ 单元 14\ 老火车”素材，如图 14-27 所示。然后选择“图像 / 图像旋转 / 水平翻转画布”选项，水平翻转图像。

图 14-26 调整图像

图 14-27 老火车素材

07 新建“亮度 / 对比度”调整图层，展开调整面板，设置“亮度”为 20、“对比度”为 0，提高图像亮度。新建“色彩平衡 1”调整图层，展开调整面板，选中“中间调”单选按钮和“保留明度”复选框，设置色阶的各参数值为 −90、−85、88，改变图像的颜色，效果如图 14-28 所示。

08 按【Ctrl+Alt】组合键盖印图层，得到“图层 1”图层，使用“移动工具”将“老火车”图像移至“海底 1”图像编辑窗口中。此时，“图层”面板中将自动生成“图层 2”图层，对“老火车”图像位置和大小进行适当的调整，效果如图 14-29 所示。

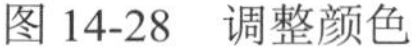
图 14-28　调整颜色

图 14-29　盖印图层

09 选择“图层 / 排列 / 后移一层”选项，将“老火车”图层调至“背景”图层的上方，效果如图 14-30 所示。

10 设置“图层 2”图层的“混合模式”为强光、“不透明度”为 90%，效果如图 14-31 所示。

图 14-30　图层调整

图 14-31　设置混合模式

11 为“图层 2”图层添加蒙版，按【D】键恢复系统默认色。选择“橡皮擦工具”，在工具属性栏上设置“大小”为 50 像素、“硬度”为 30%、“不透明度”为 100%，再在图像编辑窗口中的合适位置按住鼠标左键并拖动涂抹图像，然后在工具属性栏上设置“不透明度”为 30%，再在图像编辑窗口中的合适位置涂抹图像，将整个图像与背景修饰得更加融合，效果如图 14-32 所示。

12 选择“图像 / 调整 / 亮度 / 对比度”选项，在打开的“亮度 / 对比度”对话框中设置“亮度”为 10、“对比度”为 20，单击“确定”按钮提高图像的亮度和对比度。然后选择“画笔工具”，在“图层 1”图层和“图层 2”图层的图层蒙版中，对火车冒出的烟雾等区域进行适当的修饰，最终效果如图 14-33 所示。

图 14-32　修饰图像

图 14-33　最终效果

知识窗

使用“画笔工具”与图层蒙版修饰图像时，主要是通过黑、白、灰来控制图像的显示程度，因此，在实际操作时，应适当地根据需要切换前景色和背景色，并利用“不透明度”来调整画笔。

15 单元 商业综合案例

>>>>

◎ 单元导读

Photoshop 的应用非常广泛，特别是与美术设计相关的行业和领域。本单元主要介绍 Photoshop 软件的常见商业应用。

◎ 学习目标

- 掌握利用 Photoshop 软件制作企业标志、卡通形象、贺卡、海报等的操作方法及技巧。
- 掌握 Photoshop 在企业标志设计中的应用技巧。
- 掌握 Photoshop 在海报设计中的应用技巧。
- 掌握 Photoshop 在贺卡设计中的应用技巧。
- 掌握 Photoshop 在画册折页设计中的应用技巧。
- 掌握 Photoshop 在卡通形象设计中的应用技巧。
- 掌握 Photoshop 在包装纸袋设计中的应用技巧。

案例 15.1

企业标志设计——城通

案例文件： 资源包 \ 源文件 \ 素材 \ 单元 15\ 城通 .jpg

案例效果： 资源包 \ 源文件 \ 效果 \ 单元 15\ 城通 .psd

技术点睛： “椭圆选框工具” “横排文字工具” “渐变工具” 等

操作难度： ★★★★

案例目标： 通过实践操作，掌握利用 Photoshop 软件制作企业标志的技巧

操作步骤

01 选择“文件 / 新建”选项，在打开的“新建”对话框中设置“名称”“宽度”“高度”“分辨率”“颜色模式”“背景内容”等参数，如图 15-1 所示。

02 新建“图层 1”图层，为图层填充 RGB 参数值为 2、80、38 的前景色，如图 15-2 所示。

03 新建“图层 2”图层，选择“椭圆选框工具”，在图像编辑窗口中创建一个大小合适的圆形选区，效果如图 15-3 所示。

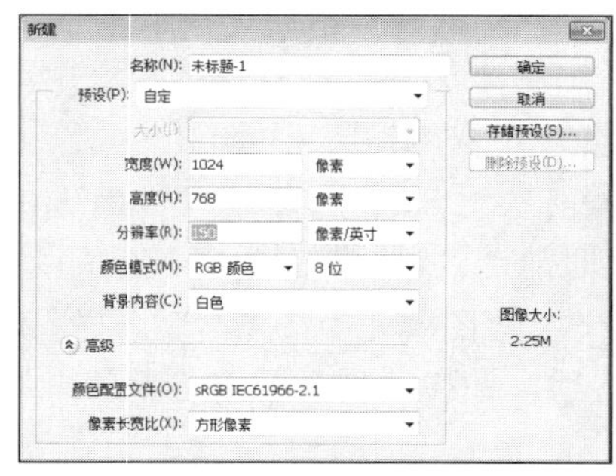

图 15-1 “新建”对话框

图 15-2 底纹素材

图 15-3 创建圆形选区 1

04 为选区填充 RGB 参数值为 255、255、255 的前景色，选择“选择 / 修改 / 收缩”选项，在打开的“收缩选区”对话框中设置“收缩量”为 5 像素，单击“确定”按钮，效果如图 15-4 所示。

05 按【Delete】键删除选区所选内容，再按【Ctrl+D】组合键取消选区，效果如图 15-5 所示。

06 新建“图层 3”图层，选择“钢笔工具”，在工具栏上单击“路径”按钮，再在图像编辑窗口中绘制一个合适的闭合路径，效果如图 15-6 所示。

图 15-4　收缩选区

图 15-5　删除选区内容 1

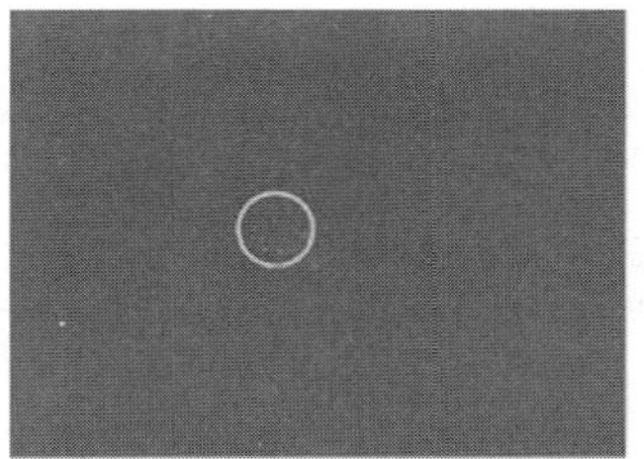
图 15-6　绘制闭合路径 1

07 按【Ctrl+Enter】组合键，将路径转换为选区，为选区填充白色前景色，按【Ctrl+D】组合键取消选区，效果如图 15-7 所示。

08 选择“钢笔工具”，在工具栏上单击“路径”按钮，再在图像编辑窗口中绘制一个合适的闭合路径，效果如图 15-8 所示。

09 按【Ctrl+Enter】组合键，将路径转换为选区，按【Delete】键删除选区所选内容，再按【Ctrl+D】组合键取消选区，效果如图 15-9 所示。

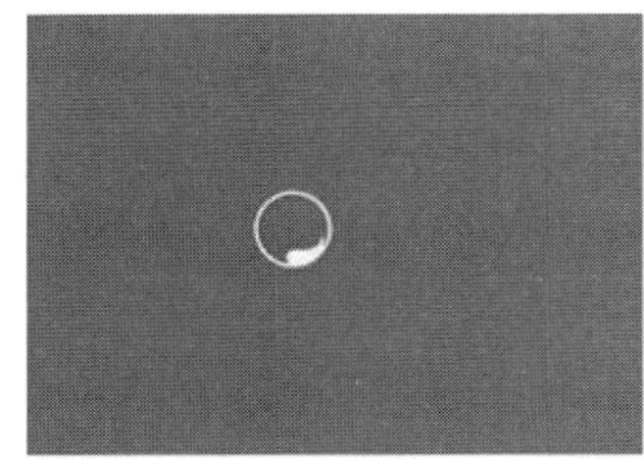
图 15-7　填充前景色 1

图 15-8　绘制闭合路径 2

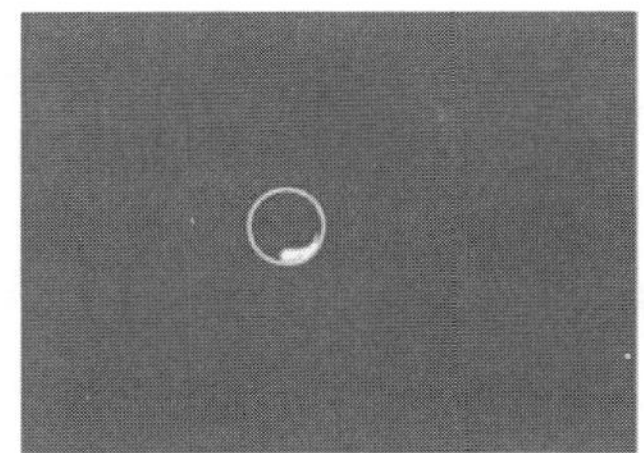
图 15-9　删除选区内容 2

10 单击下方“添加图层蒙版”按钮为“图层 2”图层添加图层蒙版，选择“矩形选框工具”，在图像编辑窗口中创建一个大小合适的矩形选区，效果如图 15-10 所示。

11 选择“图层 2”图层上的蒙版图层缩略图，设置前景色 RGB 的参数值为 0、0、0，按【Alt+Delete】组合键填充前景色，再按【Ctrl+D】组合键取消选区，效果如图 15-11 所示。

12 复制“图层 2”“图层 3”，按住【Shift】键的同时选中“图层 2”“图层 3”，选择“编辑 / 变换 / 水平翻转”选项和“编辑 / 变换 / 垂直翻转”选项，并移动到合适位置，效果如图 15-12 所示。

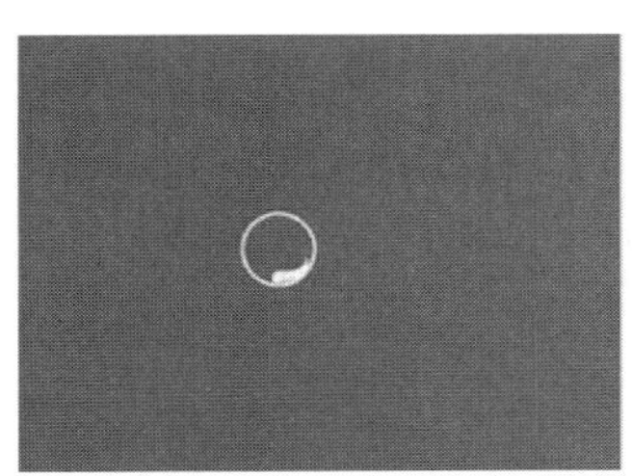
图 15-10　创建矩形选区 1

图 15-11　填充前景色 2

图 15-12　衔接图像

13 新建“图层 4”图层，选择“椭圆选框工具”，在图像编辑窗口中创建一个圆形选区，效果如图 15-13 所示。

14 为选区填充 RGB 参数值为 255、255、255 的前景色，效果如图 15-14 所示。

15 选择“选择 / 修改 / 收缩”选项，在打开的“收缩选区”对话框中设置“收缩量”为 5 像素，单击“确定”按钮，按【Delete】键删除选区所选内容，再按【Ctrl+D】组合键取消选区，效果如图 15-15 所示。

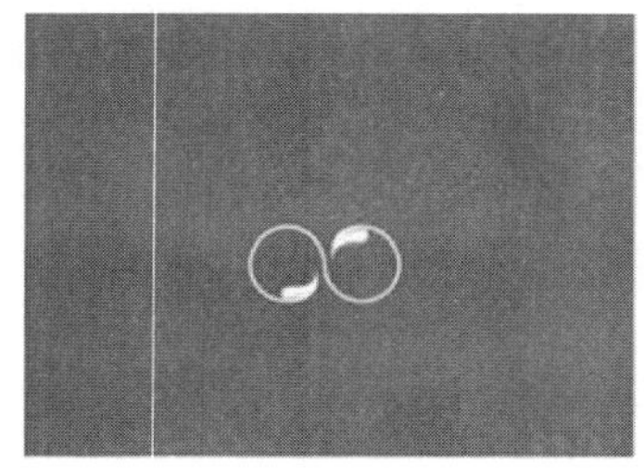

图 15-13　创建圆形选区 2

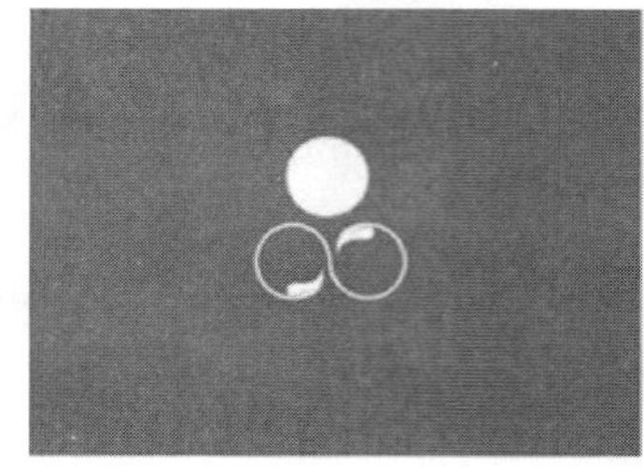

图 15-14　填充前景色 3

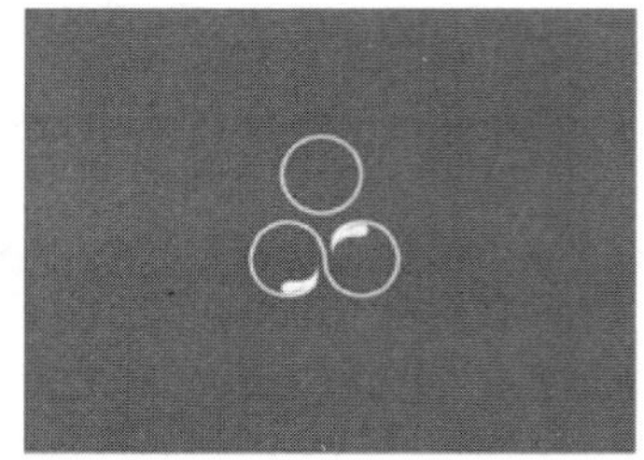

图 15-15　绘制图像

16 单击下方“添加图层蒙版”按钮，为“图层 4”图层添加图层蒙版，选择“矩形选框工具”，在图像编辑窗口中创建一个大小合适的矩形选区，效果如图 15-16 所示。

17 设置前景色的 RGB 参数值为 0、0、0，按【Alt+Delete】组合键填充前景色，再按【Ctrl+D】组合键取消选区，效果如图 15-17 所示。

18 新建“图层 5”图层，选择“椭圆选框工具”，在图像编辑窗口中创建一个大小合适的圆形选区，效果如图 15-18 所示。

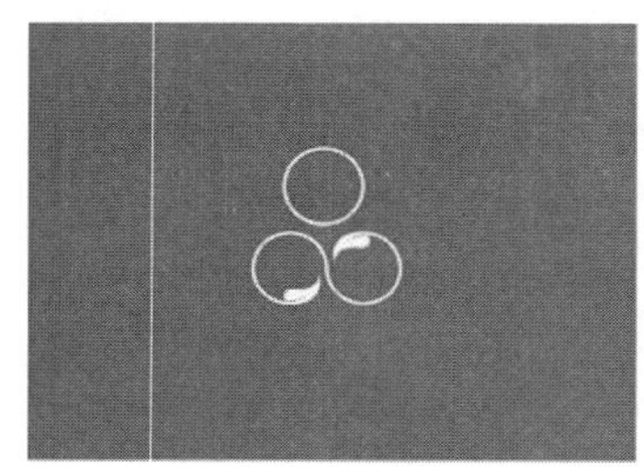

图 15-16　创建矩形选区 2

图 15-17　填充前景色 4

图 15-18　创建圆形选区 3

19 为选区填充 RGB 参数值为 255、255、255 的前景色，选择“选择 / 修改 / 收缩”选项，在打开的“收缩选区”对话框中设置“收缩量”为 5 像素，单击“确定”按钮，按【Delete】键删除选区所选内容，再按【Ctrl+D】组合键取消选区，效果如图 15-19 所示。

20 单击下方“添加图层蒙版”按钮，为“图层 5”图层添加图层蒙版，选择“矩形选框工具”，在图像编辑窗口中创建一个大小合适的矩形选区，效果如图 15-20 所示。

21 设置前景色的 RGB 参数值为 0、0、0，按【Alt+Delete】组合键填充前景色，再按【Ctrl+D】组合键取消选区，效果如图 15-21 所示。

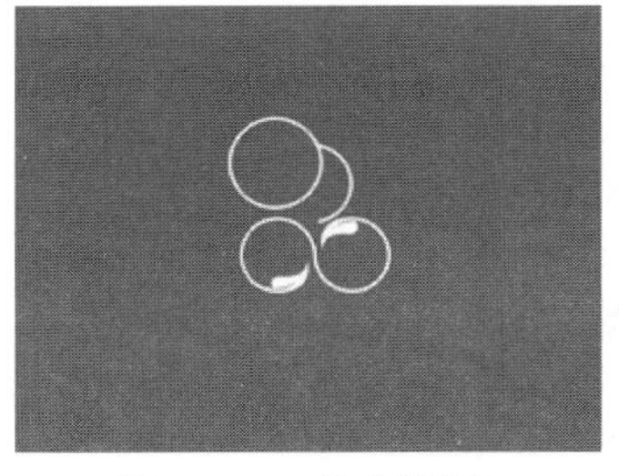

图 15-19　绘制图像

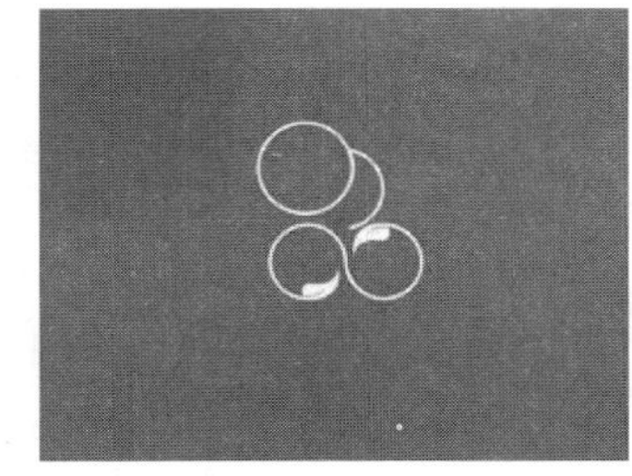

图 15-20　创建矩形选区 3

图 15-21　填充前景色 5

22 选择“矩形选框工具”，在图像编辑窗口中创建一个大小合适的矩形选区，效果如图 15-22 所示。

23 设置前景色的 RGB 参数值为 0、0、0，按【Alt+Delete】组合键填充前景色，再按【Ctrl+D】组合键取消选区，效果如图 15-23 所示。

24 新建“图层 6”图层，选择“椭圆选框工具”，在图像编辑窗口中创建一个大小合适的圆形选区，效果如图 15-24 所示。

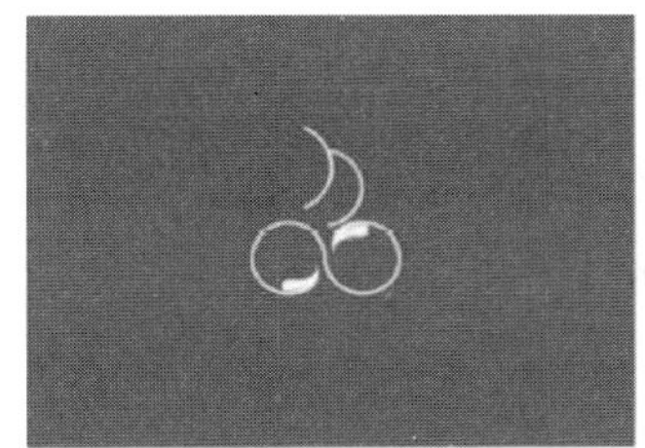

图 15-22　创建矩形选区 4

图 15-23　填充前景色 6

图 15-24　创建圆形选区 4

25 为选区填充 RGB 参数值为 255、255、255 的前景色，按【Ctrl+D】组合键取消选区，效果如图 15-25 所示。

26 新建“图层 7”图层，选择“椭圆选框工具”，在图像编辑窗口中创建一个大小合适的圆形选区，效果如图 15-26 所示。

27 使用“渐变工具”从中心点向外为选区填充 RGB 参数值分别为 2、80、38，44、175、42 的径向渐变，再为“图层 1”图层填充 RGB 参数值为 255、255、255 的前景色，效果如图 15-27 所示。

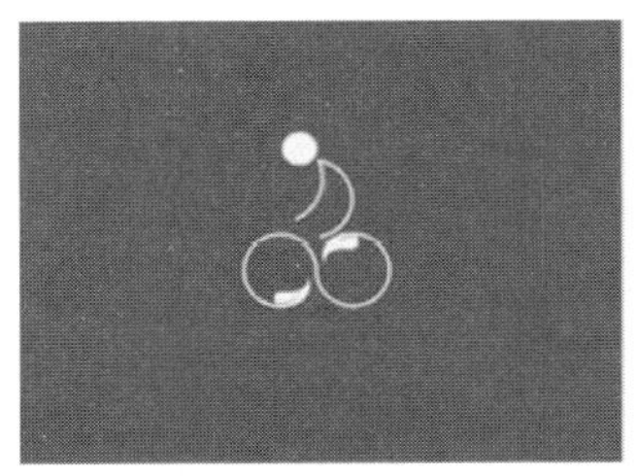

图 15-25　填充前景色 7

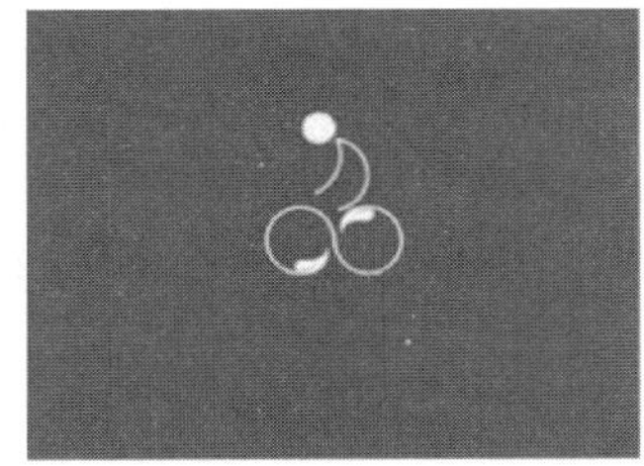

图 15-26　创建圆形选区 5

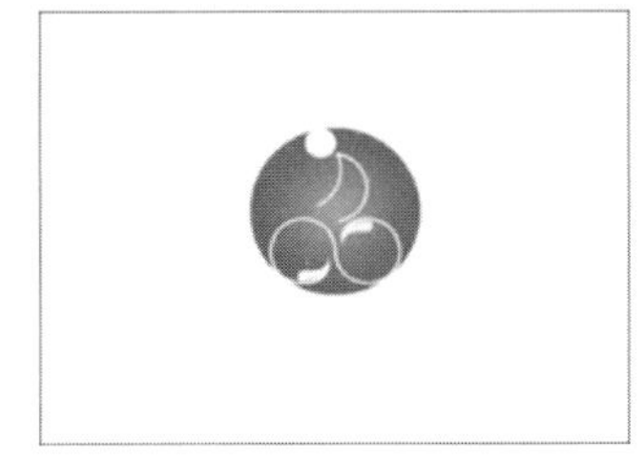

图 15-27　填充渐变色

28 选择“图层 7”图层，单击图层缩略图将对象转化为选区，选择“选择 / 修改 / 扩展”选项，在打开的“扩展选区”对话框中设置“扩展量”为 10 像素，单击“确定”按钮，

效果如图 15-28 所示。

29 为选区填充 RGB 参数值为 2、80、38 的前景色，选择“选择 / 修改 / 收缩”选项，在打开的“收缩选区”对话框中设置“收缩量”为 5 像素，单击“确定”按钮，按【Ctrl+D】组合键取消选区，效果如图 15-29 所示。

30 选择“横排文字工具”，在图像编辑窗口下方输入文字，效果如图 15-30 所示。

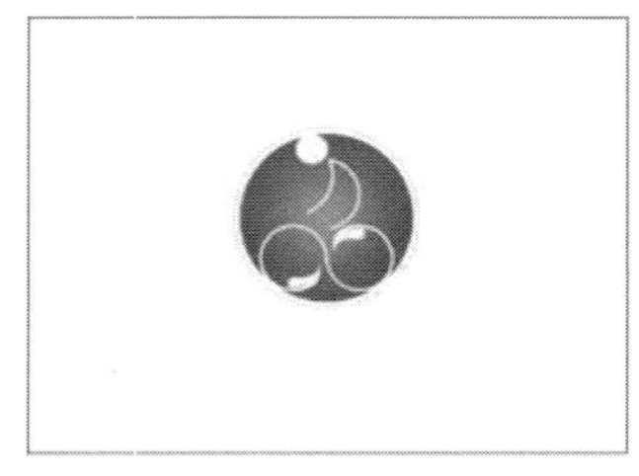

图 15-28　扩展图像

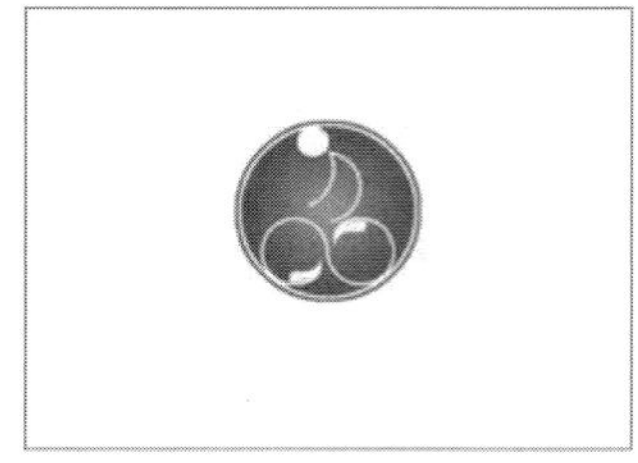

图 15-29　收缩选区

图 15-30　输入文字

31 按【Enter】键，将光标切换至另一行，根据需要输入英文名称，效果如图 15-31 所示。

32 使用“横排文字工具”选择文本框中的英文字母，展开“字符”面板，设置“字体”“字体大小”“字符间距”“颜色”等参数，如图 15-32 所示。

33 按【Ctrl+Enter】组合键确认，展开“段落”面板，单击“居中对齐文本”按钮，再适当地调整文字的位置，最终效果如图 15-33 所示。

图 15-31　输入英文文字

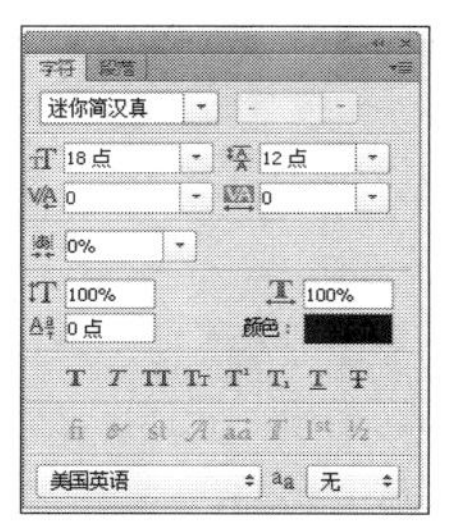

图 15-32　“字符”面板

图 15-33　最终效果

案例 15.2

海报设计——城通共享单车

案例文件： 资源包 \ 源文件 \ 素材 \ 单元 15\ 单车剪影 .jpg、单车 .jpg、城市剪影 .jpg、诚通 LOGO.jpg

案例效果： 资源包 \ 源文件 \ 效果 \ 单元 15\ 城通共享单车 .psd

技术点睛： “画笔工具”、“扩展”命令、“钢笔工具”等

操作难度： ★★★★

案例目标： 通过实践操作，掌握利用 Photoshop 软件制作招贴海报的技巧

操作步骤

01 新建一个名为“城通共享单车”的 CMYK 模式图像，设置“宽度”和“高度”分别为 2480 像素和 3508 像素、“分辨率”为 150 像素 / 英寸、“背景内容”为白色的空白文档，新建“图层 1”图层，使用“渐变工具”从上至下为图层填充 RGB 参数值分别为 65、130、22，255、255、255 的线性渐变色，效果如图 15-34 所示。

02 新建“图层 2”图层，使用“画笔工具”[按“左括号”([)、“右括号”(]) 键随机放大、缩小画笔] 在图像编辑窗口中绘制云层，效果如图 15-35 所示。

03 右击“图层 2”，在弹出的快捷菜单中选择“选择像素”选项，为“图层 2”选区填充 RGB 参数值分别为 205、225、171，255、255、255 的线性渐变色，按【Ctrl+D】组合键取消选区，效果如图 15-36 所示。

图 15-34　填充渐变色 1

图 15-35　绘制云层 1

图 15-36　填充渐变色 2

04 新建“图层 3”图层，使用“画笔工具”在图像编辑窗口中绘制云层，效果如图 15-37 所示。

05 右击“图层 3”，在弹出的快捷菜单中选择“选择像素”选项，为“图层 3”选区填充 RGB 参数值分别为 224、255、139，255、255、255 的线性渐变色，按【Ctrl+D】组合键取消选区，效果如图 15-38 所示。

06 右击“图层 2”，在弹出的快捷菜单中选择“选择像素”选项，效果如图 15-39 所示。

图 15-37　绘制云层 2

图 15-38　填充渐变色 3

图 15-39　调出选区

07 新建“图层 4”图层，选择“编辑 / 描边”选项，在打开的“描边”对话框中设置“宽

度”为 3 像素、“颜色”RGB 的参数值为 65、130、22，单击“确定”按钮，按【Ctrl+D】组合键取消选区，效果如图 15-40 所示。

08 使用“移动工具”随机移动“图层 4”的图像，效果如图 15-41 所示。

09 右击“图层 3”，在弹出的快捷菜单中选择“选择像素”选项，新建“图层 5”图层，选择“编辑 / 描边”选项，在打开的“描边”对话框中设置“宽度”为 3 像素、“颜色”RGB 的参数值为 65、130、22，单击“确定”按钮，按【Ctrl+D】组合键取消选区，效果如图 15-42 所示。

图 15-40　描边 1

图 15-41　移动图像 1

图 15-42　描边 2

10 使用“移动工具”随机移动“图层 5”的图像，效果如图 15-43 所示。

11 新建“图层 6”图层，使用“画笔工具”在图像编辑窗口中随机绘制圆形，降低透明度为 30%，效果如图 15-44 所示。

12 新建“图层 7”图层，使用“画笔工具”在图像编辑窗口中随机绘制圆形，效果如图 15-45 所示。

图 15-43　移动图像 2

图 15-44　绘制圆形 1

图 15-45　绘制圆形 2

13 选择“滤镜 / 模糊 / 高斯模糊”选项，打开“高斯模糊”对话框，保持默认设置，单击“确定”按钮，再减低透明度为 30%，效果如图 15-46 所示。

14 打开“资源包 \ 源文件 \ 素材 \ 单元 15\ 城市剪影”素材，使用“移动工具”将素材图像拖动至“城通共享单车”图像编辑窗口中，效果如图 15-47 所示。此时，“图层”

面板中将自动生成“图层 8”。

15 复制“图层 8”图层获得“图层 8 副本”图层，将“图层 8 副本”图层移至“图层 8”图层下方，选择“编辑 / 变换 / 水平翻转”选项，效果如图 15-48 所示。

图 15-46 应用“高斯模糊”滤镜

图 15-47 城市剪影素材

图 15-48 变换图像

16 右击“图层 8 副本”图层，在弹出的快捷菜单中选择“选择像素”选项，为选区填充 RGB 参数值为 43、88、13 的前景色，按【Ctrl+D】组合键取消选区，效果如图 15-49 所示。

17 打开“资源包 \ 源文件 \ 素材 \ 单元 15\ 单车”素材，使用“移动工具”将素材图像拖动至“城通共享单车”图像编辑窗口中，效果如图 15-50 所示。此时，“图层”面板中将自动生成“图层 9”图层，新建“曲线 1”调整图层，展开调整面板，设置“输入”为 85、60，“输出”为 187、200。

18 新建“图层 10”图层，选择“椭圆选框工具”并设置“羽化”值为 20 像素，在图像编辑窗口中创建椭圆选区，效果如图 15-51 所示。

图 15-49 填充颜色

图 15-50 单车素材

图 15-51 创建椭圆选区

19 为选区填充为黑色，降低透明度为 80%，将图层移至“图层 9”图层下方，效果如图 15-52 所示。

20 新建“图层 11”图层，选择“钢笔工具”，在工具属性栏上单击“路径”按钮，再在图像编辑窗口上绘制一个大小合适的叶子闭合路径，效果如图 15-53 所示。

21 按【Ctrl+Enter】组合键，将路径转换为选区，为选区填充 RGB 参数值分别为 43、88、13，92、147、27 的线性渐变色，按【Ctrl+D】组合键取消选区，效果如图 15-54 所示。

图 15-52 绘制阴影

图 15-53 绘制叶子闭合路径

图 15-54 填充渐变色 4

22 选择“钢笔工具”，在工具属性栏上单击“路径”按钮，再在图像编辑窗口上绘制一个大小合适的叶柄闭合路径，按【Ctrl+Enter】组合键，将路径转换为选区，按【Delete】键，删除选区内容，按【Ctrl+D】组合键取消选区，效果如图 15-55 所示。

23 复制多个“图层 11”图层，按【Ctrl+T】组合键，随机变换图像大小，随机环绕于单车图像周围，效果如图 15-56 所示。

24 选择“横排文字工具”，在图像编辑窗口中单击，即可显示一个光标，选择一种输入法，输入文字，效果如图 15-57 所示。

图 15-55 绘制叶柄闭合路径

图 15-56 变换摆放图像

图 15-57 输入文字

25 使用“横排文字工具”选择文字，展开“字符”面板，设置“字体”“字体大小”“字符间距”“颜色”等参数，如图 15-58 所示。

26 设置完毕后，按【Ctrl+Enter】组合键确认，效果如图 15-59 所示。

27 右击文字图层，在弹出的快捷菜单中选择“转换为形状”选项，选择“直接选择工具”，延长文字笔画，效果如图 15-60 所示。

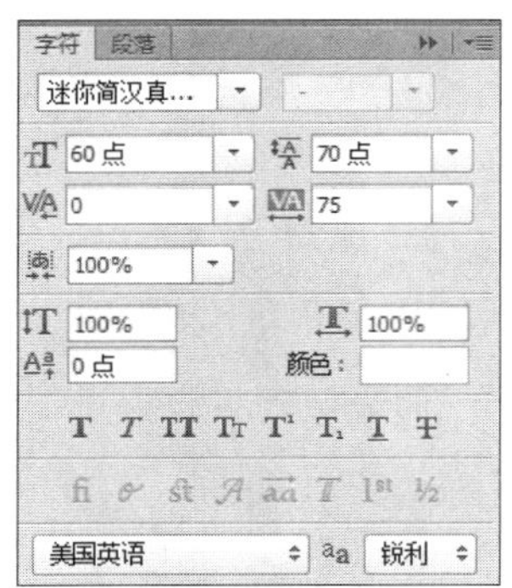

图 15-58 “字符”面板 1

图 15-59 确认文字

图 15-60 延长笔画

28 新建“图层 12”图层，选择“矩形选框工具”，在图像编辑窗口中创建矩形选区，如图 15-61 所示。

29 为选区填充为白色，按【Ctrl+D】组合键取消选区，效果如图 15-62 所示。

30 打开“资源包 \ 源文件 \ 素材 \ 单元 15\ 单车剪影”素材，使用“移动工具”将素材图像拖动至“城通共享单车”图像编辑窗口中。此时，“图层”面板中将自动生成“图层 13”图层。移至文字右侧，选择“矩形选框工具”裁切图像，效果如图 15-63 所示。

图 15-61 创建矩形选区

图 15-62 填充选区的颜色

图 15-63 单车剪影素材

31 选择文字图层右击，在弹出的快捷菜单中选择“栅格化图层”选项，按【Shift】键的同时选中文字图层和“图层 13”图层并右击，在弹出的快捷菜单中选择“合并图层”选项。此时，“图层”面板将自动生成“图层 14”图层。按【Ctrl+T】组合键变换图像，使图像倾斜，效果如图 15-64 所示。

32 选择“图层 14”图层，选择“选择 / 修改 / 扩展”选项，在打开的“扩展选区”对话框中设置“扩展量”为 20 像素效果，效果如图 15-65 所示。

33 新建“图层 15”图层，选择“渐变工具”为选区填充 RGB 参数值分别为 43、88、13，92、147、27 的径向渐变色，按【Ctrl+D】组合键取消选区，效果如图 15-66 所示。

图 15-64 使图像倾斜

图 15-65 扩展图像 1

图 15-66 填充渐变色 5

34 选择“图层 15”图层，选择“选择 / 修改 / 扩展”选项，在打开的“扩展选区”对话框中设置“扩展量”为 10 像素，效果如图 15-67 所示。

35 新建“图层 16”图层，为选区填充 RGB 参数值为 255、228、0 的前景色，按【Ctrl+D】组合键取消选区，效果如图 15-68 所示。

36 双击“图层 14”图层，打开“图层样式”对话框，选中“阴影”复选框，各参数值设置如图 15-69 所示。

图 15-67 扩展图像 2

图 15-68 填充前景色

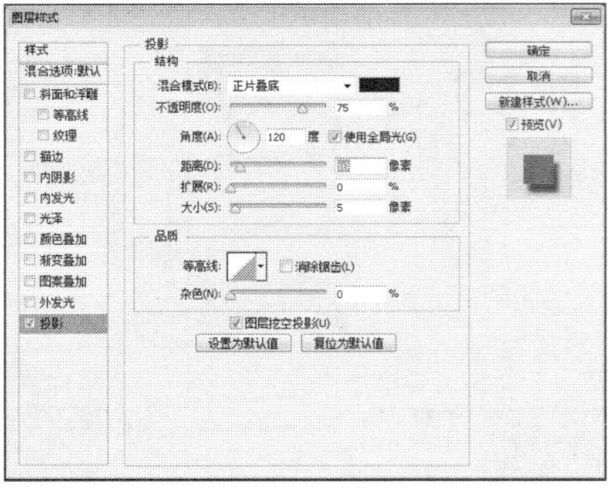

图 15-69 “图层样式”对话框

37 单击“确定”按钮，即可为图像添加“阴影”图层样式，效果如图 15-70 所示。

38 选择“横排文字工具”，在图像编辑窗口的下方按住鼠标左键并拖动，即可显示一个文本框，如图 15-71 所示。

39 选择一种输入法，输入文字，如图 15-72 所示。

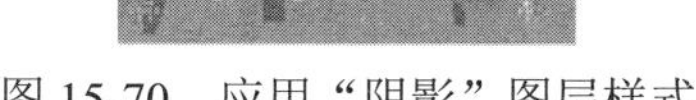
图 15-70　应用“阴影”图层样式

图 15-71　文本框

图 15-72　输入文字

40 使用“横排文字工具”选择文本框中的文字，展开“字符”面板，设置“字体”“字体大小”“字符间距”“颜色”等参数，如图 15-73 所示。

41 设置完毕后，按【Ctrl+Enter】组合键确认，再将文字移至合适的位置，效果如图 15-74 所示。

42 打开“资源包\源文件\素材\单元 15\城通 LOGO”素材，使用“移动工具”将素材图像拖动至“城通共享单车”图像编辑窗口中。此时，“图层”面板中将自动生成“图层 17”图层，效果如图 15-75 所示。

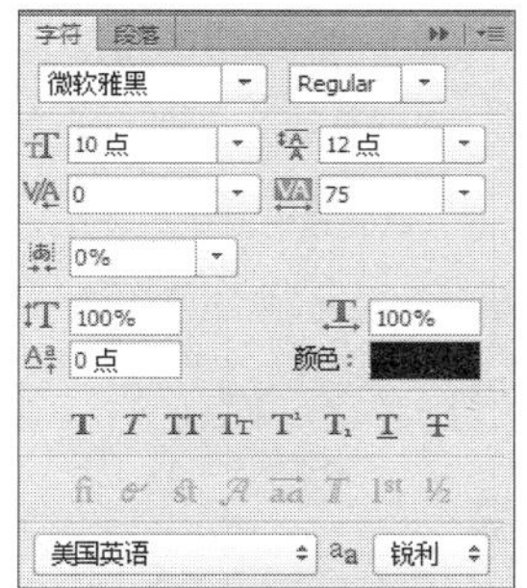

图 15-73　“字符”面板 2

图 15-74　确认文字

图 15-75　城通 LOGO

案例 15.3　贺卡设计——贺新春

案例文件：资源包\源文件\素材\单元 15\底纹 .jpg、中国结 .psd、东莞东城 .jpg、贺 .jpg

案例效果：资源包\源文件\效果\单元 15\贺新春 .psd

技术点睛：“矩形选框工具”“横排文字工具”“画笔工具”等

操作难度：★★★★

案例目标：通过实践操作，掌握利用 Photoshop 软件制作贺卡的技巧

操作步骤

01 选择“文件 / 新建”选项，在打开的“新建”对话框中设置“名称”“宽度”“高度”“分辨率”“颜色模式”“背景内容”等参数，如图 15-76 所示。

02 打开“资源包 \ 源文件 \ 素材 \ 单元 15\ 底纹”素材，将图像拖动至“新春贺卡”图像编辑窗口中，适当地调整底纹图像大小，效果如图 15-77 所示。

03 新建“图层 2”图层，使用“矩形选框工具”绘制“W”为 13 厘米、“H”为 2 厘米的选框，使用“油漆桶工具”为选框填充红色（RGB 参数值为 200、0、0），效果如图 15-78 所示。

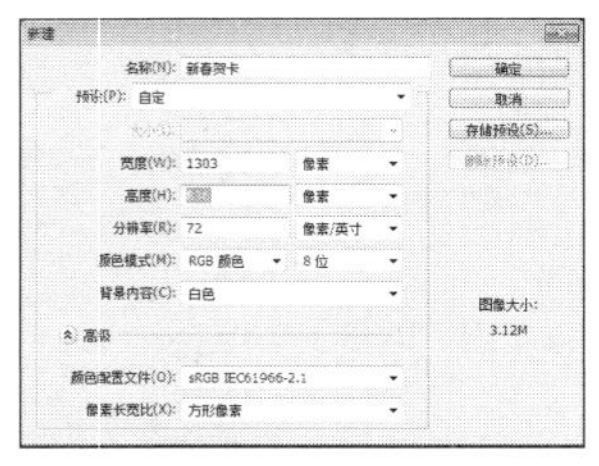

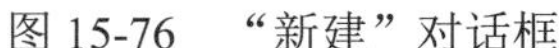

图 15-76　“新建”对话框

图 15-77　底纹素材

图 15-78　绘制红色矩形

04 复制红色矩形至“新春贺卡”文件下方，如图 15-79 所示。

05 打开“资源包 \ 源文件 \ 素材 \ 单元 15\ 中国结”素材，将图像拖动至“新春贺卡”图像编辑窗口中，适当地调整中国结图像大小，效果如图 15-80 所示。

06 打开“资源包 \ 源文件 \ 素材 \ 单元 15\ 东莞东城”素材，将图像拖动至中国结上，并适当地调整东莞东城图像大小，效果如图 15-81 所示。

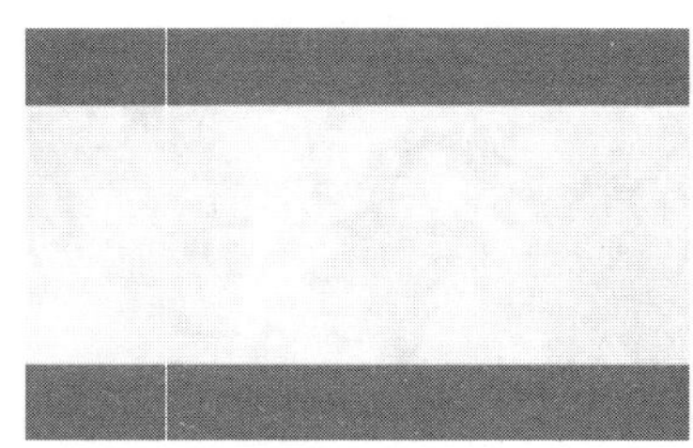

图 15-79　复制红色矩形

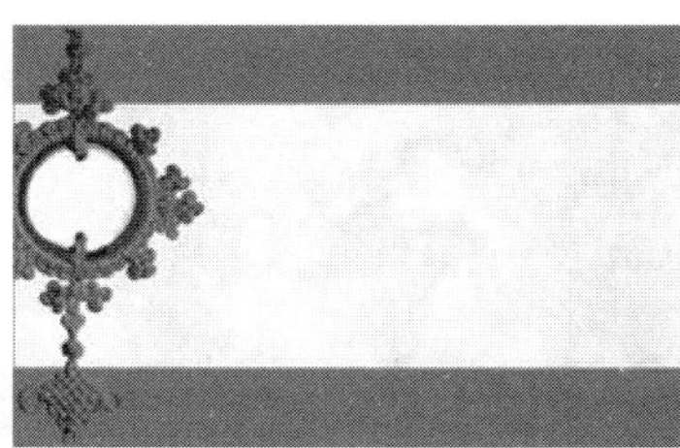

图 15-80　导入中国结

图 15-81　导入东莞东城素材

07 为“东莞东城”图层添加蒙版，设置前景色为黑色，使用“画笔工具”涂抹“东莞东城”图片四周，使其与中国结图像融合，效果如图 15-82 所示。

08 打开“资源包 \ 源文件 \ 素材 \ 单元 15\ 贺”素材，将“贺”拖动至“新春贺卡”图像编辑窗口中，适当地调整“贺”字图像大小，效果如图 15-83 所示。

09 使用“横排文字工具”输入文字“新春”，设置文字大小、字体，并设置前景色为红色（RGB 参数值为 200、0、0），效果如图 15-84 所示。

图 15-82　添加蒙版并融合图片

图 15-83　导入书法字“贺”

图 15-84　输入文字并设置颜色

10 使用文字工具输入英文文字，并设置文字大小、字体、颜色，效果如图 15-85 所示。

图 15-85　输入英文字母

案例 15.4

画册折页设计——汽车折页

案例文件： 资源包 \ 源文件 \ 素材 \ 单元 15\ 汽车 1.jpg、汽车 2.psd、文字 .doc

案例效果： 资源包 \ 源文件 \ 效果 \ 单元 15\ 汽车折页 .psd

技术点睛： “矩形工具”“横排文字工具”“路径选择工具”等

操作难度： ★★★★

案例目标： 通过实践操作，掌握利用 Photoshop 软件制作个性宣传折页的技巧

操作步骤

01 选择“文件 / 新建”选项，在打开的“新建”对话框中设置“名称”“宽度”“高度”“分辨率”“颜色模式”“背景内容”等参数，如图 15-86 所示。

02 设置前景色 RGB 的参数值为 213、180、92，按【Alt+Delete】组合键，用前景色填充背景图层，效果如图 15-87 所示。

03 新建“图层 1”图层，选择“矩形工具”绘制宽 8 厘米、长 21 厘米的路径。选择“路径选择工具”选择整个路径对齐到页面的左边，然后选择“直接选择工具”选择路径右上角的节点，向右平移大约 2 厘米，如图 15-88 所示。

04 把路径转化为选区，用“油漆桶”为选区填充蓝色（RGB 的参数值为 0、160、233），效果如图 15-89 所示。

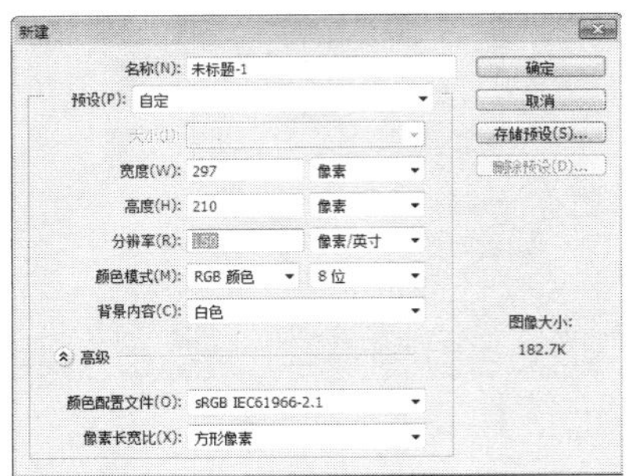

图 15-86　“新建”对话框

图 15-87　背景图层

图 15-88　制作路径

图 15-89　填充颜色

05 复制图层 1 并命名为图层 2，按【Ctrl】键载入选区，填充白色，移动并分别执行“水平翻转”“垂直翻转”命令，效果如图 15-90 所示。

06 复制图层 2 并命名为图层 3，按【Ctrl】键载入选区，填充 50% 灰色，并执行“水平翻转”命令，效果如图 15-91 所示。

07 同时选中图层 1、2、3，按【Ctrl+T】组合键，变换 3 个图层内容的宽度，效果如图 15-92 所示。

图 15-90　填充白色

图 15-91　填充灰色

图 15-92　改变宽度

08 新建“图层 4”图层，使用“自定义形状工具”，绘制标志图形路径，转化为选区后设置描边颜色为白色、宽度为 3、位置为居中，效果如图 15-93 所示。

09 选择“横排文字工具”输入文字设置“文字大小”为 20 点、“字体”为方正中等线，效果如图 15-94 所示。

10 打开“资源包 \ 源文件 \ 素材 \ 单元 15\ 汽车 1”素材，将图像拖动至折页上，适当地调整图像大小，效果如图 15-95 所示。

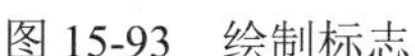

图 15-93　绘制标志

图 15-94　输入文字

图 15-95　拖动汽车素材

11 将图层 2 载入选区，并给“汽车 1”图层添加蒙版，效果如图 15-96 所示。

12 打开“资源包 \ 源文件 \ 素材 \ 单元 15\ 汽车 2”素材，将图像拖动至折页上，适当地调整图像大小，用同样的方法给图层添加蒙版，制作效果如图 15-97 所示。

图 15-96　添加蒙版后的效果

图 15-97　添加蒙版

13 新建“图层 7”图层，将图层 2 载入选区并描边，设置描边颜色为 50% 灰色、宽度为 12、位置为内部，效果如图 15-98 所示。

14 新建“图层 8”图层，置于汽车 2 上方，将图层 3 载入选区并描边，设置描边颜色为 50% 灰色、宽度为 12、位置为内部，删除左侧遮挡住汽车 2 的部分灰色，效果如图 15-99 所示。

图 15-98　描边灰色 1

图 15-99　描边灰色 2

15 选择“横排文字工具”，为折页添加个性目录，效果如图 15-100 所示。

16 打开“资源包 \ 源文件 \ 素材 \ 单元 15\ 文字”素材，将文本复制在折页上，适当地调整文字的大小，效果如图 15-101 所示。

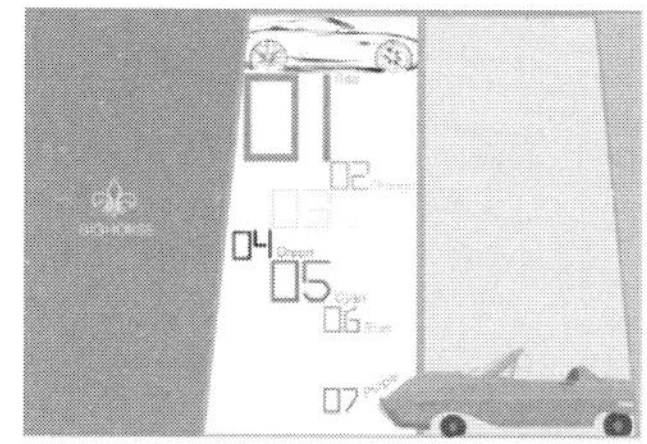

图 15-100　添加目录

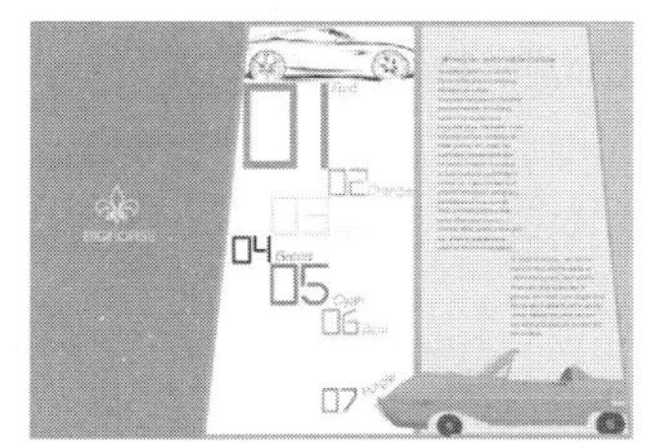

图 15-101　添加文本内容后的效果

案例 15.5

卡通形象设计——愤怒的小怪

案例文件： 资源包 / 源文件 / 素材 / 单元 15/ 角 .psd

案例效果： 资源包 / 源文件 / 效果 / 单元 15/ 愤怒的小怪 .psd

技术点睛： “渐变工具”“钢笔工具”“减淡工具”等

操作难度： ★★★★

案例目标： 通过实践操作，掌握利用 Photoshop 软件等制作卡通形象的技巧

操作步骤

01 新建一个名为“愤怒的小怪”的 RGB 模式图像，设置“宽度”和“高度”分别为 12 厘米和 10 厘米、“分辨率”为 150 像素 / 英寸、“背景内容”为白色的文件，并选择“钢笔工具”，绘制出小怪的轮廓路径，如图 15-102 所示。

02 按【Ctrl+Enter】组合键，将路径转换为选区，新建“图层 1”图层，使用渐变工具从上至下为选区填充 RGB 参数值分别为 28、154、183，85、191、215，72、204、234 的线性渐变色，效果如图 15-103 所示。

03 选择“编辑 / 描边”选项，在打开的“描边”对话框中选中“内部”单选按钮，设置“宽度”为 4 像素、“颜色”为深蓝色（RGB 的参数值为 16、130、172），单击“确定”按钮为图像添加描边，按【Ctrl+D】组合键取消选区，效果如图 15-104 所示。

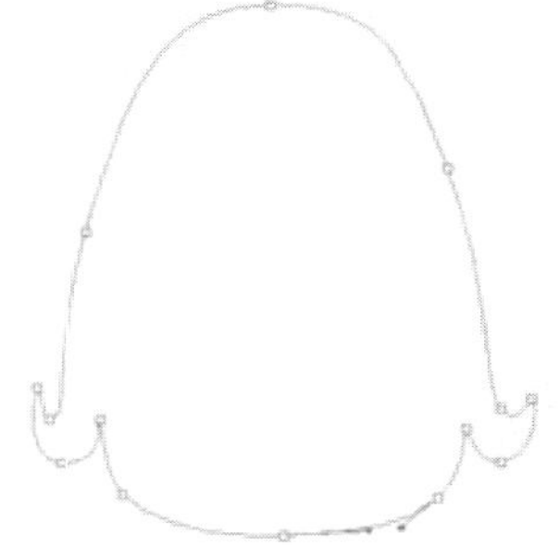

图 15-102　绘制小怪轮廓路径

图 15-103　填充渐变色 1

图 15-104　描边图像 1

04 使用“钢笔工具”在图像中绘制一个路径，编辑路径，按【Ctrl+Enter】组合键将路径转换为选区，效果如图 15-105 所示。

05 新建“图层 2”图层，设置前景色和背景色均为白色，再使用“渐变工具”从上至下为选区填充前景色到透明的线性渐变色，按【Ctrl+D】组合键取消选区，效果如图 15-106 所示。

06 使用“钢笔工具”在图像编辑窗口中绘制一条合适的闭合路径，如图 15-107 所示。

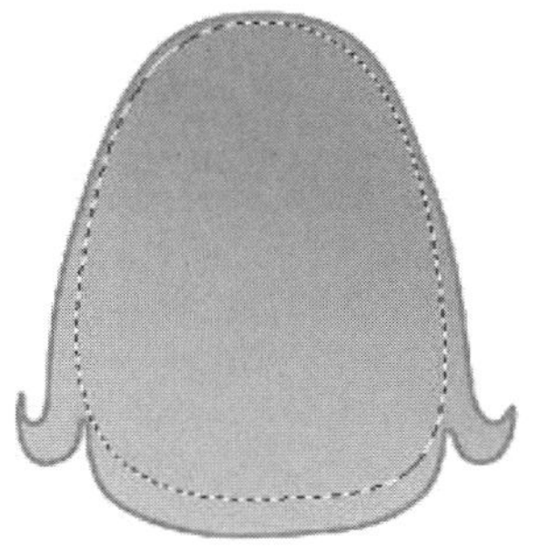

图 15-105　创建选区

图 15-106　填充渐变色 2

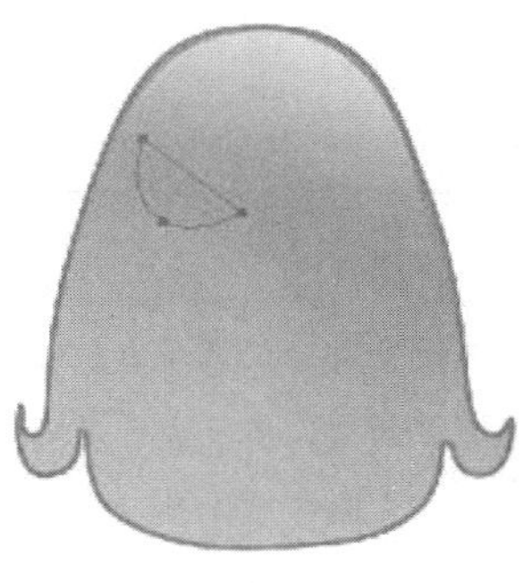

图 15-107　绘制闭合路径 1

07 按【Ctrl+Enter】组合键将路径转换为选区，新建“图层 3”图层，再使用“渐变工具”为选区填充白色、灰色（RGB 参数均为 183）的线性渐变色，按【Ctrl+D】组合键取消选区，效果如图 15-108 所示。

08 选择“编辑 / 描边”选项，在打开的“描边”对话框中选中“居中”单选按钮，设置“宽度”为 2 像素、“颜色”为深蓝色（RGB 的参数值为 175、147、28），单击“确定”按钮为图像添加描边，效果如图 15-109 所示。

09 双击“图层 3”图层，在打开的“图层样式”对话框中选中“投影”复选框，设置阴影颜色的 RGB 参数值为 47、155、179，其他参数值设置如图 15-110 所示。

图 15-108　填充渐变色 3

图 15-109　描边图像 2

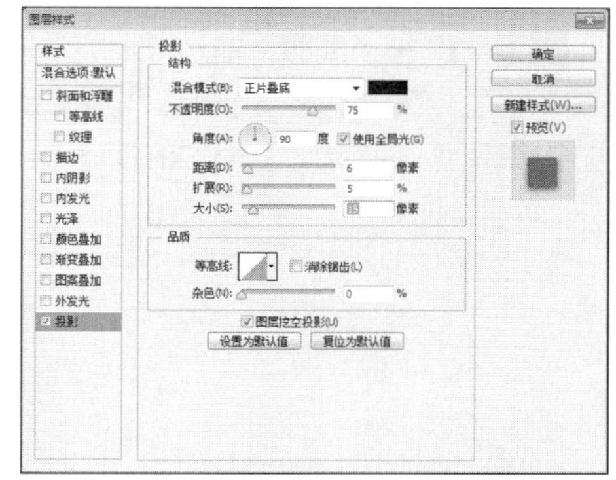

图 15-110　“图层样式”对话框

10 单击“确定”按钮后，为图像添加“投影”图层样式，效果如图 15-111 所示。

11 使用“椭圆选框工具”在图像编辑窗口中的合适位置创建一个圆形选区，新建“图层 4”图层，为选区填充红色（RGB 的参数值为 231、28、28），按【Ctrl+D】组合键取消选区，效果如图 15-112 所示。

12 双击“图层 4”图层，在打开的“图层样式”对话框中选中“斜面和浮雕”复选框，设置“大小”为 16 像素，其他参数保持不变，单击“确定”按钮，为图像添加“斜面和浮雕”图层样式，效果如图 15-113 所示。

图 15-111　添加“阴影”图层样式

图 15-112　创建圆形选区并填充红色

图 15-113　添加“斜面和浮雕”图层样式

13 选中“图层 3”和“图层 4”图层，按【Ctrl+G】组合键将图层编组，得到“组 1”组，复制该组，将复制图像进行水平翻转并调整其位置，效果如图 15-114 所示。

14 使用“椭圆选框工具”创建一个圆形选区，新建“图层 5”图层，为选区填充黑色，按【Ctrl+D】组合键取消选区，效果如图 15-115 所示。

15 使用“椭圆工具”在图像中绘制两个圆形路径，新建“图层 6”图层，按【Ctrl+Enter】组合键将路径转换为选区，为选区填充黑色，按【Ctrl+D】组合键取消选区，效果如图 15-116 所示。

图 15-114　复制并调整图像 1

图 15-115　创建圆形选区并填充黑色

图 15-116　绘制并填充路径

16 打开“资源包 \ 源文件 \ 素材 \ 单元 15\ 角”素材，将图像拖动至“愤怒的小怪”图像窗口中的合适位置，如图 15-117 所示。

17 设置前景色为红色（RGB 参数值为 217、0、19），新建“图层 7”图层，使用“大小”为 1 像素的“铅笔工具”在小怪的眼睛处绘制图像，效果如图 15-118 所示。

18 用与上面相同的操作方法，在图像编辑窗口中绘制其他的图像，效果如图 15-119 所示。

19 使用“钢笔工具”在图像编辑窗口中绘制一条合适的闭合路径，效果如图 15-120 所示。

20 按【Ctrl+Enter】组合键将路径转换为选区，新建“图层 8”图层，使用“渐变工具”为选区填充 RGB 参数值为 239、212、47，232、67、18 的线性渐变色，按【Ctrl+D】组合键取消选区，效果如图 15-121 所示。

21 选择“编辑 / 描边”选项，在打开的“描边”对话框中选中“居中”单选按钮，设置“宽度”为 2 像素、“颜色”为深黄色（RGB 的参数值为 175、147、28），单击“确定”按钮为图像添加描边，效果如图 15-122 所示。

图 15-117　拖入角素材

图 15-118　绘制图像

图 15-119　绘制其他图像效果

图 15-120　绘制闭合路径 2

图 15-121　填充渐变色 4

图 15-122　描边图像 3

22 复制“图层 8”图层得到“图层 8 副本”图层，将图像进行水平翻转，并调整图像的大小和位置，再将“图层 8 副本”图层调至“图层 1”图层的下方，效果如图 15-123 所示。

23 使用“钢笔工具”在图像编辑窗口中绘制一条合适的闭合路径，效果如图 15-124 所示。

24 按【Ctrl+Enter】组合键将路径转换为选区，新建“图层 9”图层，使用“渐变工具”为选区填充 RGB 参数值分别为 49、169、197，59、182、210，117、227、253 的线性渐变色，按【Ctrl+D】组合键取消选区，效果如图 15-125 所示。

25 选择“编辑 / 描边”选项，在打开的“描边”对话框中选中“居中”单选按钮，设置“宽度”为 2 像素、“颜色”为深蓝色（RGB 的参数值为 16、130、172），单击“确定”按钮为图像添加描边，按【Ctrl+D】组合键取消选区，效果如图 15-126 所示。

26 选择“椭圆工具”在图像中绘制两个一样大小的圆形路径，按【Ctrl+Enter】组合键将路径转换为选区，效果如图 15-127 所示。

27 设置前景色为红色（RGB 参数值为 233、45、45），新建“图层 10”图层，填充图像选区，按【Ctrl+D】组合键取消选区，效果如图 15-128 所示。

图 15-123　复制并调整图像 2

图 15-124　绘制闭合路径 3

图 15-125　填充渐变色 5

图 15-126　添加描边

图 15-127　绘制圆形路径

图 15-128　填充选区

28　选择“减淡工具”，在工具属性栏上设置“大小”为 15 像素、“硬度”为 0、“范围”为中间调、“曝光度”为 50%，取消选中“保护色调”复选框，在“图层 10”的圆形图像上进行涂抹，减淡图像色彩，效果如图 15-129 所示。

29　使用“钢笔工具”在图像中绘制闭合路径，并复制闭合路径，将复制路径进行水平翻转并调整其位置，效果如图 15-130 所示。

30　将路径转换为选区，为选区填充深蓝色（RGB 的参数值为 16、130、172），按【Ctrl+D】组合键取消选区，效果如图 15-131 所示。

31　复制“图层 8”图层得到“图层 8 副本 2”和“图层 8 副本 3”图层，调整图像的大小和位置，再将“图层 8 副本 2”和“图层 8 副本 3”图层调至“图层 11”图层的上方，最终效果如图 15-132 所示。

图 15-129　减淡图像

图 15-130　绘制并复制路径

图 15-131　填充深蓝色

图 15-132　最终效果

案例 15.6 包装纸袋的制作

案例文件： 资源包 \ 源文件 \ 素材 \ 单元 15\ 包装纸袋的制作 .jpg

案例效果： 资源包 \ 源文件 \ 效果 \ 单元 15\ 包装纸袋的制作 .psd

技术点睛： “钢笔工具”“画笔工具”“横排文字工具”

操作难度： ★★

案例目标： 通过实践操作，掌握利用 Photoshop 软件制作包装纸袋三维效果的技巧

操作步骤

01 新建文件，参数设置如图 15-133 所示。

02 使用“钢笔工具”绘制多边形，调整锚点位置、注意透视关系，并填充绿色，如图 15-134 所示。

03 使用“钢笔工具”绘制其他两个多边形，注意调整锚点位置，特别是透视关系，并填充深一号的绿色及浅咖啡色，如图 15-135 所示。

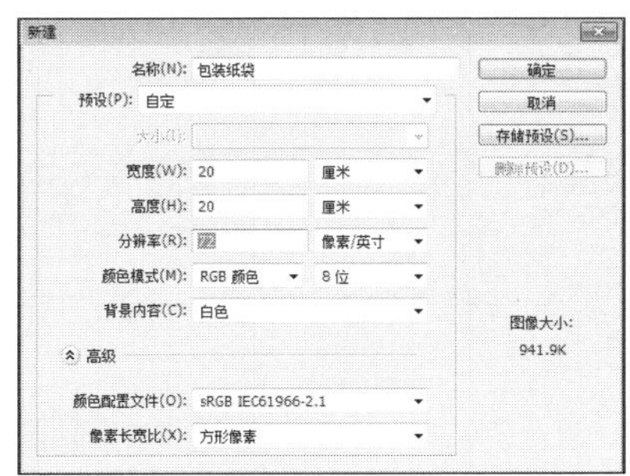

图 15-133 新建文件

图 15-134 绘制多边形 1

图 15-135 绘制多边形 2

04 选择“画笔工具”，并调整透明度为 60%，在咖啡色多边形图层中，用“画笔工具”自多边形下面往上喷涂，增加图形的层次立体感，如图 15-136 所示。

05 使用“钢笔工具”绘制手提袋提手，如图 15-137 所示。

06 结合框选工具，使用与步骤 3 同样的方法喷涂手提袋提手的层次，效果如图 15-138 所示。

图 15-136　画笔调整色阶

图 15-137　绘制手提袋提手

图 15-138　喷涂手提袋提手

07 复制提手并调整色阶，降低后面提手的明度，增加远近层次感，使用“钢笔工具”绘制选区并用画笔喷涂半透明阴影，增加手提袋立体感，效果如图 15-139 所示。

08 使用“钢笔工具”在手提袋侧面划分细部区域，并填充不同明度的绿色，增加手提袋的质感，效果如图 15-140 所示。

09 使用“横排文字工具”输入手提袋上的英文字母，并用自由调整工具调整文字透视。然后调整手提袋的细节和手提袋各立面的颜色，最终效果如图 15-141 所示。

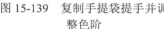

图 15-139　复制手提袋提手并调整色阶

图 15-140　钢笔绘制并填充细部区域

图 15-141　最终效果